作者简介

冯定远，博士，华南农业大学教授，博士研究生导师，主要研究方向是生物技术在饲料与养殖中的应用。历任华南农业大学动物科学学院院长、学校学科建设办主任、发展规划处处长、广东科贸职业学院院长。兼任中国畜牧兽医学会动物营养学分会常务理事、饲料安全与饲料生物技术专业委员会主任、中国饲料工业协会常务理事、广东省饲料行业协会名誉会长、广州市饲料行业协会荣誉会长、农业农村部饲料评审委员会委员、全国饲料标准化委员会委员。长期聚焦酶制剂在饲料养殖中的应用，对饲料酶制剂有比较系统的研究和实践，提出了许多饲料酶制剂的新观点和新理论，初步构建饲料酶制剂的技术体系，在饲料酶制剂的理论创新与技术推广方面取得了较丰硕的成果。主持国家自然基金、国家"973"计划课题、农业部跨越计划项目、广东省自然基金重点项目等多项。获得省级科技进步二等奖1项、三等奖3项，省农业技术推广一等奖2项、二等奖1项，获得专利8项。发表文章210多篇，其中SCI论文50多篇。主编专著6部，参编专著15部；主编教材3本，参编教材6本。培养博士研究生32人、硕士研究生138人。

作者简介

左建军，博士，华南农业大学教授、硕士研究生导师，主要研究方向为饲料酶制剂的应用技术体系、动物肠道健康与营养干预。2008年8月到泰国宋卡王子大学进行合作交流，2011—2012年受国家留学基金资助到澳大利亚 University of New England 家禽研究中心开展合作研究。兼任广东省饲料企业产品标准评审专家、广东省饲料与饲料添加剂生产许可评审专家。主持国家自然基金等国家级课题3项、广东省自然基金等省部级课题4项、地市级课题3项、横向课题19项。发表研究论文80多篇、其中SCI收录论文37篇，主编或参编著作10部。获广东省科技成果一等奖2项、地市级科技成果一等奖2项。独立及合作培养研究生38名。

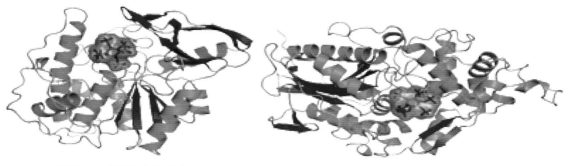

彩图 1　瘤胃微生物植酸酶

彩图 2　大肠埃希氏菌植酸酶

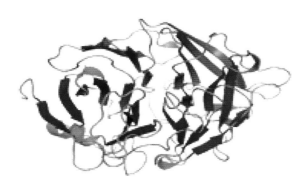

彩图 3　芽孢杆菌植酸酶

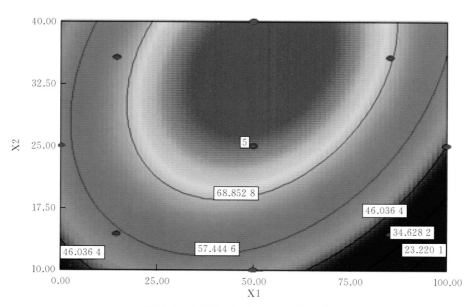

彩图 4　水解率（Y_1）响应面等高线

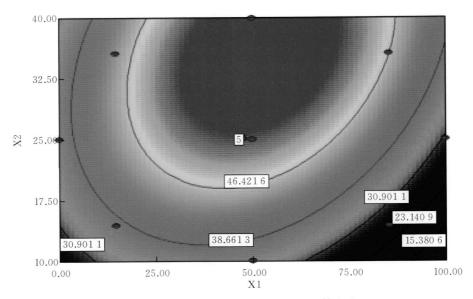

彩图5 十八碳酸水解率（Y_2）响应面等高线

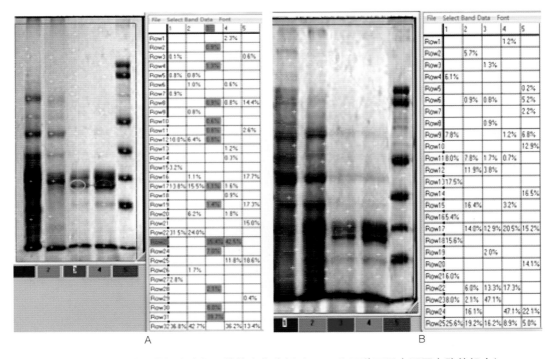

彩图6 蛋白酶及其组合酶解豆粕的产物分析（A、B为两种不同来源蛋白酶的组合）

注：图7-A中1、2、3、4和5依次为黑曲霉源蛋白酶、枯草芽孢杆菌蛋白酶、黑曲霉源蛋白酶＋枯草芽孢杆菌蛋白酶（两者比例为7∶3）、黑曲霉源蛋白酶＋枯草芽孢杆菌蛋白酶（两者比例为8∶2）和Marker；图7-B中1、2、3、4和5依次为黑曲霉源蛋白酶、木瓜蛋白酶、黑曲霉源蛋白酶＋木瓜蛋白酶（两者比例为7∶3）、黑曲霉源蛋白酶＋木瓜蛋白酶（两者比例为6∶4）和Marker。

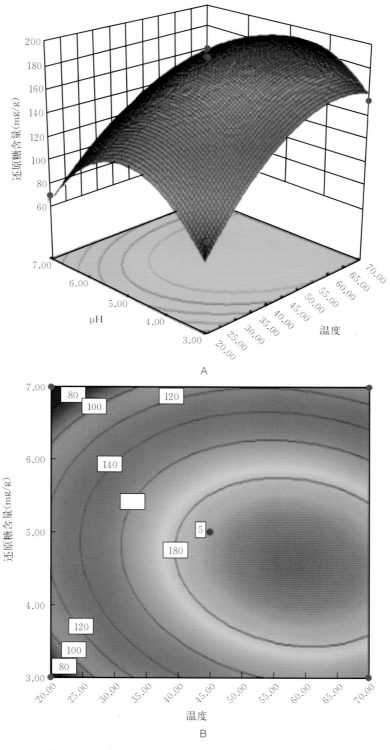

彩图 7　温度和 pH 交互影响体外酶解大麦中还原糖含量
A. 响应面图　B. 等高线图

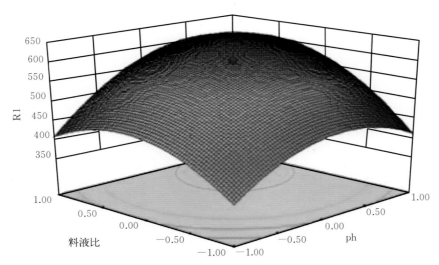

彩图 8 pH、料液比、蛋白酶本科活交互效应响应面分析

国家出版基金项目
NATIONAL PUBLICATION FOUNDATION

"十三五"国家重点图书出版规划项目
当代动物营养与饲料科学精品专著

饲料酶制剂
技术体系的发展与应用

冯定远　　左建军◎著

中国农业出版社
北　京

内容简介

　　本书基于大量科学研究和创新思考，分五篇共三十章介绍饲料酶制剂的最新创新理念和实践技术，是在《饲料酶制剂技术体系的研究与实践》基础上的发展与提升。书中首先分析我国及世界酶制剂在饲料工业中的应用现状及其发展趋势，说明饲料酶制剂创新理念发展的重要性和应用价值评价体系进一步发展完善的必要性和迫切性，然后从饲料酶制剂生物学特点、酶制剂营养学、产品设计理念、应用技术、作用机理、价值评估等方面探讨了饲料酶制剂的最新创新理念与实践，并挑选了 4 种热点酶制剂进行重点剖析和价值分析。

　　本书适合农业院校和科研单位从事动物营养与饲料学习与研究的师生、科研人员以及从事饲料和畜禽养殖生产的企业技术人员阅读使用。

杨在宾（教　授，山东农业大学动物科技学院动物医学院）

李光玉（研究员，中国农业科学院特产研究所）

李军国（研究员，中国农业科学院饲料研究所）

李胜利（教　授，中国农业大学动物科学技术学院）

李爱科（研究员，国家粮食和物资储备局科学研究院粮食品质营养研究所）

吴　德（教　授，四川农业大学动物营养研究所）

呙于明（教　授，中国农业大学动物科学技术学院）

佟建明（研究员，中国农业科学院北京畜牧兽医研究所）

汪以真（教　授，浙江大学动物科学学院）

张日俊（教　授，中国农业大学动物科学技术学院）

张宏福（研究员，中国农业科学院北京畜牧兽医研究所）

陈代文（教　授，四川农业大学动物营养研究所）

林　海（教　授，山东农业大学动物科技学院动物医学院）

罗　军（教　授，西北农林科技大学动物科技学院）

罗绪刚（研究员，中国农业科学院北京畜牧兽医研究所）

周志刚（研究员，中国农业科学院饲料研究所）

单安山（教　授，东北农业大学动物科学技术学院）

孟庆翔（教　授，中国农业大学动物科学技术学院）

侯水生（研究员，中国农业科学院北京畜牧兽医研究所）

侯永清（教　授，武汉轻工大学动物科学与营养工程学院）

姚军虎（教　授，西北农林科技大学动物科技学院）

秦贵信（教　授，吉林农业大学动物科学技术学院）

高秀华（研究员，中国农业科学院饲料研究所）

曹兵海（教　授，中国农业大学动物科学技术学院）

彭　健（教　授，华中农业大学动物科学技术学院动物医学院）

蒋宗勇（研究员，广东省农业科学院动物科学研究所）

蔡辉益（研究员，中国农业科学院饲料研究所）

谭支良（研究员，中国科学院亚热带农业生态研究所）

谯仕彦（教　授，中国农业大学动物科学技术学院）

薛　敏（研究员，中国农业科学院饲料研究所）

瞿明仁（教　授，江西农业大学动物科学技术学院）

审稿专家

卢德勋（研究员，内蒙古自治区农牧业科学院动物营养研究所）

计　成（教　授，中国农业大学动物科学技术学院）

杨振海（局　长，农业农村部畜牧兽医局）

丛书序

　　经过近 40 年的发展，我国畜牧业取得了举世瞩目的成就，不仅是我国农业领域中集约化程度较高的产业，更成为国民经济的基础性产业之一。我国畜牧业现代化进程的飞速发展得益于畜牧科技事业的巨大进步，畜牧科技的发展已成为我国畜牧业进一步发展的强大推动力。作为畜牧科学体系中的重要学科，动物营养和饲料科学也取得了突出的成绩，为推动我国畜牧业现代化进程做出了历史性的重要贡献。

　　畜牧业的传统养殖理念重点放在不断提高家畜生产性能上，现在情况发生了重大变化：对畜牧业的要求不仅是要能满足日益增长的畜产品消费数量的要求，而且对畜产品的品质和安全提出了越来越严格的要求；畜禽养殖从业者越来越认识到养殖效益和动物健康之间相互密切的关系。畜牧业中抗生素的大量使用、饲料原料重金属超标、饲料霉变等问题，使一些有毒有害物质蓄积于畜产品内，直接危害人类健康。这些情况集中到一点，即畜牧业的传统养殖理念必须彻底改变，这是实现我国畜牧业现代化首先要解决的一个最根本的问题。否则，就会出现一系列的问题，如畜牧业的可持续发展受到阻碍、饲料中的非法添加屡禁不止、"人畜争粮"矛盾凸显、食品安全问题受到质疑。

　　我国最大的国情就是在相当长的时期内处于社会主义初级阶段，我国养殖业生产方式由粗放型向集约化型的根本转变是一个相当长的历史过程。从这样的国情出发，发展我国动物营养学理论和技术，既具有中国特色，对制定我国养殖业长期发展战略有指导性意义；同时也对世界养殖业，特别是对发展中国家养殖业发展具有示范性意义。因此，我们必须清醒地意识到，作为畜牧业发展中的重要学科——动物营养学正处在一个关键的历史发展时期。这一发展趋势绝不是动物营养学理论和技术体系的局部性创新，而是一个涉及动物营养学整体学科思维方式、研究范围和内容，乃至研究方法和技术手段更新的全局性战略转变。在此期间，养殖业内部不同程度的集约化水平长期存在。这就要求动物营养学理论不仅能适应高度集约化的养殖业，而且也要能适应中等或初级集约化水平长期存在的需求。近年来，我国学者在动物营养和饲料科学方面作了大量研究，取得了丰硕成果，这些研究成果对我国畜牧业的产业化发展有重要实践价值。

"十三五"饲料工业的持续健康发展，事关动物性"菜篮子"食品的有效供给和质量安全，事关养殖业绿色发展和竞争力提升。从生产发展看，饲料工业是联结种植业和养殖业的中轴产业，而饲料产品又占养殖产品成本的70%。当前，我国粮食库存压力很大，大力发展饲料工业，既是国家粮食去库存的重要渠道，也是实现降低生产成本、提高养殖效益的现实选择。从质量安全看，随着人口的增加和消费的提升，城乡居民对保障"舌尖上的安全"提出了新的更高的要求。饲料作为动物产品质量安全的源头和基础，要保障其安全放心，必须从饲料产业链条的每一个环节抓起，特别是在提质增效和保障质量安全方面，把科技进步放在更加突出的位置，支撑安全发展。从绿色发展看，当前我国畜牧业已走过了追求数量和保障质量的阶段，开始迈入绿色可持续发展的新阶段。畜牧业发展决不能"穿新鞋走老路"，继续高投入、高消耗、高污染，而应在源头上控制投入、减量增效，在过程中实施清洁生产、循环利用，在产品上保障绿色安全、引领消费；推介饲料资源高效利用、精准配方、氮磷和矿物元素源头减排、抗菌药物减量使用、微生物发酵等先进技术，促进形成畜牧业绿色发展新局面。

动物营养与饲料科学的理论与技术在保障国家粮食安全、保障食品安全、保障动物健康、提高动物生产水平、改善畜产品质量、降低生产成本、保护生态环境及推动饲料工业发展等方面具有不可替代的重要作用。当代动物营养与饲料科学精品专著，是我国动物营养和饲料科技界首次推出的大型理论研究与实际应用相结合的科技类应用型专著丛书，对于传播现代动物营养与饲料科学的创新成果、推动畜牧业的绿色发展有重要理论和现实指导意义。

李德发

2018.9.26

序　言

　　早在 1925 年，Clickner 和 Follwell 就已经萌生了将粗酶制品作为饲料添加剂使用的想法，并首次用一种粗制酶（protozyme）进行科学试验。但 20 多年过去，才有 Hastings（1946）的试验证实淀粉酶在饲料中的效用。而突破性的工作，则是再等 20 年，由 Burnett（1966）进行的粗制 β-葡聚糖酶试验。此后，饲料酶制剂产业开始缓慢起步，而直到 20 世纪 90 年代才加速发展。自那时起，饲料酶制剂行业已成为全球食品安全不可缺少的重要产业。

　　饲料酶制剂产业的发展已经走过三个清晰的阶段。第一阶段是酶制剂因其具有降低单胃动物食糜黏性的功能而被选用，科学与产业研究最初的努力多聚焦于提高黑麦、大麦、小麦甚至是黑小麦等黏性谷物的营养价值。第二阶段是自 20 世纪 90 年代中期开始，研究的重点是探究酶制剂分解不溶性细胞壁成分的能力，目标是提高玉米和高粱等非黏性谷物中"被禁锢养分"消化的可能性。很明显，驱使产业进行这方面研究的动因是全球饲料工业在很大程度上依赖非黏性谷物及植物性蛋白质来源，这些饲料原料含有大量的不溶性非淀粉多糖。第三阶段则是近年来，已经发现一些酶制剂有许多新的用途，包括但不限于以下方面：替代日粮饲用抗生素、增强动物免疫力、调节动物肠道微生物群落。当然，上面提到的仅仅是多聚糖酶类，而其他饲料酶制剂，如植酸酶、蛋白酶等早已成为了常规的饲料添加剂。

　　迄今，中国的饲料产业体量已经达到全球最大，也使得其饲料酶制剂使用总体数量最多。饲料酶制剂的研究与技术水平的同步提升，有力地支持了中国饲料工业的发展。新书《饲料酶制剂技术体系的发展与应用》是中国在应用饲料酶制剂方面的科学深度与技术进步的一个明证。在仅仅三十章里，该著作内容已有相当的深度，同时主题涵盖了一定的广度，综合了多个相关的领域：从产酶微生物的选择到生产酶制剂的发酵技术、从饲料酶制剂产品的设计到使用效果的评估、从饲料酶作用底物的特性到酶解终产物在肠道健康中的应用等。

　　本序无法恰当地评价该书的丰富内容，然而，我这里提几个特别有意义的例子。第八章阐述了可以通过选择酶种并设计用于产生益生元效用的做法，这是我所知道的唯一一部用完整的章节来专门针对酶制剂应用领域这一新显现的课题展开探讨的著述；而在第二十三章则对另一个有趣的发展领域——利用肠道微生物作为饲料酶制剂功效的生物标记展开了探讨。另外，该专著还详细地阐述了蛋白酶的应用、脂肪酶在家禽日粮中应用的潜力，也专门讨论了葡萄糖氧化酶和过氧化物酶这两种尚未得到广泛应用的酶制剂，而这两种酶在无抗生素添加的动物生产中可发挥重要作用。

衷心祝贺冯定远教授和左建军教授，早在 2011 年他们出版的专著《饲料酶制剂技术体系的研究与实践》就已经取得了令人惊喜的成绩，而此次的新专著是目前他们最新完成并升级扩展的著述。

未来清洁、绿色、友好的动物性蛋白质类产品的生产，需要依靠创新型饲料产品，如酶制剂。该专著的出版必将为推动饲料酶制剂行业的快速发展提供更大的助力。

Mingan Choct

2019 年 8 月 28 日

澳大利亚新英格兰大学

PERFACE

The first scientific testing of a crude enzyme product (protozyme) in 1925 (Clickner and Follwell, 1925) seeded the idea of using enzymes as a feed additive. Almost twenty more years passed before the efficacy of amylase in feed was examined (Hastings, 1946), and the ground – breaking work on a crude beta – glucanase by G. S Burnett waited yet another twenty years after that (Burnett, 1966) . Thus, the feed enzyme industry had a languorous start until it suddenly took off in the 1990s. Since that time, it has become a significant industry that is now essential for global food security in the future.

The feed enzyme industry has gone through three distinct stages of development. First, enzymes were selected for their ability to reduce digesta viscosity in monogastric animal species. Therefore, scientific and industrial research efforts initially focussed on enhancing the nutritive value of viscous grains, such as rye, barley, wheat and occasionally triticale. From the mid 1990s, research efforts were accelerated to explore the ability of enzymes to break down insoluble cell wall components aiming to make "entrapped nutrients" in non – viscous grains, such as corn and sorghum, more available for digestion. The incentives for industry to drive such research was clear because a very large proportion of the global feed industry relied on non – viscous grains as well as vegetable protein sources containing copious amounts of insoluble non – starch polysaccharides. In recent years, the feed enzyme industry has discovered numerous novel uses for enzymes, including but not limited to, as an alternative to in – feed antibiotics, enhancing immunity, and modulation of the gut microbiota. Of course, this is only about glycanases. Other enzymes, such as phytase and protease, have also become common feed additives.

The Chinese feed industry is by far the largest in volume and hence the largest overall user of enzymes. The industry's development has been ably supported by concurrent advancement in enzyme research and technology in country. The current book "The Development and Practice of Feed Enzyme Technology" is a testament to the scientific depth and technological progress in using feed enzymes in China. The book covers, in extraordinary depth, a range of topics, from the selection of organisms to fermentation technology, from product design to evaluation, and from substrate characterisation to determination of the end – products of enzyme application on gut health in only 30 comprehensive chapters.

No preface can do justice to its immense content, nevertheless I will mention a few individual chapters as great examples. Chapter 8 elucidates the process by which enzymes may be selected and designed for their efficacy to produce prebiotics. This is the only book I have read that has dedicated an entire chapter to this very important emerging topic of enzyme application. Chapter 23, meanwhile, illustrates another interesting field of development – using gut microorganisms as biomarkers for enzyme efficacy in feed. The book also goes into considerable detail about the use of protease, covers the potential of lipase in poultry diets, and talks about two enzymes yet to enjoy widespread use, i. e. , glucose oxidase and peroxidase, which have critical roles in antibiotic – free animal production.

My sincere congratulations to the authors, Professors Feng Dingyuan and Zuo Jianjun, who did an amazing job in writing the work of "*The Research and Application of Feed Enzyme Technology*" in 2011 and have now produced the current, significantly upgraded and updated, version.

Clean, green and ethical production of animal proteins for human consumption will require innovative products like enzymes in the future. This book is a great addition to the tools that will assist the feed enzyme industry to move forward in leaps and bounds.

Mingan Choct
University of New England，Australia
28 August，2019

前　言

　　酶制剂在饲料工业与养殖业中的发展速度很快，作为同时具有营养性添加剂和非营养性添加剂双重特性的饲料酶制剂，由原先的提高日粮营养消化利用率的营养功能，已经拓展到包括调节动物肠道健康、杀菌抑菌等七个方面的功能。越来越多的实践应用显示，饲料酶制剂在提高动物生产性能、开发新的饲料资源、减少养殖的排放污染和替抗减锌养殖等多个领域显现其不同程度的应用价值，使饲料养殖业的安全、高效、环保和可持续发展成为可能。酶制剂的多用途、多领域应用也促进了酶制剂产业的快速发展，饲料酶制剂研发与生产企业成为最有活力的饲料添加剂企业之一。酶制剂的研发不断取得新进步、新突破，生产的有效酶活力不断提高，部分酶制剂，如植酸酶已成为一种常规的、必需的饲料添加剂，而且其应用价值已经能够直接在配方中加以计算使用。酶制剂在饲料、养殖中的应用已从原来的怀疑到逐渐接受认可，再到部分酶制剂被广泛使用，得益于饲料酶制剂基础理论的探讨与技术体系的构建、得益于发酵菌种技术与发酵工艺的提升、得益于饲料工业与养殖行业的实践。

　　近年来，酶制剂在饲料与养殖中的应用技术不断发展，新思路、新理念、新技术不断出现，呈现出横向和纵向发展的趋势。横向方面，拓宽了应用领域，如葡萄糖氧化酶、过氧化氢酶、溶菌酶等在杀菌抑菌和替抗方面的应用，促进了这类新产品的发展，酶制剂的药用价值受到了广泛关注，成为饲料酶制剂的一个新的增长点。纵向方面，在原有的单酶和复合酶的基础上，出现了针对同一类底物协同作用的组合酶、聚焦不同关联底物协同作用的配合酶，以及解决饲料日粮复杂性的酶制剂产品。饲料酶制剂现状与发展动态呈现新的特点和态势：酶制剂改善营养消化具有提高动物生产性能和减排环保双重价值，饲料酶制剂功能由提高消化率到降低代谢的营养价值认识深化，饲料酶制剂通过多种途径参与动物肠道健康的构建，在液体发酵工艺基础上的饲料酶固体发酵具有独特的作用，酶制剂应用的饲料营养价值评定与参数数据库建立等。同时，我们必须看到饲料酶制剂的应用与产业发展仍存在不少问题，如饲料酶制剂的理论研究问题、饲料酶制剂产品质量提升问题、酶制剂在饲料与养殖中应用的拓展问题、饲料酶制剂应用效果评价问题等。为此，笔者和中国农业科学院饲料研究所姚斌院士所在的团队合作，从2017年开始，组织一年一度的"饲料酶制剂科技与产业发展大会"，目的是为了总结和推广饲料酶制剂方面的新理论、新技术及新产品，让这个小小的生物技术在高效、安全、环保的饲料与养殖生产中发挥更大的作用。

从1998年承担第一个饲料酶制剂国家自然科学基金项目开始，笔者一直在进行饲料酶制剂技术体系建立的探讨，并在2011年在国家出版基金项目的资助下出版了《饲料酶制剂技术体系的研究与实践》，与此次出版的《饲料酶制剂技术体系的发展与应用》可以合为姊妹篇。例如，"研究与实践"中讨论了"组合酶"的概念和原理，而"发展与应用"拓展到"配合酶"。单酶、复合酶、组合酶、配合酶等丰富了饲料酶开发与应用的范围，区分了这些饲料酶与一般盲目性的"混合酶"的含义和要求。更有意义的是，"主效酶与辅效酶"的原理与定义，进一步把这些多酶组分的关系串联起来，使各种酶制剂产品系列成为一个整体。但是，这两本专著又是独立成书，"研究与实践"偏于基本理论与实践，"发展与应用"则是拓展饲料酶技术体系的新领域和新热点。实际上，"饲料酶技术体系"是一个范围广、未完成的系统，它具有开放性，需要不断修正和完善，还需要同行和业界的指导、批评和建议。我们的探讨还是处于初始和尝试阶段，问题和错误一定不少，我们的想法是引起更多的人参与和指导。

感谢澳大利亚大学Mingan Choct教授为本书作序，作为当今著名的饲料酶制剂大家、非淀粉多糖酶应用的开拓者和酶制剂代替抗生素在家禽应用的世界权威之一，Mingan Choct教授给予我们很多指导、鼓励和肯定。Mingan Choct教授是一位蒙古族澳大利亚籍学者，他严谨的学术精神十分值得我们学习。感谢动物营养学科前辈卢德勋先生的鼓励和指导，感谢我的学生的研究试验作为思考的基础，感谢国家出版基金项目的支持。

著　者

2019 年 10 月

目　录

第二篇　饲料酶制剂产品的设计技术

06　第六章　饲料组合酶制剂的设计理念及其关键技术

07　第七章　饲料配合酶制剂的设计理念及其关键技术

08　第八章　益生型饲料酶制剂设计的理论基础及其作用

09　第九章　饲料酶制剂中的主效酶与辅效酶

10 第十章　数学建模与数理统计学优化在饲料酶制剂产品开发中的应用

第三篇　饲料酶制剂应用技术的理论基础

11 第十一章　饲料酶制剂应用技术体系研究现状与发展趋势

12 第十二章 基于传统动物营养学的饲料酶制剂营养学

13 第十三章 基于系统动物营养学的饲料酶制剂营养学

14 第十四章 饲料酶制剂降低动物机体营养代谢消耗的作用及其机制

15 第十五章 饲料酶制剂消减动物机体诱导免疫反应的作用及其机制

16 第十六章 酶制剂改造饲料纤维和维护畜禽后肠健康的作用及其机制

17 第十七章 酶制剂在饲料减抗替抗中的作用价值及其作用机制

24 第二十四章 加酶饲料营养价值的当量化评估

25 第二十五章 基于大数据分析方法评价饲料酶制剂的营养当量价值

第五篇 饲料酶制剂的应用实践

26 第二十六章 提高酶制剂改善饲料营养价值潜能的措施

27　第二十七章　饲料蛋白酶在畜禽饲粮中的营养效应

28　第二十八章　饲用脂肪酶在畜禽饲料中的营养效应

01

第一篇 饲料酶制剂产品的生产技术

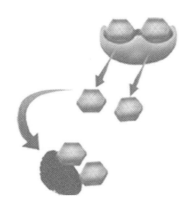

第一章
酶制剂产品的研发现状及其发展趋势

酶制剂作为饲料领域具有重要发展前景的添加剂，第一次大规模试图在工业中使用是在 19 世纪与 20 世纪之交，但结果不是很理想，原因主要是人们对酶的特性缺乏了解。近 60 年来，人们对酶的特性和反应动力学的认识有了长足进展，酶制剂也得以广泛应用。饲料酶制剂应用是生物技术在饲料工业中一项重要的内容，作为一种高效的生物催化剂，是一种安全、天然的绿色产品。

第一节　酶制剂在饲料中的应用情况

一、饲料酶制剂的使用目的及其作用

酶在动物饲料中应用的历史很短，直到 1975 年才出现商品饲料酶制剂，作为饲料添加剂较广泛应用也是最近 30 多年的事。以英国为例，使用酶制剂的肉鸡饲料在 1988 年几乎为零，而到 1993 年增加至 95%，到目前已经基本全部使用酶制剂。饲料工业中使用的酶都是直接用作饲料添加剂的水解酶。在饲料中使用酶制剂的目的包括几个方面：①对动物内源酶的补充，包括蛋白酶、淀粉酶和脂肪酶；②消除饲料中某些抗营养因子，如 β-葡聚糖酶、木聚糖酶和植酸酶等；③使某些营养物质更易被吸收，提高低劣饲料原料的营养价值，如纤维素酶；④对某些饲料成分，如羽毛、下脚料等进行预处理，使其更易消化。添加饲料酶制剂（尤其是 β-葡聚糖酶和木聚糖酶），不仅可以改善日粮营养物质的利用，降低日粮和肠道食糜的黏稠性，减少家禽喙损害和泄殖腔堵塞的风险，缩小胃肠道容积（Marquardt 等，1993），还可改变肠道微生物群落，减少饮水量，降低排泄物的含水量和排泄物的氨味，有效控制排泄物中氨和磷的排放量等。影响酶制剂在饲料中添加效果的因素是多方面的，其中重要的有：酶制剂的种类和活力、饲料原料和日粮类型、动物的种类和年龄、饲料加工工艺和使用方法等。

二、主要饲料酶制剂种类及其特点

已发现酶的品种很多，应用于人们生产生活中的酶已达到 300 多种，其中被饲料工

业引入使用的酶有近 20 种。饲料酶制剂包括消化酶和非消化酶两大类。消化酶直接补充体内酶的不足来提高和稳定饲料营养物质的消化降解效果；非消化酶是动物自身体内通常不能合成的酶，一般来源于微生物，主要用于分解动物自身不能消化的物质或降解抗营养因子和有害物质等。这两类酶一般都属于水解系列的酶。消化酶主要有淀粉酶、脂肪酶和蛋白酶等，非消化酶有纤维素酶、β-葡聚糖酶、木聚糖酶、植酸酶等（表 1-1）。

表 1-1　主要饲料酶制剂种类和营养效应

酶类	底物	功能	效果和应用
β-葡聚糖酶	大麦、燕麦	降低黏稠度	提高营养消化与利用
木聚糖酶	小麦、黑麦、米糠	降低黏稠度	提高营养消化与利用
α-半乳糖苷酶	豆科籽实	降低黏稠度	提高营养消化与利用
植酸酶	植物饲料	从植酸中释放磷	增加磷吸收
蛋白酶	蛋白质	蛋白质水解	提高蛋白质消化
脂肪酶	脂肪	脂肪水解	适用于幼龄动物
淀粉酶	淀粉	淀粉水解	适用于幼龄动物

过去几年，在饲料工业中使用或具有应用前景的酶制剂主要包括 β-葡聚糖酶、木聚糖酶、植酸酶、蛋白酶、α-半乳糖苷酶等。目前，应用于饲料工业的大多数酶来自细菌和真菌发酵生产。最近，已对不同的 β-葡聚糖酶、木聚糖酶、纤维素酶和植酸酶等的基因编码进行克隆，并在微生物、植物等体系中表达，使酶的产量大幅度增加。常用于饲料工业的几种酶中，植酸酶、β-葡聚糖酶和木聚糖酶是最重要的 3 种。植酸酶可水解植物性饲料中的植酸磷，释放无机磷和其他被植酸束缚的淀粉、矿物元素等营养物质；而 β-葡聚糖酶和木聚糖酶均可以部分水解普遍存在于禾本科谷物中的水溶性非淀粉多糖（non-starch soluble polysaccharide，NSP）。

1. 淀粉酶　淀粉酶是能够分解淀粉糖苷键的一类酶的总称，广泛存在于动物、植物和微生物中，动物胰液、小肠液和唾液中也含有淀粉酶。目前，饲料用淀粉酶主要来源于枯草杆菌、曲霉、根霉、反刍动物瘤胃菌等微生物的发酵产物，主要包括 α-淀粉酶、β-淀粉酶、葡萄糖淀粉酶、支链淀粉酶等。饲料中通常使用的是 α-淀粉酶，它是内切酶，催化淀粉分子内部 1，4-糖苷键的随机水解；而 β-淀粉酶是外切酶，催化淀粉分解为寡糖、双糖、糊精或葡萄糖和果糖。

2. 蛋白酶　蛋白酶是催化分解肽键的一类酶的总称。蛋白酶作用于蛋白质，将其降解为小分子的蛋白胨、肽和氨基酸。此类酶种类繁多，广泛存在于动物、植物、微生物（主要为细菌、放线菌、霉菌）体内。动物体内的蛋白酶多存在于胃液和胰液中，分别为胃蛋白酶和胰蛋白酶，前者属于酸性蛋白酶，后者属于中性或碱性蛋白酶。饲料蛋白酶有酸性蛋白酶、中性蛋白酶及碱性蛋白酶，按其作用方式又分为内切酶和外切酶，一般的微生物蛋白酶通常是内切酶和外切酶的混合物。

3. 脂肪酶　脂肪酶催化三酰甘油的酯键水解，释放更少酯键的甘油酯或甘油及脂肪酸，广泛存在于动物、植物和微生物中。动物体内含脂肪酶较多的是高等动物的胰脏和脂肪组织；动物体内的胃液和肠液中含有少量的脂肪酶，用于补充胰脂肪酶对脂肪消化的不足，在肉食动物的胃液中含有少量的丁酸甘油酯酶。植物中含脂肪酶较多的是油料作物的种子，如蓖麻籽、油菜籽，细菌、真菌和酵母中的脂肪酶含量更为丰富，由于微生物种类多、繁殖速度快、易发生遗传变异，具有比动物、植物更广作用的 pH、作用温度范围及底物专一性，且微生物来源的脂肪酶一般都是分泌性的胞外酶，适合于工业化大生产和获得高纯度样品，因此微生物脂肪酶是饲料工业用脂肪酶的重要来源。

4. 纤维素酶　纤维素酶是降解纤维素 β-1，4-糖苷键的一类酶的总称，一般为复合酶系，主要包括 C1 酶、CX 酶和 β-葡萄糖苷酶。当前用于生产饲料工业用纤维素酶的大多为真菌，细菌和放线菌较少，主要包括木霉、黑曲霉、青霉、根霉、反刍动物瘤胃菌、芽孢杆菌等。纤维素酶分解纤维素为纤维二糖、纤维三糖等，α-葡萄糖苷酶则将纤维二糖、纤维三糖分解为葡萄糖。高等动物体内缺乏纤维素酶。尽管纤维素酶具有很大的潜力，但目前在工业上的实际应用还很有限。主要是由于所用酶种类很多，酶促纤维素水解过程非常复杂。另外，天然纤维素很少单独存在，而是与木质素和半纤维素紧密联系，木质素的包裹使得酶很难接近纤维素进而发挥作用。

5. 半纤维素酶　半纤维素酶将植物细胞中的半纤维素水解为多种五碳糖，降低半纤维素溶于水后的黏度。其中，内切形式的半纤维素酶的水解作用，不仅可降低半纤维素的黏稠性，而且能改善禾本科谷物的营养价值。外切形式的半纤维素酶虽也能从半纤维素中释放出葡萄糖，但对黏稠度的影响较小。半纤维素酶主要包括木聚糖酶、β-葡聚糖酶、甘露聚糖酶和半乳聚糖酶 4 种。它们在植物和微生物中都有存在，其中饲料工业用半纤维素酶主要由各种曲霉、根霉、木霉和杆菌等微生物发酵产生。在饲料工业中应用较多的是木聚糖酶和 β-葡聚糖酶，尤其是在麦类替代玉米的日粮中使用时，可有效提高其营养价值，接近或达到与玉米相当的饲喂效果。

6. 果胶酶　果胶的主要成分是半乳糖醛酸。果胶酶可使果胶质水解，降低食糜的黏度。没有任何一种酶可单独完全降解果胶，需多种酶的配合才能完成，这些酶包括果胶甲基酯酶、多聚半乳糖醛酸酶、果胶裂解酶，所以果胶酶也是一种多酶复合物。工业生产果胶酶可来源于霉菌、芽孢杆菌等微生物。饲料工业中果胶酶多用于提高青贮饲料的品质或家禽日粮中添加，以降低食糜黏性及改善养分利用效率和蛋品质等。

7. 植酸酶　植酸即肌醇六磷酸，是植物中磷的贮存形式。植酸中的磷难以或不能被单胃动物消化利用，同时植酸作为螯合剂束缚二价金属阳离子、蛋白质、淀粉等其他营养物质。植酸酶属于磷酸单醇水解酶，它水解植酸（盐）为正磷酸和肌醇衍生物，释放出磷、锌和钙等。植酸酶广泛存在于动物、植物和微生物中，但单胃动物是否分泌植酸酶现在还存在争论，而有一些植酸酶是转基因动物的产物，即使有，分泌量和活力也有限；而反刍动物产生的植酸酶实际是其瘤胃中微生物发酵的产物。植物性植酸酶是6-植酸酶，在麦类饲料中含量丰富，但水解植酸酶的效率要比微生物来源的低。微生物生产的 3-植酸酶是目前市场上植酸酶的主要来源，产植酸酶的微生物有丝状真菌、酵母和细菌等。植酸酶种类包括中性植酸酶和酸性植酸酶。此外，中国农业科学院生物技术研究所范云六院士带领的课题组于 2007 年利用玉米种子生物反应器生产出了国际领先水平的第二代高活力植酸酶。

以上各种饲料酶制剂实际上绝大部分都是一类或一群酶的总称，有时也容易出现混淆，如 β-葡聚糖酶与纤维素酶、木聚糖酶与半纤维素酶等。

第二节　饲料酶制剂的开发与应用

一、饲料酶制剂的开发

到目前为止，饲料酶制剂的开发以木聚糖酶、β-葡聚糖酶和植酸酶为重要酶种，再适当辅助加入其他的内源酶和外源酶生产复合酶（植酸酶一般以单项酶作为酶制剂产品）。所幸的是，目前这3种酶的工业化生产效率都很高，尤其是采用基因工程等先进的生物技术后，酶制剂生产的效率又得到很大提高。部分已处于国际领先水平，其中植酸酶酶活力由原来的 500 U 提高到 50 000 U；木聚糖酶由原来的 5 000 U 提升到 100 000 U。饲料酶制剂应用成本大幅度下降，使部分酶制剂，如植酸酶已成为一种常规的、必需的饲料添加剂，而且其应用价值已经能够直接并在配方中加以计算使用。

1. 饲料酶制剂的来源　饲料酶制剂中单项酶的工业化生产，除了蛋白酶可利用植物来源的木瓜乳汁制成木瓜蛋白酶或动物来源的胃、胰蛋白酶之外，其他多为微生物来源。但是，笔者研究团队分析发现由木瓜乳汁加工而成的木瓜蛋白酶不是纯酶，这些粗酶中除含有木瓜蛋白酶外，还含有溶菌酶、半胱氨酸蛋白酶、纤维素酶、葡聚糖酶、谷氨酰胺及低分子质量的巯基化合物，并表现出对蚕蛹蛋白等良好的降解效果（陈芳艳等，2004，2005a，2005b）。有些产酶菌株还通过基因编码技术，将产酶基因转到成本低、能大规模发酵生产的微生物内，再进行发酵后高效表达。β-葡聚酶发酵生产主要是来源于枯草芽孢杆菌、木霉等，戊聚糖酶来源于木霉，植酸酶则主要来源于 *Aspergillus ficuum*（表1-2）。

表1-2　常见饲料酶制剂生产所用的菌种及酶的最适反应条件

酶的种类	产酶菌株	最适 pH	最适温度（℃）
β-葡聚糖酶	枯草芽孢杆菌	4.9~5.2	55~70
β-葡聚糖酶	地衣芽孢杆菌	5.5~7.5	50~60
戊聚糖酶	木霉	5.0~6.0	50~60
植酸酶	无花果曲霉	2.5~5.5	—
α-淀粉酶	地衣芽孢杆菌	6.0~7.0	95~97
α-淀粉酶	黑曲霉	4.9~5.2	55~70
中性蛋白酶	枯草杆菌 A 和枯草杆菌 S	7.0~8.0	50~55
酸性蛋白酶	黑曲霉	2.5~4.0	50~55
脂肪酶	解脂假丝酵母	7.0~8.0	35~45
脂肪酶	根霉	3.5~4.5	40~50
纤维素酶	木霉	4.0~5.0	45~50
纤维素酶	黑曲霉	3.5~5.5	45~50
半纤维素酶	木霉	4.5~6.0	40~50
半纤维素酶	枯草芽孢杆菌	4.0~6.0	40~55
果胶酶	黑曲霉	3.5~4.5	40~55
果胶酶	根霉	3.5~4.5	40~55

许多微生物可分泌多种酶，如木霉、黑曲霉、根霉、枯草芽孢杆菌等都可以分泌产生两种以上的单项酶，食品工业用的酶制剂一般都经过分离提取工艺，而饲料工业则可以直接提取"复合酶"。近年来的基因重组技术使微生物发酵能生产出高浓度、高活力和高纯度的酶制剂，如微生物植酸酶为曲霉 *Aspergillus ficuum* 产生，NR-RL3135菌株经基因工程处理，可使产酶率提高 10 倍以上（Knuckles 等，1989）。同时，还可以利用细胞杂交技术和原生体融合技术生产杂交酶，对父母本中的特性进行优化重组，如从 *B. macerans* 中可获得 *Bacillus* 1，3-1，4-β-葡聚糖酶，把这 2 种基因片断移入 *EcoRV* 转化区进行重组，可以生产出既耐酸又抗热的 β-葡聚糖酶。

2. 主要饲料酶制剂产品及其用途

（1）单项饲料酶制剂　为单一目的而使用的酶制剂，主要作用是消除抗营养因子，如甘露聚糖酶、植酸酶、β-葡聚糖酶、戊聚糖酶等。

（2）复合酶制剂　包括单用途复合酶和多用途复合酶。其中，单用途复合酶的用途单一，水解蛋白质或分解其他专一的营养成分（或抗营养因子），如菠萝蛋白酶、α-凝乳蛋白酶等；多用途复合酶含有 α-淀粉酶、蛋白酶、脂肪酶、纤维素酶、半纤维素酶、β-葡聚糖酶、戊聚糖酶（阿拉伯木聚糖酶）、果胶酶、甘露聚糖酶等，这类的产品最多。

（3）组合酶制剂　冯定远（2004）专门针对酶制剂催化的效率问题，创新性地提出了组合酶的设计理念。组合酶是指由催化水解同一底物的来源和特性不同，利用酶催化的协同作用，选择具有互补性的 2 种或 2 种以上酶配合而成的酶制剂。例如，蛋白酶组合酶制剂由多种来源不同的蛋白酶组成，是木瓜蛋白酶和黑曲霉蛋白酶的组合；木聚糖酶组合酶制剂由多种来源不同的木聚糖酶组成，是真菌木聚糖酶和细菌木聚糖酶的组合；纤维素酶组合酶制剂由木霉纤维素酶和青霉纤维素酶组成等。之后，笔者研究团队在植酸酶、蛋白酶和木聚糖酶方面开展了大量组合筛选工作，发现酸性酶和中性酶、内切酶和外切酶之间有明显的互补增效的组合效应（李春文，2007；周响艳等，2009；代发文等，2009）。

饲料酶制剂的用途主要分为两大类：一是水解营养物质，起辅助、消化的作用，以补充内源酶为主；二是分解抗营养因子，主要是外源酶，如 β-葡聚糖酶或其他聚糖酶、植酸酶。

3. 饲料酶制剂产品开发的主要方向　方向之一是研究开发分解抗营养因子的酶制剂，甚至是单项专用的酶制剂，如植酸酶、半乳糖苷酶（分解豆类的抗营养因子），因为这些专用酶制剂产品针对性更强、效率更高。方向之二是根据不同类型日粮的特点，设计饲料酶制剂的酶种组成和酶活力的含量，如含有大麦或啤酒渣的日粮，以 β-葡聚糖酶为主；含有小麦或麦皮的日粮，以戊聚糖酶为主。近年来，已有一些玉米-豆粕型饲料酶制剂、玉米-麦皮-豆粕型饲料酶制剂、小麦-豆粕型饲料酶制剂等。这些酶制剂是根据日粮组成及其特性而开发生产的，可以有效避免漫无目的地应用酶制剂。是根据不同动物不同生长发育阶段及不同生产用途而设计出不同组成、活力的酶制剂，如早期断奶仔猪日粮专用酶制剂，含有一定的蛋白酶、淀粉酶和脂肪酶；蛋鸡日粮专用酶制剂含有降解水溶性非淀粉多糖（NSP）的酶制剂，以保持蛋品的清洁度、提高产品质量等。方向之四是开发生产一些饲料原料处理专用酶制剂，如含有木瓜蛋白酶、中性蛋白酶、酸性蛋白酶、胃蛋白酶等多种动物、植物和微生物来源的蛋白酶产品，专门用于加工处理某些饲料原料，如皮革蛋白粉、羽毛粉、家禽屠宰副产品和血粉等，使某些非常规饲料原料的消化利用率提高或消除有害成分等。

二、饲料酶制剂的应用

在酶制剂应用中，广为人知且效果最好的例子是在大麦基础型家禽日粮中使用β-葡聚糖酶。另外，在小麦型家禽日粮中使用戊聚糖酶的效果也非常成功。β-葡聚糖酶和戊聚糖酶（阿拉伯木聚糖酶）是2种研究最充分，并在当前已被商业性地用于单胃动物饲养系统的酶制剂，其目的是提高营养物质利用率，改善粪便质量和（或）蛋的清洁度。动物营养学家对植酸酶的兴趣已持续多年，已广泛证实了其在饲料工业中应用价值，最近几年从超剂量使用角度进一步发展了植酸酶的应用价值。笔者研究团队在猪、鸡、鸭等动物中的试验研究表明，添加植酸酶可提高饲料中钙和磷的利用效率，而且在降低日粮中钙0.2%～0.3%、磷0.1%～0.2%的情况下，添加植酸酶可达到同普通钙、磷水平日粮相当的饲养效果（克雷马蒂尼，1999；左建军，2005；陈旭，2008）。

关于其他种类的酶，如纤维素酶、蛋白酶、淀粉酶、脂肪酶、果胶酶等应用报道不多（Newman，1993）。关于在单胃动物日粮中使用α-淀粉酶的科学依据尚存不足，早在1959年，Willingham等就研究表明，结晶的α-淀粉酶对大麦型日粮的利用无改善作用。在一般情况下，小肠分泌的淀粉酶足以使淀粉能很好地被消化利用（Moran，1982）。许多研究者认为，在饲料中添加淀粉酶、β-葡聚糖酶和戊聚糖酶，可使幼畜获益（Campbell和Bedford，1992）。笔者研究团队于2002年发现，在断奶仔猪日粮中添加消化酶（淀粉酶＋蛋白酶）、非淀粉多糖酶（β-葡聚糖酶＋木聚糖酶＋纤维素酶）及两者的复合酶，对仔猪生长性能、消化系统发育和内源酶活力均具有促进的趋势（沈水宝，2002）。但支持这一论点的科学依据还需要进一步完善。人们普遍持有这样一种观点：在含有不溶性纤维的饲料中添加纤维素酶，可以提高日粮的能量价值。例如，在含有统糠、啤酒渣等饲粮中添加纤维素酶有较好的效果。笔者研究团队在2004年也证实，在肉鹅和肉鸡饲料中添加草粉或稻谷的同时，添加纤维素酶可有效提高饲料中粗纤维、能量等的利用效率，对动物生长性能也有积极的促进作用（黄燕华，2004；杨彬，2004）。但是，纤维素的酶解过程非常复杂，涉及许多不同的纤维素酶的作用。另外，在自然界中很少有如棉花那样的纯纤维素。在饲料中，纤维素通常与其他多聚物，如木质素、戊聚糖等有紧密的物理结合。木质素的包被使酶很难接触到纤维素。因此，同内源酶的情况类似，在饲料酶制剂产品开发中，是否有必要加入分解非水溶性非淀粉多糖（纤维素等）的酶制剂值得商榷。尽管如此，纤维素酶在饲料工业中仍具有极大的应用潜力。但目前还有许多技术难题未能解决，尤其是纤维素在天然饲料成分中的物理结构问题如何克服。技术问题未解决，设计复合酶制剂产品时就不能简单地复合累加在一起。

大多数添加在动物饲料中的酶是粗制剂，通常对一系列底物有活性（Campbell和Bedford，1992）。商业上的饲料酶制剂产品通常是将两种或更多种酶混合在一起，它们被称为"复合酶"（Graham，1993），而单一使用的酶多见于植酸酶。此外，市场上流通的许多饲料复合酶制剂通常都标榜含有蛋白酶、脂肪酶等内源酶，但这是否有必要，值得认真思考。

第三节　饲料酶制剂开发和应用中存在的问题

饲料酶制剂的开发和应用是生物技术在动物营养和饲料工业中应用最成功的例子之一，它在提高动物的生产性能，饲料利用效率，开发新的饲料资源，生产天然、无毒、无残留的畜产品及环境保护等多方面逐渐显示出巨大的潜力。尽管饲料酶制剂的作用已逐渐被人们所认识，但是其开发生产和实践应用仍有许多问题，这影响了酶制剂应用潜力的发挥。造成这些问题的原因主要包括两个方面：一是酶本身作为一种生物活性制品的复杂性，它的作用受到多方面因素的影响，尤其是在大规模生产应用的情况下，而人们的认识有一个过程；二是使用过程中一些技术上的问题还未完全克服。

目前，在饲料酶制剂研究开发和推广应用中的主要问题包括以下6个方面：

（1）某些新的饲料酶制剂产品开发过程中，对酶的最适活力单位或酶制剂添加量缺乏足够的试验基础，复合酶的单项酶种及活力比例具有一定的盲目性。有些酶种漫无目的地被添加，造成了浪费和成本的提高。今后酶制剂应转向专门化的产品研究开发，如某一特定日粮类型的饲料酶制剂，某一特定的动物某一阶段的饲料酶制剂，或者单一用途的饲料酶制剂（消除某一种抗营养因子等）。

（2）某些饲料酶制剂产品的有效成分和活力单位达不到要求，或与标示的含量不相符。

（3）许多酶制剂产品的酶活力鉴定方法不统一，不同产品缺乏可比性，使用时造成混乱。

（4）在饲料工业生产中缺乏有效可行的酶活力鉴定方法，尤其是饲料产品加工生产后的酶活力测定方法。

（5）虽然在粉料中使用饲料酶制剂有明显的效果，但许多使用者仍对颗粒饲料高温调质制粒过程中酶活力的稳定性有疑虑（Sears，1992）。尽管大多数酶在典型的制粒温度下相当稳定（至少在较短时间里），但某些酶的活力可能会受到影响。解决这一问题的方法有3种：一是采用在饲料制粒后喷洒液体酶的方法，在颗粒冷却前将酶喷于其表面，冷却过程中液体酶被吸收入颗粒内部；二是采用包埋技术，用高分子凝胶细微网格包埋（网格型），用高分子半透膜包埋（微囊型），或用表面活力剂和卵磷脂等形成液膜包埋（脂质体型）；三是筛选产耐高温酶的菌株进行发酵生产，如高温α-淀粉酶。此外，另外一个值得探讨的问题是酶制剂在饲料加工过程中的作用。饲料酶发挥作用的位置存在二元性，即肠道和饲料加工过程（冯定远等，2008）；而且，笔者研究团队在研究实验室评价植酸酶耐热性的过程中也发现，制粒处理虽然损失了酶活力，但同时表现出对植酸的降解作用（张常明等，2008）。

（6）有些用户在使用过程中缺乏正确的认识，对添加酶制剂的作用认识不清楚，目的不明确，影响了使用饲料酶制剂的效果和添加的意义，最突出的问题是加酶之后的饲料配方调整技术。针对这一问题，笔者研究团队建立了能有效指导加酶饲料配方调整的有效营养改进值（effective nutrients improvement value，ENIV）系统及其数据库（冯定远和沈水宝，2005；冯定远等，2006），通过量化酶制剂对饲料中代谢能、可消化粗蛋白等有效养分的改进值，直接参与配方调整。

本 章 小 结

随着酶制剂的研发不断取得新进步、新突破，我国饲料酶制剂产品的种类不断丰富，产品生产能力不断增强，生产的有效酶活力不断提高，部分已处于国际领先水平。但依然存在产酶菌株筛选、酶蛋白水解效率和稳定性改造技术、酶制剂产品后处理技术升级等的制约，这些问题中的部分是目前可以克服的，而另外一些则必须有待进一步研究。只有解决了这些问题，才能使饲料酶制剂产品的开发生产和推广应用取得更大的突破。

➔ 参考文献

陈芳艳，纪平雄，2004. 家蚕丝素固定化木瓜蛋白酶的研究 [J]. 华南农业大学学报，25（3）：83-86.

陈芳艳，纪平雄，2005a. 丝素固定化木瓜蛋白酶的特性研究 [J]. 华南农业大学学报，26（4）：81-83.

陈芳艳，纪平雄，2005b. 丝素固定化木瓜蛋白酶填充床反应器及其应用研究 [J]. 蚕业科学，31（3）：286-289.

陈旭，2008. 耐热植酸酶对肉鸭生长性能及养分代谢利用的影响 [D]. 广州：华南农业大学.

代发文，左建军，黄升科，等，2009. 组合型木聚糖酶对麻羽肉鸡生产性能的影响 [C]//冯定远. 饲用酶制剂的研究与应用. 北京：中国农业科学技术出版社.

冯定远，2004. 饲料工业的技术创新与技术经济 [J]. 饲料工业，25（11）：1-6.

冯定远，沈水宝，2005. 饲料酶制剂理论与实践的新理念——加酶日粮 ENIV 系统的建立和应用 [J]. 饲料工业，26（18）：1-7.

冯定远，谭会泽，王修启，等，2007. 饲用酶制剂作用的分子营养学机理与加酶日粮 ENIV 系统的分子生物学基础 [J]. 新饲料（1）：7-11.

冯定远，左建军，周响艳，2008. 饲料酶制剂理论与实践的新假设——饲料酶发挥作用位置的二元说及其意义 [J]. 饲料研究（8）：1-5.

黄燕华，2004. 不同来源纤维素酶在肉鹅高纤维日粮中的应用及其作用机理的研究 [D]. 广州：华南农业大学.

克雷马蒂尼，1999. 低磷日粮中使用植酸酶对肉鸡生产性能的作用 [D]. 广州：华南农业大学.

李春文，2007. 中性和酸性植酸酶对植物性饲料磷和钙体外透析率的影响 [D]. 广州：华南农业大学.

沈水宝，2002. 外源酶对仔猪消化系统发育及内源酶活性的影响 [D]. 广州：华南农业大学.

杨彬，2004. 纤维素酶在黄羽肉鸡小麦型日粮中的应用研究 [D]. 广州：华南农业大学.

张常明，左建军，叶慧，等，2008. 植酸酶耐热性评价方法的研究 [J]. 黑龙江畜牧兽医（2）：18-21.

周响艳，苏海林，李秧发，等，2009. 组合型复合酶制剂在黄羽肉鸡上的应用研究 [C]//冯定远. 饲用酶制剂的研究与应用. 北京：中国农业科学技术出版社.

左建军，2005.非常规植物饲料钙和磷真消化率及预测模型研究［D］.广州：华南农业大学.

Campbell G L，Bedford R，1992. Enzyme applications for monogastric animal feeds：a review［J］. Canadian Journal of Animal Science，72：449-466.

Cumella J R，Moran E T，1982. Comparative nutrition of the fowl and swine-the gastrointestinal systems［M］. Canada，Guelph：University of Guelph.

Graham D Y，Go M F，1993. Helicobacter pylori：current status［J］. Gastroenterology，105：279-282.

Marquardt R R，Guenter W，1993. Effect of enzyme supplementation on the nutritional value of raw，autoclaved，and dehulled lupins in chicken diet［J］. Poultry Science，2（12）：2281-2293.

Newman R D，Jaeager K L，1993. Evaluation of an antigen capture enzyme - linked immunosorbent assay for detection of cryptosporidium oocysts［J］. Journal of Clinical Microbiology，31（8）：2080-2084.

Power R F，Walsh G A，1994. Enzymes in the animal - feed industry［J］. Trends in Food Science and Technology，5（3）：81-87.

Sears P，Schuster M，Wang P，1994. Engineering subtilisin for peptide coupling：studies on the effect of counterions and site - specific modification on the stability and specificity of the enzyme［J］. Journal of the American Chemical Society，116（15）：6521-6530.

Sears P，Wrong C，1992. Engineering enzyme for bioorganic synthesis：peptide bond formation［J］. Biotechnology Progress，12（4）：423-433.

Willingham H E，Jensen L S，McGinnis J，1959. Studies on the role of enzyme supplements and water treatment for improving the nutritional of some barleys［J］. Poultry Science，59：2048-2053.

第二章
饲料酶制剂产品的划代及其特点

饲料酶制剂的研究开发和推广应用，已成为生物技术在饲料工业和养殖应用中的重要领域，酶制剂作为一种新型高效饲料添加剂，为开辟新的饲料资源和降低饲料生产成本提供了行之有效的途径，同时可以提高动物生产性能和减少养殖排泄物的污染，为饲料工业和养殖业向高效、节粮、环保等发展方向提供了保障和可能性，而新型的饲料酶制剂不断被研究和开发是重要前提。由于酶制剂种类较多、作用目的差别较大且应用日粮和饲料原料范围较广，因此为了规范饲料酶制剂的使用，有必要对其进行适当的分类和划代，以便更有效地应用。

第一节　酶制剂的相关概念

一、催化剂、生物催化剂和酶催化剂

催化剂是指能够诱导化学反应速度变快或减慢，或在较低温度环境下进行化学反应的物质。催化剂又称为触媒，酸和碱是常见的催化剂。催化剂可以分为生物催化剂和非生物催化剂两种，常见的非生物催化剂为化学催化剂。

生物催化剂是指具有生物活性和生物敏感性的催化剂，生物催化剂包括活细胞催化剂（固定化活细胞）和酶催化剂两种。生物催化剂具有显著的高效性，能在常温常压下起催化反应，反应速率快。因此，在条件符合的情况下，少量酶制剂能够在瞬时发挥作用。

酶催化剂是最主要的生物催化剂，除具有十分明显的高效性外，酶催化剂与其他催化剂不同的另一个特点是催化反应的专一性，如牛奶中的乳糖是以 β-半乳糖苷键结合，而植物中的棉籽糖却是以 α-半乳糖苷键结合，动物消化道的乳糖酶只可以消化 β-半乳糖苷键，而微生物的 α-半乳糖苷酶可以分解 α-半乳糖苷键；动物消化道的淀粉酶只能消化 α-1，4-糖苷键，不能分解 β-1，4-糖苷键，β-1，4-糖苷键需要纤维素酶的作用。

二、酶、酶制剂和饲料酶制剂

酶是生物体产生、能起催化作用且具有敏感性的有机大分子物质，绝大部分酶是蛋

白质，少数是 RNA。酶的种类繁多，大约有 4 000 种，与非生物催化剂相比有明显的多样性，动物体内存在大量的酶，已发现超过 3 000 种。

酶按催化反应可以分为六大类：①氧化还原酶类（促进底物的氧化或还原）；②转移酶类（促进不同物质分子间某种化学基团的交换或转移）；③水解酶类（促进水解反应）；④裂合酶类（促进 1 种化合物分裂为 2 种化合物，或由 2 种化合物合成 1 种化合物）；⑤异构酶类（促进同分异构体互相转化）；⑥合成酶类（促进 2 分子化合物互相结合）。饲料用酶主要是水解酶类和裂合酶类两类。

酶制剂是指按一定的质量标准要求，加工成一定规格且能稳定发挥其功能作用的含有酶成分的制品。常按其性状分为液体剂型酶和固体剂型酶，或按其功能和使用特点分为饲料酶、食品酶、纺织酶等。酶制剂既含有酶成分，也含有载体或溶剂。

饲料酶制剂是指添加到动物日粮中，改善营养消化利用、降低抗营养因子影响或产生对动物有特殊作用的功能成分的酶制剂。目前已经用作饲料酶制剂的种类只占酶制剂的很少部分，但可以用于饲料用途的酶制剂数量非常多。对饲料用酶的利用还十分有限，这意味着饲料用酶的利用既有很多的困难，也有巨大的开发空间。

三、降解酶、水解酶和分解酶

饲料酶制剂主要是降解类的酶制剂，把营养物质（蛋白质和淀粉）或抗营养物质（非淀粉多糖和植酸盐）降解为容易吸收的营养成分或无抗营养特性的成分。降解反应是指把大分子变成小分子的过程，降解反应包括水解反应和分解反应两类。

水解是一个加水的反应过程。水解反应是水与另一化合物反应，使该化合物分解为两部分。分解反应是 1 种化合物分裂为 2 种化合物（不需要加水的反应过程），狭义的分解反应不包括加水的反应，广义的分解反应包括水解反应，加水的反应过程也是分解的反应。

饲料酶可以分为水解酶和分解酶（相当酶学分类的裂合酶的一部分）。饲料水解酶就是指把大分子物质通过加水反应产生其组成基本单位的酶制剂。水解酶包括脂肪酶、淀粉酶、蛋白酶、木聚糖酶、纤维素酶、β-葡聚糖酶和 β-甘露聚糖酶等。区别水解酶和分解酶有两个依据：①催化反应是否是加水反应，②催化反应的产物是否是基本组成单位。

四、单酶、复合酶和组合酶

单酶或单一酶是指特定来源而催化水解一种底物的酶制剂，如木瓜蛋白酶、胃蛋白酶、里氏木霉（*Trichoderma reese*）纤维素酶、康宁木霉（*T. koningii*）纤维素酶、曲霉菌（*Aspcrgillus*）木聚糖酶、隐酵母（*Crypto coccus*）木聚糖酶等。

复合酶是指由催化水解不同底物的多种酶混合而成的酶制剂，如由木瓜蛋白酶、康宁木霉纤维素酶和曲霉菌木聚糖酶组成的饲料酶是复合酶制剂，同时作用于日粮中的蛋白质、纤维素和木聚糖。多种酶的来源可以不同，也可以相同，因为单一菌株可以产生多种酶。大多数添加在动物饲料中的酶是粗制剂，通常对一系列底物有活性（Campbell

和 Bedford，1992）。商业上的饲料酶制剂产品通常是将 2 种或更多种酶混合在一起，它们被称为复合酶（Graham，1993）。目前饲料和养殖业使用的除少量是单酶添加剂外，大多数为复合酶添加剂。复合酶在酶制剂其他领域中的应用很少，主要是在饲料中使用。

组合酶是指由催化水解同一底物的来源和特性不同，利用其催化的协同作用，选择具有互补性的 2 种或超过 2 种酶配合而成的酶制剂（冯定远，2004）。饲料组合酶不是简单的复合，而应该是根据不同酶的最适特性、作用特点和抗逆性的互补有机组合。可以是多种内切酶的组合，也可以是内切酶和外切酶的组合，组合酶在各个酶制剂领域中都可以应用。酶制剂在饲料和养殖应用具有革命性的意义，特别是非常规饲料原料的广泛应用，单靠一般的单酶或复合酶并不能够解决其问题。

第二节　饲料酶制剂的划代

一、第一代饲料酶制剂

把以助消化为目的的一类酶制剂称为第一代饲料酶制剂。由于主要目的是补充体内消化酶，一般也称为外源性营养消化酶，如蛋白酶、淀粉酶、脂肪酶、乳糖酶、肽酶等。

外源性营养消化酶主要是水解大分子化合物为小分子化合物或其基本组成单位，如寡肽、寡糖、一酰（二酰）甘油、氨基酸、葡萄糖和脂肪酸，直接为体内提供可吸收的营养。经过几百万年的进化，高等动物的大部分消化功能已由特定消化酶执行。一般情况下，动物本身的消化酶能够有效地完成消化功能。但在有些情况下可能会大大影响动物的消化能力，如病畜和幼畜常常存在消化功能问题；现代饲养方式人为地压抑了动物的消化功能，如仔猪的逐渐断奶改为突然断奶、自然断奶改为提早断奶；某些饲料（尤其是非常规原料）消化性能差；某些饲料含有抗营养因子，不仅影响某一特定成分的消化吸收，同时影响食糜的物理特性，进而影响日粮中其他营养的消化吸收。早期的饲料酶制剂产品主要以外源性营养消化酶为多，用于助消化，特别是幼年动物和消化道存在健康问题的成年动物体内消化酶的补充。

植酸酶是分解并释放与植酸盐化学键结合的氨基酸、脂肪酸、矿物质或微量元素，也是比较早的分解类的酶。因此，把植酸酶也归为第一代饲料酶制剂，也是小分子类的外源性营养消化酶；而且与作为水解酶类的蛋白酶等不同，植酸酶属于水解酶类。

二、第二代饲料酶制剂

以降解单一组分抗营养因子或毒物为目的的酶制剂，可以称为第二代饲料酶制剂，如木聚糖酶、β-葡聚糖酶和纤维素酶等。这类酶同样也是水解酶类。

与第一代饲料酶制剂不同，第二代饲料酶制剂的应用目的是去除抗营养因子。木聚糖和 β-葡聚糖的抗营养特性已经被广泛认识，纤维素尽管有时候并不归类于抗营养因子，高质量的纤维甚至有一定的营养意义。但是，对于单胃动物而言，纤维素更多的情况是影响日粮的消化利用。这类酶作用的产物没有营养意义，或没有直接的营养价值。例如，猪和禽均不能直接利用木聚糖酶水解木聚糖产生的木糖和木寡糖；β-葡聚糖酶对β-葡聚糖和纤维素酶对纤维素都不能够产生游离的葡萄糖，对单胃动物同样没有直接的营养价值，或者部分产物只有一定的生理活性或微生态调节作用。第二代饲料酶制剂即非淀粉多糖酶的研究和开发一直十分活跃，大大推动了酶制剂在饲料工业和养殖领域的应用。随着高质量和有针对性的非淀粉多糖酶的科学使用，部分非常规饲料原料已经变成常规饲料原料。另外，黄曲霉毒素脱毒酶等酶制剂也可归为第二代饲料酶制剂。

三、第三代饲料酶制剂

以降解多组分抗营养因子为目的的酶制剂，如α-乳糖苷酶、β-甘露聚糖酶、果胶酶、壳聚糖酶和木质素过氧化物酶，可称之为第三代饲料酶制剂。

α-半乳糖苷酶、β-甘露聚糖酶、果胶酶、壳聚糖酶、几丁质酶和葡萄糖胺酶等第三代饲料酶制剂是双非酶。双非酶与传统非淀粉多糖酶的主要区别是：理论上，后者水解单一组分的糖类（一般称为同多糖）；而前者水解多组分糖类（一般称为杂多糖）。第二个区别是，第二代非淀粉多糖酶是针对大分子的多聚糖类，而第三代饲料酶制剂的情况则比较复杂，包括大分子的多聚糖类、中等碳链长度的寡聚糖类等。因此，非淀粉多糖酶是多聚糖酶，β-甘露聚糖酶是多聚糖酶，α-半乳糖苷酶是寡聚糖酶。第三个区别是，第二代非淀粉多糖酶作用的饲料原料基本是非常规原料，而第三代酶制剂中的β-甘露聚糖酶针对非常规原料。此外，木质素过氧化物酶等是第三代的分解酶。

饲料酶制剂具体的分类和划代见表2-1。

表2-1　饲料酶制剂的分类和划代

饲料酶	酶的作用	降解	酶的类别	例　子
第一代酶	帮助营养消化	水解酶	大分子营养消化酶	蛋白酶、淀粉酶、脂肪酶、乳糖酶、肽酶等
		分解酶	小分子营养消化酶	植酸酶等
第二代酶	去除抗营养因子及毒物	水解酶	非淀粉多糖酶	木聚糖酶、β-葡聚糖酶、纤维素酶等
		分解酶	脱毒酶	黄曲霉毒素脱毒酶等
第三代酶	去除抗营养因子及毒物	水解酶	特异碳水化合物酶	α-半乳糖苷酶、β-甘露聚糖酶、果胶酶、甲壳素酶、壳聚糖酶、溶菌酶等
		分解酶	特异分解酶	木质素过氧化物酶、锰过氧化物酶、漆酶等

第三节　新型饲料酶制剂

壳聚糖酶分布于细菌、放线菌、真菌动物、植物等广泛的生物群中，主要通过β-1,4-氨基葡萄糖苷键以内切作用方式水解壳聚糖生成低聚产物。

甲壳素酶比壳聚糖酶分布更广泛，其对线性结构的乙酰胺基葡萄糖苷键有专一性的水解作用，水解最终产物是甲壳二糖。甲壳素酶通常分为两大类：一类为内切甲壳素酶，对甲壳素长链进行随机降解，最终产物是甲壳二糖和少量的甲壳三糖；另一类为N-乙酰葡萄糖胺酶，亦称甲壳二糖酶，能降解甲壳二糖，生成游离态葡萄糖。

木质素是植物的重要组成成分之一，它是填充在细胞间和细胞壁的结构成分，占细胞重量的15%～30%。木质素与半纤维素以共价键形式结合，将纤维素分子包埋在其中，形成一种天然屏障，使酶不易与纤维素分子接触，而木质素的非水溶性和化学结构的复杂性，导致了部分植物的难降解性，要彻底降解纤维素，必须首先解决木质素的分解问题。分解木质素依靠一个复杂的胞外过氧化物酶系统，这一系统主要由3种酶构成：木质素过氧化物酶、锰过氧化物酶和漆酶。

第四节　饲料酶制剂划代和分类的意义

从20世纪70年代开始，酶制剂就被应用于饲料和养殖中，大约每隔20年会有新一代饲料酶制剂逐步兴起并在产业中应用。饲料酶制剂发展的分类和划代，更多的是说明该行业发展的历史阶段，强调不同时期的发展特点和标志性研究成果，不存在更新换代的问题，这是由酶本身的种类多样化和作用的专一性决定的。随着研究的深入和需求的不同，其他新型酶制剂也将出现，如具体抗病、抗氧化功能、畜产品保质等功能性酶制剂产品。实验室最近进行的有关谷胱甘肽过氧化物酶（glutathione peroxidase，GSH-Px）的研究就是在这方面的尝试（陈芳艳，2010）。

饲料酶制剂划代的意义在于：①了解饲料酶制剂是一个不断认识和发展的过程，说明饲料酶仍然有进一步发展的可能；②说明饲料酶不同于一般的添加剂，非常复杂，不能简单笼统归类，根据需要可以用多种方法分类和区别；③使用好饲料酶制剂除了需要了解酶学特性外，了解作用底物和原料特点同样重要；④根据不同目的，饲料酶制剂的使用有许多方案，如既可使用单酶、复合酶或组合酶，也可同时使用组合型的复合酶；既可使用第一代酶、第二代酶或第三代酶，也可同时使用三代酶；既可使用水解酶或分解酶，也可同时使用水解酶和分解酶；⑤饲料酶制剂的适当区分和细化，为解决作用的高效性和针对性提供了必要的条件，避免了酶制剂使用的混乱，同时能够达到经济合理的目的。

本　章　小　结

添加酶制剂改变了原来数据库中的饲料有效营养参数，确定加酶后饲料能够提供的额外有效营养数量是酶制剂应用价值评估的重要内容。在总结国内外有关酶制剂研究基础上，ENIV系统提出了能有效量化加酶饲料额外有效营养的方法体系，该方法经理论和实践论证具有很好的科学性和实践可操作性。方法上，可以通过结合中国饲料成分及营养价值数据库参数，建立常见动物饲料原料中能量和蛋白质ENIV数据库系统。需要注意的是：酶制剂ENIV值受很多因素影响，如酶制剂的种类和活力比例、饲料原料的营养和抗营养特性、动物的种类和生理阶段等。加酶日粮ENIV体系可应用于动物加酶日粮配方计算、专用酶制剂产品设计、饲料原料营养价值的评定等。

由于酶制剂种类较多、作用目的差别较大且应用日粮和饲料原料范围较广，因此为了规范和科学使用饲料酶制剂，有必要对其进行适当的分类和划代。饲料酶制剂的种类可分为单酶、复合酶和组合酶等多种形式的产品。以作用底物为依据，酶制剂种类包括蛋白酶、脂肪酶、木聚糖酶、植酸酶、葡萄糖氧化酶等。其中，第一代饲料酶制剂是以助消化为目的的一类酶制剂，第二代饲料酶制剂是以降解单一组分抗营养因子或毒物为目的的酶制剂，第三代饲料酶制剂是以降解多组分抗营养因子为目的的酶制剂。此外，近年来还不断涌现出壳聚糖酶、甲壳素酶、木质素过氧化物酶等新型饲料酶制剂，这预示着饲料酶制剂领域强劲的创新发展潜力。

⮞参考文献

陈芳艳，2010. 猪谷胱甘肽过氧化物酶的修饰及生物活性研究 [D]. 广州：华南农业大学.

冯定远，2004. 饲料工业的技术创新与技术经济 [J]. 饲料工业，25 (11)：1-6.

Campbell G L，M R Bedford，1992. Enzyme applications for monogastric feeds：a review [J]. Canadian Journal of Animal Science，72：449-466.

Graham H，1993. High gut viscosity can reduce poultry performance [J]. Feedstuff，1：14-15.

第三章
第三代新型饲料酶制剂

从 20 世纪中叶开始，饲料酶制剂先后经历 60—70 年代的缓慢发展阶段，70 年代美国第一个商品性饲料酶制剂的出现，80—90 年代突飞猛进的快速发展阶段及 21 世纪创新发展阶段。短短 60 年，饲料酶制剂先后经历了从以助消化为目的的第一代饲料酶制剂、以降解简单抗营养因子或毒物为目的的第二代饲料酶制剂，向以降解复杂抗营养因子或毒物为目的的第三代饲料酶制剂的跨越。到如今，饲料酶制剂的研发与应用进一步表现出由酶制剂促进"原料中释放"动物不易消化的养分，向酶制剂促使"底物中生产"具有生物活性物质的创新发展态势（Choct，2006）。其中，第二代饲料酶制剂和第三代饲料酶制剂同时具有两方面的作用，第三代饲料酶制剂的非营养性功能作用更为明显。

第一节　第三代饲料酶制剂的概念

一、第一代饲料酶制剂和第二代饲料酶制剂的特点

在讨论所谓"第三代饲料酶制剂"时，有必要分析一下酶制剂的类别、发展过程和功能作用。酶制剂的种类繁多，用途各异，被人们认识和利用也有很大的不同，实际上，对酶在饲料中的认识最早是蛋白酶一类以助消化为目的的酶制剂，特别是在幼年动物日粮中的应用。例如，早期断奶仔猪日粮中常常会添加蛋白酶、淀粉酶等，以便弥补体内消化酶分泌的不足。早在 20 世纪 70 年代开始应用，并且在相当长的时间里，饲料酶制剂是以此为主，使用形式上除了单酶外，还有复合酶。为了方便，笔者研究团队把以助消化为目的的一类酶制剂，称为"第一代饲料酶制剂"。由于第一代酶制的使用目的主要是补充体内"消化酶"的不足，因此一般也被称为"外源性营养消化酶"，如蛋白酶、淀粉酶、脂肪酶、乳糖酶、肽酶、植酸酶等。

外源性营养消化酶主要是水解大分子化合物为小分子化合物或其基本组成单位，如寡肽、寡糖、甘油一酯（二酯）、氨基酸、葡萄糖、脂肪酸，直接为体内提供可吸收的营养。实际上，对外源性营养消化酶在饲料工业和养殖领域的应用有必要重新认识，随着动物日粮配方富营养化、饲养条件应激和环境污染问题越来越突出，成年健康动物添加"外源性营养消化酶"的作用也越来越明显，意义也越来越大。

随着酶制剂在饲料工业和养殖业中应用的不断深入，饲料酶制剂迎来了发展的黄金时期，就是在 20 世纪 90 年代被广泛关注的"非淀粉多糖酶"。其是以降解"单一组分抗营养因子或毒物"为目的的酶制剂，我们可以称为"第二代饲料酶制剂"，如木聚糖酶、β-葡聚糖酶、纤维素酶等。这类酶同样也是水解酶类。第二代饲料酶制剂即非淀粉多糖酶的研究和开发一直十分活跃，大大推动了酶制剂在饲料工业和养殖领域的应用。

二、第三代饲料酶制剂的特点

21 世纪以来，随着酶制剂产业和饲料资源开发的不断发展，新型酶制剂的认识、开发和产业化有了新的进展。以降解"多组分抗营养因子"为目的的酶制剂，如 α-半乳糖苷酶、β-甘露聚糖酶、果胶酶、壳聚糖酶、木质素过氧化物酶，我们可称之为"第三代饲料酶制剂"。

第三代饲料酶制剂具有明显区别于第一代酶制剂和第二代酶制剂的特点，表现出作用效果的强大和作用对象的复杂，是饲料酶制剂非常重要的发展方向，即在饲料添加剂领域有重大突破的可能性。

第二节　第三代饲料酶制剂定义的理论基础和依据

一、第三代饲料酶制剂定义的理论基础

由于绝大部分第三代饲料酶制剂的底物是碳水化合物，也就是广义的糖类，而碳水化合物又称糖类（张军良和郭燕文，2008），大部分饲料酶与植物原料中的碳水化合物有关，植物的主要成分是碳水化合物，既有营养性，也有抗营养性，还有功能性的碳水化合物（功能性寡糖）。因此，为了说明第二代饲料酶制剂与第三代酶制剂的区别，同时也为了方便，有必要专门讨论一下糖生物学的概念。

糖生物学是 Rademacher（1988）创用的一个名词。一百多年前提出的碳水化合物这个名词并不准确，所谓碳水化合物，其组成可用 $(C \cdot H_2O)_n$ 表示，但今天的碳水化合物远远超过"碳·水"这个含义（Varki 等，1999）。自然界中存在各种糖类物质，大致上可分为简单糖类和复合糖类。前者包括单糖和多糖，后者也称为糖复合物或者糖缀合物。除糖类组分外，还有非糖组分，如蛋白质、脂质等。单糖是聚糖（寡聚糖和多聚糖，简称寡糖和多糖）的基本结构单位，是不能再水解为更简单的糖单位的一类糖，可分为醛糖（葡萄糖）和酮糖（果糖），天然存在时均为 D 型。聚糖的每一个单糖可以一个 α 键或 β 键与链中的另一个单糖的一个或几个位点连接或与其他分子连接，α、β 用于表示半缩醛碳的构型，如淀粉中的 D-葡萄糖以 α-糖苷键连接，纤维素则用 β-苷键连接。

由一种单糖构成的多糖为同多糖。自然界中单糖种类虽然很多，但能形成多糖的单糖却不多，主要有葡萄糖、甘露糖、半乳糖、木糖、鼠李糖、阿拉伯糖、岩藻糖和果糖，前 4 种最重要。植物多糖分为淀粉、纤维素、果聚糖、半纤维素、树胶、黏液质和黏胶质。动物多糖分为糖原、甲壳素、肝素、硫酸软骨素、透明质酸。β-1，4-糖苷键连接的木

聚糖和纤维素结构非常相似，两者在植物细胞壁中相互作用，成为植物纤维的主体。

由2种或2种以上单糖构成的多糖为杂多糖或异多糖。自然界有大量的杂多糖，如果胶（由D-半乳糖醛酸组成）、植物胶（由D-半乳糖、阿拉伯糖、鼠李糖组成）就含有大量的杂多糖。果胶的组成可有同多糖和杂多糖2种类型：同多糖型果胶，如D-半乳聚糖、L-阿拉伯聚糖、D-半乳糖醛酸聚糖等；杂多糖果胶最常见，是由半乳糖醛酸聚糖、半乳聚糖和阿拉伯聚糖以不同比例组成。魔芋多糖是一种异多糖，是葡萄糖和甘露糖以β-1，4-糖苷键构成的葡苷聚糖（杜昱光，2004）。甘露寡糖存在于酵母细胞壁中，魔芋粉也含有甘露寡糖。甘露聚糖在棕榈籽、酵母、红藻和绿藻中含量高。部分组成半纤维素，如聚葡甘露糖类、聚半乳糖、葡萄甘露糖类。含有半乳糖的杂寡糖或杂多糖存在于棉籽糖、果胶、黏多糖中，棉籽糖、水苏糖和毛蕊花糖是异寡糖（Eggleston，2008），由葡萄糖、果糖和半乳糖组成，三者分别含有1个、2个和3个半乳糖加1个蔗糖（或1个葡萄糖，1个果糖），它们是环状单糖的半缩醛（或半缩酮）羟基与另一化合物发生缩合而形成的缩醛（或缩酮），又称为糖苷（半乳糖糖苷）。大豆中的主要糖类以水苏糖和棉籽糖含量比较高，大豆含寡糖10%（占总糖类的36%和4%，其余为蔗糖）。

因此，如果仅考虑碳水化合物（糖类），第一代的饲料酶类就是淀粉类同多糖酶；第二代的饲料酶类就是非淀粉类同多糖酶；第三代的饲料酶类就是淀粉类杂多糖酶。壳聚糖酶和溶菌酶是水解自然界生物质量仅次于纤维素的甲壳素的新型饲料酶制剂，同α-半乳糖苷酶、β-甘露聚糖酶、果胶酶等一样，也是第三代饲料酶制剂中的"双非酶"。

二、第三代饲料酶制剂的设定意义

所谓"第三代饲料酶制剂"有两方面的含义，一是该类酶制剂发展的阶段相对较晚，二是其作用底物类型的差别。α-半乳糖苷酶、β-甘露聚糖酶、果胶酶、壳聚糖酶、木质素过氧化物酶（分解木质素的一系列酶的主要组分）等第三代酶制剂，既"非"第一代饲料酶和也"非"第二代饲料酶，由于不好归类，暂时定义为"特异碳水化合物酶"（distinctive carbohydrate enzymes）或者"双非酶"，这是一方面。另一方面，实际上，"非淀粉多糖"不是糖生物学（glycobiology）的概念，而是动物营养学的概念，并不十分准确。广义的"非淀粉多糖酶"也包括α-半乳糖苷酶、β-甘露聚糖酶、壳聚糖酶、果胶酶等（但不包括木质素过氧化物酶）。广义的非淀粉多糖也包括由2种或者多种成分构成的碳水化合物，如α-半乳糖苷类由半乳糖和葡萄糖构成、β-甘露聚糖由甘露糖和葡萄糖构成。而狭义的"非淀粉多糖"仅指木聚糖、β-葡聚糖和纤维素等，它们是单一的一种基本单位，如木聚糖由木糖构成，β-葡聚糖和纤维素由葡萄糖构成。为了区别传统意义上的"非淀粉多糖酶"（狭义的"非淀粉多糖酶"），可以把与非淀粉多糖既相关而又是"非"传统意义上的"'非'淀粉多糖酶"，如α-半乳糖苷酶、β-甘露聚糖酶、果胶酶、壳聚糖酶、几丁质酶、葡萄糖胺酶等划归到第三代饲料酶中。溶菌酶（lysozyme）也是特异碳水化合物酶，又称胞壁质酶（muramidase）或N-乙酰胞壁质聚糖水解酶（N-acetylmuramide glycanohydrlase），是一种能水解致病菌中黏多糖的碱性酶。

第三节　第三代饲料酶与新型饲料酶制剂

对第三代饲料酶制剂的 α-半乳糖苷酶、β-甘露聚糖酶、果胶酶等已有广泛的讨论，而且已经在饲料中被认识并应用，这里只讨论一下甲壳素酶、壳聚糖酶、溶菌酶等。甲壳素酶、壳聚糖酶、溶菌酶的共同特点是可以降解甲壳素产生壳聚糖，壳聚糖是甲壳素脱乙酰化后得到的产物，它是氨基葡萄糖通过 β-1,4-糖苷键连接形成的分子（聚合度为 2～10）。甲壳素（chitin），也被称为几丁质，在自然界的总生物质量仅次于纤维素，作为一种来源十分丰富的杂多糖，广泛地存在于真菌细胞壁中，也是低等动物（包括甲壳动物、软体动物和昆虫）表面的主要组成成分。除了最为常见的虾和蟹外，已经利用的还有酵母等真菌的细胞壁和蚕蛹，有些昆虫，如蝗虫，也有可能作为开发利用的甲壳素的原材料。

一、甲壳素降解酶

甲壳素是由 N-乙酰氨基葡萄糖通过 β-1,4-糖苷键连接形成的生物大分子，一般约由 5 000 个糖基组成，其分子质量约 1 000 ku。就结构而言，它与纤维素非常相似，所不同的仅是每个糖残基中 C2 上的取代基，在纤维素中是羟基，在甲壳素中是N-乙酰氨基。由于两者都是通过 β-1,4-糖苷键连接而成，因此整个分子表现为伸展的长链结构。分子中每个糖基中 C2、C3 和 C6 的所有取代基都是平伏取向，因此这些长链的分子间非常容易形成氢键，而且氢键的密度非常高。此外，每个糖残基形成吡喃环的环之间又可发生疏水的相互作用。诸多氢键和强烈疏水相互作用，最终导致纤维素和甲壳素都可以成为排列异常密集的纤维束，而且可表现出某些类似于晶体的排列，这样的结构特征导致它们具有水不溶性的特点。这也是它们分别出现于微生物细胞壁及低等动物的表面，成为结构保护层物质基础的原因。

一类与甲壳素有关的分子是细菌细胞壁内肽聚糖中的糖链，这类糖链可以看成是甲壳素的衍生物，基本上保留了甲壳素和纤维素样的结构。由于肽聚糖糖链的结构与甲壳素类似，因此原先以肽聚糖为底物的溶菌酶也可以降解甲壳素。另一类与甲壳素有关的分子是在某些链球菌的表面存在着另一类 N-乙酰氨基葡萄糖形成的多糖，与甲壳素不同的是，该种多糖是通过 β-1,6 连接形成的生物大分子，而且是一种病原分子。

1. 壳聚糖酶　不同微生物来源的壳聚糖酶对不同脱乙酰度的壳聚糖和壳聚糖衍生物有不同特异性。壳聚糖酶的分子质量一般都为 23～50 ku，相对低于甲壳素酶的分子质量(31～115 ku)，但也存在少数高分子质量的壳聚糖酶，如烟曲霉（*Aspergillus fumigatus*）KH-94 有 2 种壳聚糖酶，其中一种酶的分子质量高达 108 ku。

壳聚糖酶大多数为碱性蛋白质，但也有少数为酸性蛋白质，等电点变化范围比较大，在 4.0～10.1。来源于各类微生物的壳聚糖酶具有较好的热稳定性，最适反应温度在 30～60 ℃，嗜碱芽孢杆菌（*Bacillus* sp.）strain CK4 的壳聚糖酶的耐热性很高，60 ℃处理 30 min 仍然能保持全部酶活力，80 ℃处理 30 min 和 60 min 后剩余酶活力分别为 85％ 和 66％，只有在 90 ℃ 处理 60 min 后酶才完全失活。从嗜碱芽孢杆菌 KFB-C108 纯化壳聚糖酶的最适温度为 55 ℃，80 ℃ 热处理 10 min 或 70 ℃ 热处理 30 min 后酶活力仍然保持稳定，而且酶稳定性还比较强，用螯合剂、烷化剂和各种金属离子处理对酶活力都没有影响，只有 Co^{2+} 能够抑制酶活力（Yoon 等，2000）。

    2. 甲壳素酶　甲壳素酶的分布比壳聚糖酶更广泛，其对线性结构的乙酰胺基葡萄糖苷键有专一性水解作用，水解最终产物是甲壳二糖。甲壳素酶通常分为两大类：一类为内切甲壳素酶（EC3.2.1.14），可对甲壳素长链进行随机降解，最终产物是甲壳二糖和少量的甲壳三糖；另一类为 N-乙酰葡萄糖胺酶（EC3.2.1.10），亦称甲壳二糖酶（chitobiase），能降解甲壳二糖，将其生成游离态葡萄糖。据路透社（2010）报道，挪威科学家发现一种酶能高效分解植物中的几丁质（甲壳素），从而产生"第二代"生物燃料，这是一个重大突破。同样，我们可以设想在饲料中也有应用的前景。甲壳素酶比壳聚糖酶来源更加丰富，部分甲壳素酶和壳聚糖酶的来源见表 3-1。

表 3-1　部分甲壳素酶和壳聚糖酶的来源

编号	酶来源	酶名称	资料来源	编号	酶来源	酶名称	资料来源
1	不动杆菌 Acinetobacter sp. CHB101	壳聚糖酶	Shimosaka 等（1995）	12	海洋弧菌 Vibrio sp.	几丁质酶	Takahashi 等（1993）
2	烟曲霉 Aspergillus fumigatus KH-94	壳聚糖酶	Kim 等（1998）	13	液化沙雷菌 Serratia liquefaciens GM 1403	几丁质酶	Shin 等（1996）
3	酱油曲霉 Aspergillus sojae	壳聚糖酶	Zhang 等（2000）	14	灰色链霉菌 Streptomyces griseus HUT6037	几丁质酶	Mitsutomi 等（1997）
4	蜂房芽孢杆菌 Bacillus alvei	壳聚糖酶	Abdel-Aziz 等（1999）	15	变铅青链霉菌 Streptomyces lividans 10-164（pRL226）	壳聚糖酶	Li 等（1995）
5	环状芽孢杆菌 Bacillus circulans MH-K1	壳聚糖酶	Mitsutomi 等（1995）	16	绿色木霉 Trichoderma viride	几丁质酶	Omumasaba 等（2001）
6	短小芽孢杆菌 Bacillus pumilus BN-262	壳聚糖酶	Fukamizo 等（1994）	17	黄曲霉 Aspergillus flavus	壳聚糖酶	Zhang 等（2000）
7	嗜碱芽孢杆菌 Bacillus sp. KCTC 0377BP	壳聚糖酶	Choi 等（2004）	18	米曲霉 Aspergillus oryzae var. sporoflavus Ohara JCM 2067	几丁质酶	Fukazawa 等（2003）
8	球孢白僵菌 Beauveria bassiana	壳聚糖酶	杜昱光 等（1999）	19	海洋曲霉 Aspergillus sp. Y2K	壳聚糖酶	cheng 等（2000）
9	肠杆菌 Enterobacter sp. G-1	几丁质酶/壳聚糖酶	Yamasaki 等（1992）	20	蜡状芽孢杆菌 Bacillus cereus	壳聚糖酶	Kurakake 等（2000）
10	鲁氏毛霉 Mucor rouxii	壳聚糖酶	Alfonso 等（1992）	21	巨大芽孢杆菌 Bacillus megaterium P1	壳聚糖酶	Pelletier 等（1990）
11	嗜盐碱放线菌 Nocardioides sp. K-01	壳聚糖酶	Okajima 等（1995）	22	嗜碱芽孢杆菌 Bacillus sp.	壳聚糖酶	Izume 等（1987）

（续）

编号	酶来源	酶名称	资料来源	编号	酶来源	酶名称	资料来源
23	枯草芽孢杆菌 *Bacillus subtilis* KH 1	壳聚糖酶	Omumasaba 等 (2000)	28	罗尔斯通菌 *Ralstonia* sp. A-471	几丁质酶	Sutrisno 等 (2004)
24	唐菖蒲伯克霍尔德菌 *Burkholderia gladioli* CHB 101	壳聚糖酶	Shimosaka 等 (2000)	29	黏质沙雷菌 *Serratia marcescens*	几丁质酶	Sorbotten 等 (2005)
25	镰刀菌 *Fusarium solani* f. sp. Phaseoli SUF 386	壳聚糖酶	Shimosaka 等 (1996)	30	库尔萨诺链霉菌 *Streptomyces kurssanovii*	几丁质酶	Stoyachenko 等 (1994)
26	东方诺卡菌 *Nocardia orientalis* IFO12806	葡萄糖胺酶	Nanjo 等 (1990)	31	里氏木霉 *Trichoderma reesei* ATCC56764	壳聚糖酶	吴绵斌 等 (2001)
27	淡紫拟青霉 *Paecilomyces lilacinus*	壳聚糖酶	Chen 等 (2005)				

资料来源：杜昱光（2009）。

二、木质素分解酶

木质素系统主要由 3 种酶构成：木质素过氧化物酶、锰过氧化物酶、漆酶。其中，木质素过氧化物酶是一系列含有 1 个 Fe（S）-卟啉环（Ⅸ）血红素辅基的同工酶，分子质量为 $37\sim47$ ku，等电点为 3.5 左右。木质素过氧化物酶在温度大于 35 ℃时开始失活，pH 为 4.5 时很稳定，在 pH3.0 以下极不稳定。锰过氧化物酶是一种糖蛋白，分子质量约为 46 ku，由 1 个铁血红素基和 1 个 Mn^{2+} 构成了活性中心，另外还有 2 个起稳定结构作用的 Ca^{2+}，其分子中有 10 条长的蛋白质单链，1 条短的蛋白质单链，它是唯一的一个中间过氧化物酶，因为它的主要底物为有机酸。漆酶是一种含铜的多酚氧化酶，主要来源于生漆和真菌，分子质量为 $60\sim80$ ku，含有 $15\%\sim20\%$ 的碳水化合物、$520\sim550$ 个氨基酸残留物。

酶制剂具有种类多样化和作用专一性的特点。随着研究的深入和需求的不同，新型第三代饲料酶制剂将不断出现，如具有抗病、抗氧化、畜产品保质等功能性酶制剂产品等。笔者研究团队进行的有关谷胱甘肽过氧化物酶、葡萄糖氧化酶和过氧化氢酶等的研究就是这方面的尝试（陈芳艳，2010；方锐，2017；陈嘉铭，2019）。可以预测，用以提高饲料消化利用为目的的不同的饲料酶制剂将会出现并予以应用，以后或许我们可以称之为第四代饲料酶制剂、第五代饲料酶制剂。

本 章 小 结

以降解"多组分抗营养因子"为目的的酶制剂，我们可称之为"第三代饲料酶制剂"，其非营养性的功能作用更明显。第三代饲料酶制剂具有明显区别于第一代饲料酶制剂和第二代饲料酶制剂的特点，表现出作用效果的强大和作用对象的复杂。第三代饲料酶制剂包括早期发展的 α-半乳糖苷酶、β-甘露聚糖酶、果胶酶，以及最近逐步被广泛重视的甲壳素酶、壳聚糖酶、溶菌酶、过氧化氢酶等。

➡ 参考文献

陈芳艳，2010. 猪谷胱甘肽过氧化物酶的修饰及生物活性研究 [D]. 广州：华南农业大学.

陈嘉铭，2019. 葡萄糖氧化酶对断奶仔猪生长性能、肠道形态及抗氧化性能的影响 [D]. 广州：华南农业大学.

杜昱光，2009. 壳寡糖的功能研究及应用 [M]. 北京：化学工业出版社.

杜昱光，方祥年，白雪芳，等，1999. 高产壳聚糖酶菌株的筛选及其降解壳聚糖反应初探 [J]. 中国海洋药物，18（2）：24-27.

方锐，2017. 过氧化氢酶对断奶仔猪生长性能、肠道形态及抗氧化性能的影响 [D]. 广州：华南农业大学.

黄燕华，2004. 不同来源纤维素酶在肉鹅高纤维日粮中的应用及其作用机理的研究 [D]. 广州：华南农业大学.

冒高伟，2006. α-半乳糖苷酶在断奶仔猪玉米豆粕型日粮中的应用研究 [D]. 广州：华南农业大学.

吴绵斌，夏黎明，岑沛霖，2001. 壳聚糖酶解的随机进攻动力学模型 [J]. 高校化学工程学报，15（6）：552-556.

张军良，郭燕文，2006. 基础糖化学 [M]. 北京：中国医药科技出版社.

Abdel-Aziz S M, 1999. Production and some properties of two chitosanases from *Bacillus alvei* [J]. Journal of Basic Microbiology, 39：79-87.

Alfonso C, Martinez M J, Reyes F, 1992. Purification and properties of two endochitosanases from *Mucor rouxii* implicated in its cell wall degradation [J]. FEMS Microbiology Letters, 95：187-194.

Aumaitre A, Corring T, 1978. Development of digestive enzyme in the piglet from binh to 8 weeks [J]. Nutrtion and Metabolism, 22：244-255.

Chen Y Y, Cheng C Y, Haung T L, et al, 2005. A chitosanase from *Paecilomyces lilacinus* with binding affinity for specific chito-oligosaccharides [J]. Biotechnology and Applied Biochemistry, 41：145-150.

Cheng C Y, Li Y K, 2000. An *Aspergillus* chitosanase with potential for large-scale preparation of chitosan oligosaccharides [J]. Biotechnology and Applied Biochemistry, 32：197-203.

Choct M, 2006. Enzymes for the feed industry：past present and future [J]. World's Poultry Science Journal, 62：5-15.

Choi Y J, Kim E J, Piao Z, et al, 2004. Purification and characterization of chitosanase from *Bacillus* sp. Strain KCTC 0377BP and its application for the production of chitosan oligosaccharides [J]. Applied and Environmental Microbiology, 70：4522-4531.

Eggleston G, 2008. Sucrose and related oligosaccharides [M]. 2nd. Fraser-Reid B, Glycoscience. Berlin：Springer-Verlag：1164-1183.

Fukamizo T, Ohkawa T, Ikeda Y, 1994. Specificity of chitosanase from *Bacillus pumilus* [J]. Acta Biochimica Biophysica Sinica, 12 (5)：183-188.

Fukamizo T, Tanaka I, 2003. Chitosan-degrading enzymes from *Aspergillus*, cDNA cloning, and use in low mol. wt. Chitosan production for pharmaceutical, cosmetics, or food applications [C]. PCT Int Appl, WO, Sankyo Lifetec Company, limited, Japan.

Holden C, Mace R, 1997. Phylogenetic analysis of the evolution of lactose digestion in adults [J]. Human Biology, 69 (5)：605-628.

Izume R, Ohtakara A, 1987. Preparation of D - glucosamine oligosaccharides by the enzymatic hydrolysis of chitosan [J]. Agricultural and Biological Chemistry, 51: 1189 - 1191.

Kim S Y, Shon D H, Lee K H, 1998. Purification and characteristics of two types of chitosanases from *Aspergillus fumigatus* KH - 94 [J]. Journal of Microbiology and Biotechnology, 8: 568 -574.

Kurakake M, Yo U S, Nakagawa K, et al, 2000. Properties of chitosanase from *Bacillus cereus* S1 [J]. Current Microbiology, 40: 6 - 9.

Li T, Brzezinski R, Beaulieu C, 1995. Enzymic production of chitosan oligomers [J]. Plant Physiology and Biochemistry, 33: 599 - 603.

Lindemann M D, Cornelius S G, ElKandelgy S M, et al, 1986. Effeet of age, weaning and diet on digestive enzyme level in the Piglet [J]. Journal of Animal Science, 62: 1298 - 1307.

Mitsutomi M, Kidoh H, Ando A, 1995. Action of chitosanase on partially N - acetylated chitosan [J]. Chitin and Chitosan Research, 1 (2): 132 - 133.

Mitsutomi M, Uchiyama A, Yamagami T, et al, 1997. Mode of action family 19 chitinases [J]. Advances in Chitin Science, 2: 250 - 255.

Nanjo F, Katsumi R, Sakai K, 1990. Purification and characterization of an exo - b - D - glucosaminidase, a novel type of enzyme, from *Nocardia orientalis* [J]. Journal of Biological Chemistry, 265: 10088 - 10094.

Okajima S, Konouchi T, Mikami Y, et al, 1995. Purification and some properties of a chitosanase of *Nocardioides* sp. [J]. Journal of General and Applied Microbiology, 41: 351 - 357.

Omumasaba C A, Yoshida N, Ogawa K, 2001. Purification and characterization of a chitinase from *Trichoderma viride* [J]. Journal of General and Applied Microbiology, 47: 53 - 61.

Omumasaba C A, Yoshida N, Sekiguchi Y, et al, 2000. Purification and some properties of a novel chitosanase from *Bacillus subtilis* KH1 [J]. Journal of General and Applied Microbiology, 46: 19 - 27.

Pelletier A, Sygusch J, 1990. Purification and characterization of three chitosanase activities from *Bacillus megaterium* P1 [J]. Applied and Environmental Microbiology, 56: 844 - 848.

Rademacher T W, Parekh R, Dwek R A, 1988. Glycobiology [J]. Annual Review of Biochemistry, 57: 785 - 838.

Shimosaka M, Fukumori Y, Zhang X Y, et al, 2000. Molecular cloning and characterization of a chitosanase from the chitosanolytic bacterium *Burkholderia gladioli* strain CHB101 [J]. Applied Microbiology and Biotechnology, 54: 354 - 360.

Shimosaka M, Kumehara M, Zhang X Y, et al, 1996. Cloning and characterization of a chitosanase gene from the plant pathogenic fungus *Fusarium solani* [J]. Journal of Fermentation and Bioengineering, 82: 426 - 431.

Shimosaka M, Nogawa M, Wang X Y, et al, 1995. Production of two chitosanases from a chitosan - assimilating bacterium, *Acinetobacter* sp. strain CHB101 [J]. Applied and Environmental Microbiology, 61: 438 - 442.

Shin Y C, Kang S O, Ha K J, et al, 1996. Characterization of extracellular chitinases of an isolated bacterium *Serratia liquefaciens* strain GM 1403 [J]. Advances in Chitin Science, 1: 84 - 89.

Sorbotten A, Horn S J, Eijsink V G H, et al, 2005. Degradation of chitosans with chitinase B from *Serratia marcescens*. Production of chito - oligosaccharides and insight into enzyme processivity [J]. FEBS Journal, 2272: 538 - 549.

Stoyachenko I A, Varlamov V P, Davankov V A, 1994. Chitinases of *Streptomyces kurssanovii*:

purification and some properties [J]. Carbohydrate Polymers，24：47 – 54.

Sutrisno A，Ueda M，Abe Y，et al，2004. A chitinase with high activity toward partially N – acety-lated chitosan from a new，moderately thermophilic，chitin – degrading bacterium，*Ralstonia* sp. A – 471 [J]. Applied Microbiology and Biotechnology，63：398 – 406.

Takahashi M，Tsukiyama T，Suzuki T，1993. Purification and some properties of chitinase pro-duced by *Vibrio* sp [J]. Journal of Fermentation and Bioengineering，75：457 – 459.

Varki A，Cummings R，Esko J，et al，1993. Essentials of glycobiology [M]. New York，USA：Cold Spring Harbor Laboratory Press.

Waldroup P W，C A Keen，Yan F，et al，2006. The effect of levels of [alpha]– galactosidase en-zyme on performance of broilers fed diets based on corn and soybean meal [J]. Journal of Applied Poultry Research，15（1）：48 – 58.

Yamasaki Y，Ohta Y，Morita K，et al，1992. Isolation，identification，and effect of oxygen supply on cultivation of chitin and chitosan degrading bacterium [J]. Bioscience，Biotechnology，and Bio-chemistry，56：1325 – 1326.

Yoon H G，Kin H Y，Lim Y H，et al，2000. Thermostable chitosanase from *Bacillus* sp. strain CK4：cloning and expression of the gene and characterization of the enzyme [J]. Applied and Envi-ron mental Microbiol，66（9）：3727 – 3734.

Zhang X Y，Dai A L，Zhang X K，et al，2000. Purification and characterization of chitosanase and exo – b – D – glucosaminidase from a Koji mold. *Aspergillus oryzae* IAM2660 [J]. Bioscience Bio-technology and Biochemistry，64：1896 – 1902.

第四章
饲料酶的菌种筛选、改造及其发酵工艺

畜禽消化生理缺陷，特别是幼龄阶段消化生理发育尚不完全，限制了饲料养分的消化利用效率，进而影响了动物生产性能潜力的发挥。外源添加酶制剂是一种有效的营养调控手段，它可以补充内源酶的不足，改善动物消化利用能力和饲料可消化性。目前，饲料酶制剂的生产还在大量沿用水解工业使用的菌种，产酶菌种主要是细菌和真菌。作为饲料用酶制剂，往往不能完全满足饲料酶的几个特征需求，即：①高效的酶解能力；②良好的热稳定性；③强耐酸性；④最适作用温度在中温范围（40~60 ℃）；⑤高效的产酶特征，相对较低的生产成本。因此，有必要筛选适用的饲料酶制剂生产菌株，这对提高饲料酶制剂饲用效果、降低使用成本具有重要的实践意义。

第一节　产酶菌株的筛选及其改造

一、产酶菌株的筛选

产酶菌株的筛选技术包括自然选育、人工诱变、基因改造等。笔者研究团队于2014年开展了较为系统的淀粉酶菌株筛选、诱变和分子改造工作。并在筛选方法上，采用了淀粉水解圈直径/菌落直径比值法初筛，结合发酵液酶活力测定法复筛，从酱油中分离获得了产酶活力最高的菌株 ZJ-1（表 4-1）。初筛过程使用以淀粉为唯一

表 4-1　各菌株的 R/r 和所产酶活力值

编号	来源	R/r	酶活力值（U/mL）	编号	来源	R/r	酶活力值（U/mL）
1	土壤	1.4	15.6±0.2	6	红醋	2.0	25.7±0.2
2	土壤	1.2	13.2±0.3	7	红醋	1.8	26.8±0.3
3	红醋	1.7	27.3±0.3	8	白醋	1.7	25.4±0.4
4	红醋	1.6	29.8±0.4	9	白醋	1.6	23.0±0.5
5	红醋	1.8	29.0±0.5	10	白醋	1.6	26.3±0.4

（续）

编号	来源	R/r	酶活力值（U/mL）	编号	来源	R/r	酶活力值（U/mL）
11	沙茶酱	1.4	21.2±0.3	23	酱油	1.8	49.7±0.8
12	沙茶酱	1.6	19.7±0.3	24	酱油	1.8	51.4±0.5
13	沙茶酱	1.6	18.6±0.5	25	酱油	1.7	52.8±0.7
14	沙茶酱	1.5	22.3±0.4	26	酱油	1.9	48.6±0.7
15	沙茶酱	1.7	20.9±0.3	27	酱油	2.0	49.5±1.1
16	沙茶酱	1.4	18.4±0.4	28	酱油	1.6	47.3±0.5
17	酱油渣	2.1	44.5±0.6	29	酱油	1.9	53.7±0.7
18	酱油渣	2.0	45.2±0.8	30	酱油	1.7	55.3±0.9
19	酱油渣	2.1	46.6±1.0	31	酱油	1.8	52.1±0.6
20	酱油渣	2.0	43.8±0.5	32	酱油	1.9	56.5±0.7
21	酱油渣	2.2	42.3±0.5	33	酱油	1.9	52.8±1.3
22	酱油渣	2.3	43.1±0.7	34	酱油	1.7	50.9±0.7

注：R/r为淀粉水解圈直径/菌落直径；数据以"平均值±标准差"表示，每个样品3个重复。

碳源的酸性（pH 4.5）培养基，只有在 pH 4.5 的条件下水解淀粉的菌株才能在此培养基上生长并产生淀粉水解透明圈（刘建华，2014）。值得注意的是，透明圈是清晰可见的（图 4-1），并不需要在培养基中加入台盼蓝或添加碘液染色（蒋若天，2007；徐颖，2007）。在筛选过程中，虽然 17～22 号菌株淀粉水解圈直径/菌落直径数值最大，但实际酶活力值不如 23～34 号菌株，表明淀粉水解圈直径/菌落直径可以用于初步判断菌株的产酶能力，但测定淀粉水解圈直径/菌落直径并不能准确预测菌株的产酶能力。

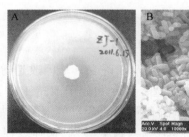

图 4-1 ZJ-1菌株
A. 菌落形态 B. 扫描电镜照片（10 000×）

二、产酶菌株的鉴定及菌株特点

对产酶菌株的生理生化反应鉴定结果说明，ZJ-1菌株为革兰氏阳性，接触酶阳性，厌氧不能生长，伏-普二氏试验（Voges-Proskauer，V-P试验）反应阳性，硝酸盐还原，能利用柠檬酸盐，能水解淀粉和明胶，能利用葡萄糖、木糖和甘露醇；以上特征与芽孢杆菌属的枯草芽孢杆菌相同。根据《常见细菌鉴定手册》（东秀珠等，2001）

和《伯杰氏细菌鉴定手册》（希坎南，1989），以标准菌株 *Bacillus subtilis* ATCC6633 为对照，将 ZJ－1 菌株初步鉴定为枯草芽孢杆菌。

菌株 ZJ－1 的 16S rDNA 部分序列全长 1 543 bp，将基因测序结果提交 GenBank（http：//www.ncbi.nlm.nih.gov/genbank），获得收录号为 KC146707。将序列信息通过 BLAST（http：//www.ncbi.nlm.nih.gov/BLAST/）程序进行物种间同源性比对，发现它与 *Bacillus subtilis* subsp. *subtilis* str.168（登录号为 NZ_CM000487.1）的同源性为 99%，与 *Bacillus subtilis* O9（为登录号 AF287011）的同源性为 99%。因此，结合菌株 ZJ－1 的菌落形态与生理生化反应结果，刘建华（2014）最终将其鉴定为 *Bacillus subtilis*（枯草芽孢杆菌），并进一步命名为 *Bacillus subtilis* ZJ－1。其分类学地位为：细菌界（Bacteria），拟杆菌门（Firmicutes），杆菌纲（Bacillus），芽杆菌目（Bacillales），芽孢杆菌科（Bacillaceae），枯草芽孢杆菌（*Bacillus subtilis*）。

Bacillus subtilis ZJ－1 属于芽孢杆菌属细菌，是目前在工业生产上大量使用的菌种之一，其他菌株还包括地衣芽孢杆菌（*Bacillus licheniformis*）、解淀粉芽孢杆菌（*Bacillus amyloliquefaciens*）、黑曲霉（*Aspergillus niger*）和米曲霉（*Aspergillus oryzae*）。不仅具有生长繁殖速度快、营养需求低、生产周期短、产物易分离提取等特点，适合大规模工业生产（Schallmey 等，2004）；而且是非致病性微生物，是美国食品与药品管理局确认的安全菌株，丹麦诺维信集团股份有限公司和美国杜邦集团等世界知名酶制剂企业用它作为主要的生产菌株之一（刘旭东，2008）。

三、酶的分离纯化及其特性分析

酶的性质决定了其潜在的应用价值，而通过分离纯化获得纯酶是分析其酶学性质的基础。笔者研究团队在淀粉酶研究中采用 60% 乙醇沉淀、30 ku 超滤管超滤结合 Sephadex G－100 分子过滤层析的手段，从粗酶液中分离纯化得到 *Bacillus subtilis* ZJ－1 酸性 α-淀粉酶。经过三步纯化后，纯化倍数达到 27.7 倍，酶活力回收率为 8.9%，纯化酶的比活力达到了 542.7 U/mg。

酶的温度特性、pH 特性、底物特异性等都是影响酶实际应用的重要因素（Sivaramakrishnan 等，2006；Ahmadi 等，2010）。

1. 最适反应温度　一般情况下，芽孢杆菌属细菌产 α-淀粉酶的最适温度在 50～75 ℃（Hayashida 等，1988；Marco 等，1996；Hamilton 等，1999），而其他种属的微生物 α-淀粉酶的最适温度与芽孢杆菌属有较大差异。其中，具有特殊温度特性的 α-淀粉酶受到广泛关注。例如，*F.oxysporum* 产 α-淀粉酶最适温度仅为 25～30 ℃，国内学者报道的 *Aeromonas media* LA77 和 *Arthrobacter* sp.BL5 产 α-淀粉酶最适温度也在 30 ℃和 25 ℃（王晓红，2006；韩萍，2007），低温 α-淀粉酶可用于低温发酵、医药和废水处理等行业（Gerday 等，2000；Ueda 等，2008；Zhang 等，2008）。在高温 α-淀粉酶方面，从古细菌（*Archaebacteria*）、极端嗜热菌（*Pyrococcus furiosus*）和乌兹炽热球菌（*Pyrococcus woesei*）中获得的高温 α-淀粉酶最适温度高达 100～130 ℃（Rose，1980；Giri 等，1990），这类酶在造纸和食品工业已经得到了广泛的应用（Giri 等，1990；李瑛，2012）。笔者研究团队筛选获得的产淀粉酶菌株 *Bacillus subtilis*

ZJ-1产酸性α-淀粉酶的最适温度为50 ℃，属于典型的中温型α-淀粉酶（最适温度为40～60 ℃）（刘建华，2014）。此外，它在40 ℃时达到最大酶活力的（89.3±3.1)％，而猪和鸡体温正是40 ℃左右（McCance等，1960；Thornton，1962），显示出该酶在动物体温条件下具有较高的催化活力，符合饲料酶制剂的实际需求。

2. 高温稳定性 *Bacillus subtilis* ZJ-1 中温酸性α-淀粉酶在40 ℃孵育1 h后仍剩余（85.7±2.1)％的酶活力，而在有 Ca^{2+} 存在的情况下，该酶甚至能在80 ℃孵育1 h后保留（15.0±2.6)％的酶活力。提示 *Bacillus subtilis* ZJ-1 中温酸性α-淀粉酶具有较强的耐热性，这与芽孢杆菌杆菌属α-淀粉酶耐热性较强的报道一致（Liu 等，2008；Sharma 等，2010)。而同为α-淀粉酶主要生产菌种的曲霉属真菌，其α-淀粉酶的耐热性则相对较差；黑曲霉 *Aspergillus niger* 的α-淀粉酶活力一般只能在60 ℃以下保持10～30 min（Ramachandran 等，1978；Bhumibhamon，1983)，而米曲霉 *Aspergillus oryzae* 的α-淀粉酶热稳定性更差，只能在50 ℃以下保持稳定（Perevozchenko 等，1972；Yabuki 等，1977)。由于饲料制粒过程涉及高温处理，因此导致普通酶制剂酶活力损失严重（Gill，1999)；后喷涂技术虽然能解决酶活力损失的问题，但需要特殊的设备，增加了额外的成本，而通过改善酶制剂的耐热性无疑是最直接的手段（Chesson，1993；李俊，2001)。从这一角度考虑，芽孢杆菌α-淀粉酶显然比曲霉属α-淀粉酶更有优势（Walsh 等，1993；李俊，2001)。

3. 最适 pH 特性及其动物适应性特点 pH 影响酶分子活性部位上有关基团的解离，也可能影响到中间络合物的解离状态，从而影响酶与底物的结合或催化，使酶活力升高或降低（李志鹏，2009)。笔者研究团队筛选获得的 *Bacillus subtilis* ZJ-1 的α-淀粉酶最适 pH 为5.0，在 pH 为4.0和3.0时相对酶活力为（88.0±3.5)％和（38.7±2.8)％。这反映该淀粉酶属于典型的酸性α-淀粉酶，在酸性条件下保持较高的淀粉水解效率。*Bacillus subtilis* ZJ-1 中温酸性α-淀粉酶的最适 pH 与刘旭东（2008）筛选的 *Bacillus* sp. YX-1 中α-淀粉酶一致，低于中性α-淀粉酶7.0左右的最适 pH 范围（Ebisu 等，1993；Shafiei 等，2011)，但高于 Schwermann 等（1994）报道的 *Alicyclobacillus acidocaldarius* ATCC 27009 中α-淀粉酶3.0的最适 pH。饲用α-淀粉酶在动物体内的作用环境与其他行业不同。具体到鸡用酶制剂，首先，不同的肠段 pH 差异很大。归纳 Jiménez-Moreno 等（2009）、Nir 等（1995）、Rynsburger 等（2007）与樊红平等（2006）的研究结果发现，从嗉囊依次到腺胃、肌胃、十二指肠、空肠、回肠和盲肠，它们的 pH 分别为：4.56～6.29、3.09～5.20、2.69～4.02、4.78～6.57、5.63～8.12、5.87～8.79 和 4.96～6.20。根据 *Bacillus subtilis* ZJ-1 中温酸性α-淀粉酶的 pH 特性（图 4-2）

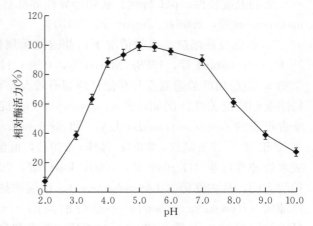

图 4-2 pH 对 *Bacillus subtilis* ZJ-1 中α-淀粉酶酶活力的影响

不难看出，该酶在理论上具有在各肠段内发挥较高水解淀粉效果的可能性（刘建华，2014）。

芽孢杆菌产酸性α-淀粉酶的研究中，除笔者研究团队筛选的 *Bacillus subtilis* ZJ-1外，*Bacillus* sp. KR-8104（Sajedi 等，2005）、*Bacillus* sp. YX-1（刘旭东，2008）、*Bacillus acidicola* TSAS1（Sharma 等，2010）和 *Bacillus* sp. WN 11（Mamo 等，1999）也已有产酸性α-淀粉酶的报道。它们的α-淀粉酶最适 pH 分别为 4.0～6.0、5.0、4.0 和 5.5。但 *Bacillus acidicola* TSAS1、*Bacillus* sp. KR-8104 和 *Bacillus* sp. WN 11 产α-淀粉酶的最适温度分别达到 60 ℃、70～75 ℃和 75～80 ℃，远高于动物 40 ℃左右的体温。*Bacillus* sp. YX-1 α-淀粉酶的最适温度和最适 pH 与笔者研究团队筛选的 *Bacillus subtilis* ZJ-1 产α-淀粉酶相同，均为 5.0 和 50 ℃，但前者经 70 ℃处理 15 min 后仅剩余 35％左右的酶活力，表明其耐热性不如后者。因此，与其他芽孢杆菌的酸性α-淀粉酶相比，笔者研究团队筛选的 *Bacillus subtilis* ZJ-1 产α-淀粉酶在饲料酶应用方面具有一定的优势（刘建华，2014）。

四、产酶菌株的改造

自然界筛选的菌株通常在不同程度上存在酶活力较低、热稳定性差、生产成本较高等问题。通过产酶基因的克隆表达，研发高效产酶的工程菌是实现大规模产业化的重要手段。

笔者研究团队以前期已筛选得到一株酸性α-淀粉酶的高产菌株——*Bacillus* sp. ZJ-1为基础，在利用传统的优化发酵条件、诱变选育等途径已很难满足工业应用时对酶产量、酶学性质的要求条件下，从基因组出发，克隆出酸性α-淀粉酶基因，并构建适当的高效异源表达系统，利用生物反应器生产酸性α-淀粉酶，或培养适于商业生产的工程菌株，或运用分子生物学技术对淀粉酶基因进行分子改造以获得酶学性质更为优越的α-淀粉酶。

采用 PCR 技术扩增获得 *Bacillus* sp. ZJ-1菌株产酸性α-淀粉酶的结构基因序列，全长 1 545bp，编码 514 个氨基酸残基，与芽孢杆菌属α-淀粉酶表现出很高的同源性，GenBank 收录号为 YP_003920231.1。通过生物学软件预测出 *Bacillus* sp. ZJ-1菌株酸性α-淀粉酶信号肽序列的剪切位点位于 31 位的丙氨酸和 32 位的谷氨酸之间；其二级结构由 18.48％α-螺旋、29.18％延伸链和 52.33％无规则卷曲组成；包含 2 个典型的α-淀粉酶保守区：α-amylase superfamily 和α-amylase_C。成功构建得到重组质粒 pET-Amy。通过原核表达获得了以可溶性蛋白形式存在的重组酸性α-淀粉酶。确定了重组菌最佳 IPTG 诱导浓度为 0.5 mmol/L；最佳诱导时间为 1 h；最佳培养和诱导的温度为 37 ℃（郭军，2013）。经亲和层析法纯化后得到了单一的目的蛋白条带。重组后的 *Bacillus* sp. ZJ-1酸性α-淀粉酶有良好的耐热性，最适 pH 范围更广等，但是在耐酸性方面却得到了更差的结果，使其与工业酶的要求还有一定距离。与目前工业产酶菌相比，*Bacillus* sp. ZJ-1重组菌存在α-淀粉酶活力不高、酶学性质有待加强、宿主菌的安全性有待改善等问题。

第二节　产酶菌的发酵条件筛选与工艺体系构建

对产酶菌的发酵条件和培养基进行优化是提高其产酶能力的重要步骤，也是通过大规模发酵罐发酵生产的必要前提。菌株的发酵条件，如发酵时间、培养温度、培养基初始 pH、装液量等均对产酶能力有较大影响。

一、产酶菌的发酵条件

1. 发酵时间　从 *Bacillus subtilis* ZJ-1 产 α-淀粉酶的生长和产酶曲线的结果可知，该菌在发酵 16 h 后生物量已达最大，但酶活力在 24 h 才达到最大值，表明该酶的合成属于合成滞后型，即酶的合成伴随细胞生长而开始，在细胞进入稳定期后，酶合成还可以延续（郑裕国等，1997）；*Bacillus amyloliquefaciens* YL1-5（李志鹏，2009）和 *Bacillus subtilis* xm-1（潘涛，2010）的发酵产 α-淀粉酶过程中也有相同的结果，表明芽孢杆菌属的生长和产酶方式可能存在一致性，但具体还有待进一步探讨。在发酵后期酶活力出现下降，原因可能是发酵液中的营养耗竭导致细菌分泌其他代谢产物，如蛋白酶水解淀粉酶导致淀粉酶活力降低（李志鹏，2009）。

2. 培养温度　不同菌种对培养温度的要求并不一致，笔者研究团队筛选的 *Bacillus subtilis* ZJ-1 最适产酶温度为 37 ℃，与文献报道的芽孢杆菌类细菌产酶最适合温度在 36～38 ℃一致（李志鹏，2009；潘涛，2010；Lyubenova 等，2011）。中温型菌株产 α-淀粉酶的最适温度一般为 25～37 ℃（Ueno 等，1987；Gupta 等，2003），嗜热型菌株 *Thermomonospora fusca* 和 *Thermomonospora lanuginosus* 的最适产酶温度则高达 50～55 ℃（Mishra 等，1996；Busch 等，1997），而嗜冷型菌株 *Aeromonas media* LA77 和 *Nocardiopsis* sp. 7326 的最适温度仅为 20 ℃。表明微生物所产的酶类与其生存环境温度高度相关。

3. 培养基初始 pH　*Bacillus subtilis* ZJ-1 产 α-淀粉酶的最佳初始 pH 为 7.0，这一结果与 *Bacillus amyloliquefaciens* YL1-5 一致（李志鹏，2009），但高于 *Bacillus subtilis* xm-1 5.0 的最佳初始 pH（潘涛，2010）。颜守保（2007）筛选的 *Aspergillus niger* ZY-8 产 α-淀粉酶的最适初始 pH 甚至低至 4.0。

4. 装液量　装液量对菌株生长产酶的影响表现在培养基中的溶解氧浓度，装液量越高，溶解氧越低，反之则越高。在刘建华（2014）的试验条件下，当 250 mL 摇瓶装液量从 150 mL（60%）减至 50 mL（20%），酶活力呈现依次快速升高的趋势，表明 *Bacillus subtilis* ZJ-1 α-淀粉酶的合成是好氧发酵过程，在有氧条件下向胞外分泌 α-淀粉酶降解淀粉为葡萄糖并进行吸收，从而快速生长（李志鹏，2009）。但随着装液量进一步下降至 25 mL（10%），酶活力反而下降，可能是由于溶解氧太高导致细菌生长过度，消耗过多养分，导致产酶养分不足。装液量对芽孢杆菌属细菌产 α-淀粉酶的报道并不一致，张强等（2005）、蒋若天（2007）和李志鹏（2009）研究认为，10%装液量最适合芽孢杆菌属细菌产 α-淀粉酶；但潘涛（2010）却发现，40%装液量最适合产酶。

二、产酶菌株的发酵培养基

培养基是菌株能够获取的唯一营养来源，因此培养基中各组分的含量及其配比对菌株生长和产酶有重要影响。菌株的必需营养素包括碳源、氮源和无机离子。

1. 碳源对产酶的影响 碳源是构成菌体碳架及其能量的来源，对产 α-淀粉酶的菌株而言，淀粉通常是其最主要碳源（Tonomura 等，1961）。研究不同碳源对 *Bacillus subtilis* ZJ-1 产 α-淀粉酶的影响，也证实以淀粉为碳源时酶活力最高。值得注意的是，麦芽糖作为碳源时可获得仅略低于淀粉的产酶效果，而麦芽糖是淀粉水解过程的中间产物，提示 α-淀粉酶是一种诱导酶，但它的产生并不需要淀粉的直接诱导，中间产物也具有诱导产酶的效果（Lachmund 等，1993；Mørkeberg 等，1995）。除麦芽糖外，也有报道乳糖、海藻糖、α-甲基-D-葡萄糖苷也能诱导菌株产 α-淀粉酶（Yabuki 等，1977）。但葡萄糖会显著抑制菌株产 α-淀粉酶，原因是葡萄糖可被菌株直接利用（Mørkeberg 等，1995）。木糖和果糖也被归类为能促进 *Aspergillus nidulans* 生长但对其产 α-淀粉酶有强烈抑制作用的糖类（Arst 等，1977）。

2. 氮源对产酶的影响 氮源是菌体合成蛋白质、核酸等含氮物质的重要组成部分，不同种类的氮源对菌株产 α-淀粉酶有不同作用（潘涛，2010）。在预试验中，笔者研究团队发现单独使用无机氮源替代有机氮源，菌体生长状况不佳且酶活力很低，说明有机氮源对于菌株产酶是必需的。在蛋白胨、酵母膏和牛肉膏 3 种有机氮源中，酵母膏对 *Bacillus subtilis* ZJ-1 产 α-淀粉酶的效果最佳，*Streptomyces* sp.（McMahon 等，1999），*Bacillus* sp. IMD435（Hamilton 等，1999）和 *Halomonas meridiana*（Coronado 等，2000）也都以酵母膏作为产 α-淀粉酶的最佳氮源，但也有菌株使用蛋白胨和牛肉膏作为产 α-淀粉酶的最佳氮源（Emanuilova 等，1984；Rukhaiyar 等，1995）。除单一有机氮源外，2 种氮源搭配使用可提高菌株的产 α-淀粉酶能力。笔者研究团队的试验结果也表明，酵母膏和硫酸铵的复合优于单一酵母膏的产酶效果。在 *Bacillus* sp. IMD 434 培养基中使用酵母膏配合蛋白胨可获得比单一氮源更高的酶活力（Hamilton 等，1999），在 *Bacillus subtilis* 培养基中使用酵母膏与硫酸铵，以及在 *Calvatia gigantea* 培养基中使用硫酸铵与酪蛋白也有相同的报道（Kekos 等，1987；Dercova 等，1992）。

3. 无机离子对产酶的影响 除碳源和氮源外，无机金属离子对 *Bacillus subtilis* ZJ-1 产 α-淀粉酶也有较大的影响。Na^+ 可显著提高菌株产酶能力，而 Ca^{2+} 虽然能提高 α-淀粉酶的稳定性但对产酶有不利影响，同样的结果在 Kundu 等（1973）的研究中也有报道。刘建华（2014）也发现，Cu^{2+} 和 Co^{2+} 可完全阻断酶的合成；潘涛（2010）也报道了 Cu^{2+} 对于产酶的完全抑制作用，但其具体机理尚不明确。

4. 响应面法优化培养基组成 在确定最适氮源、有机氮源、无机氮源和金属离子种类后，它们的添加量及配比也需要进一步研究。营养物质的添加量并不是越高越好，这是因为添加量越高，培养基越黏稠，越不利于溶氧通气，反而阻碍细菌的生长和产酶（潘涛，2010）。在刘建华（2014）的试验条件下，淀粉添加 5～15 g/L、酵母膏添加 5～10 g/L、硫酸铵添加 2～6 g/L 有利于 *Bacillus subtilis* ZJ-1 产 α-淀粉酶。进一步采用响应面分析法，通过局部试验回归拟合因素与结果间的全局函数关系，刘建华（2014）建立了酶活力值与淀粉、酵母膏、硫酸铵含量的二次多项回归方程，通过对其求极限并实际验证获得了139.955 U/mL的最大产酶活力，为未优化前的2.48倍。潘涛（2010）通过单因子试验结合响应面法优化了 *Bacillus subtilis* XM-1产α-淀粉酶的发酵培养基组成，使酶活力提高了2.2倍。采用响应面法优化菌株产酶条件及其培养基组成已有大量文献报道（Tanyildizi等，2005；Gangadharan等，2008；Sharma等，2011），证明了这一方法的高效性和准确性。

目前，虽然构建基因工程产酶菌成为提高菌株产酶能力的有效手段，但由于操作简单、对设备和技术的要求不高，因此高产菌株筛选结合发酵优化提高产酶活力的传统方法仍然在广泛使用。笔者研究团队除采用传统方法对原始菌株产酶进行优化外，也克隆得到了 *Bacillus subtilis* ZJ-1中温酸性α-淀粉酶基因（GenBank登录号为JX 081246），且构建了转中温酸性α-淀粉酶基因大肠埃希氏菌并成功表达（郭军，2013）。

三、微生物酶的中试生产条件

大型发酵罐液态发酵法是工业化生产酶制剂的主要方式，它满足了工业化生产对酶制剂产品数量的需求。据笔者了解和走访，国内武汉新华扬生物股份有限公司、广东溢多利生物科技股份有限公司等知名的酶制剂企业均采用大型发酵罐液态发酵法生产酶制剂产品，发酵罐的规格为20~100 t。与固态发酵法相比，发酵罐液态发酵法具有产酶活力高、发酵过程稳定可控、产品回收工艺简单等优点。鉴于后期开发和应用的便利性，笔者研究团队也采用发酵罐液态发酵法。在前期摇瓶条件下，已优化获得 *Bacillus subtilis* ZJ-1产α-淀粉酶的最适培养基及其培养条件。在此基础上，刘建华（2014）对发酵罐的发酵过程参数进行了部分调整，以期获得更高的产酶活力。

在10 L发酵罐条件下，*Bacillus subtilis* ZJ-1发酵28 h达到最大酶活力值，比摇瓶条件下滞后了4 h，这可能是由于发酵罐内的环境与摇瓶差异较大所致。另外，发酵罐发酵的最大酶活力值较摇瓶显著提高了104.86%，达到286.71 U/mL，这是由于发酵罐转速和溶氧的提高使生物量由2.93 g/L提高到了4.88 g/L所致。余诗庆（2007）研究后也发现，将从美国引进的耐高温α-淀粉酶菌株地衣芽孢杆菌（*Bacilus licheniformis*）从摇瓶转入发酵罐发酵，酶活力从4 100 U/mL提高到9 150 U/mL，提高了123.17%。

枯草芽孢杆菌（*Bacillus subtilis*）是一种好氧菌，其生长和产酶过程需要氧气。在摇瓶条件下，主要通过摇瓶的装液量和转速来提高溶氧，而在发酵罐条件下可通过调节搅拌速度和通气量来控制溶氧。由于通气量的提高会使罐压升高，造成微生物短暂中毒而影响菌体的生理代谢，且导致发酵液泡沫增加、发酵液蒸发、黏度上升等不利影响，因此通过调整转速来控制溶氧效果优于通气量调整（孙静，2009）。刘建华（2014）研究发现，400 r/min下总酶活力回收效果优于300 r/min和500 r/min，在优化条件下，50 L发酵罐的产酶活力达到了324.03 U/mL，较10 L发酵罐提高4.99%，比摇瓶条件下酶活力提高131.52%。

受试验条件所限，笔者研究团队仅对部分发酵参数进行了优化，发酵培养基采用了摇瓶条件下的最适培养基。值得注意的是，由于溶氧的增加，发酵培养基营养浓度有较大的提高空间以满足菌株生长和产酶的需要，因此 *Bacillus subtilis* ZJ-1 在发酵罐条件下产 α-淀粉酶酶活力仍有大幅提高的空间。

本 章 小 结

对产酶菌株的筛选、改造及发酵工艺技术的设计是开展工业化饲料酶制剂产品生产的重要研发环节。虽然传统的菌株筛选、改造及产酶菌发酵工艺技术设计依然能有效解决工业化生产的研发需求，但已经明显显示出工作效率低、工作难度大的局限性。具有高效、低成本、快速等特点的高通量筛选技术是目前发展的方向，另外还包括一些人工智能技术的整合发展等。但需要明确的是，不管研究技术如何发展，基于酶制剂产品发展需求依然是开展菌种筛选与改造、发酵工艺设计的重要依据。

参考文献

东秀珠，蔡妙英，2001. 常见细菌系统鉴定手册 [M]. 北京：科学出版社.

樊红平，侯水生，黄苇，等，2006. 鸡、鸭消化道 pH 和消化酶活的比较研究 [J]. 畜牧兽医学报，37（10）：1009-1015.

郭军，2013. *Bacillus* sp. ZJ-1 酸性 α-淀粉酶基因的克隆与表达及其酶学特性的研究 [J]. 广州：华南农业大学.

韩萍，2007. 低温淀粉酶的分离、纯化及其酶学性质研究 [D]. 昆明：昆明理工大学.

蒋若天，2007. 一株产耐高温 α-淀粉酶的地衣芽孢杆菌的筛选与分离及产酶条件与酶学性质的研究 [D]. 成都：四川大学.

李俊，2001. 颗粒饲料液体真空后喷涂工艺的研究 [D]. 北京：中国农业大学.

李瑛，2012. 超嗜热古菌 *Thermococcus siciuli* HJ21 高温酸性 α-淀粉酶基因的分泌表达及应用研究 [D]. 无锡：江南大学.

李志鹏，2009. 解淀粉芽孢杆菌的选育及产中温 α-淀粉酶的研究 [D]. 无锡：江南大学.

刘建华，2014. 高产 α-淀粉酶枯草芽孢杆菌菌株的选育及其粗酶对肉鸡的饲用效果 [J]. 广州：华南农业大学.

刘旭东，2008. *Bacillus* sp. YX-1 中温酸性 α-淀粉酶的分离纯化及基因克隆和表达的研究 [D]. 无锡：江南大学.

潘涛，2010. 一株酸性 α-淀粉酶产生菌的筛选、发酵条件及基因克隆研究 [D]. 郑州：河南工业大学.

孙静，2009. 中温 α-淀粉酶基因的异源表达及发酵条件的优化 [D]. 天津：天津科技大学.

王晓红，2006. 产低温淀粉酶菌株的筛选及其酶学性质的研究 [D]. 乌鲁木齐：新疆农业大学.

希坎南，1989. 伯杰氏细菌鉴定手册 [M]. 北京：科学出版社.

徐颖，2007. 高产 α-淀粉酶生产菌的筛选鉴定及其酶学性质研究 [D]. 成都：四川大学.

颜守保，2007. 产耐酸性 α-淀粉酶菌株的筛选、发酵条件及酶学性质研究 [D]. 合肥：安徽农业大学.

余诗庆，2007. 耐高温 α-淀粉酶发酵活力提高的研究和应用 [D]. 天津：天津大学.

张强，刘成君，蒋芳，等，2005. 耐高温 α－淀粉酶产生菌的分离鉴定及发酵条件与酶性质研究 [J]. 食品与发酵工业，31（2）：34－37.

郑裕国，汪钊，1997. 棉籽饼在 α－淀粉酶发酵中的应用研究 [J]. 中国粮油学报，12（2）：30－33.

Ahmadi A，Ghobadi S，Khajeh K，et al，2010. Purification of α－amylase from *Bacillus* sp. Gha1 and its partial characterization [J]. Journal of the Iranian Chemical Society，7（2）：432－440.

Arst H N，Bailey C R，1997. The regulation of carbon metabolism in *Aspergillus nidulans* [J]. Genetics and Physiology of *Aspergillus*，1：131.

Bhumibhamon O，1983. Production of amyloglucosidase by submerged culture [J]. Thai Journal of Agricultural Science，16：173.

Busch J E，Stutzenberger F J，1997. amylolytic activity of thermomonospora fusca [J]. World Journal of Microbiology and Biotechnology，13（6）：637－642.

Chesson A，1993. Feed enzymes [J]. Animal Feed Science and Technology，45（1）：65－79.

Coronado M J，Vargas C，Hofemeister J，et al，2000. Production and biochemical characterization of an α－amylase from the moderate halophile halomonas meridiana [J]. FEMS Microbiology Letters，183（1）：67－71.

Dercova K，Augustin J，Kraj čová D，1992. Cell growth and α－amylase production characteristics of *Bacillus subtilis* [J]. Folia Microbiologica，37（1）：17－23.

Ebisu S，Mori M，Takagi H，et al，1993. Production of a fungal protein，taka－amylase a，by protein－producing *Bacillus brevis* Hpd31 [J]. Journal of Industrial Microbiology，11（2）：83－88.

Emanuilova E I，Toda K，1984. α－amylase production in batch and continuous cultures by *Bacillus caldolyticus* [J]. Applied Microbiology and Biotechnology，19（5）：301－305.

Gangadharan D，Sivaramakrishnan S，Nampoothiri K M，et al，2008. Response surface methodology for the optimization of alpha amylase production by *Bacillus amyloliquefaciens* [J]. Bioresource Technology，99（11）：4597－4602.

Gerday C，Aittaleb M，Bentahir M，et al，2000. Cold－adapted enzymes：from fundamentals to biotechnology [J]. Trends in Biotechnology，18（3）：103－107.

Gill C，1999. Keeping enzyme dosing simple [J]. Feed International，20（10）：38.

Giri N Y，Mohan K R，Rao L V，et al，1990. Immobilization of α－amylase complex in detection of higher oligosaccharides on paper [J]. Current Science，59（24）：1339－1340.

Gupta R，Gigras P，Mohapatra H，et al，2003. Microbial α－amylases：a biotechnological perspective [J]. Process Biochemistry，38（11）：1599－1616.

Hamilton L M，Kelly C T，Fogarty W M，1999. Purification and properties of the raw starch－degrading α－amylase of *Bacillus* sp. Imd 434 [J]. Biotechnology Letters，21（2）：111－115.

Hayashida S，Teramoto Y，Inoue T，1988. Production and characteristics of raw－potato－starch－digesting α－amylase from bacillus subtilis 65 [J]. Applied and Environmental Microbiology，54（6）：1516－1522.

Jiménez－Moreno E，González－Alvarado J M，de Coca－Sinova A，et al，2009. Effects of source of fibre on the development and pH of the gastrointestinal tract of broilers [J]. Animal Feed Science and Technology，154（1）：93－101.

Kekos D，Galiotou－Panayotou M，Macris B J，1987. Some nutritional factors affecting α－amylase production by calvatia gigantea [J]. Applied Microbiology and Biotechnology, 26 (6): 527–530.

Kundu A K, Das S, Gupta T K, 1973. Influence of culture and nutritional conditions on the production of amylase by the submerged culture of *Aspergillus oryzae* [J]. Journal of Fermentation Technology (4): 142–150.

Lachmund A, Urmann U, Minol K, et al, 1993. Regulation of α‐amylase formation in *Aspergillus oryzae* and *Aspergillus nidulans* transformants [J]. Current Microbiology, 26 (1): 47–51.

Liu X D, Xu Y, 2008. A novel raw starch digesting α‐amylase from a newly isolated *Bacillus* sp. YX‐1: Purification and characterization [J]. Bioresource Technology, 99 (10): 4315–4320.

Lyubenova V, Ignatova M, Salonen K, et al, 2011. Control of α‐amylase production by *Bacillus subtilis* [J]. Bioprocess and Biosystems Engineering, 34 (3): 367–374.

Mamo G, Gessesse A, 1999. Purification and characterization of two raw‐starch‐digesting thermostable α‐amylases from a thermophilic *Bacillus* [J]. Enzyme and Microbial Technology, 25 (3): 433–438.

Marco J L, Bataus L A, Valencia F F, et al, 1996. Purification and characterization of a truncated *Bacillus subtilis* α‐amylase produced by *Escherichia coli* [J]. Applied Microbiology and Biotechnology, 44 (6): 746–752.

Mccance R A, Mount L E, 1960. Severe undernutrition in growing and adult animals. 5. metabolic rate and body temperature in the pig [J]. British Journal of Nutrition, 14: 509–518.

Mcmahon H E, Kelly C T, Fogarty W M, 1999. High maltose‐producing amylolytic system of a *streptomyces* sp. [J]. Biotechnology Letters, 21 (1): 23–26.

Mishra R S, Maheshwari R, 1996. Amylases of the thermophilic fungus *Thermomyces lanuginosus*: their purification, properties, action on starch and response to heat [J]. Journal of Biosciences, 21 (5): 653–672.

Mørkeberg R, Carlsen M, Nielsen J, 1995. Induction and repression of α‐amylase production in batch and continuous cultures of *Aspergillus oryzae* [J]. Microbiology, 141 (10): 2449–2454.

Nir I, Hillel R, Ptichi I, et al, 1995. Effect of particle size on performance. 3. grinding pelleting interactions [J]. Poultry Science, 74 (5): 771–783.

Perevozchenko I I, Tsyperovich A S, 1972. Comparative investigation of the properties of alpha‐amylases of mold fungi of the genus *Aspergillus* [J]. Applied Biochemistry and Microbiology, 8 (1): 12–18.

Ramachandran N, Sreekantiah K R, Murthy V S, 1978. Studies on the thermophilic amylolytic enzymes of a strain of *Aspergillus niger* [J]. Starch‐Stärke, 30 (8): 272–275.

Rose A H, 1980. Microbial enzymes and bioconversions [M]. London: Academic Press.

Rukhaiyar R, Srivastava S K, 1995. Effect of various carbon substrate on α‐amylase production from *Bacillus* species [J]. Journal of Microbial Biotechnology, 10 (2): 76–82.

Rynsburger J, Classen H L, 2007. Effect of age of intestinal pH of broiler chickens [J]. International poultry scientific forum, Poultry Science, 86 (Suppl. 1): 724.

Sajedi R H, Naderi‐Manesh H, Khajeh K, et al, 2005. A Ca‐independent α‐amylase that is active and stable at low pH from the *Bacillus* sp. KR‐8104 [J]. Enzyme and microbial Technology, 36 (5): 666–671.

Schwermann B, Pfau K, Liliensiek B, et al, 1994. Purification, properties and structural aspects of a thermoacidophilic α‐amylase from alicyclo *Bacillus acidocaldarius* ATCC 27009 [J]. European Journal of Biochemistry, 226 (3): 981–991.

Schallmey M，Singh A，Ward O P，2004. Developments in the use of *Bacillus* species in industrial production [J]. Canadian Journal of Microbiology，50 (1)：1 - 17.

Shafiei M，Ziaee A，Amoozegar M A，2011. Purification and characterization of an organic - solvent - tolerant halophilic α - amylase from the moderately *Halophilic nesterenkonia* sp. strain F [J]. Journal of Industrial Microbiology and Biotechnology，38 (2)：275 - 281.

Sharma A，Satyanarayana T，2010. High maltose - forming，Ca^{2+} - independent and acid stable α - amylase from a novel acidophilic bacterium，*Bacillus acidicola* [J]. Biotechnology Letters，32 (10)：1503 - 1507.

Sharma A，Satyanarayana T，2011. Optimization of medium components and cultural variables for enhanced production of acidic high maltose - forming and Ca^{2+} - independent α - amylase by *Bacillus Acidicola* [J]. Journal of Bioscience and Bioengineering，111 (5)：550 - 553.

Sivaramakrishnan S，Gangadharan D，Nampoothiri K M，et al，2006. α - amylases from microbial sources - an overview on recent developments [J]. Food Technology and Biotechnology，44 (2)：173 - 184.

Tanyildizi M S，Özer D，Elibol M，2005. Optimization of α - amylase production by *Bacillus* sp. using response surface methodology [J]. Process Biochemistry，40 (7)：2291 - 2296.

Thornton P A，1962. The effect of environmental temperature on body temperature and oxygen uptake by the chicken [J]. Poultry Science，41 (4)：1053 - 1060.

Tonomura K，Suzuki H，Nakamura N，et al，1961. On the inducers of α - amylase formation in *Aspergillus oryzae* [J]. Agricultural and Biological Chemistry，25：1 - 6.

Ueda M，Asano T，Nakazawa M，et al，2008. Purification and characterization of novel raw - starch - digesting and cold - adapted α - amylases from *Eisenia foetida* [J]. Comparative Biochemistry and Physiology Part B：Biochemistry and Molecular Biology，150 (1)：125 - 130.

Ueno S，Miyama M，Ohashi Y，et al，1987. Secretory enzyme production and conidiation of *Aspergillus oryzae* in submerged liquid culture [J]. Applied Microbiology and Biotechnology，26 (3)：273 - 276.

Walsh G A，Power R F，Headon D R，1993. Enzymes in the animal - feed industry [J]. Trends in Biotechnology，11 (10)：424 - 430.

Yabuki M，Ono N，Hoshino K，et al，1977. Rapid induction of alpha - amylase by nongrowing mycelia of *Aspergillus oryzae* [J]. Applied and Environmental Microbiology，34 (1)：1 - 6.

Zhang J，Zeng R，2008. Purification and characterization of a cold - adapted α - amylase produced by *Nocardiopsis* sp. 7326 isolated from prydz bay，Antarctic [J]. Marine Biotechnology，10 (1)：75 - 82.

第五章
饲料酶工程技术的特点及其发展

酶工程也称酶技术，是酶制剂大批量生产和应用的技术，包括酶的分泌、制备、酶及活细胞的固定化、酶分子改造、有机介质中的酶反应、酶传感器和反应器等内容。运用酶技术可以获得大批量的饲料酶制剂；利用酶的催化作用，可以将相应的原料转化为有用的饲料添加剂。

第一节　饲料酶的分离和提纯方法

酶的分离提纯包括3个基本的环节：抽提，即把酶从材料转入溶剂来制成酶液；纯化，即把杂质从酶溶液中除掉或从酶溶液中把酶分离出来；制剂，即将酶制成各种剂型。酶蛋白在细胞中的分布有3种情况：一是释放到细胞外的，叫胞外酶；二是游离于细胞内的，叫溶酶；三是牢固与膜或与细胞颗粒结合在一起的，叫结酶。后二者合称胞内酶。

一、饲料酶的提取

酶蛋白不同，提取方法也有所差异。对于微生物胞外酶，从发酵液中用盐析或有机溶剂沉淀成酶泥。胞内酶需收集菌体，破细胞提取，其中结酶还需打断酶蛋白和细胞颗粒。细胞破碎可先采用研磨、机械捣碎、高压法、爆破性减压法和专用波振荡（如超声波振荡器）、快速冰冻融化、干燥处理等物理方法，以及渗透、自溶、酶处理、表面活性剂处理等化学方法；然后用稀盐、稀酸、稀碱的水溶液进行抽提，抽提时应注意控制抽提的温度、pH、抽提液用量等。提抽液或发酵液中酶浓度一般很低，在纯化前往往需要加以浓缩，浓缩的方法有蒸发法、超滤、冷冻干燥、胶过滤等（徐凤彩和姜涌明，2001）。

二、饲料酶的分离纯化

从微生物、动物、植物细胞中得到含有多种酶的提取液后，为了从提取液中获得所需要的某一种酶，必须将提取液中的其他物质分离。经过分离纯化后得到的酶，活力不能降低。因此，分离纯化必须在适宜的条件下进行。可选择各种沉淀法、离心法、膜分离法、柱层析法、双水相系统萃取法等分离纯化酶（徐凤彩和姜涌明，2001）。

三、饲料酶的制剂

酶制剂常以 4 种剂型供应。一是液体酶制剂，包括稀酶液和浓缩酶液，一般除去固体杂质后，不再纯化而直接制成或加以浓缩，这种制剂不稳定且成分繁杂。二是固体酶制剂，发酵经杀菌后直接浓缩干燥制成，适于运输和短期保存，成本也不高。三是纯酶制剂，包括结晶酶，通常用作分析试剂和医疗药物，要求较高的纯度和一定的活力单位。四是固定化酶制剂（徐凤彩和姜涌明，2001）。饲料酶制剂根据其组成可分为单一酶制剂和复合酶制剂，复合酶制剂由 1 种以上的酶复合而成。

第二节　基因工程技术在饲料酶制剂生产中的应用

运用基因工程技术可以改善原有酶的各种性能，如提高酶的产率、增加酶的稳定性等，可以将原来由有害的、未经批准的微生物的酶基因，或由生长缓慢的动植物的酶的基因，克隆到安全的、生长迅速的、产量很高的微生物体内，改由微生物来生产。可以通过克隆各种天然蛋白或酶基因，将克隆的酶基因和适当的调节信号通过一定的载体（质粒）精确导入便于大量繁殖的微生物中并使之高效表达，然后通过发酵的方法来大量生产所需要的酶。对于酶源贫乏的酶，便可由基因工程技术生产。世界上最大的工业酶制剂生产厂商——丹麦诺维信集团股份有限公司，生产酶制剂的菌种约有 80% 是基因工程菌（霍兴云和冯德清，1995）。这一技术大大降低了生产酶的成本，使多种传统方法很难获得的酶得到了大量生产，并应用于饲料工业中。

1. 植酸酶　植酸酶可用微生物，如黑曲霉、毕赤酵母等真菌进行生产，但这些天然菌的产酶率低。为提高其产酶率，在分离克隆和修饰改造植酸酶基因 *phAc* 的基础上，首创利用重组的基因工程毕赤酵母（pichia pastoris）来高效表达植酸酶。发酵液中植酸酶的含量比用了原始菌株生产时提高了 3 000 倍（罗明典，2003）。

2. 乳糖酶　乳糖酶能水解乳糖为半乳糖和葡萄糖。幼小动物在断奶时，消化道中的乳糖酶含量急剧下降，动物对乳清粉中乳糖的消化率降低，易引发腹泻。在饲料中添加乳糖酶即可缓解这一症状，提高饲料利用率。张伟（2002）筛选到一种新型乳糖酶（这种酶在实际应用中的有效性、热稳定性、抗逆性和广谱性方面均较高），并克隆到了此酶的新基因，成功地构建了能高效表达乳糖酶的重组生物反应器，使乳糖酶的单位表达量近 6 g/L。表达的乳糖酶可自行分泌到细胞外，解决了目前乳糖酶生产过程中的单位产量低、酶后加工困难的问题，使乳糖酶的工业化廉价生产成为可能（罗明典，2003）。

3. 谷氨酰胺合成酶　谷氨酰胺（glutamine，Gln）是一种条件性必需氨基酸，作为一种新型饲料添加剂，对断奶仔猪补充外源性谷氨酰胺可有效防止早期断奶仔猪体内

Gln 水平的下降；保持小肠绒毛高度不变（张军民等，2003）；可增加血液和组织中谷胱甘肽（glutathione，GSH）、脾脏和肝脏中超氧化物歧化酶（superoxide dismutase，SOD）的活力，加强仔猪抗氧化能力（张军民等，2002）；能够缓解由于早期断奶造成的胰蛋白酶发育延缓或活力下降导致的影响（张军民等，2001）；提高饲料效率，降低仔猪腹泻率（冯志华，2003）。陈群英等（2004）利用基因工程的方法，通过基因重组，在大肠埃希氏菌中获得了能大量表达的重组谷氨酰胺合成酶，从而使酶法合成 L-谷氨酰胺的问题得到了解决。其成本低廉，为工业化酶法合成 L-谷氨酰胺奠定了很好的基础。

4. 糖化酶　糖化酶能水解淀粉、糊精、糖原等碳链上的 $\alpha-D-1$，4-糖苷键和 $\alpha-D-1$，6-糖苷键连接的非还原端，将葡萄糖一个一个地水解下来，而得到终产物 $\beta-D-G$。Lin 等（1998）将泡盛曲霉糖化酶基因通过整合转入酵母的染色体中，获得了该糖化酶基因在酿酒酵母中的表达。Dohmen 等（1990）将 *Scoccid entali* 的糖化酶基因通过启动子置换转入酿酒酵母中，获得了糖化酶的高效分泌。唐国敏 1994 将黑曲霉糖化酶高产菌株 T21 合成的糖化酶 cDNA 经 5′端和 3′端改造后，克隆到酵母质粒 YFD18 中，转化酿酒酵母。试验证明，酵母的 α 因子启动子和分泌信号序列能促使黑曲霉糖化酶 cDNA 在酵母中表达和分泌。大肠埃希氏菌青霉素 G 酰胺酶的生产也采用了基因工程技术。

第三节　固定化酶及其反应器在饲料工业中的应用

一、固定化酶

固定化技术是在 20 世纪 70 年代兴起的一种新型生物技术，由 1969 年日本首先研制成功，包括固定化酶和固定化细胞技术。固定化是指利用物理或化学手段将游离的细胞或酶与固态的不溶性载体相结合，使其保持活性并可反复使用的一种技术。固定化的方法主要有吸附法、交联法、共价法、包埋法、无载体固定化法等几种类型。与游离酶相比，固定化酶具有稳定性高、酶可反复使用、产物纯度高、生产可连续化、自动化、设备小型化，以及可节约能源、较游离酶更适合于多酶反应等优点。目前，世界上已有几十个固定化酶和细胞反应系统投入到实际应用中（张蔚文和张灼，1991）。在苏联，为数众多的酶全都实现了固定化（阳吴明，1991）。在酶制剂工业发达的美国、欧洲和日本，近年来纷纷加大了该技术投资的比例（霍兴云和冯德清，1995）。随着饲料工业新型酶制剂的开发，固定化技术已成为生产饲料添加剂的核心技术。

二、酶反应器

酶反应器是游离酶、固定化酶和固定化细胞催化反应的容器。它的作用是以尽可能低的成本，按一定速度把规定的反应物制备成特定的产物。与化学反应器不同，酶反应是在低温、低压下发挥作用，反应时耗能低。按反应器内化合物是否均一，可分为均相反应器和非均相反应器两种；按反应器的封闭状况，可分为封闭型和开放型两种；按反应的模型和流动的模式，可分为批量式反应器和连续流反应器等（徐凤彩和姜涌明，2001）。固定化酶以反应器的形式来生产产品，具有大规模、低成本、高质量生产开发的前景。

三、固定化酶及其反应器的联合应用

目前，联合固定化和酶反应器技术已生产出了低聚果糖、D-泛酸钙、防腐剂丙酸等饲料添加剂。

1. 低聚果糖　由于低聚糖生理特性显著优于抗生素与益生素，因此其需求量日益扩大。天然植物中低聚果糖的含量较低，商品用低聚果糖主要靠微生物发酵来生产。共固定技术以蔗糖为原料结合传统微生物发酵生产，将葡萄糖氧化酶和黑曲霉交联后再和海藻酸钠结合制成共包埋颗粒，最后填入反应柱来生产（王亚军等，1991）。江波等（1996）将霉菌与葡萄糖氧化酶共包埋于50℃，在pH 5.0条件下与50%蔗糖溶液摇瓶反应24 h，得到了71%的低聚果糖；又采用固定化黑曲霉增殖细胞与固定化葡萄糖异构酶协同作用方法，将50%蔗糖溶液通入柱式反应器，连续生产得到了高含量低聚果糖，产物中低聚果糖含量为63%。低聚果糖固定化生产技术的应用至今已有十几年的历史，并取得了很大的成绩。日本的Meiji Seika公司已用海藻酸钠包埋 *Aspergillus niger* 进行低聚果糖的大规模生产。实践证明，固定化酶（细胞）技术是降低成本的一种十分有效的方法（张伟等，2001）。

2. D-泛酸钙　作为饲料添加剂在物质代谢中起着重要的作用。在日本和美国，D-泛酸钙70%～80%用于饲料添加剂；而我国D-泛酸钙生产规模小，工艺落后，作为饲料用时主要依靠进口，国内缺口较大。先用卡拉胶包埋后进行反复分批水解拆分泛酸钙合成中间体泛解酸内酯，再用酶水解泛解酸内酯，每天一次反应23～24 h，重复利用30次，水解率始终保持20%～30%，达到了水解的最好效果（汤一新等，2001；杨艺虹等，2004）。

3. 纤维素　是自然界中最丰富的可再生资源之一，将其转化为葡萄糖作为重要粮食和饲料来源的关键就在于纤维素酶的酶解效率。酶的固定化技术为提高纤维素酶的使用效率、降低成本提供了可能。近20年国内外应用不同性质的载体研究纤维素酶的固定化，已成功地采用了不溶性的载体胶原蛋白、脱己酰几丁质、尼龙和可溶性PVA、PEG及可溶-不可溶互变性质的载体系统，均取得了一定的效果。王景林（2004）曾将 *Aniger* 纤维素酶固定在经溴化氰（cNBr）活化的糊精上，固定率为50%，保留酶活力70%，且在60℃处理2 h，纤维素酶固定化的保留活力比游离酶高20%；用海藻酸钙凝胶将 *T. pseudokoningii* 孢子和纤维素粉一起包埋生产纤维素酶，平均产率为68.5 IU/（h·L），并可重复使用10次以上。

丙酸及其盐是重要的饲料防腐剂，但由于丙酸发酵是一种终产物抑制发酵，因此发酵法生产丙酸的效率低且经济效益差。固定化细胞技术可使丙酸菌高密度发酵而提高丙酸的产率。结合Goswami等（2001）研制的原位细胞保持反应器，可将原位细胞保持提高到50%，丙酸生产速率达到普通分批发酵的3倍，且成本较低（张华峰和康慧，2004）。

本　章　小　结

　　酶的有效生物性使得其在饲料工业中的应用越来越多，国内外已有专业生产饲料酶的企业，饲料酶在饲料添加剂中所占的份额越来越大。随着科技的发展，基因工程酶、固定化酶等将以量大、成本低、活力高等优势，越来越被饲料厂和养殖户所应用，在饲料工业中发挥更大的作用。

➜参考文献

陈群英，陈国安，薛彬，等，2004. 基因工程酶法结合酵母能量耦联高效合成 L - 谷氨酰胺的研究 [J]. 生物工程学报，20（3）：456 - 460.

冯志华，2003. 谷氨酰胺在断奶仔猪中的应用 [J]. 兽药与饲料添加剂，8（2）：17 - 19.

霍兴云，冯德清，1995. 酶制剂工业国外发展现状趋势及对策 [J]. 食品与机械，2：13 - 16.

江波，王璋，丁霄霖，1996. 共固定化生产高含量低聚果糖的研究 [J]. 食品与发酵工业，1：1 - 7.

罗明典，2002. 酶制剂在农牧业上的应用前景 [J]. 世界农业，286（2）：41 - 42.

唐国敏，龚辉，钟丽蝉，等，1994. 黑曲霉糖化酶在酿酒酵母中的表达和分泌 [J]. 生物工程学报，10（3）：213 - 217.

汤一新，孙志浩，华蕾，2001. 微生物酶拆分方法生产 D - 泛酸钙合成中间体 D - 泛解酸内酯 [J]. 工业微生物，31（3）：1 - 5.

王景林，1997. 纤维素酶固定化的研究进展 [J]. 生命科学，9（3）：116 - 135.

王亚军，吴天星，戴贤君，等，1990. 果寡糖及其在饲料工业中的应用 [J]. 饲料工业，20（40）：21 - 23.

徐凤彩，姜涌明，2001. 酶工程 [M]. 北京：中国农业出版社.

阳吴明，1991. 苏联工业微生物学研究与开发现状 [J]. 微生物学通报，18（6）：374 - 376.

杨艺虹，张布，杨建设，2004. D - 泛酸钙合成技术及其进展 [J]. 饲料工业，25（6）：8 - 11.

张华峰，康慧，2004. 微生物发酵法生产丙酸 [J]. 发酵工程，25（8）：29 - 33.

张军民，高振川，王连娣，等，2001. 日粮添加谷氨酰胺对早期断奶仔猪小肠酶的影响 [J]. 动物营养学报，13（4）：18 - 23.

张军民，高振川，王连娣，等，2003. 谷氨酰胺对饲喂生大豆仔猪小肠结构和功能的影响 [J]. 畜牧兽医学报，34（4）：356 - 361.

张军民，王连娣，高振川，等，2002. 日粮添加谷氨酰胺对早期断奶仔猪抗氧化能力的影响 [J]. 畜牧兽医学报，33（2）：105 - 109.

张伟，2002，利用生物技术开发一种新乳糖酶及其高效生产途径 [D]. 北京：中国农业科学院.

张伟，杨小红，杨秀山，2001. 果糖基转移酶及其固定化研究进展 [J]. 生命科学，13（1）：45 - 46.

张蔚文，张灼，1991. 固定化微生物技术在废水处理中的应用与研究 [J]. 上海环境科学，10：20 - 24.

朱丽娜，2014. 改性海藻酸复合凝胶固定化纤维素酶的研究 [D]. 哈尔滨：哈尔滨理工大学.

Dohmen R J, Strasser A W, Dahlems U M, et al, 1990. Cloning of the *Schwanniomyces* occidentalis glucoamylase gene（GAM1）and its expression in *Saccharomyces cerevisiae* [J]. Gene, 95（1）：111 - 121.

Goswami V，Srivastava A K，2001. Propionic acid production in an situ cell retention bioreactor [J]. Applied Microbiology and Biotechnology，56（5/6）：676－680.

Lin L L，Chien H R，Hsu W H，et al，1998. Construction of an amylolytic yeast by multiple in-tegration of the *Aspergillus* awamori glucoamylasegene into a *Saccharomyces cerevisiae* chromo-some [J]. Enzyme and Microbiology Technology，23（6）：360－366.

Wongkhalaung C，Kashiwagi Y，Magae Y，et al，1985. Cellulase immobilized on a soluble polymer [J]. Applied Microbiology and Biotechnology，21：37－41.

第二篇　饲料酶制剂产品的设计技术

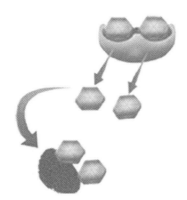

第六章
饲料组合酶制剂的设计理念及其关键技术

酶制剂作为一种具有生物活性的天然催化剂，与底物结合后降低了反应中所需要的活化能，可以极大地提高化学反应速度。饲料酶制剂的研究开发和推广应用，已成为生物技术在饲料工业和养殖中应用的重要领域，酶制剂作为一种新型高效饲料添加剂，为开辟新的饲料资源、降低饲料生产成本提供了行之有效的途径；同时，可以提高动物生产性能和减少养殖排泄物的污染，为饲料工业和养殖业高效、节粮、环保等可持续发展提供了保障和可能性，而新型的饲料酶制剂不断被研究和开发是重要前提。组合酶作为酶制剂产品设计的创新理念，有别于传统的单酶和复合酶，能通过"差异互补、协同增效"的设计理念充分发挥出酶制剂的高效性、针对性，以"差异互补、协同增效"为核心理念。

第一节　饲料酶制剂的种类

迄今为止，已发现3 000多种酶，其中很小的一部分用于饲料中。生物体内生化代谢途径中的酶可分为氧化还原酶类、水解酶类、转移酶类、裂合酶类、异构酶类和合成酶类等几类。工业上应用的酶制剂大多数为水解酶。酶制剂的分类按作用底物的不同，可分为淀粉酶、蛋白酶、脂肪酶、果胶酶、木聚糖酶、β-葡聚糖酶、纤维素酶、植酸酶、核糖核酸酶等。单胃动物能分泌到消化道内的酶主要属于蛋白酶、脂肪酶类和碳水化合物酶类。底物大分子物质（蛋白质、脂肪、多糖等）在酶的催化下被降解为易被机体吸收的小分子物质，如氨基酸、寡肽、脂肪酸、葡萄糖、寡糖等。目前，饲料酶制剂的分类方法仍没有统一，其大致可分为非消化酶和外源消化酶两大类。非消化酶是指动物自身不能分泌到消化道内的酶，这类酶能消化动物自身不能消化的物质或降解一些抗营养因子，主要有纤维素酶、木聚糖酶、β-葡聚糖酶、植酸酶、果胶酶等。外源消化酶是指动物自身能够分泌，但大部分来源于微生物和植物的淀粉酶、蛋白酶和脂肪酶类等。

催化水解同一种底物的酶可以有不同来源，如催化水解纤维素的酶有绿色木霉（*Trichoderma viride*）纤维素酶、嗜松青霉（*Penicillium pinophilum*）纤维素酶、生黄瘤胃球菌（*R. flavefaciens*）纤维素酶等。针对这一特点，笔者研究团队先后系统地比较研究了不同来源的纤维素酶（黄燕华，2004）、不同来源的木聚糖酶（于旭华，2004）和不同来源的蛋白酶（曹庆云，2015）。同样，同一来源的生物，特别是微生物（包括真菌、细菌、放线菌等）可以产生不同的酶，如厌氧微生物能产生降解木聚糖、甘露聚糖的复合多酶系统。另外，所谓木聚糖酶、β-葡聚糖酶、纤维素酶等是一个笼统的概念，它们是一类作用相近的酶的统称。例如，纤维素酶主要有 3 种，即内切葡聚糖酶、外切葡聚糖酶和 β-葡萄糖苷酶。

单酶或单一酶（single enzyme）是指特定来源而催化水解一种底物的酶制剂，如木瓜蛋白酶、胃蛋白酶、里氏木霉（*T. reesei*）纤维素酶、康宁木霉（*Trichoderma koningii*）纤维素酶、曲霉菌（*Aspergillus*）木聚糖酶、隐酵母（*Cryptococcus*）木聚糖酶等，它们都是单酶。

与单酶相对应的是复合酶。复合酶（complex enzymes），是指由催化水解不同底物的多种酶混合（mix）而成的酶制剂。多种酶的来源可以不同，也可以相同，特别是有些商业系统微生物的固体发酵，单一菌株都可以产生多种酶。复合酶能以动物种类及阶段为目标设计酶谱和活力，如蛋鸡日粮专用酶；也能以日粮特性为目标配制酶的种类和有效成分，如小麦型日粮专用酶。目前，饲料和养殖业使用的除少量是单酶添加剂外，大多数为复合酶添加剂。

第二节　组合酶和组合型复合酶的概念和特性

饲料工业和养殖业面临着影响可持续发展的三大问题：一是违禁药物和促生长剂大量使用导致的饲料安全问题；二是未被充分吸收利用，养分大量排放造成的环境污染问题；三是常规饲料原料缺乏及价格上涨问题。饲料酶制剂由于其独特的作用，被广泛认为是目前唯一能够在不同程度上同时解决这三大问题的饲料添加剂。尽管优势明显，但是迄今为止全球单胃动物饲料仅有 20% 左右使用了酶，总价值约 3 亿美元。当然，酶制剂不能简单等同于促生长剂，而且影响酶的因素很多，其发挥作用既有动物的因素，又有日粮的因素，还有酶本身的因素（Marquardt 和 Bedford，2001）。过去广泛使用的是单一酶（小麦型日粮添加一种单一的木聚糖酶），或者复合酶（仔猪日粮使用蛋白酶和淀粉酶等组成的复合酶）。如何解决酶制剂使用的针对性和高效性是酶制剂发挥其效果的关键。目前，在酶制剂理论研究和产品开发中恰恰是针对性和高效性存在很大的问题。如何高效地发挥酶的催化功能，必须在酶制剂的应用上创新思维，构建新的应用体系。冯定远（2004）在讨论饲料工业的技术创新时提出了饲料酶制剂应用的组合酶概念，它有别于传统上的复合酶。此后，饲料酶制剂行业开始关注并实践。

所谓组合酶（combinative enzymes），是指因催化水解同一底物的来源和特性不同，利用酶催化的协同作用，选择具有互补性的 2 种或 2 种以上酶的配合（formulate）而成的酶制剂。例如，组合蛋白酶制剂由多种来源不同的蛋白酶组成，可以有木瓜蛋白酶和黑曲霉蛋白酶，甚至其他来源的蛋白酶；组合木聚糖酶制剂由多种来源不同的木聚糖酶组成，可以是真菌木聚糖酶和细菌木聚糖酶的组合；组合型纤维素酶制剂由外切葡聚糖酶和内切葡聚糖酶组成（图6-1）等。组合酶不是简单的复合，而是根据不同酶的最适特性、作用特点和抗逆性的互补有机组合。可以是多种内切酶的组合，也可以是内切酶和外切酶的组合。组合酶应用最常见的例子是有目的地选择多种蛋白酶水解蛋白质原料生产生物活性肽，根据蛋白质原料的不同，几种蛋白酶的要求不同；而因目的肽的不同，几种蛋白酶的选择也不一样。

　　饲料组合酶是酶制剂应用技术体系的一个技术创新。饲料组合酶一般应具备4个方面的特性：①催化水解同一底物酶的来源多样性（在一定程度体现经济性）；②酶催化反应的配合性（催化水解位点的不同和配合）；③酶最适条件和抗逆特性的互补性；④酶应用效果的高效性。饲料组合酶最终反映在解决催化饲料复杂底物的高效性问题上。从严格意义上讲，设计和开发生产饲料组合酶应考虑这些特性，组合酶不是多种催化水解同一底物酶的简单混合，而是根据各自酶学特性的有机组合。

　　一般地，与常见的单酶与复合酶相比，科学合理的组合酶应考虑作用底物更有针对性、多种酶源的配合及互补和催化作用更加高效性。组合酶在饲料中应用的最大好处就是，在酶催化环境条件不理想的情况下，发挥其配合作用，从而达到高效能的目的。

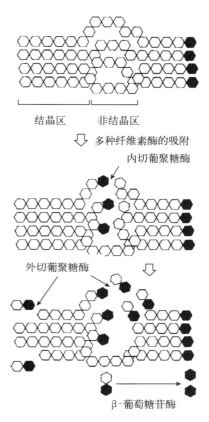

图6-1　外切葡聚糖酶、内切葡聚糖酶及β-葡萄糖苷酶的协同作用
（资料来源：Wood和McCrae，1978）

　　如果同时考虑复合酶的作用，又要考虑组合酶的好处，可以配制应用组合型复合酶制剂（combinative and complex enzymes）。一个典型的组合型复合酶制剂产品应该能催化水解多种底物，而且催化水解同一底物的酶制剂由几种来源不同的单酶组成。例如，应用大量杂粕和麦类的非常规原料的日粮，可以设计含有真菌木聚糖酶、细菌木聚糖酶、木霉纤维素酶和青霉纤维素酶等组成的组合型复合酶制剂。

　　目前，酶制剂产品开发市场仍然比较混乱，其中一个方面就是不同企业产品酶活力之间没有可比性，只是笼统标明各种酶的活力。例如，一个典型复合酶产品的例子，仔猪日粮专用酶：木聚糖酶（180 000 U/g）、β-葡聚糖酶（25 000 U/g）、纤维素酶（11 000 U/g）、果胶酶（400 U/g）、淀粉酶（2 000 U/g）、酸性蛋白酶（3 000 U/g），添加量为50～100 g/t。木聚糖酶活力180 000 U/g是高还是低了？比另一企业产品的木聚糖酶活力（120 000 U/g）更好吗？不能简单评判。

　　组合酶的另一个作用是可以部分解决不同企业产品酶活之间可比性问题。组合酶的成分一般都要注明酶的来源。例如，小麦杂粕日粮专用组合型液体酶：哈茨木霉木聚糖酶（450 000 U/g）、蓝状菌木聚糖酶（350 000 U/g）、纤维杆菌纤维素酶（300 000 U/g）、嗜松青霉纤维素酶（350 000 U/g），添加量为 80～100 g/t。由于明确了酶的来源，因此酶的活力就比较容易规范。

在上述的小麦杂粕日粮专用组合型液体酶配方中，考虑了木聚糖降解酶间的协同作用。木聚糖降解酶的同型协同作用已经在蓝状菌（*Talaromyces byssochlamydoides*）（Yoshioka 等，1981）和哈茨木霉（*Trichoderma harzianum*）（Wong 等，1986）中得到了很好的验证。

第三节　提出新型饲料组合酶的理论基础

冯定远（2004）提出饲料组合酶的理论基础主要基于以下 8 个方面。

一、种类多样和来源广泛

催化降解同一底物的酶来源很多，它们之间的催化功能既有可替代的，也有不可替代的。这样，可替代性就有更多的选择性，对降低整体应用成本有好处；不可替代性就存在着互补性，对真正发挥酶的最大效率有好处。例如，蛋白酶有来源于动物、植物和微生物的，而动物、植物和微生物蛋白酶又分别有许多种。同样，植酸酶有来源于微生物、动物和植物的，Dvorakova（1998）综述了三类植酸酶的结构和动力学特征。纤维素酶和木聚糖酶多由细菌和真菌产生，此类微生物包括：需氧性微生物（aerobes）、厌氧性微生物（anaerobes）、嗜温微生物（mesophiles）、嗜热微生物（thermophiles）和极温微生物（extremophiles）。耐超高温的微生物，如栖热袍菌属（*Thermotoga* sp.）、激烈热球菌（*Pyrococcus furiosus*）和热丝菌属（*Thermofilum* sp.）能生长在85～110 ℃环境中，并能产生极其稳定的分解纤维素和半纤维素的酶（Simpson 等，1991；Antranikian，1994；Witerhalter 和 liebl，1995）。细菌纤维素酶有多种不同水解纤维素的机制。例如，耗氧菌，纤维杆菌属（*Cellulomonas*）、假单胞杆菌属（*Pseudomonas*）、嗜热放线菌（*Thermoactinomycetes*）、褐色高温单胞菌（*T. fusca*）、细小双孢子菌（*Microbispora*）和粪堆梭菌（*C. stercorarium*）产生的纤维素分解酶系，类似于耗氧真菌产生的纤维素分解酶，这些纤维素分解酶系通过不同酶组分的相互协作来降解纤维素（Beguin 等，1992；Wood，1992；Gilbert 和 Hazlewood，1993）。植酸酶可以大致分成 6-植酸酶和 3-植酸酶两类。这种分类是根据植酸分子水解的起始位点划分的，6-植酸酶多来源于植物，3-植酸酶是由真菌（*Aspergillum* sp.）产生的（Dvorakova，1998）。

二、不同来源酶制剂存在广泛的差异互补性

不同来源酶的酶学性质是不同的，它们催化降解的位点不同，有些是外切酶，有些是内切酶。有目的地互补组合，能够发挥各自性能，相互配合而达到最佳的作用效果。

例如，木聚糖酶对多聚木聚糖的内部 β-1，4-糖苷键有活性，这种木聚糖酶称为内切木聚糖酶。根据其对不同多糖的活性，内切木聚糖酶又可分为特异性内切水聚糖酶和非特异性内切木聚糖酶（Coughlan，1992；Coughlan 等，1993）。特异性内切木聚糖酶仅对木聚糖的 β-1，4-糖苷键有活性，而非特异性内切木聚糖酶可以水解以 β-1，4-糖苷键连接的木聚糖、混合木聚糖的 β-1，4-糖苷键及其他 β-1，4-糖苷键连接的多糖，如 CM-纤维素。大多数内切木聚糖酶能特异性地作用于木聚糖的非取代木糖苷键，并释放取代的和非取代的木寡糖。相反，其他内切木聚糖酶特异性地作用于在主链上接近取代基团的木糖苷键。例如，来源于黑曲霉（*Aspergillus niger*）的 2 种酶（PI 8.0 和 9.6）对去掉阿拉伯糖取代基的木寡糖和木聚糖表现出很弱活性或没有活性（Frederick 等，1985）。内切木聚糖酶如果能降解含有 β-1，3-糖苷键和 β-1，4-糖苷键的红藻聚糖（rhodymenan），通常也具备特异地作用于 β-1，4-糖苷键的作用（Coughlan，1992）。同时，内切木聚糖酶有些仅能降解主链，有些则同时具备降解支链、释放阿拉伯糖的能力（Coughlan 等，1993）。

三、酶制剂作用的饲料成分复杂，对酶制剂要求相应复杂

如果饲料成分复杂，酶解底物，特别是非淀粉多糖的降解需要多种酶之间协同作用。2 种或更多的酶之间的有效配合，其作用效果好于单一添加任何一种酶制剂的叠加作用，这种现象就是协同作用。Giligan 和 Reese（1954）在水解纤维素的过程中，首次证实了不同纤维素酶间的协同增效作用。类似的几项研究验证了在晶体纤维素的溶解过程中，内切葡萄聚糖酶和外切葡聚糖酶之间的协同作用（Wood，1988；Klyosov，1990；Bhat，1994）。有报道在真菌纤维素酶中存在 5 种协同作用：①内切葡聚糖酶和一种称为 C1 的非水解蛋白间的协同作用（Reese 等，1950）；②β-葡聚糖酶和内切葡聚糖酶或者外切葡聚糖苷酶（exo-1，4-D-glucanase，又称纤维素生物降解酶，即 cellobiohydrolases）之间的协同作用（Eriksson 和 Wood，1985）；③两个免疫学上相关的或截然不同的 CBH 之间的协同作用（Wood 和 McCrae，1986）；④源自相同或不同微生物内切葡聚糖酶和 CBH 之间的协同作用（Wood 等，1989）；⑤2 种内切葡聚糖酶之间的协同作用（Klyosov，1990）。另外，细菌纤维素酶和真菌纤维素酶之间也有协同作用，来自嗜热纤维素单胞菌（*C. thermocellum*）的多酶复合体的亚基之间存在协同作用（Bhat 等，1994；Wood 等，1994）。Coughlan 和 Ljungdahl（1988）、Wood（1988），以及 Klyosov（1990）等深入地研究了来自真菌的纤维素酶之间的协同作用。

大部分的协同模式有：①内切葡聚糖酶和 CBH 的协同作用；②外切葡聚糖酶和外切葡聚糖酶之间的协同作用；③内切葡聚糖酶和内切葡聚糖酶之间的协同作用。Wood 和 McCrae（1972）认为，被内切纤维素酶裂解的纤维素链可以变成外切纤维素酶的底物，2 种酶相互协同降解纤维素。但是该模型不能解释 2 种不同 CBHs 间的协同作用，或者 CBH 不能与来自不同微生物的内切葡聚糖酶相互协同作用的现象。因此，使用高纯度的内切葡聚糖酶和来自嗜松青霉（*P. pinophium*）的 CBHs 的研究表明，只有 2 种内切葡聚糖酶（EGⅢ和 EGⅤ）对纤维素有很强的吸附性，与 CBHⅠ和 CBHⅡ有协同作用（Wood 等，1989）。他们认为，在 CBHⅠ和 CBHⅡ与内切葡聚糖酶之间的协

同作用，是由这两类酶间的不同立体空间结构造成的。有效而彻底地分解木聚糖需要有不同特性的主链裂解酶和支链裂解酶的协同作用（Coughlan 等，1993；Coughlan 和 Hazlewood，1993）。对于木聚糖降解酶来讲，因为底物来源的天然差异，所以仅衡量产生的还原糖量，不足以证实其协同作用。因此，必须分离和纯化，并进行定性、定量分析其分解产物，以获得木聚降解酶协同作用的更为清晰的资料。

事实上，2 种酶之间的协同作用模式有 3 种类型，①同型协同；②异型协同；③抗协同（Coughlan 等，1993）。同型协同与异型协同可能有 1 种或 2 种产物。同型协同可以是在 2 种或多种的侧链裂解酶之间的协同，也可能是在 2 种或多种的主链裂解酶之间的协同（Coughlan 等，1993）。同样，植酸水解为肌醇的全部过程已经确定，没有哪一个单独的酶能水解植酸分子中所有的磷酸，因此整个水解过程是在很多非特异性酶的联合作用下完成的（Maenz，2004）。

四、同一种酶存在功能极限限制

在一定条件下（特定的作用环境和时间），某一种酶数量或活力进一步增加并不能提高催化性能，各种酶和对应的底物浓度的反应基本动力学是米氏方程（陈石根和周润琦，2001），而不同来源作用同一种底物的酶的米氏方程不一样（陈芳艳，2010）。

五、同一类酶而来源不同时其最适条件差异很大

用不同菌属来源和不同发酵方式生产的纤维素酶在酶系组成及酶学特性上存在差异（孟雷等，2002）。绝大多数来自真菌的内切葡聚糖酶和外切葡聚糖酶的分子质量均为 20～100 ku，而 β-葡萄糖苷酶的分子质量范围为 50～300 ku。通常情况下，来自真菌的酶活力的最佳 pH 范围为 4.0～6.0，而来自细菌的酶的最佳活力 pH 范围为 6.0～7.0（Wood，1985）。来自嗜温（mesophilic）真菌和细菌的内切葡聚糖酶、CBHs 和 β-葡萄糖苷酶的最佳活力温度范围为 40～55 ℃（Wood 等，1988；Bhat 等，1989；Christakopoulos 等，1994），而来自嗜温微生物和嗜热微生物的纤维素酶的最佳活力温度范围分别为 60～80 ℃和 90～110 ℃（Khandke 等，1989；Bhat 等，1993；Antranikian，1994）。在黄燕华（2004）的试验中，2 种纤维素酶分别来自木霉固体发酵、木霉液体发酵和青霉液体发酵，3 种酶的组分和酶学特性都存在差异，3 种不同来源的纤维素酶在相同测定条件下酶活力差别较大。由于不同来源的酶活力有差别，因此在实际应用中以重量比来添加，显然会造成使用效果的较大差异。不同来源的纤维素酶虽然作用相同，但具有不同的最适 pH 和温度。因此，用同一种测定方法测定不同来源的纤维素酶得到的酶活值尚不能完全具有代表性。

六、同一类酶而来源不同时其热稳定性差异很大

例如，经 80 ℃高温处理 1～3 min 后，3 种纤维素酶的剩余酶活差异较大；其中，

青霉液体发酵的酶的热稳定性较好，剩余酶活力仍保留了 94.8%；而木霉固体发酵酶和木霉液体发酵酶热稳定性较差（黄燕华，2004）。

七、同一类酶而来源不同对于胃肠道的蛋白水解酶的耐受性差异很大

对于畜禽胃肠道环境的稳定性最终决定外源酶制剂的应用效果，只有在消化道内能保留足够的活力，存留足够的时间，酶制剂才能发挥应有的作用。在消化道环境中比较 3 种纤维素酶，木霉液体发酵酶的稳定性最好，木霉固体发酵酶最差（黄燕华，2004）。另外，在体外试验中胃蛋白酶对木霉固体发酵酶影响最大，木霉液体发酵酶耐受性较好。

八、同一类酶而来源时饲料中的一些离子对酶活力的影响差异很大

Fe^{2+}、Zn^{2+} 和 Ca^{2+} 对 3 种纤维素酶的 CMCase 和 FPase 活力均有抑制作用，但抑制作用都不显著，只有木霉液体发酵酶的 CMCase 活力受 Ca^{2+} 的影响较大；Mn^{2+} 对 3 种纤维素酶的 CMCase 和 FPase 活力均有激活作用；Cu^{2+} 对 3 种纤维素酶的 CMCase 活力有激活作用，但对其 FPase 活力则有抑制作用，其中木霉液体发酵酶受影响最大；Mg^{2+} 对 3 种纤维素酶的作用出现了差异；使青霉液体发酵酶的 CMCase 和 FPase 活力提高，而使木霉固体发酵和木霉液体发酵酶的 CMCase 和 FPase 活力降低，其中木霉液体发酵酶的 FPase 活力受影响较大（黄燕华，2004）。离子对酶活抑制或激活影响的不一致，可能是因为不同来源的纤维素酶需用作电子载体的特定金属离子不同造成。

第四节 饲料组合酶的设计技术

一、差异性筛选技术

对组合酶的筛选首先需要明确作用于同一底物的多个酶不是同一种酶，如木聚糖酶有内切酶和外切酶（苏玉春，2008）、植酸酶有 3-植酸酶（EC 3.1.3.8）和 6-植酸酶（EC 3.1.3.26）（付大伟，2010）等。为确定组合酶组合筛选的对象为不同的酶，可采取以下 4 种方法进行区分：①蛋白分子特性的差异性筛选。如 Sapag 等（2002）研究了 26 个来源的木聚糖酶，通过比较长度、分子质量和等电点可发现哪些是同种酶（表 6-1）。其中，通过电泳的方式测定酶蛋白的分子质量最直接、简单和快捷。例如于旭华在 2004 年从市场上采集了 2 个企业的木聚糖酶，通过电泳发现真菌性木聚糖酶和细菌性木聚糖酶的分子质量分别为 23.65 ku 和 24.45 ku，属于不同的木聚糖酶。②不同来源酶的氨基酸组成和含量。于旭华（2004）比较了 6 个来源的木聚糖酶发现，其氨基酸组合和含量上有明显差异（表 6-2）。③米氏常数的比较。例如，陈芳艳（2010）对蛋白修饰改造之后 GSH-Px 与修饰前的米氏常数比较发现分别为 1.484 mmol/L 和 0.285 7 mmol/L。④对酶蛋白的三维空间结构进行分析，如采用 X-

饲料酶制剂技术体系的发展与应用

ray 衍生技术分析到的瘤胃微生物植酸酶（Chu 等，2004）、大肠埃希氏菌植酸酶（Liu 等，2004；Xiang 等，2004）和芽孢杆菌植酸酶（Ha 等，2000；Shin 等，2001）的空间结构分别为图见彩图 1 至彩图 3。

表 6-1 不同微生物来源木聚糖酶的蛋白质分子特性

来　　源	蛋白质	氨基酸数量	分子质量	pI	最适 pH	最适温度（℃）
细菌						
豚鼠气单胞菌	Xylanase Ⅰ	183	20 212	7.1	7.0	55
芽孢杆菌 D3	Xylanase	182	20 683	7.7	6.0	75
芽孢植菌 41 M1	Xylanase J	199	22 098	5.5	9.0	50
丙酮丁醇梭菌	Xylanase B	233	25 908	8.5	5.5～6	60
粪堆梭菌	XynA	193	22 130	4.5	7.0	75
热纤梭菌	XynA	200	22 445	n. d.	6.5	65
嗜热网球菌	Xylanase B	198	22 204	n. d.	6.5	65
产琥珀酸丝状杆菌	XtnC	234	25 530	6.2	6.5	n. d.
生黄瘤胃球菌	XYLA	221	24 346	5.0	5.5	50
变铅青链霉菌	XlnB	192	21 064	8.4	6.5	55
热紫链霉菌	STX-Ⅱ	190	20 738	8.0	7.0	60
褐色热单胞菌	TfxA	190	20 900	10	7.0	n. d.
真菌						
白曲霉	XynC	184	19 876	3.5	2.0	50
构巢曲霉	X22	188	20 235	6.4	5.5	62
构巢曲霉	X24	188	20 077	3.5	5.5	52
黑曲霉	Xyl A	184	19 837	3.7	3.0	n. d.
出芽短柄霉	XynA	187	20 074	9.4	4.8	54
隐球菌 S-2	Xtn-CS2	184	20 209	7.4	2.0	40
拟青霉	PVX	194	21 365	3.9	5.5～7	65
青霉 40	XynA	190	20 713	4.7	2.0	50
产紫青霉	XynB	183	19 371	5.9	3.5	50
裂褶菌	Xylanase A	197	20 965	4.5	5.0	50
疏绵状嗜热丝孢菌	XynA	206	22 614	4.1	6.5	65
里氏木梅	XYN Ⅰ	178	19 035	5.2	3.5～4	n. d.
里氏木梅	XYN Ⅱ	190	20 731	9.0	4.5～5	n. d.
绿色木霉	Xylanase Ⅱ A	190	20 743	9.3	5.0	53

表 6-2　3# 真菌木聚糖酶和 4# 细菌木聚糖酶氨基酸组成和含量

氨基酸	3# 真菌木聚糖酶*	4# 细菌木聚糖酶*	酸性木聚糖酶**	木聚糖酶Ⅰ*	木聚糖酶Ⅱ*
Asp	12.1	13.2	10	12.8	14.5
Thr	10.2	10.2	10.9	3.5	6.8
Ser	10.7	7.8	14.9	6.2	5.7
Glu	9.5	5.2	8.3	11.0	5.9
Gly	13.4	13.8	9	14.7	9.5
Ala	6.8	5.7	11.4	7.3	3.8
Cys	0.2	0	0.5	2.4	1.6
Val	6.5	6.5	6.5	5.3	6.6
Met	0.8	0.8	0.7	1.2	0.9
Ilo	4.0	3.0	3.7	4.6	4.4
Leu	4.4	3.6	4.7	2.9	5.9
Tyr	5.7	6.9	3.4	6.5	1.4
Phe	3.6	2.3	2.8	0.4	1.4
Lys	2.2	9.2	3.4	5.6	7.6
His	1.5	2.4	1.1	5.1	6.3
Arg	2.6	6.4	3.9	3.3	6.0
Pro	5.6	3.0	4.8	7.3	7.9

资料来源：* 于旭华（2004）；** 陆健（2001）；*** Rani（2001）。

二、互补性筛选技术

差异性是组合酶组合筛选的基本条件，而不同单酶的互补性则是组合酶组合筛选的基本要求。为确定组合酶组合筛选对象之间的互补性，可根据酶最适条件和抗逆特性进行筛选：①酶最适条件的互补性。于旭华（2004）比较分别来源于细菌和真菌的木聚糖酶的耐热性发现，真菌性木聚糖酶 3# 在 30～50 ℃ 具有比细菌性木聚糖酶 4# 更高的活力，而在 50～80 ℃ 时则相反，理论上两者组合具有充分利用肠道和加工过程中多个水解位点的组合增效性；而酸性植酸酶在 pH 为 2～4.5 条件下具有比中性植酸酶更高的酶活，而在 pH 为 4.5～7.0 条件下则相反，具有在不同 pH 条件下的互补性（李春文，2007）。②抗逆特性的互补性。于旭华（2004）在比较木聚糖酶对 Ca^{2+} 浓度耐受性时发现，真菌性木聚糖酶在低 Ca^{2+} 浓度条件下具有较高的活力，细菌性木聚糖酶在高 Ca^{2+} 浓度条件下具有较高的活力；黄燕华（2004）比较 3 个来源的纤维素酶对胃蛋白酶和胰蛋白酶耐受性的结果发现，纤维素酶 B 在胃蛋白酶处理条件下具有最高活力，而纤维素酶 C 在胰蛋白酶处理条件下具有最高的活力。

三、组合酶筛选的基本方法

在差异性筛选和互补性筛选的基础上，组合增效才是组合筛选的最终目的。根据前两步的工作，我们归纳出一般组合酶组合筛选的思路是，可选择内切酶＋外切酶的组合、中性酶＋酸性酶的组合及真菌来源的酶＋细菌来源的酶组合3种技术。在此基础上，筛选的方法可以以组合之后提高产物的降解效率、组合提高酶的活力，以及组合提高降解原料效率的体内和体外消化代谢试验、饲养试验效果等。其中，笔者研究团队在2010年以中性蛋白酶＋酸性蛋白酶的模式筛选组合蛋白酶发现，相对单酶，中性蛋白酶和酸性蛋白酶以3∶7的组合可显著提高豆粕总水解度、可溶性蛋白水解度和蛋白浸出率（雷建平，2010；曾谨勇，2010），而且可提高豆粕降解产物中小肽的含量；内切酶＋外切酶组合筛选技术方面，Wood等（1989）发现，来自嗜松青霉（*P. pinophlum*）的CBHs（外切葡聚糖纤维二糖水解酶）（Ⅰ型和Ⅱ型）与内切葡聚糖酶（EⅠ至EⅤ）之间在水解棉花纤维上具有显著的协同作用；在真菌性筛选＋细菌性筛选方面，选择了4种不同来源的木聚糖酶，其中真菌性木聚糖酶A＋细菌性木聚糖酶C按3∶7组合，能显著提高降解木聚糖、小麦的效率，并在后期饲养试验中肉鸡也表现出了相对单酶更好的生长性能（徐昌龄，2011）；此外，张民（2010）选用组合木聚糖酶、真菌酸性木聚糖酶、真菌中性木聚糖酶、细菌中性木聚糖酶进行蛋鸡的饲养试验表明，添加1∶1∶1组合的木聚糖酶对产蛋鸡产蛋率和降低料蛋比的影响显著优于不同来源的单一木聚糖酶。

第五节　饲料组合酶应用的价值和意义

组合酶产品并不是一个完全新的产品，已经有少量饲料酶制剂产品初步具有组合酶的特性。但是，总体而言，开发应用组合酶或组合型复合酶还很少，有意识、专门化设计生产组合酶或组合型复合酶的就更少。组合酶有别于传统上的复合酶，作为一个专门类别的新型酶制剂进行讨论，规范和完善其概念、特性和作用还是第一次，其目的是为了强调它的重要性和应用前景。

目前，饲料组合酶应用的价值主要有：①催化同一底物而来源不同的酶的价格是不同的，互相组合，可以利用一些来源方便、商业生产成本比较低的酶制剂，再结合一些相对成本高而作用能够互补的酶制剂，在保证酶添加使用效果的情况下，整体降低饲料酶制剂添加剂的使用成本，有利于酶制剂添加剂的推广应用。②饲料生产成本的问题相当程度是由于原料成本上涨造成的，开发和有效利用非常规饲料原料是关键，但一些抗营养因子限制了非常规饲料原料的高效利用。目前处理非常规饲料原料往往使用一些专门的酶制剂，但是由于一些非常规饲料原料成分和结构复杂，因此一般的单酶或者复合酶并不能有效地解决其利用效率的问题。组合酶或组合型复合酶由于其酶种来源及其互补和协同特性，在理论上具有酶学特性的优势，能够发挥其快速高效作用的潜能，因此组合酶或组合型复合酶在提高非常规饲料原料日粮的利用效率、有效开发非常规饲料原料资源等方面具有巨大的潜力。③由于消化生理的特点，一些畜禽及在特定生长阶段不能很好地利用人工配制的日粮（特别是在日粮中含有较多的植物性成分和难于利用的成分）。例如，仔猪对大豆蛋白的抗原性问题、谷物抗性淀粉利用问题、水产动物对植物蛋白利用问题，宠物对植物成分利用问题等。于是人们尝试着开发一些所谓的特别饲料，如早期的猪禽无鱼粉配方、仔猪无乳制品日粮、低鱼粉或无鱼粉水产饲料，甚至最近的猪禽无玉米-豆粕日粮等。尽管有成功的例子，但广泛应用不多。当然因素有很多，其中一个重要的因素是未处理好动物的消化生理和日粮成分的特性关系。解决动物的消化生理和日粮成分的特性关系问题的一个措施是应用饲料酶制剂。在开发上述饲料产品时，人们普遍考虑了酶制剂，甚至使用了一些专门的酶制剂或强化了用量，这种处理后的使用效果并不理想。如果我们应用组合酶或组合型复合酶互补性和协同特性，有针对性地开发特种动物专用或者特种类型日粮专用的组合酶或组合型复合酶，就有可能为部分或全部解决这些问题提供一种有效措施。

应用组合酶添加剂的前提是日粮中存在大量复杂的大分子、难以分解的营养或抗营养成分底物，需要多种针对同一底物的酶配合完成水解任务。相反，有一些相对容易分解的底物，可能一种酶就可以完成有效的催化任务，没有必要一定使用组合酶。因此，从应用成本角度，应用饲料酶的总原则是：可以应用单酶（单一酶）添加剂基本解决问题的，就不要使用组合酶或复合酶添加剂；可以应用复合酶添加剂基本解决问题的，就不要使用组合型复合酶添加剂。

组合酶与广泛应用的复合酶的目的意义是不同的，饲料复合酶的特点是解决催化多种饲料成分底物的问题；而饲料组合酶的最大特点是解决催化饲料成分底物的高效性问题。目前，饲料酶制剂应用的最大问题就是高效性问题，特别是酶如果在饲料加工过程中能够发挥作用，以及考虑在消化道的抗逆性，在短时间内如何使酶的配合发挥最大效率的问题最突出，随着非常规饲料原料的大量使用，高效的组合酶将更有优势。因此，今后饲料酶制剂的发展方向应该是，生产更多的组合酶或组合型复合酶产品。

本　章　小　结

组合酶作为酶制剂产品设计的创新理念，有别于传统的单酶和复合酶，能充分体现酶制剂的高效性和针对性。以"差异互补、协同增效"为核心理念，笔者提出了组合酶、组合型复合酶产品设计的创新理念。组合酶及组合型复合酶充分体现了酶制剂的高效性特点。我国动物饲料组成复杂，组合酶及组合型复合酶能有效满足高效酶解复杂饲料底物的需要，在一定程度上推动了饲料酶制剂和饲料工业产业技术的重要发展。

➡ **参考文献**

曹庆云，2015. 蛋白酶组合的筛选及其对断奶仔猪生长性能影响的机理研究［D］. 广州：华南农业大学.

陈芳艳，2010. 猪谷胱甘肽过氧化物酶的修饰及生物活性研究［D］. 广州：华南农业大学.

陈石根，周润琦，2001. 酶学［M］. 上海：复旦大学出版社.

冯定远，2004. 饲料工业的技术创新与技术经济［J］. 饲料工业，25（11）：1-6.

付大伟，2010. *Yersinia* spp. 来源植酸酶的酶学性质及结构与功能研究 [D]. 北京：中国农业科学院.

黄燕华，2004. 不同来源纤维素酶的酶学特性及其在马冈鹅中的应用 [D]. 广州：华南农业大学.

雷建平，2010. 不同中性蛋白酶水解豆粕多肽最佳组合的筛选 [D]. 广州：华南农业大学.

李春文，2007. 复合植酸酶对饲料中钙磷体外消化率的影响 [D]. 广州：华南农业大学.

陆健，曹钰，陈坚，等，2001. 米曲霉 RIBI28 耐酸性木聚糖酶的研究 [J]. 无锡轻工大学学报，20（6）：608 - 611

孟雷，陈冠军，王怡，等，2002. 纤维素酶的多型性 [J]. 纤维素科学与技术（2）：47 - 54.

苏玉春，2008. 木聚糖酶的酶学特性及基因克隆表达研究 [D]. 长春：吉林农业大学.

徐昌领，2011. 组合型木聚糖酶对肉鸡生产性能及作用机理的研究 [D]. 广州：华南农业大学.

于旭华，2004. 真菌性和细菌性木聚糖酶对肉鸡生长性能的影响及机理研究 [D]. 广州：华南农业大学.

曾谨勇，2010. 中性蛋白酶不同比例对豆粕蛋白水解效果的影响 [D]. 广州：华南农业大学.

张民，范仕苓，马秋刚，等，2010. 不同来源的木聚糖酶及组合酶对产蛋鸡生产性能的影响 [J]. 饲料工业，31（6）：12 - 15.

Antranikian G，1994. Extreme thermophilic and hyperthermophilic microorganisms and their enzymes [M]. Advanced Workshops in Biotechnological on 'Extremophilic Microorganisms'，NTUA，Athens，Greece.

Beguin P，Millet J，Chauvaux S，et al，1992. *Bacterial cellulases* [J]. Biochemical Society Transactions，20：42 - 46.

Bhat K M，Gaikwad J S，Maheshwari R，1993. Purification and characterization of an extracellular β - glucosidase from the thermophilic fungus *Sporotrichum thermophile* and its influence on cellulase activity [J]. Journal of General Microbiology，139：2825 - 2832.

Bhat K M，McCrae S I，Wood T M，1989. The endo - (1 - 4) - 0 - D - glucanase system of *Penicillium pinophilum* cellulase：isolation，purification and characterization of five major endoglucanase components [J]. Carbohydrate Research，190：279 - 297.

Bhat S，Goodenough P W，Bhat M K，et al，1994. Isolation of four major subunits from *Clostridium thermocellum* cellulosome and their synergism in the hydrolysis of crystalline cellulose [J]. International Journal of Biological Macromolecules，16：335 - 342.

Christakopoulos P，Goodenough P W，Kekos D，et al，1994. Purification and characterization of an extracellular β - glucosidase with transglycosylation and exoglucosidase activities from *Fusarium oxysporum* [J]. European Journal of Biochemistry，224：379 - 385.

Chu H M，Guo R T，Lin T W，et al，2004. Structures of Selenomonas ruminantium phytase in complex with persulfated phytate：DSP phytase fold and mechanism for sequential substrate hydrolysis [J]. Structure，12：2015 - 2024.

Coughlan M P，1992. Towards an understanding of the mechanism of action of main chain - hydrolysing xylanases [M]//Visser J，Beldman G，Kusters - van Someren M A，et al. Xylans and xylanases. Amsterdam：the Netherlands Elsevier Press.

Coughlan M P，Hazlewood G P，1993. P - 1，4 - D - xylan—degrading enzyme systems：biochemistry，molecular biology and applications [J]. Biotechnology and Applied Biochemistry，17：259 - 289.

Coughlan M P，Ljungdahl L G，1988. Comparative biochemistry of fungal and bacterial cellulolytic enzyme systems [M]//Aubert J P，Beguin P，Millet J. Biochemistry and genetics of cellulose degradation. London：Academic Press.

Coughlan M P，Tuohy M A，Filho E X F，et al，1993. Enzymological aspects of microbial hemicellulases with emphasis on fungal systems [M]//Coughlan M P，Hazlewood G P. Hemicellulose and hemicellulase. London：Portland Press.

Dvorakova J，1998. Phytase：sources，preparation and exploitation [J]. Folia Microbiology，43：323 – 338.

Eriksson K E，Wood T M，1985. Biodegradation of cellulose [M]//Higuchi T. Biosynthesis and biodegradation of wood components. New York：Academic Press.

Frederick M M，Xiang C H，Frederick J R，et al，1985. Purification and characterization of endo – xylanases from *Aspergillus nicer*. I. Two isozymes active on xylan backbones near branch points [J]. Biotechnology and Bioengineering，27：525 – 528.

Gilbert H J，Hazlewood G P，1993. Bacterial cellulases and xylanases [J]. Journal of General Microbiology，139：187 – 194.

Giligan W，Reese E T，1954. Evidence for multiple components in microbial cellulases [J]. Canadian Journal Microbiology，1：90 – 07.

Ha N C，Oh B C，Shin S，et al，2000. Crystal structures of a novel，thermostable phytase in partially and fully calcium – loaded states [J]. Nature Structural and Molecular Biology，7：147 –153.

Khandke K M，Vithayathil P J，Murthy S K，1989. Purification of xylanase，β – glucosidase，endocellulase，and exocellulase from a thermophilic fungus，*Thermoascus aurantiacus* [J]. Archives biochemistry and Biophysics，274：491 – 500.

Klyosov A，1990. Trends in biochemistry and enzymology of cellulose degradation [J]. Biochemistry，29：10577 – 10585.

Liu Q，Huang Q，Lei X G，et al，2004. Crystallographic snapshots of *Aspergillus fumigatus* phytase，revealing its enzymatic dynamics [J]. Structure，12：1575 – 1583.

Maenz D D，2001. Properties of phytase enzymology in animal feed [M]//Bedford M R，Partridge G G. Enzymes in farm animal nutrition. United Kingdom：CABI Publishing.

Marquardt R R，Bedford M，2001. Future trends in enzyme research for pig appplications [M]// Marquardt M R，Bedford G G. Finnfeeds International，Wiltshire，United Kingdom：CAB International.

Rani D S，Nand K，2001. Purification and characterisation of xylanolytic enzymes of a cellulase – free thermophilic strain of anaerobe clostridiumabsonum CFR – 702 [J]. Anaerobe，7：45 – 53.

Reese E T，Si R G H，Levinson H S，1950. The biological degradation of soluble cellulose derivatives and its relationship to the mechanism of cellulose hydrolysis [J]. Journal Bacteriology，59：485 – 497.

Sapag A，Wouters J，Lambert C，et al，2002. The endoxylanases from family 11：computer analysis of protein sequence reveals important structural and phylogenetic relationship [J]. Journal of Biotechnology，95：109 – 131.

Shin S，Ha N C，Oh B C，et al，2001. Enzyme mechanism and catalytic property of beta propeller phytase [J]. Structure，9：851 – 858.

Simpson H D，Haufler U R，Daniel R M，1991. An extremely thermostable xylanase from the thermophilic eubacterium *Thermotoga* [J]. Biochemical Journal，277：413 – 417.

Witerhalter C，Liebl W，1995. Two extremely thermostable xylanases of the hyperthermophilic bacterium *Thermotogd mdritimd* MSB8 [J]. Applied and Environmental Microbiology，61：1810 – 1815.

Wong K Y, Tan L U L, Saddler J N, 1986. Functional interactions among three xylanases from *Trichoderma harzianum* [J]. Enzyme and Microbial Technology, 8: 617 - 622.

Wood T M, 1985. Properties of cellulolytic enzyme systems [J]. Biochemical Society Transactions, 13: 407 - 410.

Wood T M, 1988. Preparation of crystalline, amorphous, and dyed cellulase substrates [M]// Wood W A, Kellogg S T. Methods in enzymology. London: Academic Press.

Wood T M, 1992. Microbial enzymes involved in the degradation of the cellulose component of plant cell walls [P]//Rowett Research Institute Annual Report.

Wood T M, McCrae S I, 1978. The cellulase of *Trichoderma koningii*. purification and properties of some endoglucanase components with special reference to their action on cellulose when acting alone or in synergism with the cellobiohydrolase [J]. Biochemical Journal, 171: 61 - 72.

Wood T M, McCrae S I, 1986. The cellulase of *Penicillium pinophilum*: synergism between enzyme components in solubilizing cellulose with special reference to the involvement of two immunologically distinct CBHs [J]. Carbonate Research, 234: 93 - 99.

Wood T M, McCrae S I, Bhat K M, 1989. The mechanism of fungal cellulose action: Synergism between enzyme components of *Penicillium pinophilum* cellulose in solubilizing hydrogen bond ordered cellulose [J]. Biochemical Journal, 260 (1): 37 - 43.

Wood T M, McCrae S I, Wlson C, et al, 1988. Aerobic and anaerobic fungal celluloses with special reference to their mode of attack on crystalline cellulose [M]//Aubert J P, Beguin P, Millet J. Biochemistry and genetic of cellulose deglutition. London: Academic Press.

Wood T M, Wlson C A, McCrae S I, 1994. Synergism between components of the cellulase system of the anaerobic rumen fungus *Neocallimastix frontalis* and those of the aerobic fungus *Penicillin pinophilum* and *Trichoderma koningi* in degrading crystalline cellulose [J]. Applied Microbiology and Biotechnology, 41: 257 - 261.

Xiang T, Liu Q, Deacon A M, et al, 2004. Crystal structure of a heat - resilient phytase from *Aspergillus fumigatus*, carrying a phosphorylated histidine [J]. Journal of Molecular Biology, 339: 437 - 445.

Yoshioka H, Nagato N, Chavanich S, et al, 1981. Purification and properties of thermostable xylanase from *Talaromyces byssochlamydoides* [J]. Agricultural Biological Chemistry, 45: 2425 - 2432.

第七章
饲料配合酶制剂的设计理念及其关键技术

在讨论酶制剂的应用时，我们特别强调了酶制剂在饲料中应用的复杂性，其中包括酶制剂的生物活性敏感性、酶的种类和来源的多样性、酶作用和加工条件的变异性，以及酶制剂在畜禽饲料中应用功能的多元性等。其实，还需要特别关注的是饲料原料本身的物理特性和化学成分的复杂性，这也是影响酶制剂在饲料中应用效果的重要因素，特别是所谓的非常规饲料原料尤为突出。的确，数量庞大的非常规饲料原料，理论上都可以被看作是有效的饲料资源，但是实际情况并非如此。一般的单酶和复合酶对大部分非常规饲料原料的作用有限，越来越多的证据显示，必须通过同一类酶的有效组合和不同类酶的高效配合，通过同一类酶的组合作用和不同类酶的相互配合技术，形成一整套解决方案，才能较好地克服复杂饲料原料的消化利用问题。

第一节　酶制剂作用饲料的复杂组成

饲料酶制剂主要解决的问题是饲料原料的利用问题，就是提高饲料营养成分的消化、吸收和转化效率。但实际上，其效率和效果仍然有限，使用酶制剂还有不少疑虑和争论。其中比较集中的是，酶制剂的目的是针对饲料原料的消化问题，但对最难消化的饲料原料或者成分，如粗饲料或者木质纤维复合物；甚至对一些具体组分，如糖蛋白、脂蛋白等，目前的酶制剂解决方案仍然有限。为此，笔者研究团队也进行了一些探讨，如提出饲料组合酶的理念等（冯定远等，2008）。

Bhat 和 Hazlewood（2001）曾特别指出，在水解复杂木质纤维素底物过程中，酶的作用问题值得探讨。纤维素和半纤维素是植物的主要结构性多糖，约占植物生物质的70%（Ladisch 等，1983）。理论上，一般的纤维素和半纤维素都能够被相应的酶或者酶系所降解，甚至水解为其基本单位单糖或者二糖。例如，Mandels（1985）和 Viikari 等（1993）都认为，纤维素和半纤维素能被来源于微生物的纤维素酶和半纤维素酶消化为可溶性单糖。但实际情况没有那么简单，天然的纯的纤维素、纯的半纤维素，甚至纯的纤维素和半纤维素复合物并不常见，可能棉花是为数不多的一类。更多的是与木质素结合、与粗蛋白（胺或铵盐）结合、与粗脂肪（类脂、固醇）结合、与有机酸结合、与矿物质和微量元素结合等，这些复杂的物理和化学混合体，不是一般的酶与底物简单催化反应能够解决的。

为此，我们需要不断创新饲料酶应用领域的思路，应用系统动物营养的原理（卢德勋，2004），构建饲料酶理论和应用的系统，不断丰富和完善饲料酶应用的理论基础和技术体系（冯定远和左建军，2011）。

第二节　配合酶的概念和原理

根据配制技术和原理，饲料酶制剂可以有多种使用形式，目前饲料酶制剂产品包括：①单一酶或单酶（single enzyme），是指具有生物催化活性，且是由一种基本结构单位组成的酶制剂；②混合酶（blending enzymes），是指没有明确目标或具体量化关系的多种单酶组成的酶制剂（目前许多所谓饲料酶制剂产品还是属于这一类）；③复合酶（complex enzymes），是指由催化不同底物的多种单酶、有明确目标和具体量化关系组成的酶制剂；④组合酶（combinative enzymes），是指由催化同一类底物的多种单酶、有明确目标和具体量化关系组成的酶制剂。

复合酶是饲料酶制剂产品的最常见形式，也是解决饲料中多种成分消化问题的基本手段。组合酶解决同一类底物（蛋白质或者木聚糖等）的水解效率问题，典型的是外切酶与内切酶的组合，动物消化道内的胃蛋白酶和胰蛋白酶就是蛋白酶的天然组合。但是，一般的复合酶和组合酶并不能够解决饲料原料复杂的物料结构和物理屏障问题，特别是许多营养成分被包裹、被结合、被屏蔽、被束缚的问题，如粗纤维和粗蛋白（包括胺类）组分的缠绕容易受到复杂的三级结构的影响。

为了区别传统上的复合酶和特定的组合酶，针对饲料原料复杂的物料结构和物理屏障等复杂问题，笔者提出了饲料酶制剂的配合酶概念。

所谓配合酶（formulating enzymes），是指针对某种饲料物料或者复合组分的降解而设计的，有明确目标和具体量化关系，由多种作用不同底物的单酶组成，而且各单酶之间是有机结合的酶制剂。意思是把多种单酶的效能互相"配合"，有机结合，协同作用，解决饲料组分的复杂问题，故定义为"配合酶"。例如，纤维素酶和木聚糖酶是针对纤维类物料的常见配合，纤维素酶可降解六碳糖（葡萄糖）聚合物，木聚糖酶可降解五碳糖（木糖）聚合物，两者结合搭配使用，相互配合。为了方便，笔者称这种结合为"配合"。目前部分专用酶制剂属于配合酶，如科学设计的小麦专用酶。但是其他的专用酶，如仔猪专用酶、水产专用酶等属于一般的复合酶。

在复杂的纤维物料中，结晶态部分通过纤维素酶来解决，非结晶态部分通过木聚糖酶来解决，两者互相配合，协同作用，针对一种有序的物理结构和空间排列进行处理，称为"配合酶"解决模式。而2种或者多种纤维素酶解决结晶态部分的方案，就是过去讨论的"组合酶"解决模式（图7-1）。

要特别注意的是，在该复合的木质纤维物料中，如果结晶态部分和非结晶态部分并不存在物理或者化学的关联性，那么纤维素酶和木聚糖酶的结合，就是一般的"复合酶"，各自解决目标底物，而不是特定的"配合酶"。因此，可以这么说，不同酶制剂的目标底物是否有直接的物理或化学关联性，是判断"配合酶"的重要依据。

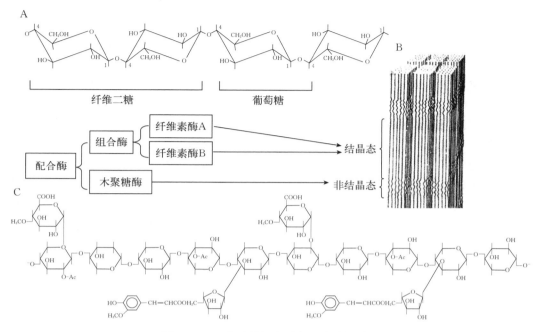

图 7 - 1　配合酶的概念及与组合酶的关系

（B 图中的微纤维图显示的是组合酶的结晶态部分和非结晶态部分）

（资料来源：Bhat 和 Hazlewood，2001）

第三节　饲料配合酶的理论依据或假设

一、复杂组分的物理屏障需要多种酶的配合分解作用

复杂组分的物理屏障作用，反映在木质纤维素复合物上更为明显，特别是植物的细胞壁成分。植物细胞壁主要包括三部分：纤维素（40%～45%）、半纤维素（30%～35%）和木质素（20%～23%）（Ladisch 等，1983）。纤维素是由葡萄糖通过 β-1，4-糖苷键连接而成的线状结构分子，具有简单的初级结构和复杂的三级结构，其重复单位是纤维二糖。根据聚合链上的主要糖残基，将半纤维素分为木聚糖、甘露聚糖、半乳聚糖和阿拉伯聚糖，一般认为木聚糖和甘露聚糖是 2 种主要的半纤维素（Timell，1967；Whistler 和 Richards，1970；Stephen，1983；Puls 和 Schuseil，1993；Viikari 等，1993）。纤维素酶系主要包括内切酶（EC 3.2.1.4，β-D-葡聚糖葡萄糖水解酶）、外切酶或纤维二糖酶（EC 3.2.1.21，β-D-葡萄糖苷酶），过去称这种结合为组合。半纤维素是植物中仅次于纤维素的第二丰富的植物结构性多糖，在多数植物细胞壁中伴随纤维素而存在。植物细胞壁的木聚糖和甘露聚糖，需要很多酶系才能使之完全水解为可溶性糖（Biely 等，1992；Hazlewood 和 Gilbert，1998）。笔者认为这里存在着木质纤维素

的复杂的物理特性问题，单一的纤维素酶，甚至多种纤维素酶组成的酶系或者设计合理的纤维素酶组合酶（相当于微生物产生的纤维素酶酶系）也未必能够解决其水解问题，只有涉及其他酶，如木聚糖酶、木质素分解酶等的配合和协同才能克服。内切木聚糖酶（木聚糖酶）和内切甘露糖酶（甘露糖酶），能攻击半纤维素的主链结构（Viikari 等，1993）；其他的半纤维素酶（β-木糖苷酶、甘露糖苷酶、α-L-阿拉伯呋喃糖苷酶、α-D-葡萄糖醛酸酶、α-半乳糖苷酶、醋酸基和苯基酯酶）能水解侧链和取代基（Biely等，1992；Coughlan，1992；Coughlan 和 Hazlewood，1993）。

纤维素对纤维素酶的吸附不仅是底物和酶的物理性接触，这种吸附在酶水解晶体纤维素的效率上发挥着重要作用。吸附纤维素的纤维素酶越多，晶体纤维素的水解效率和水解程度越大（Klyosov，1990）。如果纤维素与半纤维素、木质素同时存在并结合在一起，那么半纤维素和木质素将影响纤维素对纤维素酶的吸附；同时，纤维素与半纤维素、木质素之间互为屏障，纤维素也将影响木聚糖对木聚糖酶的吸附和物理性接触。因此，鉴于木质纤维素复合物的物理特性，如果单一使用纤维素酶或者木聚糖酶，不仅仅影响纤维素酶的作用，也同样影响木聚糖酶的作用。

植酸盐的形式和位置可能对于其水解效率具有重要的影响作用。一种可能的理论认为，相对于籽实中胚芽部分所含的可溶性植酸盐，存在于籽实外部纤维层中不溶性的植酸盐更难被消化。植酸钙镁等不溶性螯合物沉淀于由膜连接蛋白泡或蛋白体形成的蛋白质矩阵中，并与之复合。通过电子显微镜可以观察到，植酸钙镁以非溶性的球状晶体结构结合在蛋白体中（Maenz，2001），可溶性的植酸盐复合物分散存在于蛋白体中。谷物中结合在蛋白体上的植酸盐，其位置常随植物的不同而变化很大。小麦和大米中的植酸盐主要存在于糊粉层和糠麸中，玉米中的植酸盐则主要存在胚乳中（O'Dell 等，1972；de Boland 等，1975）。

笔者认为，如果同时"配合"使用纤维素酶和木聚糖酶，或者"配合"使用植酸酶和蛋白酶，有可能相互解除物理性的屏障作用，同时提高双方的作用效率。

二、复杂组分的分解不协同，更容易造成局部高浓度水解产物的抑制作用

高浓度的水解产物会抑制纤维素酶和木聚糖酶的活力。例如，尽管纤维二糖（>10 mmol/L）会刺激来源于嗜松青霉（$P. Pinophilum$）的 II 型 CBH 水解 H_3PO_4-膨胀纤维素的活力，但大多数的纤维二糖水解酶（cellobiohy drolase，CBH）会被纤维二糖所抑制（Wood 和 McCrae，1986）；同样，内切葡聚糖酶可被高于 100 mmol/L 浓度的纤维二糖所抑制（Bhat 等，1989），β-葡聚糖酶能被葡萄糖和其他寡糖和二糖（木糖、半乳糖、海藻糖、麦芽糖、乳糖、蜜二糖）所抑制（Bhat 等，1993），内切木聚糖能被高浓度的木二糖（xylobiose）抑制。

在木质纤维素复合物中，如只使用一种酶，可能部分分解某一组分；但是，第二组分仍然存在，也更容易造成第一组分水解产物在局部出现高浓度，从而产生抑制作用。笔者认为，如果同时"配合"使用纤维素酶和木聚糖酶，那么双方的水解产物更容易扩散和渗透，可减少水解产物局部的高浓度抑制作用。

三、特殊外源酶可以克服消化道螯合物的消化抑制作用

某些饲料物料和成分的复杂性，不仅仅表现在其物理结构的复杂并因此产生的消化水解的屏障和接触问题。在化学结构上，多种成分的化学键结合也影响其中成分的释放和利用。理论上，与植酸结合在一起的蛋白质在小肠中不易受蛋白酶活力的影响；同时，食糜中植酸与蛋白质和矿物质结合在一起对消化酶的活力有抑制作用。这是由于植酸上带电的磷酸基团能够与蛋白质上的氨基酸基团的末端或蛋白质中赖氨酸和精氨酸残基上的游离氨基酸的基团结合（Cheryan，1980）。另外，植酸-矿物质-蛋白质能够形成带有高价的正电荷复合物，作为植酸分子上的磷酸基团和蛋白质末端的羧基基团，或蛋白质中天门冬氨酸和谷氨酸残基上游离的羧基基团之间的桥梁。研究表明，植酸和蛋白质的相互作用降低了豆类蛋白质的利用率（Camovale等，1988）。完全去除植酸的玉米-大豆型日粮，其蛋白质的消化率提高了12%～29%（Zyla等，1995）。鱼饲料中去除植酸的大豆蛋白能够提高蛋白质的消化率（Storebakken等，1998）。一种可能的解释是，肌醇六磷酸对蛋白质和氨基酸消化率的影响，随日粮中植物性饲料原料及日粮中矿物质状况的变化而有相当大的变化。植酸主要以不溶性的植酸-矿物质复合物存在，作为蛋白质消化的抑制剂，其活性较弱。任何酶促反应均会受到反应混合物物理条件的影响。在体外试验中，微生物来源的植酸酶在接近动物体温时，多半达不到最佳的反应温度（Ullah和Gibson，1987）。不溶性的植酸-矿物质复合物与种子的纤维部分结合在一起时就需要延长时间与水充分混合而成浆状，以促使酶更易于到达底物。

很明显，植酸、矿物质和蛋白质之间的相互作用，以及这些相互作用对于蛋白质消化率的影响是一个复杂的问题，需要进行更为深入的研究（Maenz，2001）。虽然植酸与蛋白和矿物质结合在一起能够对消化道内的蛋白酶有抑制作用，但未必对所有微生物源和植物源蛋白酶都如此，某些微生物源或者植物源蛋白酶可以对抗植酸蛋白与矿物质复合体。植酸盐还能抑制胰岛素的活性（Singh和Krikprian，1982；Caldwell，1992），抑制唾液对淀粉的消化（Yoon等，1983），其机理可能是植酸与矿物质的复合剥夺了酶激活所需的辅助因子或形成了难以反应的植酸酶复合物。

笔者认为，可以筛选一种微生物源或者植物源的蛋白酶，与植酸酶"配合"，解决植酸、矿物质、蛋白质之间的相互作用。这样不仅有利于蛋白质的利用，也有利于矿物质和微量元素的利用。

四、微生物通过多种酶的协同作用水解复杂组分

在自然界，微生物是分解复杂生物质的主角，通过同时产生多种酶，相互配合，协同作用，来对付复杂的底物。当然，这种协同作用，可能表现在作用同一种底物的协同，也就是我们称之为"组合酶"的协同作用。例如，一些内切葡聚糖酶可催化转移酶反应，在晶体纤维素溶解过程中，与纤维二糖水解酶有协同作用（Wood等，1988；Claeyssens等，1990）。内切葡聚糖酶和纤维二糖水解酶协同作用于晶体纤维素，并进

行初步水解，随后 β-葡聚糖酶完成全部水解，将中间生产的纤维寡糖和纤维二糖转变为葡萄糖（Wood，1985）。

同样，作用于同一物料复合体中不同底物的酶的协同作用也存在，厌氧真菌 *N. frontalis* 能产生一种多种成分的酶聚合物，称为晶体纤维溶解因子（简称为CCSF），它的分子质量为 700 ku，并包含一系列分子质量为 68～135 ku 的亚基（Wood，1992），所有 CCSF 的亚基在降解纤维过程中有协同作用（Wood 等，1994）。经常发现，一种微生物能够同时产生木聚糖酶、淀粉酶、蛋白酶、磷酸酶和脂肪酶。微生物依靠这些酶（多种酶的聚合物形式或者分散的形式）使其适应各种环境条件（pH、温度等），从各种资源中获得营养，这些机制延续了几百万年。笔者认为，人工配制的"配合酶"同样可以仿生这种协同高效的机制。

第四节　配合酶与复合酶和组合酶的关系

一、配合酶区别于其他酶制剂的特征和判断标准

如何判断是否是所谓的"配合酶"？如果配合酶与其他形式的酶制剂没有区别，特别是没有可以量化的标准，那么讨论配合酶就没有任何价值。正如前面的讨论，不同的单酶各自解决目标底物的降解；而同时，不同酶制剂的目标底物必须有直接的物理或化学关联性，这是判断"配合酶"的重要依据。例如，纤维素酶解决的纤维素与木聚糖酶解决的木聚糖，在物理形态和微结构上有关联，互相影响，纤维素酶-木聚糖酶既解决了纤维素的降解问题，又有助于木聚糖的水解，相反亦然。植酸盐与蛋白质的复合物中，植酸酶和蛋白酶同样在理论上也存在协同和促进效应。

由此可以设定配合酶的判断标准是：配合酶中某一单酶的催化效率大于该酶在作用复杂物料或者复合组分时单独使用的效率，配合酶中每一单酶的效率都应该提高。可以简化说明，如果设定正常单酶作用特定复杂物料或者复合组分时的催化效率为1，则：

（1）单酶 A＋单酶 B＝2 ──→复合酶

（2）单酶 A＋单酶 B＞2 ──→配合酶

也就是说，单酶 A 的效率是 1，单酶 B 的效率是 1，两者混合在一起的效率是 2，说明两者没有直接的关联性，是一般的复合酶。

换一个角度来进行直观的分析，两种单酶在各自简单的底物中发挥催化作用的效率都是 100％，在复杂物料或者复合组分中作用的效率一般是小于 100％。

假如，酶 A 和酶 B 的效率分别是 80％和 75％，这是一般的复合酶。

假如，酶 A 和酶 B 的效率分别是 90％和 100％，我们就可以把这种情况的两种酶结合形式称为配合酶。

在第二种酶的结合中，有一种特殊情况，如果酶 A 和酶 B 都是作用于同一类底物，如纤维素酶 A 和纤维素酶 B 作用于纤维素，蛋白酶 A 和蛋白酶 B 作用于蛋白质，则是组合酶。组合酶的前提也是提高各自相应的效率。

二、配合酶与复合酶和组合酶的区别

根据配合酶的原理和特征，可以确定配合酶与复合酶的关系如下：①配合酶是复合酶的一种，是一种特殊的复合酶，它是针对一种或者一类物料（包括完整的饲料原料或一部分，如小麦、肉骨粉、大豆皮）专门解决方案的配合酶。②复合酶是广义的配合酶，一般针对多种或者几类物料，如多种原料、混合料、全价。③配合酶是针对一种复杂的组分，该组分由多种成分以化学键方式结合，有明确关联度。④复合酶则是所有组分解决方案的集合，这些组分可以有关联性，也可能没有关联性。⑤配合酶是功能多元、有机组成的"复合酶系"，酶系内的各种酶互相配合和协同。⑥一般意义上的复合酶也是功能多元，但不能成为一个酶系，而是松散的结合。

配合酶与组合酶有一定的共性特征，都是考虑酶的高效性问题，但两者的差别是很明显的：①配合酶作用于不同类别的底物，而且不同底物在同一物理结构内，或者在化学结合上有关联性。②组合酶是解决同一种或者同一类底物的催化降解问题。③组合酶一般是针对饲料组分，而配合酶更多的是针对饲料的物理物料特性。④组合酶一般是针对单一组分，而配合酶更多的是针对多组分。⑤配合酶中，多种单酶有主次之分，某一种酶"配合"另一种酶，在配制配合酶制剂时，有"主酶"和"次酶"之分。当然，主要解决目标不同，这种主次是可以互换的；也可以没有主次之分，多种酶同等重要。而一般情况下，组合酶中多种单酶没有主次之分，共同解决一种底物的降解问题。⑥组合酶中的多种单酶，除了考虑各单酶的作用位点、解决的化学键类别的差异化等之外；作用同一位点的多种单酶，其理化条件，如最适 pH、最适温度、抗逆性的差异化等，也可以作为组合的条件。

三、饲料酶制剂的应用系统

越来越多的证据表明，一般的复合酶并不能解决所有的饲料组分降解问题。酶制剂与作用底物的复杂性，使饲料酶制剂的使用可以发展成为一个相对独立的子系统。多种单酶的"结合"使用是有多种形式的，包括有明确目标和目的的复合酶、组合酶和配合酶等形式，当然还有一些科学依据还不明确，但同样有一定效果的混合酶。这些酶制剂的结合形式及其相互关系见图 7-2。

从图 7-2 可以看出，单酶

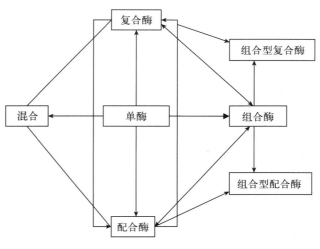

图 7-2 饲料酶制剂应用体系

是所有酶制剂配制形式的基础；复合酶可以和组合酶结合，组成组合型复合酶；配合酶也可以和组合酶结合，组成组合型配合酶。但是，复合酶没有和配合酶的结合，因为配合酶是复合酶的一种特殊形式。

因此理论上，饲料酶制剂有 7 种形式：单酶、混合酶、复合酶、组合酶、配合酶、组合型复合酶、组合型配合酶。正是这 7 种饲料酶制剂，组成了一个完整的饲料酶系统。

混合酶也是目前存在的一种形式，它在一定程度也能发挥作用，只是效率不高，有一定的盲目性。由于知识的局限性和技术手段的有限性，因此在未来很长时间里，混合酶将存在，如何把目前大部分实质是混合酶的所谓饲料酶制剂产品，逐步转变为复合酶、组合酶和配合酶产品，必须进行大量的科学研究；同时，单酶生产技术、发酵水平和品种类别的提高和扩大也是前提条件。

第五节　配合酶新概念提出的意义

饲料配合酶和近年来提出的饲料组合酶一样，是饲料酶制剂应用技术体系构建和完善的一部分，从一个概念到实际的应用，有一个漫长的过程，酶制剂的复杂性及目前研究基础的局限性使得争论和争议在所难免。特别要强调的是，饲料配合酶的实际价值可能是有限的，可能一般的复合酶就能够达到其效果。同时，如何根据饲料物料复杂的物理微结构进行配合酶设计，使多种酶能够相互配合，各自的效率大于单独使用时的效率，目前仍然有很大的难度。因此，不要夸大饲料配合酶的应用价值，可能其理论价值要比应用价值更有意义。这主要表现在：①饲料配合酶和复合酶及组合酶等概念的提出，可以初步构建一个饲料酶制剂应用的技术体系，通过不同形式的酶制剂设计，从不同的角度考虑，它们之间可以成为一个饲料添加剂应用技术和动物营养的子系统。②配合酶针对饲料原料物理特性的复杂性和化学组分的复杂性，是对仅能作用相当简单底物的一般复合酶有效补充，拓宽了酶制剂对底物的适用范围。③尽管饲料酶制剂最主要的功能是提高饲料营养的消化利用，但是一般的复合酶，甚至组合酶只能对部分非常规饲料原料有一定作用。目前的酶制剂对大部分非常规饲料原料的作用价值仍然有限，配合酶则有提高复杂原料利用的潜在价值，特别是配合酶和组合酶结合使用，理论上可以解决大部分非常规饲料原料的利用问题。④配合酶可以部分解决多组合的抑制问题，可以进一步提高营养的消化利用率，对许多我们认为不可能再改善其价值的原料（玉米、豆粕等普通原料）仍然有提升利用的空间。例如，经过植酸酶处理后，蛋白酶的效率比原来不使用植酸酶的情况要高。植酸酶"配合"蛋白酶处理鱼饲料专用的大豆蛋白，可以使鱼饲料配方使用更多的植物蛋白。⑤正如我们强调的，配合酶应用的效果并不一定十分明显，达不到统计学上的显著水平，但是，通过改善微观营养的消化利用，从整体饲料资源利用的角度上讲，价值仍然不能低估。

总之，在了解饲料原料的物理微结构和特性基础上，找到合适的酶进行配合，可以发挥配合酶的价值。不可否认，组合酶和配合酶将代表饲料酶未来发展的方向，从微观营养的角度和从系统营养的角度上讲，它们的意义无疑是积极的。正如 Sheppy（2001）指出的那样，饲料酶应用技术发展的潜力巨大，随着对酶和底物及肠道环境之间作用机理的研究日渐清晰和完善，酶技术的应用前景也变得越来越宽广，但是发展的过程却是任重而道远。不断的理论创新和实践，必将推动饲料酶制剂科学领域和产业的发展。

本 章 小 结

饲料原料物理特性、化学成分特点等非常复杂，严重影响酶制剂在饲料中的应用效果，特别是对非常规饲料原料尤为突出。一般的单酶和复合酶对大部分非常规饲料原料的作用都有限，配合酶通过同一类酶的组合作用和不同类酶的相互配合技术，针对饲料原料复杂的物料结构、物理屏障等复杂问题，能较好地发挥酶制剂作用的高效性。单酶是所有酶制剂配制形式的基础；复合酶可以和组合酶结合，组成组合型复合酶；配合酶也可以和组合酶结合，组成组合型配合酶。但是，复合酶没有和配合酶结合，因为配合酶是复合酶的一种特殊形式。配合酶和组合酶一起，代表着饲料酶制剂未来发展的重要方向。

⏵参考文献

冯定远，黄燕华，于旭华，2008. 饲料酶制剂理论与实践的新思路——新型高效饲料组合酶的原理与应用 [J]. 中国饲料 (13)：24-28.

冯定远，沈水宝，2005. 饲料酶制剂理论与实践的新理念——加酶日粮 ENIV 系统的建立和应用 [J]. 饲料工业，26 (18)：1-7.

冯定远，左建军，2011. 饲料酶制剂技术体系的研究与实践 [M]. 北京：中国农业大学出版社.

卢德勋，2004. 系统动物营养学导论 [M]. 北京：中国农业出版社.

Bhat K M, Hazlewood G P, 2001. Enzymology and other characteristics of cellulases and xylanases [M]//Bedford M R, Partridge G G. Enzymes in farm animal nutrition. United Kingdom：CABI Publishing.

Bhat K M, Gaikwad J S, Maheshwari R, 1993. Purification and characterization of an extracellular β-glucosidase from the thermophilic fungus *Sporotrichum thermophile* and its influence on cellulase activity [J]. Journal of General Microbiology, 139：2825-2832.

Bhat K M, McCrae S I, Wood T M, 1989. The endo-(1-4)-0-D-glucanase system of *Penicillium pinophilum* cellulase：isolation, purification and characterization of five major endoglucanase components [J]. Carbohydrate Research, 190：279-297.

Biely P, Vrsanska M, Kucar S, 1992. Identification and mode of action of endo-(1-4)-6-xylanases [M]//Visser J, Beldman G, van Someren K M A. Cylans and xylanases. Progress in Biotechnological, Vol. 7. Amsterdam, The Netherlands：Elsevier Science Publishers.

Caldwell R A, 1992. Effect of calcium and phytic acid on the activation of trypsinogen and the stability of trypsin [J]. Journal Agriculture and Food Chemistry, 40 (1)：43-46.

Camovale E, Lugaro E, Lombardi-Boccia G, 1988. Phytic acid in faba bean and pea. Effect on protein availability [J]. Cereal Chemistry, 65：114-117.

Cheryan M, 1980. Phytic acid interactions in food systems [J]. CRC Critical Reviews in Food Science and Nutrition, 13：297-335.

Claeyssens M, van Tilbeurgh H, Kamerling J P, et al, 1990. Studies of the cellulolytic system of the filamentous fungus *Trichoderma reeei* op 9414. Substrate specificity and transfer activity of endoglucanase I [J]. Biochemical Journal, 270: 251 - 256.

Coughlan M P, 1992. Towards an understanding of the mechanism of action of main chain - hydrolysing xylanases [M]//Visser J, Beldman G, Kusters - van Someren M A. Xylans and cylanases. Amsterdam, the Netherlands: Elsevier Science Press.

Coughlan M P, Hazlewood G P, 1993. P - 1, 4 - D - xylan - degrading enzyme systems: biochemistry, molecular biology and applications [J]. Biotechnology and Applied Biochemistry, 17: 259 - 289.

de Boland A R, Garner G B, O'Dell B L, 1975. Identification and properties of phytate in cereal grains and oilseed products [J]. Journal Agriculture and Food Chemistry, 23: 1186 - 1189.

Hazlewood G P, Gilbert H J, 1998. Structure and function analysis of *Pesudomonas* plant cell wall hydrolases [J]. Progress in Nucleic Acid Research and Molecular Biology, 61: 211 - 241.

Klyosov A, 1990. Trends in biochemistry and enzymology of cellulose degradation [J]. Biochemistry, 29: 10577 - 10585.

Ladisch M R, Lin K W, Voloch M, et al, 1983. Process considerations in the enzymatic hydrolysis of biomass [J]. Enzyme Microbial Technology, 5: 82 - 100.

Maenz D D, 2001. Enzymatic characteristics of phytases as they relate to their use in animal feeds [M]//Bedford M R, Partridge G G. Enzymes in farm animal nutrition. United Kingdom: CABI Publishing.

Mandels M, 1985. Applications of cellulases [J]. Biochemical Society Transactions, 13: 414 - 415.

O'Dell B L, de Boland A R, Koirtyohann S R, 1972. Distribution of phytate and nutritional important elements among morphological components of cereal grains [J]. Journal Agricultural and Food Chemistry, 20: 718 - 721.

Puls J, Schuseil J, 1993. Chemistry of hemicellose: relationship between hemicellose structure and enzymes required for hydrolysis [M]//Coughlan M P, Hazlewood G P. Hemicellose and Hemicellulases. London: Portland Press.

Sheppy C, 2001. The current feed enzyme market and likely trends [M]//Bedford M R, Partridge G G. Enzymes in farm animal nutrition. United Kingdom: CABI Publishing.

Singh M, Krikorian A D, 1982. Inhibition of trypsin activity *in vitro* by phytate [J]. Journal Agricultural and Food Chemistry, 30: 799 - 800.

Stephen A M, 1983. Other plant polysaccharides [M]//Aspinall G O. The polysaccharides. London: Academic Press.

Storebakken T, Shearer K D, Roem A J, 1998. Availability of protein phosphorus and other elements in fish meal, soy - protein concentrate and phytase - treated soy - protein - concentrate - based diets to *Atlantic salmon Salmo salar* [J]. Agriculture, 161: 365 - 379.

Timell T E, 1967. Recent progress in the chemistry of wood and hemicelluloses [J]. World Science Technology, 1: 45 - 70.

Ullah A H J, Gibson D M, 1987. Extracellular phytase (E. C. 3. 1. 3. 8) from *Aspergillum ficuum* NW 3135: purification and characterization [J]. Preparative Biochemistry, 17: 63 - 91.

Viikari L, Tenkanen M, Buchert J, et al, 1993. Hemicellulases for industrial applications [M]// Saddler J N. Bioconversion of forest and agricultural plant reviews. Wallingford, UK: CAB International.

Whistler R L, Richards E L, 1970. Hemicelluloses [M]//Pigman W, Horton D. The carbohydrates chemistry and biochemistry. 2nd ed. New York：Academic Press.

Wood T M，1985. Properties of cellulolytic enzyme systems ［J］. Biochemical Society Transactions，13：407 – 410.

Wood T M，1988. Preparation of crystalline，amorphous，and dyed cellulase substrates ［M］// Wood W A，Kellogg S T. Methods in enzymology. London：Academic Press.

Wood T M，1992. Microbial enzymes involved in the degradation of the cellulose component of plant cell walls ［P］//Rowett Research Institute Annual Report：10 – 24.

Wood T M，McCrae S I，1986. The cellulase of *Penicillium pinophilum*：synergism between enzyme components in solubilizing cellulose with special reference to the involvement of two immunologically distinct CBHs ［J］. Carbonate Research，234：93 – 99.

Wood T M，Wlson C A，McCrae S I，1994. Synergism between components of the cellulase system of the anaerobic rumen fungus *Neocallimastix frontalis* and those of the aerobic fungus *Penicillin pinophilum* and *Trichoderma koningi* in degrading crystalline cellulose ［J］. Applied Microbiology and Biotechnology，41：257 – 261.

Yoon J H，Thompson L U，Jenkins D J A，1983. The effect of phytic acid on *in vitro* rate of starch digestibility and blood glucose response ［J］. American Journal of Clinical Nutrition，38：835 – 842.

Zyla K，Ledoux D R，Garcia A，1995. An *in vitro* procedure for studying enzymic dephosphoryation of phytate in maize – soyabean feeds for turkey poults ［J］. British Journal Nutrition，74：3 –17.

第八章
益生型饲料酶制剂设计的
理论基础及其作用

肠道是动物机体与外界接触最为广泛的器官，作为动物与外部环境的屏障和营养物质的主要进入门户，它具有维持动物健康必不可少的多种功能（许爱清等，2010）。肠道功能受肠道菌群、饲料因子和内源因子（细胞因子）等多种因素调控（Soichi Arai等，2002）。健康肠道是动物全面健康的基础和保障，以确保有价值的饲料营养成分得到完全的消化和吸收，使饲料中营养成分的流失减少，使恶臭味降到最低程度，使对肠道病原体的抵抗力增强，使死亡和发病的损失得到控制，使饲料转化效率得到优化（Liboni等，2005；Arrieta等，2006；Barrett，2008）。目前，在功能饲料科学中，肠道健康领域是研究的热点。

第一节　肠黏膜的屏障功能

肠黏膜构成动物机体的非特定免疫屏障，黏膜形态、结构和功能反映机体的健康状况，同时也是营养物质消化吸收的基本保证（Barrett，2008）。肠黏膜屏障是指由机械屏障（肠上皮分泌的黏液、肠上皮细胞及其紧密连接等）、生物屏障（双歧杆菌、乳酸杆菌等）和免疫屏障（消化道相关淋巴组织、吞噬细胞、sIgA、防御素等）等组成的一个庞大而复杂的立体防御体系，其主要作用是阻止肠道内有害物质（肠内的细菌及内毒素）进入体循环（Bourlioux等，2003；胡翔等，2010）。

一、机械屏障的结构及其功能

肠黏膜上皮屏障是介于机体内外环境之间的一个起机械保护作用的组织学屏障，主要涉及肠黏膜上皮细胞和紧密连接等（杨书良等，2008）。

小肠腺上皮与绒毛上皮构成完整的小肠黏膜上皮屏障。小肠绒毛很容易被饲料和病菌等因素破坏而降低其屏障功能及减少对养分的吸收面积（Li等，2001）。尤其是在饲粮中含有大量的禾本科谷物时，肠绒毛在干物质的不断磨损下剧烈缩短，绒毛表面由高密度的指状变为平舌状，隐窝加深（Wiese等，2003；Brown等，2006）。当受抗生素干扰时，肠道优势菌群可发生数量变化或移位现象，使肠杆菌科细菌（大肠埃希氏菌、克雷伯杆菌等）、外源性耐药菌及真菌易黏附于肠上皮细胞（Wehkamp 和 Schwind，2002），引起菌群失衡，导致肠道机械屏障受损（MacPherson 和 Uhr，2004）。

肠黏膜上皮细胞之间的连接为紧密连接（tight junction）。紧密连接通过调控作用，选择性地转运相应物质，有效地阻止肠腔内细菌、毒素及炎症介质等物质的旁细胞转运，维持肠黏膜上皮屏障功能的完整（Karcher 和 Applegate，2008）。紧密连接蛋白在上皮细胞分化中起重要作用（Usam 等，2006）。紧密连接由咬合蛋白 Occludin、闭合蛋白 Claudins 和连接黏附分子（junction adhesion moleucule，JAMs）3 种完整的膜蛋白，以及闭合小环蛋白（ZO-1、ZO-2 和 ZO-3）等外周胞浆蛋白组成（潘晓玉和王波，2006）。目前认为起主要作用的是前两者（Chen 等，2002）。紧密连接蛋白 Occludin 是构成选择性屏障功能的结构蛋白（Musch 等，2006）；Claudin 属于一个多基因家族，自从 1998 年第一个 Claudin 分子被鉴定以来，目前已有 24 个家族成员被识别。肠道上皮间紧密连接结构一旦受损，上皮细胞间的通透性就会增高，毒素或微生物代谢产物就可经肠黏膜进入体循环，从而引起肠道局部感染或脓毒症等全身性反应（秦环龙和高志光，2004）。相邻细胞间原本正常的膜结构一旦发生紊乱，Occludin 的表达量就明显减少（胡彩虹等，2008）。肠屏障功能破坏，肠上皮细胞紧密连接蛋白 Occludin mRNA 表达量下降（刘海萍等，2008）。黏膜受损可导致中性粒细胞相邻的上皮细胞 Claudin-1 表达量明显下降（Kucharzik 等，2001）。Claudin-3 的下调与内毒素引起的肠黏膜紧密连接结构和功能损伤导致腹泻（Fujitaa 等，2000）。胶原性结肠炎 Claudin-4 表达量下降，引起液体渗出导致腹泻（Burgel 等，2002）。

二、生物屏障的组成及其功能

肠道常驻菌群是一个相互依赖又相互作用的微生态系统，这种微生态平衡构成了肠生物屏障（Lu 和 Walker，2001）。其中，深层主要寄居着厌氧菌，中层为类杆菌、消化链球菌，表层是大肠埃希氏菌、肠球菌等（武金宝等，2003）。肠黏膜生物屏障的作用主要表现在：①抑制有害菌的生长和外来菌的定植。通过乳酸杆菌专性厌氧菌等分泌短链脂肪酸，降低 pH 或分泌抑菌肽等细菌素，以杀灭、抑制大肠埃希氏菌、沙门氏菌等兼性厌氧菌或外来菌的定殖和生长（Spinler 等，2008）。②益生菌对致病菌的定殖作用。双歧杆菌及乳酸杆菌等专性厌氧菌紧贴在肠黏膜表面，被糖衣包被，比较稳定，形成膜菌群，能阻止表层具有潜在致病性的需氧菌或外来菌直接黏附于肠黏膜细胞（武金宝等，2003；Jones 和 Versalovic，2009）；其中，益生菌乳酸杆菌 Bar13 表现出了最强的定殖颉颃作用，可将 90% 的猪霍乱沙门氏菌和 68% 的大肠埃希氏菌 H10407 从定殖位移除（Candela 等，2008）。③氧及养料的争夺。肠道内的需氧益生菌可消耗肠道内的氧气，抑制需氧致病菌繁殖。益生菌在与致病菌争夺养料时占上风，从而抑制致病菌的过度增长（Ukena 等，2007）。

肠黏膜的形态结构、功能状态一旦发生异常，那些原寄生于肠道内的微生物及其毒素即可越过受损的肠黏膜，大量侵入肠道外组织，如黏膜组织、肠壁、肠系膜淋巴结、门静脉及其他远隔脏器或系统，这一过程被称为"细菌易位"（bacterial translocation，

BT)（Lichtman 等，2001）。动物试验表明，易位的肠道内细菌主要为大肠埃希氏菌、奇异变形杆菌，其次为念珠菌、表皮样肠球菌及假介膜杆菌等（Lencer，2001）。

三、免疫屏障的组成及其功能

肠道黏膜免疫屏障是区别于系统性免疫功能发达的局部免疫系统。根据功能和分布，将肠道黏膜免疫系统分成肠相关淋巴组织和弥散免疫细胞。多种细胞和细胞因子参与肠黏膜免疫应答：①M 细胞。是位于黏膜淋巴结的滤泡上皮中的抗原递呈细胞（Walker，2002）。M 细胞能摄取和运输多种微生物等大分子物质，把它们传递给黏膜下的淋巴组织应答（Sansonetti 和 Phalipon，1999），是启动肠黏膜免疫应答的第一步（Kucharzik 等，2000）。②上皮内淋巴细胞。是一组 CD 8[+] 细胞（Taguchi 等，1991），在防御肠道病原体入侵（Klein，1995）和抑制黏膜部位的过敏反应方面（Nagura 等，1996）发挥重要的作用。③固有层淋巴细胞。位于黏膜固有层，T、B 细胞含量均很丰富。已发现在黏膜部位的免疫应答以 Th2 型为主，其分泌的 IL-5 和 IL-6 主要在肠道和呼吸道黏膜部位发挥特殊作用（Bromander 等，1996）。④免疫效应分子 sIgA。分泌型 IgA（sIgA）是胃肠道和黏膜表面主要免疫球蛋白，对消化道黏膜防御起着重要作用，是防御病菌在肠道黏膜黏附和定殖的第一道防线（Saini 等，2001）。

第二节　微生态平衡在肠黏膜屏障结构和功能上的作用

一、肠道微生态平衡与动物肠黏膜健康的关系

在肠道微生态系统中，微生物之间及微生物和宿主之间存在着错综复杂而又相对稳定的关系，动物胃肠道内微生物群落的组成取决于微生物与宿主动物之间的交互作用。Conway 等（1994）研究发现，4 种成年动物肠道内相对稳定的微生物群落的形成有助于动物提高抵抗力，免受外来有害细菌的侵袭，特别是其对正常健康动物的胃肠道的侵袭。何明清（1983）研究发现，健康仔猪的小肠内需氧菌与厌氧菌之比为 1∶100，而腹泻时需氧菌与厌氧菌之比为 1∶1，即肠道微生物群落的微生态平衡被打破，可致使仔猪肠黏膜受损。

动物微生态健康与肠道健康的关系主要体现在以下 4 个方面：①营养促进作用。微生态理论认为，宿主与正常微生物菌群间存在一种共生关系，这种关系的实质是营养关系。胃肠道微生态系统能合成大量的有机酸、维生素、氨基酸等，从而加强宿主的营养代谢，促进机体生长（Fuller 等，1989）。②参与肠黏膜增生。胃肠道益生菌可增加短链脂肪酸的产生和减少氨的释放，而短链脂肪酸是结肠黏膜的重要能源物质，能促进陷窝底部正常细胞增生（Anne 和 Glenn，2006；Peter 等，2007）。③生物屏障作用。肠道菌群是黏膜屏障的重要组成部分，可产生细胞外糖苷酶、活性肽及代谢产物等，从而降解上皮细胞上作为潜在致病菌及内毒素结合受体的复杂多糖，阻止潜在致病菌的入侵或外袭菌在黏膜上的定殖（Stavric 等，1995）。④免疫作用。胃肠道内某些微生物能够

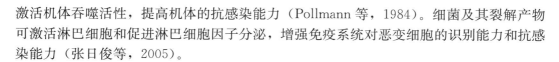

激活机体吞噬活性，提高机体的抗感染能力（Pollmann 等，1984）。细菌及其裂解产物可激活淋巴细胞和促进淋巴细胞因子分泌，增强免疫系统对恶变细胞的识别能力和抗感染能力（张日俊等，2005）。

二、肠道微生物的营养代谢

消化道的所有部位都存在微生物发酵，其发酵程度取决于消化道位置、动物年龄与日粮组成。单糖在肠道前段被大量吸收，可发酵的碳水化合物主要在大肠中被利用。肠道微生物能产生一系列的糖苷酶，如既有能切断多聚糖或低聚糖末端糖苷键的酶，又有能水解聚合链中间糖苷键的酶。能产生这些酶的微生物主要有乳酸杆菌、双歧杆菌和梭状芽孢杆菌（Soggard，1990；Jin 等，1996）。乙酸、丙酸和丁酸是碳水化合物在肠道发酵的主要产物，这些短链脂肪酸是大肠黏膜的主要能源，且可使肠道环境的 pH 适当降低而抑制病原菌滋生（陈佳等，2008）。动物通过日粮摄入的营养物质，如碳水化合物、脂肪和蛋白质在小肠段被消化降解后，产生的单糖、氨基酸为肠黏膜代谢提供了良好的环境条件；而在大肠，它们营养作用的意义不大（张丽英等，1999）。当日粮中纤维素含量较高时，动物粪便中纤维分解菌的数量增加（Grubb 等，1975）。另外，动物饮用水的酸化、液体饲料的使用、日粮中蛋白质浓度的降低及酶制剂的添加均可调节胃肠道的环境，增加有益微生物的数量（夏树和龙建，2004；谭权等，2008；李鹏等，2009）。

在微生物发酵过程中，利用碳水化合物、蛋白质等原料，采用不同的代谢途径产生各种微生物挥发性代谢产物（microbial volatile organic compounds，MVOCs），如乙醇、乙酸、丁二酮等（Berger，2007）。MVOCs 某个组分含量异常，则表示着产生该组分物质的代谢途径发生了变化，也意味着相关的生物化学过程发生了变化（Herman 等，2010）。MVOCs 的检测，尤其是对乙酸、丙酸和丁酸快速检测是当前分析肠道微生物代谢的热点之一，常用的方法有气相色谱法（GC）、高效液相色谱法（HPLC）（刘晨明等，2006）、电子鼻法（EN）（Fend 等，2005）和质谱法（MS）等（张卓旻等，2006）。其中，质谱法是通过对待测样品离子质荷比的测定来进行分析的一种分析方法，具有灵敏度高、样品用量少、分析速度快、可以鉴定待测物结构等优点（梁华正等，2008）。

第三节　酶制剂基于酶解寡糖调控肠道微生态平衡的作用

一、寡糖调控肠道微生态平衡的作用

寡糖（oligosaccharides），亦称低聚糖，由 2～10 个单糖单元苷键结合而成。根据生物学功能可分为普通寡糖和功能性寡糖，前者可被机体消化吸收，产生能量，如蔗糖、麦芽糖、海藻糖、环糊精、麦芽寡糖等，后者具有特殊的生理学功能但不被肠道吸收（汪建明等，2006）。在饲料工业中应用中目前研究最多的有果寡糖、甘露寡糖、低

聚木糖、异麦芽寡糖、葡萄寡糖等。笔者研究团队采用 PCR - DGGE 技术研究了纳豆芽孢杆菌与甘露寡糖对仔猪结肠内容物与黏膜微生物区系的影响，结果表明纳豆芽孢杆菌（Bacillus natto）提高了仔猪结肠内容物中乳酸杆菌和双歧杆菌数量（$P<0.05$），提高了结肠黏膜中乳酸杆菌数量（$P<0.05$）；甘露寡糖（mannose - oligosaccharides，MOS）提高了仔猪结肠内容物和黏膜中乳酸杆菌数量（$P<0.05$），2 g/kg 的 MOS 组使结肠内容物和黏膜中大肠埃希氏菌数下降（$P<0.05$），Natto 与 MOS 联用时内容物中大肠埃希氏菌数量下降（$P<0.05$）（黄俊文，2004）。

　　功能性寡糖在动物机体营养上具有以下重要作用：①不能被单胃动物消化。作为机体肠道内有益寄生菌的营养基质，寡糖可被有益菌消化利用（Flickinger 等，2000），起到了有益菌增殖因子的作用。②抑制外源性病原菌。合适的寡糖，可与病原菌的外源凝集素结合，破坏细胞的识别，进而使肠壁不吸附病原菌（Masco 等，2004）；而寡糖又有不被消化道内源酶分解的特点，因此可携带病原菌通过肠道，防止病原菌在肠道内繁殖（Newman，1995）。同时寡糖产生的酸性物质可降低整个肠道的 pH，抑制有害菌（沙门氏菌等）的生长（Spring 等，2000）。③调节机体免疫系统，提高动物免疫力。寡糖调节机体免疫系统主要是通过充当免疫刺激的辅助因子来发挥作用，提高抗体免疫应答能力（Savage 等，1996）。

　　其中，低聚木糖（xylooligosaccharides，XOS）由 2～8 个木糖以 β-1，4-糖苷键连接而成，有效成分以木二糖和木三糖为主，是一种功能性寡聚糖类益生元。低聚木糖的 β-1，4-糖苷键很难被动物的消化酶所分解，可直接到达小肠后段发挥作用。研究表明，低聚木糖的作用主要表现在：①增殖有益菌。低聚木糖可提高肉鸡空肠的乳酸菌数（蒋正宇等，2005），有效促进青春双歧杆菌和两歧双歧杆菌增殖（徐勇等，2002）；且与其他功能性低聚糖相比，低聚木糖对双歧杆菌的增殖效果明显较好（Hsu 等，2004）。②抑制有害菌。添加低聚木糖后，动物肠道内大肠埃希氏菌的数量（蒋正宇等，2005）、沙门氏菌的数量（Sisak 等，1994）显著降低。原因在于，低聚木糖促进有益菌增殖后，从产酸抑制和竞争作用两个方面抑制有害菌的增殖（Joy，1997）。③对肠道形态的影响。研究表明，低聚木糖可提高动物盲肠和直肠的相对长度（党国华，2004），提高空肠黏膜上的绒毛高度、绒毛高度与隐窝深度比值（Xu 等，2002），以及促进盲肠上皮细胞增殖（Campell，1997）。④对肠道酶的影响。党国华（2004）试验发现，XOS 有提高肉仔鸡小肠总蛋白酶和淀粉酶活力的趋势。⑤营养作用。低聚木糖增殖的乳酸杆菌内含有大量的消化酶，能消化一些机体内依靠本身的酶系不能消化的营养物质，促进体内营养物质的吸收。

二、益生型酶制剂设计的理论基础

　　木寡糖是 2～7 个木糖经 β-1，4-糖苷键结合形成的直链低聚糖。功能性低聚木糖的获得途径有 4 种，即有从天然产物直接提取（Kotiguda 等，2006）、酶催化合成或酶解天然多糖（Pastell 等，2008）、酸水解天然多糖（Hu 等，2009）和化学合成（沈文等，2006）。其中，酶法获得的产品纯度高，来源广泛。麦芽、米糠、棉籽粕、小麦等中的阿拉伯木聚糖都是低聚木糖酶解的重要原料（石波和李里特，2000；Pastell 等，

2008），直接使用饲料用木聚糖酶具有水解多糖产生功能性寡糖来发挥化学益生的作用（Choct 等，2004）。因此，澳大利亚家禽研究中心 Choct 教授在 2009 全国饲料酶制剂学术研讨会上提出，酶制剂研究需要从"原料中释放"动物不易消化的养分走上"底物中生产"具有生物活性的物质，即向具有生物调节功能的酶制剂研究、开发及应用的方向发展。

木聚糖酶是一类木聚糖降解酶系，属于水解酶类，包括内切 β-木聚糖酶（endoxylanase）、外切 β-木聚糖酶（exoxylanase）和 β-木二糖苷酶。内切 β-木聚糖酶作用于木聚糖主链的木聚糖苷键，随机切断主链内的糖苷键，水解木聚糖而生成分子质量大小不同的寡糖；外切 β-木聚糖酶的主要作用是从非还原性末端切下单个的单糖；而 β-木二糖苷酶则是将木二糖水解成 2 个单糖。木聚糖酶系的组成特点显示：①作用位置存在明显差异，这也决定了外切木聚糖酶在分解木聚糖的速度上远比不上内切木聚糖酶。②从分解效率上看，外切酶只能作用于可溶性的多聚糖，而对不可溶性的多聚糖几乎没有效果，其最高分解比例不到 50%；而内切酶可有效降解多聚糖，并且对不可溶性多聚糖分解比例可达到 80%。③从作用底物后的产物看，外切木聚糖酶的产物以木糖为主，内切木聚糖酶的产物主要为寡糖等低聚糖。研究表明，寡糖可促进肠道正常蠕动，促进有益菌的增殖，抑制有害菌的定殖；而木糖不但不具备增殖肠道有益菌的功能，过多的木糖单体还会造成动物消化道异常。因此，酶降解天然多糖的方法对酶的性能要求较高，对于一般的木聚糖酶，需要去除 β-1，4-木糖苷酶，且以 β-1，4-内切木聚糖酶为主。原料的多样性使得产品的生产工艺及产品结构对木聚糖酶的要求等存在差异（Puls 等，1998）。

基于以下 6 点：①饲料原料中存在木聚糖酶水解的底物；②木聚糖酶系多为复合酶系，含有内切木聚糖酶，具备把木聚糖水解成 2~9 个单糖分子寡糖的能力；③动物肠道具有大量微生物，其中益生菌具有利用部分低聚寡糖达到自身增殖的能力；④内切木聚糖酶水解底物过程中可产生 3~6 个单糖分子的低聚木糖，而它们具有明显的益生功能，即木聚糖酶具有间接通过发挥益生元的功能来调控动物微生态平衡的功能；⑤木聚糖酶系中包括内切木聚糖酶、外切木聚糖酶和木二糖苷酶，木二糖苷酶具有进一步水解寡糖、破化功能型寡糖结构的问题，而通过现有的分离纯化技术可以有效去除木二糖苷酶，定向设计有利于调控微生物系统平衡的木聚糖酶系中功能酶的组成和比例；⑥有益菌定殖和增殖之后形成优势菌群，加强了有益微生物的代谢，增加了乙酸、丙酸等有机酸的产量，进一步维护了乳酸菌等有益菌稳定定殖于肠道的酸性环境。笔者提出了益生酶的概念，即能水解产生功能性寡糖或寡肽，且其产量能显著发挥影响动物肠道有益微生物增殖而达到调控微生态平衡目的的酶及其制剂。

第四节　益生型酶制剂设计和开发的意义

以益生型木聚糖酶组合设计为例，因为在木聚糖酶降解木聚糖产生寡糖过程中存在产物不可控性和发酵速度不可控性的问题，所以有必要针对饲料中原料组成、不同来源木聚糖酶系中功能酶的酶学特性，筛选和设计理想的产功能性低聚木糖的木聚糖酶系。"益生型酶制剂"概念的提出，创新性地把饲料酶制剂与动物肠道微生态和黏膜屏障健

饲料酶制剂技术体系的发展与应用

康系统联系起来，把酶制剂消除抗营养因子等功能范围进行了有效的扩展，具有创新性地开发功能性饲料酶制剂的重要应用前景。

本 章 小 结

　　肠黏膜上皮屏障是构成机体内外环境之间的一个起机械保护作用的组织学屏障。微生态平衡在肠黏膜屏障结构和功能中发挥着重要的作用。酶制剂基于酶解寡糖发挥调控肠道微生态平可衡的作用。益生型酶制剂是针对饲料中原料组成、利用不同来源酶系中功能酶的酶学特性，有效解决酶解底物过程中存在的产物不可控性和发酵速度不可控性的问题，筛选和设计理想的产寡糖等功能性产物的酶系配制方案。益生型酶制剂是对酶制剂产品设计理论和技术的重要发展。

▶ 参考文献

陈佳，王彩铃，程曙光，等，2008. 乳杆菌培养物对肉鸡肠道菌群及形态的影响 [J]. 饲料研究 (6)：20-23.

党国华，2004. 低聚木糖在肉仔鸡和蛋鸡生产中的应用研究 [D]. 南京：南京农业大学.

胡彩虹，刘海萍，胡向东，等，2008. 蒙脱石对大肠杆菌 K88 感染 Caco-2 细胞的屏障功能和紧密连接蛋白表达的影响 [J]. 细胞生物学杂志，30：504-508.

胡翔，贺德，2010. 肠黏膜生物屏障研究进展 [J]. 中国医学工程，18 (2)：173-176.

黄俊文，2004. 甘露寡糖对仔猪生长、免疫和肠道微生态的影响 [D]. 广州：华南农业大学.

蒋正宇，周岩民，许毅，等，2005. 低聚木糖、益生菌及抗生素对肉鸡肠道菌群和生产性能的影响 [J]. 家畜生态学报，26 (2)：11-15.

李鹏，武书庚，张海军，等，2009. 复合酸化剂对断奶仔猪肠黏膜形态和肠道微生物区系及免疫功能的影响 [J]. 中国畜牧杂志，45 (9)：28-31.

梁华正，张燮，饶军，等，2008. 微生物挥发性代谢产物的产生途及其质谱检测技术 [J]. 中国生物工程杂志，28 (1)：124-133.

刘晨明，曹宏斌，曹俊雅，等，2006. 梯度洗脱高效液相色谱法快速检测厌氧菌代谢物中的有机酸 [J]. 分析化学，34 (9)：1231-1234.

刘海萍，胡彩虹，徐勇，2008. 早期断奶对仔猪肠通透性和肠上皮紧密连接蛋白 [J]. 动物营养学报，20 (4)：442-446.

潘晓玉，王波，2006. 紧密连接蛋白 Claudins 与肿瘤的研究进展 [J]. 国际病理科学与临床杂志，26 (2)：113-115.

秦环龙，高志光，2004. 肠上皮细胞紧密连接在屏障中的作用进展 [J]. 世界华人消化杂志，13 (4)：443.

沈文，王金富，龚一峰，2006. 功能性寡糖的生物学活性与制备分析 [J]. 内蒙古农业科技，3：38-41.

谭权，张克英，丁学梅，等，2008. 木聚糖酶对肉鸡能量饲料的养分利用率和表观代谢能值的影响 [J]. 动物营养学报，20 (3)：15-22.

汪建明，赵征，王勇志，2006. 低聚糖的分离与鉴定 [J]. 食品研究与开发，21 (3)：3-6.

武金宝，王继德，张亚历，2003. 肠黏膜屏障研究进展 [J]. 世界华人消化杂志，11 (5)：619-623.

徐勇，余世袁，勇强，2002. 低聚木糖对两歧双歧杆菌的增殖 [J]. 南京林业大学学报（自然科学版），26（1）：10 - 13.

许爱清，李宗军，王远亮，等，2010. 肠道健康导向的功能食品研究进展 [J]. 食品与机械，26（5）：158 - 163.

杨书良，李兰梅，陈育民 .2008. 肠黏膜屏障的构成与功能研究进展 [J]. 临床荟萃，23（24）：1809 - 1811.

张日俊，潘淑媛，白永义，等，2005. 微生物饲料添加剂益生康对肉仔鸡营养代谢与免疫功能的调控机理 [J]. 中国农业大学学报，10（3）：40 - 47.

张卓旻，李攻科，2006. 生物体产生的挥发性有机物的分析 [J]. 化学通报，69（2）：1 - 7.

Anne L M, Glenn R G, 2006. The normal macrobiotic of the human gastrointestinal tract：History of analysis, succession, and dietary influences [M]//Ouwehand C, Elaine E. Gastrointestinal microbiology. New York：Taylor and Francis Groups.

Arrieta M C, Bistritz L, Meddings J B, 2006. Alterations in intestinal permeability [J]. Gut, 55：1512 - 1520.

Barrett K E, 2008. New ways of thinking about（and teaching about）intestinal epithelial function [J]. Advances in Physiology Education, 32：25 - 34.

Bourlioux P, Koletzko B, Guaner F, et al, 2003. The intestine and its microflora are partners for the protection of the host [J]. The American Journal of Clinical Nutrition, 78：675 - 683.

Burgel N, Bojarski C, Mankertz J, et al, 2002. Mechanisms of diarrhea in collagenous colitis [J]. Gastroenterology, 123（2）：433 - 443.

Campell, 1997. Effects of adherent Lactobacillus cultures on growth, weight of organs and intestinal microflora and volatile fatty acids in broilers [J]. Animal Feed Science and Technology, 1（2）：243 - 249.

Candela M, Perna F, Carnevali P, 2008. Interaction of probiotic *Lactobacillus* and *Bifidobacterium* strains with human intestinal epithelial cells：adhesion properties, competition against entero-pathogens and modulation of IL - 8 production [J]. International Journal of Food Microbiology, 125（3）：286 - 292.

Chen Y H, Lu Q, Goodenough D A, et al, 2002. Nonreceptor tyrosine kinase c - Yes interactswith occluding during tight junction formation in canine kidney epithelial cells [J]. Molecular Biology of the Cell, 13：1227.

Choct M, Kocher A, Waters D L E, et al, 2004. A comparison of three xylanases on the nutritive value of two wheats for broiler chickens [J]. British Journal of Nutrition, 92：53 - 61.

Conway P L, Huang J, 1997. The proceedings of the Ⅵ international symposium for digestion and physiology of pigs [M]. Chengdu：Sichuan Science and Technology Press.

Fend R, Geddes R, Lesellier S, et al, 2005. Use ofan electronic nose to diagnose *Mycobacterium bovisinfection* in badgers and cattle [J]. Journal of Clinical Microbiology, 43（4）：1745 - 1751.

Fujitaa K, Katahirac J, Horiguchic Y, et al, 2000. Clostridium perfringens enterotoxin binds to the second extracellular loop, of claudin - 3, a tight junction integral membrane protein [J]. FEBS Letters, 476（3）：258 - 261.

Grubb J A, Dehority B A, 1975. Effects of an abrupt change in ration from all roughage to high con-centrate upon rumen microbial numbers in sheep [J]. Applied Microbiology, 31：262 - 267.

Herman D，Martel A，Deun K，et al，2010. Intestinal mucus protects *Campylobacter jejuni* in the ceca of colonized broiler chickens against the bactericidal effects of medium – chain fatty acids ［J］. Poultry Science，89（6）：1144 – 1155.

Hsu C B，Huang H J，Wang C H，et al，2004. The effect of glutamine supplement on small intestinal morphology and xylose absorptive ability of weaned piglets ［J］. African Journal of Biotechnology，9（41）：7003 – 7008.

Hu K，Liu Q，Wang S C，et al，2009. New oligosaccharides prepared by acid hydrolysis of the polysaccharides from *Nerium indicum mill* and their anti – angiogenesis activities ［J］. Carbohydrate Research，3：198 – 203.

Jin L Z，Ho Y W，Abdullah N，1996. Influence of dried *Baeillus subtilis* and *Laetobaeilli* cultures on intestinal mieroflora and performance in broilers ［J］. Asian – Anstralas Journal of Animal science，9：397 – 404.

Jones S E，Versalovic J，2009. Probiotic *Lactobacillus reuteri* biofilms produce antimicrobial and anti –inflammatory factors ［J］. BMC Microbiology，9：35.

Joy M，Campbell G C，Fahey J，et al，1997. Selected indigestible oligosaccharides affect large bowel mass，cecal and fecal short – chain fatty acids，pH and microflora in rats ［J］. Nutrition，127：130 – 136.

Karcher D M，Applegate T，2008. Survey of enterocyte morphology and tight junction formation in the small intestine of avian embryos ［J］. Poultry Science，87（2）：339 – 350.

Kotiguda G，Peterbauer T，Mulimani V H，2006. Isolation and structuralanalysis of ajugose from vigna mungol ［J］. Carbohydrate Research，341：2156 – 2160.

Kucharzik T，Lugering N，Rautenberg K，et al，2000. Role of M cells in intestinal barrier function ［J］. Annals of the New York Academy of Sciences，915：171 – 183.

Kucharzik T，Walsh S V，Chen J，et al，2001. Neutrophil transmigration in inflammatory bowel disease is associated with differential expression of epithelial intercellular junction proteins ［J］. The American Journal of Pathology，159（6）：2001 – 2009.

Lencer W I，2001. Microbes and microbial toxins：paradigms for microbial – mucosal toxins ［J］. The American Journal of Physiology – Gastrointestinal and Liver Physiology，280：781 – 786.

Li B T，van Kessel A G，Caine W R，et al，2001. Small intestinal morphology and bacteria populations in ileal degesta and feces of newly weaned pigs receiving a high dietary level of zinc oxide ［J］. Canadian Journal of Animal Science，81：511 – 516.

Liboni K C，Li N，Scumpia P O，et al，2005. Glutamine modulates LPS – induced IL – 8 production through IkappaB/NF – kappaB in human fetal and adult intestinal epithelium ［J］. Journal of Nutrition，135：245 – 251.

Lichtman S M，2001. Bacterial translocation in humans ［J］. Journal of Pediatric Gastroenterology and Nutrition，33（1）：1 – 10.

MacPherson A J，Uhr T，2004. Induction of protective IgA by intestinal dendritic cells carrying commensal bacteria ［J］. Science，303（5664）：1662 – 1665.

Masco L，Ventura M，Zink R，et al，2004. Polyphasic taxonomic analysis of *Bifidobacterium animalis* and *Bifidobacterium lactis* reveals telatedness at the subspecies level：reclassification of *Bifidobacterium animalis* as *Bifidobacterium animdlis* subsp. *animalis* subsp. nov. and *Bifidobacterium lactis* as *Bifidobacterium animalis* subsp. *lactis* subsp. Nov ［J］. International

Journal of Systematic and Evolutionary Microbiology, 54 (4): 1137 - 1143.

Musch M W, Walsh - Reitz M M, Chang E B, 2006. Roles of ZO - 1, occludin, and actin in oxidant - induced barrier disruption [J]. American Journal of Physiology - Gastrointestinal and Liver Physiology, 290 (2): 222 - 231.

Newman K, 1995. Mannan - oligosaccharides: natural polymers with significant impacton the gastroinvestinal microflora and the immune system [M]//Lyons T P, Jacques K A. Biotechnology in the feed industry. Nottingham: Nottingham University Press.

Pastell H, Tuomainen P, Virkki L, et al, 2008. Step - wise enzymatic preparation and structural characterization of singly and doubly substituted arabinoxylo - oligosaccharides with non - reducing and terminal branches [J]. Carbohydrate Research, 343: 3049 - 3057.

Peter J T, Ruth E L, Micah H, et al, 2007. The human microbiome project [J]. Nature, 449: 804 - 810.

Puls J, 1998. Xylobiose and xylcoligomers [J]. Method in Enzymology, 160: 528 - 541.

Saini M S, Liberati D M, Diebel L N, 2001. Sequential changes in mucosal immunity after hemorrhagic shock [J]. Mmerican Surgeon, 67: 797 - 801.

Sansonetti P J, Phalipon A, 1999. M cells as ports of entry for enteroinvasive pathogens: mechanisms of interaction, consequences for the disease process [J]. Seminars in Immunology, 11: 193 -203.

Savage T F, Cotter P F, Zakrzewska E I, 1996. The effect of feeding mannan - oligosaccharide on immune - globulins plasma IgG and bile IgA of wrolstad M W male turkey [J]. Poultry Science, 75: 143.

Sisak F, 1994. Stimulation of pH aggocytosis as assessed by luminol enhanced chemilumineseence and response to salmonella challenge of poultry fed diets containing mannanoligosaeeharides [C]. Proceeding of the tenth Annual Symposium on Bioteehnology in the Feed Industry: 75 - 84.

Soggard H, 1990. Mierobials for feed beyond laetie acid bacteria [J]. Feed Intemational, 11 (4): 22 -27.

Soichi M, Yasushi M, Toshikazu Y, et al, 2002. Recent rends in functional food science and the industry in Japan [J]. Bioscience, Biotechnology and Biochemistry, 66 (10): 2017 - 2029.

Spinler J K, Taweechotipatr M, Rognerud C L, et al, 2008. Human - derived probiotic Lactobacillus reuteri demonstrate antimicrobial activities targeting diverse enteric bacterial pathogens [J]. Anaerobe, 14 (3): 166 - 171.

Spring P C, Wenk K A D, Newman K E, 2000. The effeets of dietary mannan oligosaeeharides on cecal parameters and the eoneentrations of enteric baeteria in the ceea of salmonella - challenged broiler chieks [J]. Poultry Seienee, 79: 205 - 211.

Taguchi T, Aicher W K, Fujihashi K, et al, 1991. Novel function for intestinal intraepithelial lymphocytes. Murine CD3+, gamma/delta TCR+ T cells produce IFN - gamma and IL - 5 [J]. Journal of Immunology, 147: 3736 - 3744.

Ukena S N, Singh A, Dringenberg U, et al, 2007. Probiotic *Escherichia coli* Nissle 1917 inhibits leaky gut by enhancing mucosal integrity [J]. PLoS ONE, 2 (12): 1308.

Wehkamp J, Schwind B, 2002. Innateimmunity and olonic inflammation: enhanced expression of epithelial alpha de [J]. Digestive Diseases and Sciences, 47 (6): 1349 - 355.

Wiese F，Simon O，Weyrauch K D，2003. Morphology of the small intestine of weaned piglets and a novel method for morphometric evaluation [J]. Anatomia，Histologia，Embryologia：Joumal of Veterinary Medieien Series C，32（2）：102-109.

Xu Z R，Zou X T，Hu C H，et al，2002. Effects of dietary fructooligosaccharide on digestive enzyme activities，intestinal microflora and morphology of growing pigs [J]. Asian Australasian Journal of Animal Science，15（12）：1784-1789.

第九章
饲料酶制剂中的主效酶与辅效酶

　　酶制剂应用于动物日粮的复杂性源于饲料原料的复杂性，饲料原料的复杂性主要体现在物理特性和化学特性两方面。物理特性主要是不同成分的空间结构、嵌合方式和程度等；化学特性主要是同一类成分组成单位的差异、主链长短及支链分布形式等。这种复杂性既体现在营养成分（蛋白质、淀粉、脂肪间）之间的嵌合，也体现在同一类营养成分内部（蛋白质中氨基酸的排列组合、淀粉中抗性淀粉的差异、脂肪中脂肪酸 1 位点、2 位点与 3 位点）的差别等，更体现在营养成分与抗营养成分的嵌合与影响，单酶或者普通的复合酶往往受制于这些复杂性而不能很好地发挥作用。针对这类饲料日粮常常出现问题，笔者研究团队提出了组合酶、配合酶、组合型复合酶和配合型配合酶的概念。但是，这里还有一个问题没有解决，就是组合酶或者配合酶中，各种单酶之间的关系问题。另外，不同来源酶的作用底物也存在差异性，如催化作用的位点和结合反应时的键合方式不同的影响等。实际上，复杂的成分与多样的酶相互作用存在 3 种：主次关系、主从关系、主要与辅助关系。自然环境产生的酶，大部分是以一个酶系、整个酶族群存在，这种酶系或者酶族群一般是有关联、有序的，它们之间的重要程度是有区别的。过去提出组合酶和配合酶概念时并没有讨论到这些关系，更像是等同与平衡关系。其实，普通的复合酶作用同样也存在以哪个为主哪个为辅的问题，这也是目前复合酶配制方案杂乱、酶谱多样的一个原因。因此，有必要探讨各种单酶之间的关系，明确是哪种酶发挥更大作用，以便在复合酶、组合酶或者配合酶的研发中兼顾高效性与经济性。

第一节　饲料主效酶与辅效酶关系存在的依据

一、饲料中化学成分物理结构的复杂性

　　纤维素是由葡萄糖通过 β-1，4-糖苷键连接而成的线状结构分子，具有简单的初级和复杂的三级结构。纤维素链的聚合度（葡萄糖残基数）为 500～14 000 个（Marx-Figini 和 Schultz，1966）。植物细胞壁中，纤维素链排列的有序程度不同，在一些区域，纤维素链高度有序排列，在氢键作用下形成晶体；而其他区域则松散排列，纤维素分子形成非晶体状（图 9-1）。天然晶体纤维素的结构为 Ⅰ 型，通过碱处理可以转化成 Ⅱ 型结构（Beguin 和 Aubert，1994），这两种纤维素的区别在于链内氢键间存在差异。

此外，天然结晶纤维素可能由两种结构稍有差异的Ⅰ型纤维素构成，即Ⅰα和Ⅰβ，这两种亚型的区别也在于其分子内氢键间有差异（Atalla 和 Vander Hart，1984）。

纤维素中的晶体化部分结构复杂，不易被内切作用的纤维素酶降解，而非晶态的纤维素则易被稀酸、内切葡聚糖酶、外切葡聚糖酶降解（Sinitsyn 等，1990）。因此，完全降解纤维素需要采用浓酸或复合酶系，来攻击其结晶区和非结晶区。

使用高纯度的内切葡聚糖酶和来自嗜松青霉（*P. pinophilum*）的 CBHs 的试验，只有两种内切葡聚糖酶（EⅢ和EⅤ）对纤维素具有很强的吸附性，与外切木聚糖酶Ⅰ（CBHⅠ）和内切木聚糖酶Ⅱ（CBHⅡ）有协同作用（图 9-2，Wood 等，1989）。笔者认为，CBHⅠ和 CBHⅡ与内切葡聚糖酶之间的协同作用，是由这两类酶之间的不同立体空间结构造成的。因此，物理空间的不同会造成酶水解的差异。有特异立体结构的内切葡聚糖酶催化

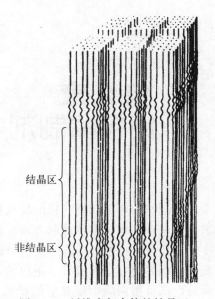

图 9-1 纤维素复合体的结晶区
与非结晶区排列

（资料来源：Bhat 和 Hazlewood，2001）

纤维素主链，只可产生 1～2 种非还原性残基末端，后者可被有特异立体结构的 CBH 水解。通过 CHB 连续水解纤维二糖的同时，将暴露另一个不同特异立体结构的链端，会受到其他具有特异立体结构的 CBH 催化分解。

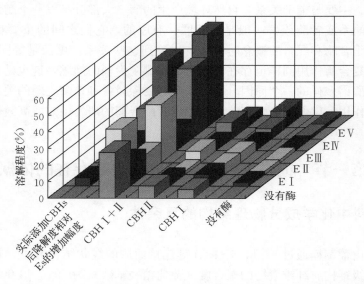

图 9-2 来自嗜松青霉（*P. pinophilum*）的 CBHs（Ⅰ型和Ⅱ型）与内切葡聚糖酶
（EⅠ至EⅤ）之间在水解棉花纤维上的协同作用

（资料来源：Wood，1989）

在 CBH 和 E（外切葡聚糖酶和内切葡聚糖酶）之间的协同作用，主要是因为其相

互为对方提供新的水解结合部位的能力，以及从还原端到非还原端的催化能力（Barr 等，1996）。大量的研究表明，在聚合的嗜热纤维单胞菌（*C. thermocellum*）酶系中，酶复合体的组装对在结晶纤维素中亚基间发挥最大催化协同效应是十分关键的（Bhat 和 Hazlewood，2001）。从仿生角度来讲，人工配制的酶制剂添加剂必须选择不同酶进行配合，才能达到高效水解的目的。

二、酶解底物化学成分的差异大

木聚糖（xylan）是植物细胞壁的重要组成成分，连接细胞壁中的木质素和纤维素，是最主要的半纤维素，广泛存在于硬木（15%～30%）、软木（7%～10%）和草本类植物中（低于30%）。两种主要的阿拉伯糖基木聚糖是：①来源于种子胚乳的高度分支、且没有糖醛酸取代基的阿拉伯糖基木聚糖。②存于木质化组织中的、有较少分支、有糖醛酸和/或4-氧-甲醚及半乳糖取代基的阿拉伯糖基木聚糖（Bhat 和 Hazlewood，2001）。木聚糖的主链由木糖经 β-1，4-糖苷键连接而成，而其支链结构因来源不同而有所差异。

木聚糖分为葡萄糖木聚糖（glucuronoxylans）、阿拉伯糖木聚糖（arabinoxylans）和葡萄糖阿拉伯糖木聚糖（glucuronoarabinoxylans），它们都是由木糖以 β-1，4-糖苷键连接形成聚糖作为主链骨架，葡萄糖、阿拉伯糖或者同时有葡萄糖和阿拉伯糖作为侧链形成的（Rogowski 等，2015）。第一种的代表是桦木来源的木聚糖，第二种的代表是小麦来源的木聚糖，第三种的代表是玉米来源的木聚糖（图9-3）。玉米来源的木聚糖主要是葡萄糖阿拉伯糖木聚糖，同时含有葡萄糖和阿拉伯糖，而且支链特别多，更复杂。因

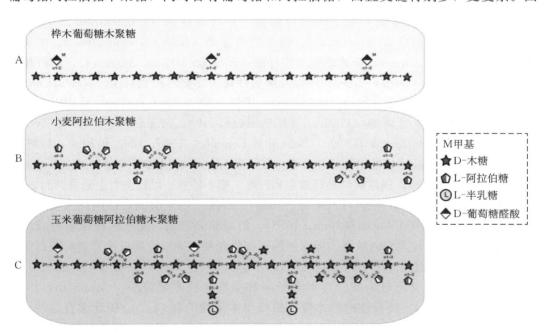

图9-3　三类典型的木聚糖

A. 桦木　B. 小麦　C. 玉米

（资料来源：Rogowski 等，2015）

此，一般的木聚糖酶未必能够发挥作用。谷物类（小麦、玉米、燕麦等）饲料中，木聚糖的存在形式主要为阿拉伯糖木聚糖（arabinoxylan，AX），即主要的支链结构为阿拉伯糖取代基；而硬木（桦木、榉木等）的木聚糖的支链结构则主要为乙酰基、葡萄糖醛酸等。阿拉伯糖主要在主链的 C2 或 C3 位置进行双取代或单取代，而乙酰基主要在 C3 位置进行单取代（Kormelink 等，1993）。除这两种侧链取代基外，木聚糖的支链结构都还包括多种支链，如阿魏酸（ferulic acid）、葡萄糖醛酸（glucuronic acid）、香豆素（p-coumaric）等（Gruppen 等，1992）。木聚糖的侧链取代基包括阿拉伯糖和阿魏酸，能够对木聚糖酶发挥空间阻力作用（Akin 等，2008）。

三、天然存在的酶系与酶之间的协同作用

饲料酶制剂针对的底物包括三类：营养性底物、抗营养底物和功能成分前体物。在自然状况下，都不同程度地存在酶系协同作用的现象。例如，简单的脂肪水解，除了广谱性的脂肪酶催化外，更多的是催化甘油 1 位点、3 位点与催化 2 位点脂肪酸的脂肪酶协同完成。而饲料最复杂的成分是纤维部分，包括纤维素与半纤维素（有五碳糖和六碳糖，其中重要的是木聚糖），下面重点讨论催化纤维素和木聚糖的纤维素酶和木聚糖酶。

1. 酶与酶系存在协同作用的基础 纤维素酶和木聚糖酶由细菌和真菌产生，如需氧性微生物（aerobes）、厌氧性微生物（anaerobes）、嗜温微生物（mesophiles）、嗜热微生物（thermophiles）和极温微生物（extremophiles）。好氧性真菌和细菌通常产生细胞外的纤维素酶和半纤维酶。厌氧性细菌［热纤维梭菌（*Clostridium thermocellum*）、嗜纤维梭菌（*C. cellulovorans*）、白色瘤胃球菌（*Ruminococcus albus*）、生黄瘤胃球菌（*R. flavefaciens*）、产琥珀酸丝状杆菌（*Fibrobacters succinogenes*）、解纤维素醋弧菌（*Acetivibrio celluolyticus*）］，以及厌氧性真菌［瘤胃厌氧真菌（*Neocallinmastix frontalis*）、芽孢杆菌（*N. patriciarum*）、厌氧真菌（*Piromyces equi*）］均以多酶复合体的形式产生纤维素酶（Groleau 和 Forsberg，1981；Lamed 等，1987；Wood，1992；Gilbert 和 Hazlewood，1993；Beguin 和 Lemaire，1996；Bhat 和 Bhat，1997）。

内切葡聚糖酶能特异性地作用于非晶态的、膨胀的、取代的纤维素和纤维木聚寡糖内的 β-1，4-糖苷键，通常对结晶纤维素和纤维二糖不敏感，可攻击大麦葡聚糖的 β-1，3-糖苷键和 β-1，4-糖苷键（Petre 等，1986）。纤维二糖水解酶对结晶纤维素和纤维寡糖的降解能力有限（Wood 和 Bhat，1988），但对非晶态的、膨胀的纤维素有较高活性。自然界中有 2 种类型的纤维二糖水解酶，即优先从还原端降解纤维素链释放纤维二糖和特异性地从非还原端释放纤维二糖（Barr 等，1996；Teeri，1997）。

内切木聚糖酶又可分为特异性木聚糖酶和非特异性木聚糖酶（Coughlan，1992；Coughlan 等，1993）。特异性内切木聚糖酶仅对木聚糖的 β-1，4-糖苷键有活性，而非特异性内切木聚糖酶可以水解以 β-1，4-糖苷键连接的木聚糖、混合木聚糖的 β-1，4-糖苷键及其他 β-1，4-糖苷键连接的多糖。

大多数内切木聚糖酶能特异性地作用于木聚糖的非取代木糖苷键，并释放取代的和非取代的木寡糖；相反，其他内切木聚糖酶特异性地作用于在主链上接近取代基团的木

糖苷键。例如，来源于黑曲霉（*Aspergillus niger*）的 2 种酶（PI 8.0 和 9.6）对去掉阿拉伯糖取代基的木寡糖和木聚糖表现很小活性或没有活性（Frederick 等，1985）。

2. 酶与酶系发生协同作用的主要形式 Giligan 和 Reese（1954）首次证实了在水解纤维素的过程中，不同纤维素酶间的协同增效作用。Bhat 和 Hazlewood（2001）总结了真菌纤维素酶中存在 5 种协同作用：①内切葡聚糖酶和一种称为 C_1 的非水解蛋白间的协同作用（Reese 等，1950）；②β-葡木糖酶和内切葡聚糖酶或者 CBH 之间的协同作用（Eriksson 和 Wood，1985）；③两个免疫学上相关的或截然不同的 CBH 之间的协同作用（Wood 和 McCrae，1986）；④源自相同或不同微生物内切葡聚糖酶和 CBH 之间的协同作用（Wood 等，1989）；⑤两种内切葡聚糖酶之间的协同作用（Klyosov，1990）。另外，细菌纤维素酶和真菌纤维素酶之间的协同作用，嗜热纤维素单胞菌（*C. thermocellum*）多酶复合体亚基之间的协同作用一样也有报道（Bhat 等，1994；Wood 等，1994）。协同模式有：①内切葡聚糖酶和外切葡聚糖酶间（CBH）的协同作用；②外切葡聚糖酶和外切葡聚糖酶之间的协同作用；③内切葡聚糖酶和内切葡聚糖酶之间的协同作用。

3. 酶与酶系发生协同作用的主要类型 曲霉菌（*Aspergillus*）和隐酵母（*Cryptococcus*）也能产生木聚糖酶和木聚糖去侧链酶（Coughlan 和 Halewood，1993a，1993b；Viikari 等，1993）。厌氧微生物的特征是能产生降解木聚糖、甘露聚糖的复合多酶系统（Beguin 和 Lemaire，1996；Hazlewood 和 Gilbert，1998）。与纤维素类似，有效而彻底地分解木聚糖需要有不同特性的主链裂解酶和支链裂解酶的协同作用（Coughlan 等，1993；Coughlan 和 Hazlewood，1993）。分解木聚糖的酶协同作用模式也有 3 种类型：①同型协同；②异型协同；③抗协同（Coughlan 等，1993）。同型协同与异型协同可能有 1 种或 2 种产物。同型协同可以是在 2 种或多种的侧链裂解酶之间的协同，也可能是在 2 种或多种的主链裂解酶之间的协同（Coughlan 等，1993）。

一个同型协同的例子是从米曲霉（*A. oryzae*）中提取阿魏酸酯酶和从胶囊青霉（*P. capsulatum*）中提取的 α-L-阿拉伯呋喃糖苷酶之间的协同作用，后者使得前者水解阿魏酸化的阿拉伯木聚糖释放阿拉伯糖变得容易（Coughlan 等，1993）。异型协同作用是一种在支链裂解酶和主链裂解酶之间的相互协同作用（Coughlan 等，1993）。如果主链裂解酶的作用使得支链裂解酶释放的取代基更多，那么这种异型协同作用有唯一产物，反之亦然。如果通过复合酶的作用，取代基的释放量和主链的水解程度超过了单一酶制剂的添加作用，则此异型协同作用有双产物。

在阿魏酸酯酶和内切葡聚糖酶之间（Faulds 和 Williamson，1991；Tenkanen 等，1991），α-L-阿拉伯呋喃糖苷酶与内切葡聚糖酶之间，乙酰木聚糖酯酶和内切葡聚糖酶之间（Biely 等，1986；Lee 等，1987），以及葡萄糖苷酸酶和内切葡聚糖酶之间均有异型协同作用。

当一种类型酶的作用阻碍另一种类型酶的作用时，就会出现抗协同作用（Coughlan 等，1993）。这在阿拉伯木聚糖-葡聚糖水解酶（Fredeick 等，1985）或者与葡聚木聚糖-葡聚糖水解酶（Nishitani 和 Nevins，1991）的作用中已有表现，一种酶仅在附近有特殊取代基时，才能裂解主链。葡聚木聚糖-葡萄糖水解酶取代基的存在是其裂解主链所必需的，通过相关的侧链裂解酶对取代基裂解后，葡聚木聚糖-葡萄糖水解酶将不能裂解主链。

第二节　饲料主效酶及辅效酶的概念和意义

Bhat 和 Hazlewood（2001）在专门讨论"纤维素酶和木聚糖酶酶学及其他特征"的综述时就指出，仍有一些问题（纤维素酶和半纤维素酶形成多酶复合体和解聚合的相对效率，在水解复杂木质纤维素底物过程中单一酶的作用）值得探讨。从这两位专家提到的"多酶复合体"中各种单酶存在的相对效率，我们很自然地就推出它们相互之间有主次关系和从属关系。Cozannet 等（2017）也研究了在多碳水化合物酶复合体（multicarbohydrase complex，MCC）中木聚糖酶与阿拉伯呋喃糖苷酶的协同作用。

一、饲料主效酶及辅效酶的概念

为了彻底水解复杂的物料，天然的微生物能够产生一个相互配合、协同作用的酶系，即一个相关联的酶（族）群，或者称为"多酶复合体"。过去讨论的"组合酶"和"配合酶"就属于多酶复合体，其中组合酶是针对同一类底物，如多种纤维素酶的组合；配合酶是针对不同类底物，如纤维素酶与木聚糖酶的配合（冯定远和左建军，2011）。在这种多酶复合体中，各种酶的关系，特别是平衡关系、主次关系、从属关系如何，相对效率如何，是否可以量化等，并没有引起注意。

基于这个问题，笔者提出一个概念，就是主效酶与辅效酶，或者是基础酶与附属酶的关系。所谓"主效酶"就是在多酶复合体中，针对目标底物起基本作用，发挥主导功能，主攻催化化学构成中主链位点或者物理空间主体成分的单酶。相对应，"辅效酶"是指在多酶复合体中，发挥辅助性、次要性甚至是依附性作用，在某些侧链或者支链（一般比侧链长）起作用的单酶。"主效酶"的另一个理解是单独使用时，其达到目标的效率比"辅效酶"更高。但是，主效酶与辅效酶配合作用应起到协同的效果，比各自单独使用的效率更高。实际上，"主效酶"与"辅效酶"是相对概念，在不同的催化水解目的中是可以互换的。例如，在纤维素、半纤维素及其产物中，有时候是抗营养因子，有时候是益生元的原料，简单理解，木聚糖酶对消除木聚糖的黏性是主效酶，α-L-阿拉伯呋喃糖苷酶和阿魏酸酯酶等侧链糖苷酶可能是辅效酶；相反，如果是产生益生元调节肠道菌群，情况可能不一样。"主效酶"和"辅效酶"可以体现于组合酶、配合酶这类关联度紧密的酶关系中，广义上理解，普通的复合酶也可能存在主效与辅效的关系，只是这种主次关系并没有从属关系。例如，在含有蛋白酶和木聚糖酶等的复合酶中，针对小麦型日粮，木聚糖酶是主效酶，而蛋白酶可能是辅效酶；针对杂粮型日粮，蛋白酶往往扮演主效酶的角色，木聚糖酶则是辅效酶。

二、饲料主效酶及辅效酶的特点

一般地，主效酶是一个单酶，辅效酶可以有多个不同的单酶。当然，单一纯合的底物不需要辅合酶。与主效酶和辅效酶相关联的是底物成分的主链和侧链及相应的主链酶和侧链酶，严格上讲，并没有主链酶和侧链酶的讲法，这是一个通俗的称谓。另外，是侧链还是支链也没有严格的区别，一般支链比主链短，而侧链的基本构成单位则更少。主效酶是在设计配制特定的饲料酶制剂时，第一个想到的酶，或者重点考虑的酶。主效酶和辅效酶并不仅仅存在于组合酶和配合酶，这些典型的"多酶复合体"广泛存在单酶之间的"主-辅"关系。如果把日粮配方作为一个整体看，从动物的生产性能判断，复合酶中不同的单酶也存在主效酶与辅效酶。在对一个复杂原料或者有关联的一组有机物成分进行降解时，作用酶往往是一个多种酶的集群，单一的酶作用不大。酶系或者"多酶复合体"应是大自然的普遍情况，正如指出，需要探讨其中单酶的相对效率问题，我们在此基础上，提出"饲料主效酶与辅效酶"的概念有一定的理论意义及实践价值。

降解复杂木聚糖的主效酶是木聚糖酶，木聚糖酶也是应用广泛的酶制剂之一（冯定远，2013）。Paloheimo 等（2010）深入讨论了以饲料添加剂形式存在的木聚糖酶。他认为在饲料酶制剂市场中，植酸约占一半，其余基本是非淀粉多糖酶（NSP 酶），而 NSP 酶最多的是木聚糖酶。木聚糖酶种类很多，黑曲霉（*A. niger*）和绿色木霉（*T. viride*）就可分别产生 15 种和 13 种木聚糖酶（Biely，1985）。酶蛋白的氨基酸序列和空间结构的不同，决定了它们在水解木聚糖时的酶切位点存在差异性，因而根据水解糖苷键的不同，木聚糖酶可分为不同的糖苷水解酶家族（glycoside hydrolase family，GH），如 GH5、GH7、GH8 等（Coughlan 等，1993）。用作饲料添加剂的一般是糖苷水解酶家族的 GH 10 和 GH 11 的木聚糖酶（Paloheimo 等，2010）。常见的饲用木聚糖酶（xylanase，Xyn）属于糖苷酶家族 10（作用于主链上的≥2 个木糖连接体）和糖苷酶家族 11（作用于主链上的≥3 个木糖连接体），分解主链木聚糖上的木糖苷键，属于内切酶。植物中的木聚糖结构，一般每 10 个木糖单位中有 8~9 个带有侧链结构，阻碍 Xyn 与主链结构接触，使 Xyn 不能有效发挥作用，只有充分降解木聚糖的侧链，Xyn 的作用功效才会增强。

阿拉伯糖木聚糖的完全降解需要多种酶的协同作用才能完成（Collins 等，2005），主要包括内切型木聚糖酶（endo-1，4-β-D-xylanase，EC 3.3.1.8），木糖苷酶（β-D-xylosidases，EC 3.2.1.37），以及木聚糖支链分解酶（accessory enzymes）；此外，还需要少量的 α-L-阿拉伯呋喃糖苷酶（α-L-arabinofuranosidase，ABF，EC 3.2.1.55），乙酰木聚糖酯酶（acetyxylan esterase，EC 3.1.1.72），阿魏酸酯酶（ferulic acid esterase，FAE，EC 3.1.1-73）等。而对作为复杂木聚糖降解的辅效酶 ABF 和 FAE 则研究得不多。阿拉伯呋喃糖苷酶和阿魏酸酯酶分别可以特异性地降解 AX 支链的阿拉伯糖和阿魏酸酯键（Poutanen 等，1988），从而利于木聚糖酶对 AX 的降解作用（Akin 等，2008）。AbfB 能够催化多聚糖、低聚糖和多糖非还原端 α-连接的阿拉伯残基的水解（陈芳芳，2018），生成一个 α-L-阿拉伯糖分子。当 AbfB 和 Xyn 共同作用于 AX 时，首先侧链的阿拉伯糖快速被降解而释放，然后 Xyn 才作用于主链木聚糖释放木糖；阿拉伯糖的移除给 Xyn 提供了作用位点，同时也增加了底物的溶解性。因此，AX 的降解，首先要移除侧链，然后再降解主链。研究表明，在半纤维素酶系中额外添加 AbfB，可以明显增加还原糖的生成量（Huang，2017）。而 FAE 能水解主链中的阿魏酸酯键，释放出阿魏酸或阿魏酸二聚体（范韵敏，2012）。当 FAE 和 Xyn 共同作用于 AX 时，首先侧链的阿魏酸酯键快速被 FAE 破坏，为 Xyn 提供合适的作用位点，然后 Xyn 才作用于主链木聚糖释放木糖。

添加阿拉伯呋喃糖苷酶和阿魏酸酯酶都可以显著提高木聚糖酶降解 AX 的协同因子（degree of synergistic value），促进 AX 降解，生成更多还原糖（Lei 等，2016）。阿拉伯呋喃糖苷酶（McCleary 等，2015）和阿魏酸酯酶（Wong 等，2013）同木聚糖酶的协同作用分别在谷物副产物上也得到了证实。此外，先采用支链降解酶去除 AX 的支链结构，再用木聚糖酶降解 AX 的效果会更好（Sorensen 等，2007；Raweesri 等，2008）。阿拉伯呋喃糖苷酶和阿魏酸酯酶同时添加比单独添加两种支链酶，能进一步提高木聚糖的降解作用（Lei 等，2016）。

三、饲料主效酶及辅效酶的理论与实践意义

饲料主效酶与辅效酶提出的意义有多个方面：一是深化对单酶催化作用的研究，也利于深入了解酶作用的机理、酶发挥作用位点、阻碍酶催化的影响因素等；二是探讨酶之间的协同性、抗协同性及其生化基础；三是确定主效酶是饲料添加剂的基础，主效酶往往能以单酶形式作为饲料添加剂，如植酸酶、木聚糖酶、蛋白酶常常是以单酶形式在日粮中添加；四是在日粮结构改变并更复杂的情况下，饲料酶制剂酶谱设计需要作出相应的改进，在确定主效酶的情况下，再增加不同的辅效酶；五是确定了主效酶与辅效酶及有多少个辅效酶后，在配制饲料酶制剂酶谱或者选择饲料酶产品时，可以根据成本因素而灵活选择，也就是所谓的产品的"性价比"更有依据；六是对复杂的饲料原料与多酶复合体的关系研究，更有利于开发新的饲料资源。

主链酶与侧链酶相互配合、协同作用的存在，说明 Bhat 和 Hazlewood（2001）在讨论自然条件下复杂底物的酶作用确实存在"多酶复合体"，而他们同时也提出了是否其中各个单酶有相对效率之间。由此出发，在纤维类日粮中使用木聚糖酶及相关糖苷酶的试验基础上，笔者提出了"主效酶"与"辅效酶"的概念。实际上，这种主次之分的酶制剂也可能存在于其他类成分，如蛋白与植物盐结合体，甚至脂类成分等中。这里特别比较了主效酶和辅效酶与常常提到的主链酶及侧链酶（或支链酶）的关系，后者的范围更窄，只适合物料底物是以链状存在的。其实除了化学组分差别影响酶发挥作用有别外，物理结构不同同样造成酶作用的变异。如果把动物日粮效果看成一个整体，那么复合酶这类在作用物理结构及化学成分关联度不高的酶，同样也存在一种主次之别，存在主效酶与辅效酶的区别。这种单酶之间关系与效率的区分，为饲料酶制剂的设计与配制提供了理论科学基础，并在饲料酶的选择与科学使用等方面有一定的意义，可以进一步深化和细化饲料酶的应用。

第三节 饲料酶制剂中主效酶与辅效酶的含义与应用实践

上面已讨论了自然条件下，纤维素酶和木聚糖酶的复杂性，一般是以酶系或者"多酶复合体"的形式存在而彻底水解纤维类物料的。例如，在配制高效木聚糖酶时，以带有侧链或支链的木聚糖作为酶解的底物模型，以水解主链为目的筛选主效酶、以水解侧

链或支链为目的筛选辅效酶，在此基础上组合成"多酶复合体"，发挥高效水解木聚糖的作用效果。

一、饲料酶制剂中主效酶与辅效酶的含义

在谷麦类饲料原料中，木聚糖的主要存在形式为阿拉伯木聚糖（arabinoxylan，AX）。AX 以 β-1，4-糖苷键连接而成的 D-吡喃木糖为主链骨架，在 α-1，2 和 α-1，3 位由 α-L-阿拉伯呋喃糖以侧链的形式进行单取代或双取代，在阿拉伯呋喃糖的 O-5 位通常会有阿魏酸形成的酯键。完全降解 AX 需要木聚糖酶（Xyn）、阿拉伯呋喃糖苷酶（AbfB）、阿魏酸酯酶（FAE）等若干种酶的协同作用（Collins，2005），形成一个复杂的降解系统：Xyn 作用于主链上，是当中首要的降解酶，随机将长链的木聚糖水解为短链的低聚木糖 AX（雷钊，2017）；AbfB 则快速移除侧链上的阿拉伯糖，更好地为 Xyn 提供作用位点，同时提升底物的溶解度（解西柱，2018）；FAE 破坏阿拉伯呋喃糖 O-5 位形成阿魏酸酯键，简化 AX 结构，暴露出更多的作用位点（Rahmani，2018）。

降解木聚糖，首先考虑的是木聚糖酶，我们可以把木聚糖酶理解或者设定为主效酶。但是，复杂的侧链影响了木聚糖酶的降解效率，这时就需要考虑辅效酶，即 AbfB 和 FAE（图 9-4）。关于 AbfB 和 FAE 并不如 Xyn 为人们所熟知。侧链上含有阿拉伯残基的木聚糖很难直接被 Xyn 所降解，主要是由于其复杂的支链结构增强了它的抗降解性。Nghiem（2011）的研究表明，针对玉米，单一使用 Xyn 只能降解不到 2% 的木糖，当协同添加 FAE 和 Xyn 可以降解 44% 的木糖，表明 FAE 是一个很重要的支链降解酶。国外已经把 FAE 应用在饲料行业，如青贮饲料中添加 FAE 后消化率有明显的提高。王林林（2015）将被 FAE 酶解过的麦糟复配至肉鸡日粮中发现，肉鸡日增重提升的同时，料重比降低了 7.63%。

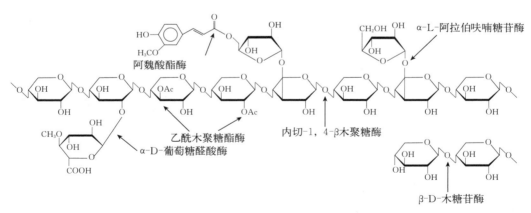

图 9-4　复杂木聚糖的主链与侧链及相应酶作用位点

（资料来源：Chavez 等，2006）

小麦和玉米的非淀粉多糖（non-starch polysaccharides，NSP）主要是阿拉伯木聚糖，分别占干物质的 7.3% 和 4.7%（Bach，2014）。简单的木聚糖能够被木聚糖酶水解；然而复杂的阿拉伯糖替代方式降低了木聚糖酶的效率，特别是玉米及其副产品

（Bach，2014）。AbfB 可以在木糖主链骨架上切除阿拉伯糖，为木聚糖酶作用提供方便（de la Mare 等，2013），最终提高木聚糖酶的效率。尽管水解木聚糖并没有直接提供更多的能量，但却消除了木聚糖的抗营养性；进而提高了日粮的消化效率（Wiseman，2000；McCracken 等，2002）。

二、饲料酶制剂中主效酶与辅效酶的应用

为了研究主链酶（木聚糖酶）和侧链酶（阿拉伯呋喃糖苷酶及阿魏酸酯酶）的配合作用，探讨其协同效果，郑达文（2019）进行了主效酶与辅效酶协同理念的相关试验。为了进一步探讨主效酶与辅效酶的含义与关系，这里以谷物中复杂木聚糖的解决方案中使用的多酶复合体为例。

郑达文（2019）选取 2 种常见高纤维原料，即小麦麸皮和燕麦麸皮来源的水可溶性膳食纤维（soluble dietary fiber，SDF）和水不可溶性膳食纤维（insoluble dietary fiber，IDF）为作用底物，分析复杂木聚糖降解的辅效酶，即 2 种新型支链降解酶 AbfB 和 FAE 的酶学特性，并作用在不同溶解度的膳食纤维（dietary fiber，DF）上，以体外仿生消化酶解试验，找出 Xyn 与 AbfB、FAE 的最佳协同配比，并通过动物试验验证在饲料中添加新型复合酶对断奶仔猪生长性能及肠道环境的改善效果。动物试验分为 3 个处理组，空白对照组饲喂不添加外源酶的基础日粮，酶 A 组和酶 B 组在饲喂基础日粮的基础上按每吨 400 g 的剂量添加酶制剂 A（含 Xyn、α-淀粉酶、蛋白酶和甘露聚糖酶），以及酶制剂 B（含 Xyn、α-淀粉酶、蛋白酶、甘露聚糖酶、AbfB 和 FAE）。

在添加主效酶 Xyn 的基础上额外加入辅效酶 AbfB 或 FAE，HPLC 法和 DNS 法测定还原糖的结果显示，还原糖总释放量能提高 11% 或 10.5%，Xyn 与 AbfB 或 FAE 最佳添加比例为 3 000∶1 或 500∶1，AbfB 或 FAE 均能提高 Xyn 的切割效率，对于还原糖的总体释放量有显著的提高作用。通过提取得到纯度达 95% 的不同溶解度的 DF，并按最佳添加比在 DF 中加入 Xyn 和 AbfB 或 FAE，还原糖生成量显著提高（$P < 0.05$）、干物质消化率（DM%）和能量消化率（GE%）均呈明显的提高趋势（$0.05 < P < 0.1$）（郑达文，2019）（图 9-5）。

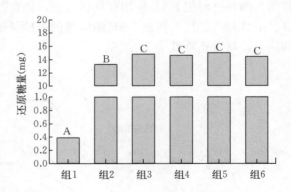

图 9-5 Xyn 与 AbfB 处理淀粉小麦麸产生还原糖的协同作用

注：组 1，不加酶组；组 2，Xyn 60U/g；组 3，Xyn 60U/g + AbfB 0.02U/g；组 4，Xyn 60U/g + AbfB 0.06U/g；组 5，Xyn 60U/g + AbfB 0.12U/g；组 6，Xyn 60U/g+AbfB 0.6U/g；柱状图上标不同大写字母表示差异极显著。

（资料来源：郑达文，2019）

SDS 体外仿生消化仪评估显示，对比常规外源酶 A 组和空白对照组，酶 B 组的各项表观消化指标均有明显的提高（$0.05 < P < 0.1$）。其中，干物质消化率、粗蛋白消化率、养分消化率和能量消化率分别提高 0.49% 和 3.44%、0.57% 和

92

3.62%、0.54%和3.71%、0.67%和3.79%。

对比常规外源酶A组和空白对照组，酶B组的各项生长性能指标均有较明显的提升趋势（0.05＜P＜0.1），仔猪日增重（average daily gain，ADG）和每日平均采食量（average daily feed intake，ADFI）分别提高3.93%和11.39%、10.77 g/d和18.31 g/d，饲料转化效率（feed conversion ration，FCR）和腹泻率则分别下降1.73%和7.52%、0.38%和0.7%，其中腹泻率表现出显著下降（P＜0.05）。与A组比较，B组的平均日增重从377.62 g提高到391.43 g，有改善效果，但未达到显著水平，而减少腹泻率方面则有显著效果（郑达文，2019）（表9-1）。

表9-1　主效酶（Xyn）和辅效酶（AbfB、FAE）协同对断奶仔猪生长性能的影响

组别	初重（kg）	末重（kg）	ADG（g）	ADFI（g）	FCR	腹泻率（%）
对照组	9.70±0.05	17.08±0.02	351.43±6.77	607.98±6.93	1.73±0.01	0.87±0.11[a]
酶A组	9.71±0.04	17.64±0.03	377.62±5.52	615.52±7.31	1.63±0.01	0.55±0.07[b]
酶B组	9.69±0.05	17.91±0.02	391.43±6.63	626.29±5.44	1.60±0.02	0.17±0.08[c]

注：空白组，基础日粮；酶A组，基础日粮＋400 g/t复合酶A（Xyn＋α-淀粉酶＋蛋白酶＋甘露聚糖酶）；酶B组，基础日粮＋400 g/t复合酶B（Xyn＋α-淀粉酶＋蛋白酶＋甘露聚糖酶＋AbfB＋FAE）。

另外，加酶组盲肠内容物中乙酸、丙酸、丁酸和总VFA含量均比空白对照组表现出升高的趋势（0.05＜P＜0.1）或显著提升（P＜0.05）；与酶A组相比，酶B组的丙酸呈现升高的趋势（0.05＜P＜0.1），乙酸、丁酸和总VFA含量极显著提升（P＜0.01）。在结肠内容物中，加酶组的乙酸、丙酸和总VFA含量均比空白对照组表现出显著提升（P＜0.05）或极显著提升（P＜0.01）；与酶A组相比，酶B组的乙酸和总VFA含量极显著提升（P＜0.01），丙酸则呈现上升的趋势（0.05＜P＜0.1）。

结果表明，在含有阿拉伯木聚糖AX的纤维饲料原料中，添加AbfB、FAE能够与主效酶发挥协同作用，提高主链酶的降解效率，增加总还原糖的释放量，从而更充分地分解日粮中的抗营养成分，促进养分消化和吸收，提升断奶仔猪的日增重和日采食量，优化动物的肠道环境，降低料重比和腹泻率。

雷钊（2017）进行了肉鸡方面的试验，研究木聚糖酶与支链酶协同作用产生的产物作为益生元对肠道乳酸菌增殖的影响（图9-6）。图9-6的扫描电镜较为形象地证明了2种支链酶与内切型木聚糖酶的协同效应。研究发现，添加木聚糖酶可以增加1～21日龄和1～36日龄肉鸡的平均日增重，并显著降低肉鸡的料重比（P＜0.05）；额外添加AbfB和FAE均可以进一步改善木聚糖酶的效果，提高肉鸡的生长性能，在肉鸡36日龄时，与单独添加木聚糖酶组相比，同时添加3种酶制剂可以显著提高肉鸡的平均日增重（P＜0.05）、降低料重比（P＜0.05）。由AbfB、FAE和Xyn组成的特异性木聚糖降解酶，能有效降解木聚糖，生成低聚木糖（xylo-oligosaccharide，XOS）。XOS提高乳酸菌内编码ABC转运蛋白和碳水化合物代谢中的关键酶基因的表达，促进乳酸菌的增殖，产生更多的丁酸，进而改善肉鸡的肠道健康和生产性能。

综合郑达文（2019）和雷钊（2017）分别进行的动物试验，无论是还原糖、木糖、木寡糖释放，还是体外仿生消化效率，甚至动物生产性能及肠道微生物菌群和产物等方

面，额外添加 AbfB 和 FAE 这 2 种木聚糖的支链酶（侧链酶），均比单纯使用 Xyn 这种主链酶效果更好。

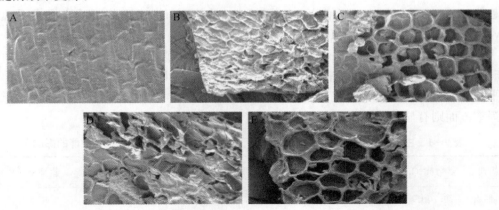

图 9-6　去淀粉麦麸经 Xyn、AbfB 和 FAE 酶解处理后的扫描电镜

注：A. 未经酶解的麦麸表明光滑；B. 木糖酶处理麦麸表面结构受到了破坏呈现典型的蜂窝状结构；C. 额外添加阿拉伯呋喃糖苷酶；D. 阿魏酸酯酶可以进一步破坏其表面结构；E. 同时添加 2 种支链酶，麦麸表面的蜂窝状结构最为明显。

本 章 小 结

为了彻底水解复杂的物料，天然的微生物能够产生一个相互配合、协同作用的"多酶复合体"，这种多酶复合体中存在主效酶与辅效酶，或者是基础酶与附属酶的关系。一般情况下，主效酶是一个单酶，辅效酶可以有多个不同的单酶。其中，降解复杂阿拉伯糖木聚糖的主效酶是木聚糖酶，辅效酶则包括木糖苷酶、木聚糖支链分解酶、少量 α-L-阿拉伯呋喃糖苷酶、乙酰木聚糖酯酶、阿魏酸酯酶等。在木聚糖酶基础上，额外添加阿拉伯呋喃糖苷酶和阿魏酸酯酶这 2 种木聚糖的支链酶，比单纯使用木聚糖酶这种木聚糖主链酶的效果更好。主效酶及辅效酶理论的建立及实践论证是对饲料酶制剂产品设计理论与技术的重要发展。

⇥参考文献

陈芳芳，曹曦跃，刘颖，等，2018. *Bacillus pumilus* 阿拉伯呋喃糖苷酶的重组表达及水解木聚糖的研究 [J]. 广西植物，38（4）：444-450.

范韵敏，2012. 阿魏酸酯酶的研究进展 [J]. 黎明职业大学学报，2：37-41.

冯定远，2013. 木聚糖酶在猪日粮中的应用及其作用机理 [J]. 饲料工业，34（6）：1-5.

冯定远，左建军，2011. 饲料酶制剂技术体系的研究与实践 [M]. 北京：中国农业大学出版社.

雷钊，2017. 特异性阿拉伯木聚糖降解酶促进肉鸡肠道乳酸菌增殖的机理研究 [D]. 北京：中国农业大学.

雷钊，尹达菲，袁建敏，2017. 阿拉伯木聚糖和阿拉伯低聚木糖的益生功能研究进展 [J]. 动物营养学报，29（2）：365-373.

王林林，陈培钦，罗云，等，2015. 阿魏酸酯酶酶化发酵饲料品质的研究及对肉鸡生产性能的影响 [J]. 动物营养学报，27（5）：1540 - 1548.

郑达文，2019. 新型复合酶种对不同溶解度的日粮纤维分解利用研究 [D]. 广州：华南农业大学.

Akin D E，2008. Plant cell wall aromatics：influence on degradation of biomass [J]. Biofuels Bioprod Biorefin，2：288 - 303.

Atalla R H，Vander H D L，1984. Native cellulose：a composite of two distinct crystalline forms [J]. Science，223：283 - 284.

Bach K K E，2014. Fiber and non - starch polysaccharide content and variation in common crops used in broiler diets [J]. Poultry Science，93：1 - 14.

Barr B K，Hsieh Y L，Ganem B，et al，1996. Identification of two functionally different classes of exocellulases [J]. Biochemistry，35：586 - 592.

Beguin P，Aubert J P，1994. The biological degradation of cellulose [J]. FEM Microbiology Review，13：25 - 58.

Beguin P，Lemaire M，1996. The cellulosome：an exocellular，multiprotein complex specialized in cellulose degradation [J]. Critical Reviews in Biochemistry and Molecular Biology，31：201 - 236.

Bhat K M，Hazlewood P G，2001. Enzymology and other characteristic of cellulose and xylanases [M]//Bedford M R，Partride G G. Enzymes in Farm Animal Nutrition. Cambridge，UK：CABI Publishing：11 - 60.

Bhat M K，Bhat S，1997. Cellulose degrading enzymes and their potential industrial applications [J]. Biotechnology Advances，15：583 - 620.

Bhat S，Goodenough P W，Bhat M K，et al，1994. Isolation of four major subunits from *Clostridium thermocellum* cellulosome and their synergism in the hydrolysis of crystalline cellulose [J]. International Journal of Biological Macromolecules，16：335 - 342.

Biely P，1985. Microbial xylanolytic enzymes [J]. Trends in Biotechnology，3：286 - 290.

Biely P，MacKenzie C R，Puls J，et al，1986. Cooperativity of esterases and xylanases in the enzymatic degradation of acetyl Xylan [J]. Nature Biotechnology，4（8）：731 - 733.

Chavez R，Bull P，Eyzaguirre J，2006. The xylanolytic enzyme system from the genus *Penicillium* [J]. Journal of Biotechnology，123（4）：413 - 433.

Collins T，Gerday C，Feller G，2005. Xylanases，xylanase families and extremophilic xylanases [J]. FEMS Microbiology Reviews，29（1）：3 - 23.

Coughlan M P，1992. Towards an understanding of the mechanism of action of main chain - hydrolysing xylanases [C]//Visser J，Beldman G，Kusters - van S M A，et al. Xylans and xylanases. Progress in Biotechnological. Amsterdam，the Netherlands：Elsevier Press.

Coughlan M P，Hazlewood G P，1993a. P - 1，4 - D - Xylan - degrading enzyme systems：biochemistry，molecular biology and applications [J]. Biotechnology and Applied Biochemistry，17：259 - 289.

Coughlan M P，Hazlewood G P，1993b. Hemicelluloses and hemicellulase [M]. Portland：Portland Press.

Coughlan M P，Tuohy M A，Filho E X F，et al，1993. Enzymological aspects of microbial hemicellulases with emphasis on fungal systems [M]//Coughlan M P，Hazlewood G P. Hemicellulose and hemicellulase. London：Portland Press：53 - 84.

Cozannet P，Kidd M T，Neto R M，et al，2017. Next - generation non - starch polysaccharide - degrading，multi - carbohydrate complex rich in xylanase and arabinofuranosidase to enhance broiler feed digestibility [J]. Poultry Science，96：2743 - 2750.

de la Mare M，Guais O，Bonnin E，et al，2013. Molecular and biochemical characterization of three GH62α‐I‐383 arabinofuranosidases from the soil deuteromycete *Penicillium funiculosum* [J]. Enzyme and Microbial Technology，53：351‐358.

Eriksson K E，Wood T M，1985. Biodegradation of cellulose [M]//Higuchi T. Biosynthesis and biodegmddtion of wood components. Berlin：Academic Press.

Faulds C B，Wlliamson G，1991. The purification and characterization of 4‐hydroxy 3‐methoxycinnamic（ferulic）acid esterase from *Streptomyces olivocbromogenes* [J]. Journal of General Mimicrobiology，137：2339‐2345.

Frederick M M，Xiang C H，Frederick J R，et al，1985. Purification and characterization of endo‐xylanases from *Aspergillus nicer*. I. Two isozymes active on xylan backbones near branch points [J]. Biotechnology and Bioengineering，27（4）：525‐528.

Gilbert H J，Hazlewood G P，1993. Bacterial cellulases and xylanases [J]. Journal of General Microbiology，139：187‐194.

Giligan W，Reese E T，1954. Evidence for multiple components in microbial cellulases [J]. Canadian Journal Microbiology，1：90‐107.

Groleau D，Forsberg C W，1981. Cellulolytic activity of the rumen bacterium Bacteroides succinogenes [J]. Canadian Journal Microbiology，27：517‐530.

Gruppen H，Hamer R J，Voragen A G J，1992. Water‐unextractable cell wall material from wheat flour. 2. Fractionation of alkali‐extracted polymers and comparison with water‐extractable arabinoxylans [J]. Journal of Cereal Science，16：53‐67.

Hazlewood G P，Gilbert H J，1998b. Structure‐function relationships in the cellulase‐hemicellulase system of *Anaerobic fungi* [J]. Royal Society of Chemistry，29（1）：147‐155.

Huang D，Liu J，Qi Y，et al，2017. Synergistic hydrolysis of xylan using novel xylanases，beta‐xylosidases，and an alpha‐L‐arabinofuranosidase from *Geobacillus thermodenitrificans* NG80‐2 [J]. Applied Microbiology and Biotechnology，101（15）：6023‐6037.

Klyosov A，1990. Trends in biochemistry and enzymology of cellulose degradation [J]. Biochemistry，29：10577‐10585.

Kormelink F M，Gruppen H，Vetor R J，et al，1993. Mode of action of the xylan‐degrading enzymes from *Aspergillus* awamori on alkali‐extractable cereal arabinoxylans [J]. Carbohydrate Research，249：355‐367.

Lamed R，Naimark J，Morgenstern E，et al，1987. Specialised cell surface structures of cellulolytic bacteria [J]. Journal Bacteriology，169：3792‐3800.

Lee H，Rebecca J B，to Latta R K，et al，1987. Some properties of extracellular acetyxylan esterase produced by the yeast *Rhodotorula mucilaginosa* [J]. Applied and Environmental Microbiology，53：2831‐2834.

Lei Z，Shao Y，Yin X，et al，2016. Combination of xylanase and debranching enzymes specific to wheat arabinoxylan improve the growth performance and gut health of broilers [J]. Journal of Agricultural and Food Chemistry，64（24）：4932‐4942.

Marx‐Figini M，Schultz G V，1966. Zur biosynthese der cellulose [J]. Naturwissenschaften，53：466‐474.

McCleary B V，Mckie V A，Draga A，et al，2015. Hydrolysis of wheat flour arabinoxylan，acid‐debranched wheat flour arabinoxylan and arabino‐xylo‐oligosaccharides by betaxylanase，alpha‐L‐arabinofuranosidase and beta‐xylosidase [J]. Carbohydrate Research，407：79‐96.

第九章　饲料酶制剂中的主效酶与辅效酶

McCracken K J，Preston C M，Butle C R，2002. Effects of wheat variety and specific weight on dietary apparent metabolizable energy concentration and performance of broiler chicks [J]. British Poultry Science，43：253-260.

Nghiem N P，Montanti J，Johnston D B，et al，2011. Fractionation of corn fiber treated by soaking in aqueous ammonia （SAA） for isolation of hemicellulose B and production of C5sugars by enzyme hydrolysis [J]. Applied Biochemistry and Biotechnology，164 （8）：1390-1404.

Nishitani K，Nevins D J，1991. *Glucuronoxylan xylanohydrolase*：a unique xylanase with the requirement for appendant glucuronosyl units [J]. Journal of Biological Chemistry，266：6539-6543.

Paloheimo M，Piironen J，Vehmaanpera J，2010. Xylanases and cellulases as feed additives [M]// Bedford M R，Partride G G. Enzymes in farm animal nutrition. 2nd ed. Walling ford，LIK.

Petre D，Millet J，Longuin R，et al，1986. Purification and properties of the endoglucanase C of Clostridium thermocellum produced in *Escherichia coli* [J]. Biochimie，68 （5）：687-695.

Poutanen K，1988. An α-L-arabinofuranosidase of *Trichoderma reesei* [J]. Journal of Microbiology，7：271-281.

Rahmani N，Kahar P，Lisdiyanti P，et al，2018. Xylanase and feruloyl esterase from actinomycetes cultures could enhance sugarcane bagasse hydrolysis in the production of fermentable sugars [J]. Bioscience Biotechnology and Biochemistry，23：1-12.

Raweesri P，Riangrungrojana P，Pinphanichakarn P，2008. alpha-larabinofuranosidase from *Streptomyces* sp. PC22：purification，characterization and its synergistic action with xylanolytic enzymes in the degradation of xylan and agricultural residues [J]. Bioresource Technology，99：8981-8986.

Reese E T，Si R G H，Levinson H S，1950. The biological degradation of soluble cellulose derivatives and its relationship to the mechanism of cellulose hydrolysis [J]. Journal Bacteriology，59：485-497.

Rogowski A，Briggs J A，Mortimer J C，et al，2015. Glycan complexity dictates microbial resource allocation in the large intestine [J]. Nature Communications，7：1-15.

Sinitsyn A P，Gusakov A V，Yu V E，1990. Effect of structural and physico-chemical features of cellulase substrates on the efficiency of enzymatic hydrolysis [J]. Applied Biochemistry and Biotechnology，30：43-59.

Sorensen H R，Pedersen S，Meyer A V S，2007. Synergistic enzyme mechanisms and effects of sequential enzyme additionon degradation of water insoluble wheat arabinoxylan [J]. Enzyme and Microbial Technology，40：908-918.

Teeri T T，1997. Crystalline cellulose degradation：new insight into the function of CBHs [J]. Trends in Biotechnology，15：160-167.

Tenkanen M，Schuseil J，Puls J，et al，1991. Production，purification and characterization of an esterase liberating phenolic acids from lignocellulases [J]. Journal of Biotechnology，18：69-94.

Wiseman J，2000. Correlation between physical measurements and dietary energy values of wheat for poultry and pigs [J]. Animal Feed Science and Technology，84：1-11.

Wong D W，Chan V J，Liao H，et al，2013. Cloning of a novel feruloyl esterase gene from rumen microbial metagenome and enzyme characterization in synergism with endoxylanases [J]. Journal of Industrial Microbiology and Biotechnology，40：287-295.

Wood T M，1992. Microbial enzymes involved in the degradation of the cellulose component of plant cell walls [C]// Rowett Research Institute Annual Report.

Wood T M，Bhat K M，1988. Methods for measuring cellulase activitie [C]//Wood W A，Kellogg S T. Methods in enzymology. Washing，DC：Academic Press.

Wood T M，McCrae S I，1986. The cellulase of *Penicillium pinophilum*：synergism between enzyme components in solubilizing cellulose with special reference to the involvement of two immunologically distinct CBHs [J]. Carbonate Research，234：93 - 99.

Wood T M，McCrae S I，Bhat K M，1989. The mechanism of fungal cellulose action. Synergism between enzyme components of *Penicillium pinophilum* cellulose in solubilizing hydrogen bond ordered cellulose [J]. Biochemical Journal，260：37 - 43.

Wood T M，Wlson C A，McCrae S I，1994. Synergism between components of the cellulase system of the anaerobic rumen fungus *Neocallimastix frontalis* and those of the aerobic fungus *Penicillin pinophilum* and *Trichoderma koningi* in degrading crystalline cellulose [J]. Applied Microbiology and Biotechnology，41：257 - 261.

第十章
数学建模与数理统计学优化在
饲料酶制剂产品开发中的应用

数学作为人类理性与逻辑思维最严格构造的演绎体系，是人类理解自然现象、探索世界本质并将其转化为可理解、可推演形式的不可或缺的工具。其中，数学建模则是将概念、现象具体化的表达载体；而数理统计学则是以数学为核心，通过搜索、整理、分析等手段将所测对象数据化，以概率可算化、具体化的手段，描述所测对象的本质，甚至预测对象未来的一门综合性科学。在面对当今酶制剂产品繁多但应用效果良莠不齐的现状，如何更科学化地进行产品设计，效果最大化地发挥产品功用成为亟待解决的难题。而该两种方法因其严密的逻辑核心及高度的研究对象拟合，或为解决上述难题提供新的思路。

第一节　数学建模与数理统计学优化的应用价值

一、数学建模在解决实际问题中的应用价值

数学，作为人类探索世界本质后通过严密逻辑所建立的，使事物运作规则可具体化的演绎体系，不断地传承着人类对自然的探索与理解，与人类立足于世的各领域息息相关。

自 20 世纪 50 年代中期开始，由计算机诞生标志的信息化时代的到来，基于其突出的计算能力，大大压缩了数据运算所耗费的时间与资源，并降低了数据模型化的准入门槛。在人们对数据准确性愈加精益求精的同时，数学理论与方法也在不断地拓展，并随着经济的迅猛发展、计算机能力的日新月异，数学的应用也愈发地广泛和深入，其已成为一种能够结合实际，进行科学描述、预测的普遍化工具。

而数学建模（mathematical model）则是数学与现实的结合、针对研究对象进行科学描述的主要工具之一。其是一种具有针对性的模拟，通过对研究对象进行数据化，并经由数学符号、方程式、程序、图形等数学概念，对研究对象本质属性进行抽象而又简洁的刻画，不仅能在一定的条件下合理解释客观现象，并能结合过往数据针对研究对象进行发展预测，而且能结合条件约束为研究对象提供优化策略。数学建模具有深刻的现

实意义，与纯粹的数学理论不同，往往具有严格的研究对象，常建立于人们对现实问题或实物的深入观察和分析，进而将现实问题或实物数据化，再结合数学理论的应用，将现实问题或实物概念化，这也使得未知而不定的对象以可理解的方式被预测或优化。

二、数理统计优化与优化研究对象的应用价值

统计分析是人类理解自然现象和社会现象的最有效的手段之一，而现代化社会中决策的确定往往伴随大量的统计分析，也就意味着随着社会文明的进步，统计知识的普及其应用覆盖的范围也会愈发得广泛，其蕴含的内容将会愈发得深厚。而数理统计优化则是以数理统计为核心，并将数理统计的相关理论作为统计学发展的基础，广泛应用于社会科学、自然科学、生物科学等领域中。

于优化决策而言，相关因素的分析对其数据的质与量均有着严格的要求，但优化获益和数据的质、量之间又是矛盾的。高质高量往往加重了分析成本，使得优化获益大大减少；而低质低量往往使得决策不准确，达不到优化预期。因此，数理统计学应运而生。数理统计不同于一般统计形式，其更加注重应用随机变化的方式。数理统计学首先对研究对象的相关数据分布形式进行假设，并以抽取部分的形式对其进行分析，进而明晰其分布形式，从而以点带面地拟合出研究对象的相关规律。可见，数理统计优化的应用将很好地缓解优化获益和数据质、量的矛盾，在成本可控的前提下，尽可能地拟合出符合现实的数理统计模型，较大幅度地降低了决策成本。

第二节　数学建模与数理统计学优化方法

一、数学建模方法

数学建模的应用往往是为了解决研究对象的最优化问题，而最优化问题是系统设计、系统管理与控制、系统改造和系统运行的主题。实际中，人类总是希望自己设计的系统或已有系统的管理、运行和改造决策能达到某种意义下的最优化。在数学建模方面，最优化问题一般由两大部分组成：一是目标函数；二是约束条件。其数学描述，也就是它的数学模型往往是所谓的数学规划，其一般形式为：

$$\max f(X)$$
$$s.t. \begin{cases} g_i(X) \leqslant b_i, \ i \in I, \\ \text{指数 } I \text{ 可为空集} \end{cases}$$

根据这种单目标的数学规划，通过对函数 $f(X)$、$g_i(X)$、$i \in I$ 的不同类型加以分析获得最优解，其中研究最早、最成熟的就是线性规划（PL，即 f，g 皆为线性函数，$X \geqslant 0$）。

在我国，应用数学家林家翘曾提出应用数学的"四步"方法论：第一步，建立数学模型，把一个实际问题变为数学问题；第二步，研究求解所建立的数学模型的方法或算法及其软件；第三步，解释算出的结果；第四步，从此过程中提出有价值的数学问题进

行理论研究。

但结合实际，建模过程中数据质量的高低往往对模型的准确性有着巨大的影响，故以华罗庚为代表的数学家提出了五步法，重点添加了调查研究这一步，并加在建立数学模型之前。他们认为一切产生于调查研究之后，数学模型建立的好坏，关键在于调查研究和系统分析。

但现实中，问题往往具备复杂性和不确定性，对其分析透彻的虽可以走模型与算法合二为一的途径，但因五步法对研究者要求较高而难以推广。而更动目标约束法的应用，则可保证模型既不失真，又有特殊算法与其配合。其实质是根据问题的特性采用特殊的数学技巧，适当地改变其目标函数或约束条件，既不使模型失真，又能使数学模型具有特殊性，形成特殊的算法。

以更动目标约束法为核心的多目标线性规划为例：多目标问题，实际上是寻求一个各目标（各方）都能接受的，某种意义下的妥协解。一般说来，每个目标都达到最优的解是不存在的，我们用框图（图 10-1）来说明一种多目标规划的更动约束法。

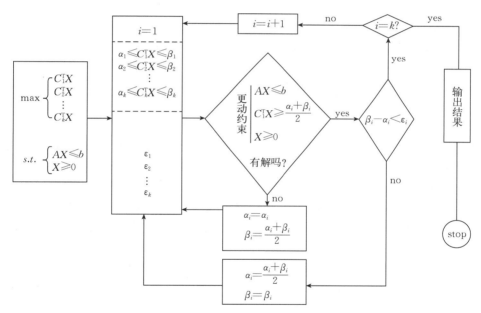

图 10-1 更动约束法核心流程

图 10-1 中，估值 α_i、β_i 是事先给定的 ε_i 为妥协精度，也是事先协调好的。

可见，数学建模的最终目标，在于解决实际问题。在解决实际问题中，重要地在于创新，在于灵活应用数学思想与技巧，抓住实际问题的特殊性，灵活地、精巧地解决关键环节；进而针对研究对象，规划出符合实际的模型及算法，从而达到优化决策的目的。

二、数理统计学优化方法

数理统计学是通过灵活应用数据收集与数据处理、多种模型与统计学分析等手段，对自然科学、社会科学等重大问题和复杂问题进行推理，从而对问题进行推断或预测，进而对决策和行动提供依据和建议的、应用广泛的基础性学科。

数理统计学于实际应用时往往通过以下几步进行：统计学模型的假设与试验设计，数据的收集与整理，结果的检验与分析，决策的推断与明确。环节与环节间虽无固定套路，但紧密相连，甚至互有交错。

其中，统计学模型的假设与试验设计对统计分析的准确度起着关键性的作用。因数理统计学起源于概率论，故在数理统计学中，模型是指关于所研究总体的某种假定，一般将其总体分布按特定的类型进行确定，并据此进行试验设计。只有当其实际分布与假设相符，统计学模型分析才具有现实意义。故模型的建立不仅要依据概率论，更要结合研究对象的相关背景及过往的经验进行试验设计，并缜密地对在总体中抽取的样本进行分析。

饲料酶制剂产品的设计与生产受多因素限制，分析难度较高。如何通过数理统计学指导，最大化地发挥饲料酶制剂于实际中的应用效果，最优化地进行酶制剂发酵生产，与其模型的准确性息息相关。以下将对可用于饲料酶制剂优化设计的数理统计学模型进行逐一概述。

1. 最速上升试验设计　最速上升设计（steepest ascent design）是一种能够快速寻找各变量变化最优区域的方法。其往往不单独使用，而是以试验因素水平优化为目的，前置于如正交试验设计、响应面分析等数理统计学模型之前，使得后续试验设计得更为合理、更贴近实际。其根据前期工作拟合出的方程来确定各变量的上升方向和变化步长，若系数为正，则该因素水平为递增，反之递减。以系数最大的变量为基准确定基本步长，以其他变量与基准变量系数的比值来确定其他变量的步长，确定了上升方向及变化步长后，便可以选取中心点进行试验设计。

若在前期工作中找到了最优区域，则可省略该方法而进行下一步的优化。其判断依据是，比较前期试验中心点水平的平均响应值与试验点处的平均响应值间的差异显著性。如果中心点平均值和试验平均值间差异显著，则表明试验的最优点已在试验所选的最优范围，可以直接进行下一步优化（中心组合试验等）；若中心点的平均值与试验间差异不显著，表明试验的最优点不在试验所选的范围之内，需通过最陡爬坡试验确定试验最优点所在的范围。

2. Plackett‐Burman 试验设计　Plackett‐Burman 试验设计（Plackett‐Burman experiment design），是通过对每个因子取两水平来进行分析，进而比较各个因子两水平的差异与整体的差异来确定因子的显著性。筛选试验设计不能区分主效应与交互作用的影响，但可以确定显著影响的因子，从而达到筛选的目的，避免在后期的优化试验中由于因子数太多或部分因子不显著而浪费试验资源。

其对于 N 次试验至多可研究（$N-1$）个因素，但实际因素应该要少于 $N-1$ 个，至少要有 1 个虚构变量用以估计误差。但某些因素高低水平的差值不能过大，以防掩盖了其他因素的重要性，应依试验条件而定。对试验结果进行分析，得出各因素的 t 值和可信度水平（采用回归法）。一般选择可信度大于 90%（或 85%）以上的因素作为重要因素。并可使用 MINITAB 等软件设计试验，根据 MINITAB 的设计方案安排试验，在进行试验时要尽量避免其他因素的影响而使试验失真。例如，某变量受环境温度影响较大，但环境温度控制的可能性较小，必须将其固定在一个比较平稳的水平。

3. 正交试验设计　正交试验设计（orthogonal experiment design）是研究多因素多

水平的又一种设计方法，它是根据正交性从全面试验中挑选出部分有代表性的点进行试验，这些有代表性的点具备了"均匀分散，齐整可比"的特点。正交试验设计是分析因式设计的主要方法，是一种高效率、快速、经济的试验设计方法。

正交试验设计的关键在于试验因素的安排。通常在不考虑交互作用的情况下，可以自由地将各个因素安排在正交表的各列（同列之间不能安排 2 个或 2 个以上因素，否则容易出现混淆）。但是考虑因素间交互作用时，就会受到一定的限制，否则会导致出现交互效应与其他效应混杂的情况。因素所在列是随意的，但是一旦安排完成，试验方案即确定，之后的试验及后续分析将根据这一安排进行，不能再改变。在完成试验收集完数据后，将要进行的是极差分析（也称方差分析），通过极差的大小明晰主次因素及因素间交互作用，并在此基础上选取各因素的较优水平，进行优化设计。

4. 析因试验设计　析因试验设计（factorial experiment design），是一种多因素多水平交叉分组的试验设计，在试验设计中通常选用 2～3 个水平。该设计的优点是能够在减少试验次数的前提下，既可以对每个因素各水平之间的差异性进行评价，又可检验各因素间是否有交互作用，同时还能找到最佳组合。因此，在微生物发酵培养基组成的优化过程中发挥着重要的作用（张健，2006）。析因设计分全因子设计与部分因子设计两种。

其中，全因子设计（full factorial design）是一种将试验中涉及的全部因素及水平完全组合进行观测的设计方法。假设第 1 个因素的水平数为 L_1，第 2 个因素的水平数为 L_2，第 K 个因素对应的水平数为 L_k，那么析因处理的组合数为 $L_1 \times L_2 \times \cdots \times L_k$，称之为 $L_1 \times L_2 \times \cdots \times L_k$ 析因设计。试验通常选择 2 个水平，即每个因子取 2 个水平，若试验有 k 个因素，全部组合有 2^k 个，这样的设计称为 $2k$ 设计。该设计的试验次数少于单因素法，根据全因子设计的试验数据可拟合出一次多项式，利用统计学软件对其进行回归分析。该一次模型不仅可以准确地估计试验中各因素的效应，而且还可检验各因素间交互作用的大小，同时还可找出最佳组合，因此全因子设计是一种全面、均衡、高效的设计方法。

部分因子设计（fractional factorial design），是一种两水平的试验设计方法，适用于从众多影响因子中快速、有效地筛选出重要因素的试验。一般而言，在试验中存在这种趋势，主效应大于两因素间的交互效应（一级互作），两因素间的交互效应又大于三因素间的交互效应，而高级交互效应往往可以被忽略，于是统计学家在析因设计的基础上利用因子混杂技术将某效应与一些事实上并不存在或很小的效应相混淆，从而将试验次数大大减少（黄自兴，1996）。部分因子设计可用 $2^{(k-p)}$ 来表示，k 表示试验的因子数，2 表示试验中的水平数，$1/2^p$ 表示全因子 2^k 的一部分。与全因子试验设计相比，部分因子设计在保留主要信息的前提下，大大地减少了试验次数，并且可以根据试验数据拟合出一次多项式，并确定主要影响因素。

5. 响应面试验分析　响应面分析法（response surface analysis，RSA）（Liu，2007），是一种将试验分析和数学建模有机地结合在一起的分析方法，常用于开发、提高或优化一种产品或过程，一般由试验设计、回归模型技术、优化方法组成，RSA 通常涉及两个或两个以上独立变量（因素）及一个或多个响应变量。在试验设计中，独立变量由试验控制，是输入变量；而响应变量是观测值，是输出变量。

其基本思路为：通过前期试验（Plackett – Burman 试验设计）筛选出主要的影响因素，然后通过多元二次回归方程拟合响应值与因素之间的函数关系，最后对方程求极值以寻求最佳工艺条件。拟合的多元二次回归方程是根据试验数据进行回归分析得到的，一般由常数项、一次项、二次项组成，可以表示为：

$$y=\beta_0+\sum \beta_i x_i+\sum \beta_{ji} x_i^2+\sum \beta_{ij} x_i x_j$$

式中，y 表示响应变量的预测值；β_0、β_i、β_{ji} 及 β_{ij} 代表模型的回归系数；x_i 与 x_j（$i\neq j$）代表编码后的独立变量，x_i 代表一次项，x_i^2 代表二次项，$x_i x_j$ 代表交互项。上述多项式模型的精确性可通过决定系数 R^2 进行评估，该值越接近 1，说明回归方程拟合得越好，根据拟合的数学模型及统计结果，分析各因素的主效应和交互效应，并用响应面等高图对结果进行直观地描绘，最后在一定水平范围内求其最佳 R 值。通常会对理论上的最佳工艺条件进行追加试验，并计算理论值与实测值的误差以检验方法的可行性。若 R^2 值越接近 0，则表明回归方程不显著，应考虑其他模型（Kishor，2007）。其中根据不同的因素数量和研究目的，可将常用的响应面试验设计方法分为中心组合设计和 Box-Behnken 设计。

（1）中心组合设计　中心组合设计（central composite design，CCD）是近年来应用较多的一种响应面设计方法，具有精度高、预测性好等优点。该设计是在两析因设计或部分析因设计的基础上添加 $2k$ 个轴向点和中心点，对于 k 个因子的 $2k$ 中心组合设计需要进行的试验总数为 $N=2^k+2k+n_0$。式中，2^k 为全因子试验次数，$2k$ 为轴点的试验次数，n_0 为中心点重复的试验次数，它适应于 2～5 个因素、五水平的优化试验（Cott，2006）。其设计基本流程为，根据因素设计不同水平，进行组合试验，并对所得数据进行二次回归拟合，得到相应的带一次项、交互项和平方项的二次方程；进而确定在应变量最优化的基础上，各因素的对应水平。

（2）Box-Behnken 设计　Box-Behnken 设计（Box-Behnken design，BBD）由 Box 和 Behnken 于 1960 年提出，是一种可旋转或近似旋转的二阶设计方法，其设计来源于三水平的不完全因子设计。该设计是由 2^k 个析因设计与不完全区组设计组合而成，每个因素取三水平，分别以（-1，0，1）编码，然后根据试验表进行设计，应用响应面法对试验后的数据进行分析（Wang，2008）。

两者相比较，Box-Behnken 设计比中心组合设计更具优势。首先其因素只需取三水平，大大降低了试验次数；其次 Box-Behnken 设计是球面设计，并不包含各个变量的极值点，因此当由于试验限制而不可能对顶点所代表的因子水平组合进行试验时，此设计就显出其特有的优势。但由于 Box-Behnken 的运算难度随着因素的增加而增加，因此其应用范围也受到一定的限制。

第三节　数学建模与数理统计学优化于酶制剂中应用的前景

一、在酶制剂产品开发设计领域的应用

目前饲料酶制剂产品种类繁多，按其设计思路分为以下 5 类：①单一酶或单酶（single enzyme），是指具有生物催化活性，且是由一种基本结构单位制成的酶制剂；

②混合酶（blending enzymes），是指由没有明确目标或具体量化关系的多种单酶组成的酶制剂；③复合酶（complex enzymes），是指由催化不同底物的多种单酶、有明确目标和具体量化关系组成的酶制剂；④组合酶（combinative enzymes），是指由催化同一类底物的多种单酶、有明确目标和具体量化关系组成的酶制剂。⑤配合酶（formulating enzymes），是指针对某种饲料物料或者复合组分的降解而设计的，有明确目标和具体量化关系，由多种作用不同底物的单酶组成，而且各单酶之间是有机结合的酶制剂。

由上述可见，就功能与组成而言，除单酶外，其余饲料酶制剂品种均具有组成的多样性。这意味着该类产品中可能存在组成与组成间的互作效应，也就意味着该类产品具备了优化设计的空间。

酶制剂作为一类具有生物活性的天然催化剂，可专一性地与底物结合，降低反应所需要的活化能，从而极大地提高化学反应速度。该性质也使得酶制剂具备了高效性和专一性这两种特质。同时，作为具有生物活性的大分子蛋白质，酶制剂往往对反应环境有着极高的要求。

而针对饲料组成的多样性及畜禽消化道环境的复杂性，饲料酶制剂如何能保持其高效性的发挥已成为亟待解决的难题。随着应用数学的发展及数理统计学的研究深入，采用数学的工具或为解决这一难题提供一条新通途。

徐昌领（2011）首先进行体外酶解试验，将木聚糖酶 A、木聚糖酶 D、木聚糖酶 F 和木聚糖酶 G 之间两两组合，以组成比例的不同为自变量，还原糖的生成量和干物质消化率为主要因变量，通过正交试验设计，明确了与其他组合相较，当木聚糖酶 A 和木聚糖酶 D 之间比例为2∶8时，效果最为理想。结合动物试验，试验结果与数理统计分析模型相拟合，组合酶组（A∶D＝2∶8）显著提高了雏鸡的平均日采食量和平均日增重（$P<0.05$），提高幅度分别为 5.53% 和 7.84%；淀粉消化率和干物质消化率分别提高了 6.32% 和 6.33%。

雷建平（2012）根据酶学特性筛选出脂肪酶 B 和脂肪酶 D 进行优化组合，利用响应面分析法中的两因素中心组合试验设计，反应条件为 pH 7.0、温度40 ℃、时间90 min。结果显示，酶 B 酶活力占总酶活力比例（X_1）及总酶活力（X_2）与总水解率（Y_1）和十八碳酸水解率（Y_2）的关系为：$Y_1=75.88-3.10X_1+9.58X_2+4.97X_1X_2-12.81X_1^2-5.29X_2^2$（$P<0.0001$）；$Y_2=50.83-2.15X_1+6.66X_2+3.26X_1X_2-8.78X_1^2-3.34X_2^2$（$P<0.0001$）。两模型均能很好地模拟脂肪酶在反应条件下猪油水解的总水解率和十八碳酸水解率。经优化后，总水解率最优值为80.26%，对应两因子分别为 52.15% 和 34.92U；十八碳酸水解率最优值为 54.18%，对应两因子分别为 52.46% 和 35.93U（彩图 4 和彩图 5）。进而结合饲养试验进行验证发现，添加脂肪酶能够促进黄羽肉鸡发育，显著增加平均日采食量和平均日增重，提高后期和全期饲料转化效率。

艾琴（2014）通过体外仿生消化试验发现，在小麦-玉米-豆粕日粮中添加内切木聚糖酶后，干物质消化率和酶水解物能值均显著高于对照组，且日粮体外干物质消化率和酶水解物能值与木聚糖酶添加量符合二次回归模型，$SDM=72.50+0.03X-4.74×10^{-5}X^2$（$R^2=0.930$）；$EHGE=3320+1.77X-2.85×10^{-3}X^2$（$R^2=0.875$），其最大值分别为 77.24% 和 15.04 kJ/g，这与 Matholuthi 等（2002）、谭权等（2008）和王宁娟（2009）结果具有相同趋势，且与本研究中消化试验结果 DM 消化率和 AME 最大值

78.15％和14.72 kJ/g相近。分析了两种体内代谢试验（全收粪法和回肠末端收粪法）和一种体外模拟试验（仿生消化法）测定的干物质消化率和能值与黄羽肉鸡平均日增重、平均日采食量和耗料增重比，以及体内外干物质消化率和能值间的相关关系，结果仅见体外仿生消化法 SDM 和 $EHGE$ 值可通过线性模型预测全收粪法的 TDM 和 $TAME$ 结果（$TDM=28.24+0.63SDM$，$P<0.05$，$R^2=0.775$；$TAME=1\,483+26.17SDM$，$P<0.05$，$R^2=0.741$；$TDM=36.13+0.01EHGE$，$P<0.05$，$R^2=0.725$；$TAME=1\,829+0.47EHGE$，$P<0.05$，$R^2=0.690$）。

曹庆云（2015）首先通过体外消化试验，将蛋白酶A和蛋白酶C进行两因素五水平正交试验分析，并以总水解度和可溶性蛋白水解度为因变量，根据回归分析，当蛋白酶A和蛋白酶C的最优组合为7.2：2.8时水解效果最优。进而结合动物试验验证发现，21～35日龄仔猪的耗料增重比降低了6.50％（$P<0.05$），得到了显著改善，与统计分析结果相近。

由上述可见，应用数学和数理统计学的应用，能较好地于体外进行酶制剂产品的设计与开发，并能在生产中获得体现。该类方法的推广，可避免饲料酶制剂产品开发设计存在的盲目性，并降低其设计开发成本。

二、在饲料酶制剂产品生产领域的应用

综合研究报道，目前酶制剂的生产主要依靠微生物发酵，而微生物发酵是一个极其复杂的生化反应过程，其生产水平不仅取决于生产菌种的自身性能，还取决于发酵培养基配方、发酵条件等外界环境。因此，最大限度地合成目的产物并不容易，并且对于一个高度非线性、非结构化的复杂系统而言，要建立一个准确、满意的模型更是十分困难，而应用数学与数理学统计优化技术可在其中发挥重要作用。

Chang等（2006）通过应用最速上升试验及田口设计对 Ganoderma lucidum 液体发酵培养基进行优化，结果证明最速上升试验能够有效地接近最效区域，优化后的菌体菌丝由原来的1.70 g/L提高到18.70 g/L，而多聚糖的产量由最初的0.140 g/L增至0.420 g/L。刘子宇（2006）采用部分因子试验设计对短双歧杆菌（bifidobacterium breve）A 04培养基进行筛选，得到了3种最佳生长强化因子，即葡萄糖、酵母粉和初始pH；然后通过旋转中心组合设计法确定关键组分的最佳浓度，优化后的菌体干重提高了1.43倍。Zhang等（2007）首先通过 Plackett-Burman 设计试验确定了影响丙酮酸发酵的主要影响因子：硫酸铵、葡萄糖和烟酸，然后通过中心组合设计及响应面法确定了各因子的最佳浓度。优化后丙酮酸的产量高达42 g/L，较优化前（31.8 g/L）提高了32.1％。Wang等（2008）通过应用部分因子试验设计、最陡爬坡试验及中心组合设计对多黏类芽孢杆菌（Paenibacillus polymyxa）Cp-S316产生抗真菌活性物质的发酵培养基进行了优化。其在单因素分析的基础上，首先应用部分因子试验分析了培养基组分乳糖、蛋白胨、硝酸钠和硫酸镁对菌株产生活性物质的影响，进而用最速上升路径逼近最大响应区域，最后结合中心组合设计和响应面分析，确定了主要影响因子的最佳浓度，应用最佳发酵培养基和最佳发酵条件摇瓶发酵，发酵液的效价达到了4 687.71 µg/mL，比基础培养基发酵液效价提高了305％。

三、数学建模与数理统计学优化在饲料酶制剂领域中的应用价值

应用数学与数理统计学均是建立于缜密的逻辑之上，随着科技的进步，它们已发展为一门可借助于统计软件进行设计、分析的一种简便、快速、准确的现代技术，它通过对统计资料或试验数据的整理与分析来估计或推断统计规律。

但任何一种优化方法都有各自的优缺点，如析因设计在分析因素的重要性及交互作用方面较有优势，但对于因素和水平数较多的试验常无法满足因子设计法的要求；正交设计虽然讲求试验的正交性，但其点距大，易导致精度不够；Plackett-Burman 设计在筛选重要因素方面非常准确，然而其获得的信息量太少。可见，只有结合实际进行严谨地考虑，才能选择适合研究对象的数学方法。这也使得在目前的试验中，往往需要将 2 种或 2 种以上的数学方法进行合理组合，才能达到减少工作量，进而提高试验的准确性和精确性的目的。

随着数学学科的深入发展，商业化软件的不断开发（SAS、SPSS、Minitab 等），我们相信科研工作者将可借助相关统计软件进行迅速、可靠的优化试验设计及数据分析，也相信数学技术在饲料酶制剂开发与生产中的应用越来越广泛。

本 章 小 结

运用数学建模的目的是为了解决研究对象的最优化问题，而饲料酶制剂领域的最优化问题是饲料酶制剂产品设计与应用技术参数设计的核心内容。应用数学的"五步"方法论包括：调查研究、建立数学模型、研究求解所建立的数学模型的方法或算法及其软件、解释算出的结果、从此过程中提出有价值的数学问题并进行理论研究。可用于饲料酶制剂优化设计的数理统计学模型包括：最速上升设计、Plackett-Burman 试验设计、正交试验设计、析因试验设计、响应面分析法等。数学建模与数理统计学优化于酶制剂中应用的具体内容包括：酶制剂产品配方开发设计、酶制剂发酵生产过程总工艺参数的优化等。数学的技术在饲料酶制剂开发与生产中的应用具有非常广泛的发展前景。

⊙参考文献

艾琴，2014. 木聚糖酶在肉鸡日粮中应用的体外仿生法建立及与其他方法的比较 [J]. 广州：华南农业大学.

曹庆云，2015. 蛋白酶组合的筛选及其对断奶仔猪生长性能影响的机理研究 [D]. 广州：华南农业大学.

黄自兴，1996. 稳健性设计技术 [J]. 化学工业与工程技术，17 (2)：19-25.

雷建平，2012. 不同脂肪酶及其优化组合对黄羽肉鸡生长性能和脂质代谢的影响 [D]. 广州：华南农业大学.

刘子宇，李平兰，刘慧，等，2006. 响应面法优化短双歧杆菌（*Bifidobacterium breve*）A 04 培养基 [J]. 食品科学，27 (3)：114-119.

谭权，张克英，丁雪梅，等，2008. 木聚糖酶对肉鸡能量饲料养分利用率和表观代谢能值的影响 [J]. 动物营养学报，20（3）：311-317.

王宁娟，2009. 饲用酶制剂生物学价值评价技术研究 [D]. 北京：中国农业科学院.

徐昌领，2011. 组合型木聚糖酶对肉鸡生产性能及作用机理的研究 [D]. 广州：华南农业大学.

张健，李夏明，汪仁官，2006. 两水平无重复析因设计的一个散度效应检验方法 [J]. 工程数学学报，23（4）：705-708.

Chang M Y，Tsai G J，Houng J Y，2006. Optimization of the medium composition for submerged culture of ganoderma lucidum by Taguchiay design and steepes tascent method [J]. Enzyme and Microbial Technology，38：407-414.

Cott M K，Vining G G，Douglas C M，et al，2006. Modifying acentral composite design to model the process meanandvariance when the reach ard-to-change factors [J]. Journal of Applied Statistics，55：615-630.

Kishor C U，Kamlesh C P，2007. Statistical screening of medium components by Plackett-Burman design for lacticacid production by *Lactobacil-lussp*. KCP0 lusing date juice [J]. Bioresource Technology，98：98-103.

Liu C Q，Ruan H，Shen H F，et al，2007. Optimization of the fermentation medium for Alpha-galactosidase prouduction from *Aspergillus foetiduszu glusinger* sponse surface methodology [J]. Food Microbiliogy and Safety，72（4）：120-125.

Matholuthi N，Lalles J P，Lepercq P，et al，2002. Xylanase and β-glucanase supplementation improve conjugated bile acid fraction in intestinal contents and increase villus size of small intestine wall in broiler chickens fed a rye-based diet [J]. Journal of Animal Science，80：2773-2779.

Wang Z W，Liu X L，2008. Medium optimization for antifungalactive substance sproduction from a new lyisolated *Paeniba paenibacillus* sp. using gresponse surface methodology [J]. Bioresource Technology，99：8245-8251.

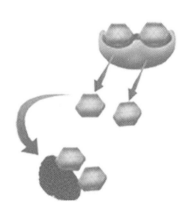

03

第三篇　饲料酶制剂应用技术的理论基础

第十一章
饲料酶制剂应用技术体系
研究现状与发展趋势

我国饲料工业及畜牧业、水产养殖业的快速发展，为服务于产业发展的相关行业带来了难得的机遇，促进了相关分支产业的蓬勃发展和整体提升。饲料酶制剂行业就是其中一个受到广泛关注的分支产业。作为具有专一性和高效性特点的生物催化剂，酶制剂同时具有营养性添加剂和非营养性添加剂的双重特性。而且，随着酶制剂产品的丰富，其功能已经由原来提高日粮营养消化利用，拓展到包括调节动物肠道健康、杀菌抑菌等7个方面（冯定远和左建军，2011），目前还没有其他饲料添加剂同时具有如此众多的潜在作用。酶制剂多功能、多领域的应用也激发了人们对饲料酶制剂产业的研发与推广热情，使其成为非常具有活力的饲料添加剂产业。越来越多的实践应用显示，饲料酶制剂在提高动物生产性能、开发新的饲料资源、减少养殖业的污染物排放、减抗养殖、替抗养殖等多个领域具有不同程度的应用价值，并积极推动了饲料工业和养殖产业的安全、高效、环保和可持续发展。

第一节　饲料酶制剂应用技术发展现状及其动态

一、酶制剂基于提高饲料营养消化，发挥提高动物生产性能和减排环保的双重应用价值

目前，饲料酶制剂产品的应用以提高饲料营养消化利用率为主，这是饲料酶制剂最基本的作用。这一作用不仅可以提高动物生产性能，而且在环境保护压力越来越大的情况下，有利于减少日粮养分排放和养殖污染。酶制剂提高动物消化功能表现在两个方面：一是消除日粮中的抗营养因子，提高动物对非常规饲料的消化利用率；二是补充消化道酶的不足。当前的养殖模式下，营养不平衡造成动物体内的酶对玉米-豆粕型日粮的消化障碍。越来越多的研究表明，玉米实际上并不那么容易被消化利用，这意味着可以借助一些外源酶提高动物对以玉米、豆粕等为原料的日粮的饲料转化效率。具有营养功能的酶制剂按其功能分为两类：第一类是可直接水解营养底物，如蛋白酶、淀粉酶、脂肪酶等；第二类是去除抗营养因子等影响营养消化利用的成分，包括第二代

111

饲料酶，如非淀粉多糖酶（木聚糖酶、β-葡聚糖酶、纤维素酶等）和植酸酶等，以及第三代饲料酶制剂的特异碳水化合物酶（α-半乳糖苷酶、β-甘露聚糖酶、甲壳素酶、壳聚糖酶等）。

酶制剂通过 3 个途径改善营养消化利用：直接补充消化道营养水解所需的酶、间接去除饲料中抗营养因子和间接增加动物内源消化酶分泌。第一种途径是一种酶制剂仅提高一类营养成分的消化利用效率，如蛋白酶只能提高蛋白质消化利用，作用单一且明确。第二与第三种途径是一种酶制剂有可能同时提高几类营养成分的消化利用，如木聚糖酶理论上可以提高所有营养的消化利用效率，作用综合复杂。如果外源酶的添加量适当，则其对体内酶的分泌是具有诱导和促进作用的；但是如果长时间地过量添加，则会造成一种依赖性，影响体内酶的分泌。

二、饲料酶制剂功能由提高消化率到降低代谢的营养价值认识的深化

对传统饲料酶制剂营养功能的认识是基于蛋白酶、淀粉酶和脂肪酶发挥直接助消化作用，以及木聚糖酶和 β-葡聚糖酶发挥间接助消化作用。实际上，酶的营养功能不仅限于通过助消化来提高营养的利用。越来越多的证据显示，通过酶制剂降低营养代谢和营养消耗同样值得重视，如 β-甘露聚糖酶、蛋白酶通过降低机体免疫反应可以减少能量消耗。因此酶制剂对营养的作用既体现在开源的一面，也可能体现在节流的一面。试验证明，在小鸡阶段和中大鸡阶段，β-苷露聚糖酶能有效发挥改善黄羽肉鸡生产性能等方面的积极效果（郭爱红，2013；闫晓阳，2013；Zuo 等，2014）。Kim 等（2017）在产蛋鸡低能量日粮中添加 β-甘露聚糖酶后，增加了其氮校正表观代谢能（apparent metabolized energy corrected for nitrogen，AMEn），表明 β-甘露聚糖酶能增加饲料能量利用效率。Kim 等（2013）还发现，β-甘露聚糖酶能提高含棕榈粕的猪饲粮中干物质和能量的消化率。某些 β-甘露聚糖酶能有效分解具有类似细菌免疫源性结构的甘露聚糖，发挥消减动物因 β-甘露聚糖产生致诱导免疫应激反应造成的营养特别是能量的无效消耗（Zuo 等，2014）。

大豆蛋白中的 β-伴大豆球蛋白和大豆球蛋白是引起幼龄动物过敏反应的主要过敏原，刺激肠道免疫组织，引起 T 淋巴细胞和 B 淋巴细胞活化，活化的 B 细胞转化为浆细胞，产生特异性抗体，如 IgE、IgG、IgA 等。同样是大豆，豆粕中也含有较高的类似瓜尔胶 β-半乳甘露聚糖（β-甘露聚糖中的一种）。β-甘露聚糖由重复的甘露糖单位以 β-1，4-糖苷键连接，部分侧链含有半乳糖或葡萄糖（Hsiao 等，2006；Pajapati 等，2013）。

除上述免疫原外，植物凝集素和某些低等动物的血蓝蛋白也可以造成免疫应激。而免疫反应造成的营养消耗（主要是能量代谢提升）在鸟类、鱼类中已经得到证实，即是由于营养的免疫消耗作用而影响了其生长。

三、饲料酶制剂参与构建和维护动物肠道健康的多种途径

动物肠道健康的概念包括 5 个方面，即肠道微生物菌群的微生态平衡、肠道各段发

育状况与比例、肠道黏膜的微细结构、肠道理化指标参数和肠道免疫组织器官与功能。理论上，种类繁多的酶制剂可以参与动物肠道健康的构建与维护，最近几年比较受重视的有调节肠道健康的功能和对病原菌的杀菌抑菌功能。

1. 调节肠道健康的功能　最典型的具有促进肠道健康功能的酶制剂是非淀粉多糖酶，其主要通过 2 个机制来实现：①利用酶制剂的物理作用降低肠道食糜黏性；②利用酶制剂生化代谢作用产生的寡糖促进肠道正常蠕动及有益菌的增殖，抑制有害菌的定殖。肠道健康是现在关注的热门话题，事实证明通过添加酶制剂可以调节肠道健康。酶制剂特别是一些非淀粉多糖酶，可以产生一些寡糖，寡糖对维系肠道绒毛及整个肠道的健康具有很好的作用。一些优质的纤维，如膳食纤维也是通过酶的分解而发挥作用的。肠道微生物可以分解纤维产生一些寡糖等功能性成分，但是在肠道微生态紊乱的情况下，肠道微生物无法发挥作用，此时添加外源酶可以促进肠道健康。

2. 对病原菌的杀菌抑菌功能　这也是广义的肠道健康的一部分。最典型的具有病原菌杀菌抑菌功能的酶制剂是葡萄糖氧化酶和溶菌酶，饲料中添加葡萄糖氧化酶是替抗、减抗的有效手段。葡萄糖氧化酶是一把兼具药用和非药用功能的"利剑"，其杀菌抑菌功能主要通过 3 个机制来实现：①通过氧化葡萄糖生成葡萄糖酸，来降低胃肠道内的酸性，酸性环境有利于抑制病原菌；②通过氧化反应消耗胃肠道内的氧含量，来营造厌氧环境，厌氧环境有利于抑制病原菌；③反应产生一定量的过氧化氢，过氧化氢的氧化功能可进行广谱杀菌。但任何添加剂的功能都是条件性的，葡萄糖氧化酶也一样，如果动物肠道很健康，如果养殖环境很好，葡萄糖氧化酶的作用就不会凸显。而在大规模、高密度饲养的肉鸡养殖场，使用葡萄糖氧化酶是有效果的。

四、固体发酵饲料酶制剂区别于液体发酵酶制剂的独特作用

目前，饲料工业中基本上都是采用微生物发酵法生产酶制剂，生产方式有固态发酵和液态发酵，其各有优缺点。只有充分发挥固态发酵和液态发酵的优势，才能生产出质量稳定、产量高、成本低的酶制剂。饲料酶制剂与食品酶制剂等不同，一方面，饲料酶制剂并不需要解决所有底物的分解问题（无论是营养成分还是抗营养成分）；另一方面，固体发酵往往产生一个酶的族群，形成有机的酶系，类似于配合酶制剂，特别是利用目标原料和日粮定向诱导菌株产生的酶制剂，可以获得更全的酶的种类及配合作用的高效性。固体发酵形式也能以一菌株多种酶，或者多菌株一类酶进行工艺设计。例如，纤维素酶系主要包括内切酶（EC 3.2.1.4，β-D-葡聚糖葡萄糖水解酶）、外切酶或纤维二糖水解酶（EC 3.2.1.21，β-D-葡糖苷纤维二糖水解酶）、β-葡萄糖苷酶或纤维二糖酶（EC 3.2.1.21，β-D-葡萄苷葡萄糖）。内切葡聚糖酶活力通常测定其催化羧甲基纤维素或羟乙基纤维素而释放出的还原单糖量。厌氧性细菌［热纤维梭菌（*Clostridium thermocellum*）、嗜纤维梭菌（*C. cellulovorans*）、白色瘤胃球菌（*Ruminococcus albus*）、生黄瘤胃球菌（*R. flavefaciens*）、产琥珀酸丝状杆菌（*Fibrobacters succinogenes*）、解纤维素醋弧菌（*Acetivibrio celluolyticus*）］和厌氧性真菌［瘤胃厌氧真菌（*Neocallinmastix frontalis*）、芽孢杆菌（*N. patriciarum*）、厌氧真菌（*Piromyces equi*）］均以多酶复合体的形式产生纤维素酶。

先从发酵羽毛粉中分离高效产酶的微生物，再进行定向发酵，会产生非常有针对性、对专一底物或日粮分解效果显著的复合酶制剂，甚至配合酶和组合酶制剂。以曲霉为产酶菌株，通过固态发酵和高效表达技术会产生7种酶，在此基础上额外添加一些液体发酵来源的酶能弥补固态发酵来源酶的不足，制得的就是很好的复合酶。另外，非生物发酵技术提取酶制剂途径与工艺同样值得重视，可以作为微生物发酵酶制剂途径的一种补充。植物来源的酶制剂（木瓜蛋白酶）和动物内脏来源的酶制剂（胰蛋白酶、胰脂肪酶），不仅是组合酶和配合酶很好的原料，有时候还表现出一定的成本优势。

五、酶制剂的饲料营养价值评定方法与参数数据库

如果按照原来的营养参数设计日粮配方，在营养水平已经偏高、供给有效营养总量已经足够的情况下，再使用酶制剂的意义就不大，生产中也有可能显示不出效果。在某些情况下，如使用酶制剂以后动物的采食量反而下降，可能是酶制剂的使用提高了可利用（有效）营养的供应，特别是可消化能或代谢能，动物能够根据营养水平（代谢能水平）调节采食量，这说明有必要调整饲养标准。目前，在饲料酶制剂的精确使用和加酶日粮的饲养标准方面，不少酶制剂生产厂和科研机构进行了研究，其中加酶日粮有效营养改进值（effective nutrients improvement value，ENIV）系统的建立和应用有明显的意义。但由于不同来源的酶制剂即使针对同一种原料的降解效果也存在很大差异，因此不同酶制剂生产厂家显然无法建立统一的饲料原料或日粮配方的ENIV数据库供客户使用。这就要求酶制剂生产厂家必须针对自己的酶制剂（单酶或复合酶）建立常用饲料原料的ENIV数据库供客户制作日粮配方时参考。目前已经有部分企业建立了专门产品的ENIV数据库。

酶制剂体外消化评定有胃蛋白酶-胰酶法、胃蛋白酶-小肠液法、胃蛋白酶-胰酶-瘤胃液法、胃蛋白酶-胰酶-碳水化合物酶法、单胃动物仿生仪法等多种方法。单胃动物仿生消化仪更接近体内消化环境，操作简单、重复性好，可实现体外条件下简单模拟动物胃肠道消化饲料的过程。尽管单胃动物仿生仪能有效模拟动物胃肠道环境和内源酶分泌变化等参数，可测定酶制剂对饲料养分和能量利用率的影响，以及生成寡糖的种类等，可在一定程度上反映酶制剂对饲料的作用效果，但其仅可作为评估酶制剂作用效果的一种初级手段。

第二节　饲料酶制剂应用与产业发展存在的问题与展望

一、饲料酶制剂的理论研究问题

尽管饲料酶制剂应用技术和产业发展取得了明显的进步，但也要看到其局限性，不要夸大其作用效果和使用价值。源于饲料酶制剂的生物敏感性、应用目的的多样性、饲料成分的复杂性，饲料酶制剂的应用还存在不少问题，我们的认识仍然十分有限，基础研究还很不够，研究还比较多地停留在一般的饲养试验和效果验证的层面上，饲料酶制剂企业的产品开发仍有相当一部分缺乏科学依据。目前，普遍存在某些酶制剂产品设计

技术水平不高，包括含量、配比和针对性等方面，使用饲料酶制剂还有不少疑虑和争论。使用饲料酶制剂的目的是解决饲料原料的消化问题，特别是对最难消化的饲料原料或者成分，以及动物的种类和生理阶段的限制问题。因此，酶制剂产品与技术升级的关键包括：提高其作用的高效性和精准性，酶制剂的价值量化，重视与基础营养的结合。营养性酶制剂需要将其营养价值量化，非营养性酶制剂需要将其饲用价值量化。饲用价值不完全等同营养价值，具有营养成分是饲料最基本的要求，其次是营养价值，再次是饲用价值。营养成分高，不等于饲用价值高。如何把添加剂的饲用价值进行可量化？现在已有人注意到这方面，把酶挖掘出来的可消化、可利用的营养折算出来，如植酸酶的磷当量值、脂肪酶有效能价值的当量、脂肪酶价值等。但是这方面工作做得还很不够，没有统一标准，需要立足企业本身，需要科研院校的结合和指导。

　　饲料原料，特别是非常规饲料原料的物理特性和化学成分复杂，一般的单酶制剂和复合酶制剂对大部分非常规饲料原料的作用有限，必须通过同一类酶的有效组合和不同类酶的高效配合共同作用。通过同一类酶的组合作用和不同类酶的相互配合技术，形成一整套解决方案，才能较好地克服复杂饲料原料的消化利用问题。酶制剂与作用底物的复杂性，使饲料酶制剂的使用可以发展成为一个相对独立的子系统。

二、饲料酶制剂产品质量提升问题

　　由于酶制剂的生物活性敏感性、作用对象复杂性、酶种和来源多样性，因此目前饲料酶制剂应用有一定的盲目性，产品良莠不齐，整体水平有待提升，需要转型升级。一是源头的酶制剂发酵生产，提供更多高水平的单酶品种；二是饲料酶制剂的配制生产品种更有针对性，效率更高，更有利于满足畜牧业与水产养殖业的需求，能更好地解决养殖生产中的效率问题、品质问题和环保问题；三是在配制饲料酶制剂产品时，应选择合适的产品形式，目前饲料酶制剂有液体型、固体型、颗粒型、粉状剂型、微胶囊型等多种产品形式。

　　饲料酶制剂产品必须具备高催化活力、好的热稳定性、在较宽的pH范围内保持高的活力和保存期间稳定性好等特性。然而，目前许多所谓饲料酶制剂产品还属于混合酶，其应用目标部分不明确或者比较笼统。饲料酶制剂领域还存在很多问题，主要表现在以下8个方面：①酶的用量低，主要受浓缩料、预混料配方成本和重量空间约束；②粉状剂型的抗逆性差，易受微量元素、胆碱、酸化剂的攻击，限制了其在浓缩料、预混料中的使用；③粉状剂型的抗逆性差，易受饲料制粒高温的破坏，限制了其在全价料中的使用；④粉尘损失严重，使用过程中配方执行不准确；⑤使用过程中产生的含酶蛋白的粉尘对人的健康可能造成影响；⑥产品的酶活性力或没有酶，在动物消化道中发挥的作用不到位；⑦没有考虑动物消化生理、个体发育规律和日粮抗营养因子特点而设置酶种和活力，酶谱不科学而未能起到应有的作用；⑧应用效果等有待进一步提升。

三、酶制剂在饲料工业和养殖业中应用的拓展问题

　　除直接添加外，饲料酶制剂还有一些专门的应用途径。

1. 处理低质量饲料原料 相比玉米和豆粕，非常规饲料价格低廉，但存在大量的抗营养因子，如猪、禽就没有足够长的消化道来降解食糜中的完整细胞壁。因此，研究使含植酸和非淀粉多糖的谷物和消化率低的饲料原料中的非淀粉多糖部分水解或完全水解的饲料原料预处理程序，具有很大的潜力。针对某一类或某一种难消化的饲料原料开发一些专用的饲料酶制剂，如酶解羽毛粉、酶解皮革粉等就非常有必要。

2. 生产高质量饲料原料 酶解鱼粉和豆粕等饲料原料中的抗营养因子，生产一些高质量的饲料原料就需要有专门的酶，而且除蛋白类之外也可以生产抗过敏的种类等。

3. 生产饲料添加剂 通过特殊的酶生产寡糖和小肽的利润比较高。除了碳水化合物和蛋白质之外，其他复合性的饲料原料都可以用专一的酶来处理，如酶解寡糖、小肽等。

目前，部分专用酶属于配合酶，如科学设计的小麦专用酶有可能符合这一要求。但是其他所谓的专用酶，如仔猪专用酶、水产专用酶等，属于一般的复合酶。混合酶也是目前存在的一种形式，它在一定程度也能发挥作用，只是效率不高。今后可以进行精细化酶谱研究，开发更多专用型饲料酶制剂产品。

得益于饲料酶基础理论与技术体系的构建、发酵菌种技术与发酵工艺的提升、饲料工业与养殖行业实践结果的正向支持，酶制剂在饲料工业和养殖业中的应用已从原来的被怀疑到逐渐被接受认可，再到部分酶制剂被广泛使用，而且还表现出比较大的扩展空间和开发潜力。基于新思路、新理念、新技术的不断出现，饲料酶制剂的横向和纵向领域研发都获得了重要突破性的发展。横向方面，拓宽了应用领域，如葡萄糖氧化酶、过氧化氢酶、溶菌酶等在杀菌抑菌和替抗方面的应用效果，促进了以发挥"酶制剂药用价值"为目的的新产品发展；纵向方面，在原有单酶制剂和复合酶制剂的基础上，出现了针对同一类底物协同作用的组合酶制剂、聚焦不同关联底物协同作用及以更有效解决饲料组成复杂性问题为目标的配合酶制剂。同时，也要看到饲料酶制剂行业存在的问题和不足，如产品质量不稳定、配套应用技术贴合度不够、效果评价方法针对性不强等问题仍然比较突出，这需要科研院校、酶制剂企业、饲料工业、养殖业等多领域协作，共同参与解决。

四、饲料酶制剂应用效果的评价问题

应用技术和产品的升级需要一些配套的技术和评价，很多情况下，虽然技术改进了，但在动物上的应用效果却不佳，原因可能是客观上的。可以通过优化使用条件（日粮、动物类型等）、建立相应的标准和数据库、采用特殊的加工处理方式，以及根据经验积累确定用法与用量等技术来提高产品的价值。

目前，酶制剂效果的评定和评价还没有统一标准。酶制剂效果通常通过常规生产性能，如生长性能、增重性能、产奶性能、产蛋性能、饲料转化效率、饵料系数等来评定。虽然这些常规性能很重要，然而许多时候并不明显（达不到生物统计学上的显著水平）。而某些不能量化的指标有差别，如外观表现、健康状况、整齐度、成活率、同时出栏的比例等，整齐度等可能是非常有经济价值的指标。因此，今后有必要认识和建立"非常规动物生产性能指标"的评定方法，将饲料酶制剂的微细价值挖掘出来，将饲料酶制剂的综合作用和饲料产品及养殖效果的稳定性反映出来，更好地将现代生物技术应用到传统的养殖业中。

本 章 小 结

酶制剂具有营养性和非营养性添加剂的双重特性。随着产品的丰富，酶制剂的功能已经由原来提高日粮营养消化利用的营养功能，拓展到包括调节动物肠道健康、杀菌抑菌等 7 个方面，尤其是在提高饲料营养消化、发挥提高动物生产性能、减排环保、降低机体代谢消耗、通过多种途径参与构建和维护动物的肠道健康方面发挥更重要的功能。目前，饲料酶制剂应用领域的基础研究还非常有限，需要打破局限于饲养试验和效果验证的浅层研究思维定势问题；需要在产品开发的科学依据、固体发酵饲料酶制剂的独特作用、酶制剂饲料营养价值评定方法、酶制剂饲料参数数据库构建等方面加大研发力度；重点注意酶制剂发酵生产、配制生产更有针对性，效率更高的品种、选择合适的产品形式等；充分发挥酶制剂处理低质量饲料原料、生产高质量饲料原料、生产饲料添加剂等方面的作用和价值；注意突破传统生产性能评价指标的局限性，建立非能量化的指标，如健康状况、整齐度、同时出栏的比例等酶制剂新型、针对性强的评价方法体系。

参考文献

冯定远，左建军，2011. 饲料酶制剂技术体系的研究与实践 [M]. 北京：中国农业大学出版社.

郭爱红，2013. 低能日粮中添加 β-甘露聚糖酶对肉仔鸡生产性能和肠道形态结构的影响 [D]. 广州：华南农业大学.

闫晓阳，2013. β-甘露聚糖酶对黄羽肉鸡生产性能和养分利用率及小肠形态的影响 [D]. 广州：华南农业大学.

Hsiao H Y, Anderson D M, Dalet N M, 2006. Levels of β-mannan in soybean meal [J]. Poultry Science, 85：1430-1432.

Kim H J, Nam S O, Jeong J H, et al, 2017. Various levels of copra meal supplementation with β-Mannanase on growth performance, blood profile, nutrient digestibility, pork quality and economical analysis in growing finishing pig [J]. Journal of Animal Science and Technology, 59：19.

Kim J S, Ingale S L, Lee S H, et al, 2013. Effects of energy levels of diet and β-mannanase supplementation on growth performance, apparent total tract digestibility and blood metabolites in growing pigs [J]. Animal Feed Science Technology, 186：64-70.

Li Y, Chen X, Chen Y, et al, 2010. Effects of β-mannanase expressed by *Pichia pastoris* in corn-soybean meal diets on broiler performance, nutrient digestibility, energy utilization and immunoglobulin levels [J]. Animal Feed Science Technology, 159：59-67.

Prajapati V D, Jani G K, Variya B C, 2013. Galactomannan：a versatile biodegradable seed polysaccharide [J]. International Journal of Biological Macromolecules, 60：83-92.

Zuo J J, Guo A H, Yan X Y, et al, 2014. Supplementation of β-mannanase in diet with energy adjustment affect performance, intestinal morphology and tight junction proteins mRNA expression in broiler chickens [J]. Journal of Animal and Veterinary Advances, 13 (3)：144-151.

第十二章
基于传统动物营养学的饲料酶制剂营养学

　　虽然饲料酶制剂研究速度发展很快，但是目前饲料酶制剂开发仍然存在许多问题，酶制剂在畜禽日粮中的应用还有不少争议，而且这些问题和争议将会存在很长时间。目前不少饲料酶制剂产品并未达到作为饲料添加剂的要求，产品设计的盲目性还比较普遍。但不可否认，饲料酶制剂是很有发展前景的饲料添加剂之一。作为一类具有生物学活性的生物技术产品，天然、绿色、安全、高效是其本身的特性，这决定了其使用具有广阔前景。饲料酶制剂比其他酶制剂更复杂，问题更突出，如对酶制剂的功能作用，特别是如何与动物营养结合起来，使用价值如何量化、如何营养化等。"饲料酶制剂的应用，对传统的动物营养学说提出了挑战，如饲料配方、原料选择、营养需要量等方面需要重新研究或修正"（Sheppy，2001），即有建立基于传统动物营养学的饲料酶制剂营养理论体系的必要性。

第一节　饲料中应用酶制剂应考虑的因素

　　影响饲料酶制剂在饲料中应用的因素很多，既有酶本身的因素、动物的因素，也有日粮及其加工的因素，还有综合因素，包括 7 个方面因素。

一、饲料酶制剂的生物敏感性

　　酶是蛋白质与所有其他饲料蛋白质一样，对饲料加工处理非常敏感。饲料蛋白质是以氨基酸为单位而发挥作用的，所以无需维持构型；而饲料酶制剂在饲料加工过程中或发生不可逆的变性，或不再发挥作用。饲料酶制剂的生物敏感性也有比较大的差异。Pettersson 和 Rasmussen（1997）研究证实，由高温霉（*Thermomyces*）、腐质霉（*Humicola*）和木霉（*Trichoderma*）分离到的木聚糖酶在热稳定性上存在差异。来自木霉的木聚糖酶在 75 ℃调质温度下明显失活，而来自高温霉与腐质霉的木聚糖酶在 85 ℃调质温度下可保留 80% 以上的活力。其中，由高温霉表达获得的木聚糖酶即使在 95 ℃的调质温度下仍可保留 70% 以上的酶活力。

二、饲料酶的种类和来源的多样性

这里以最常用的木聚糖酶和植酸酶为例。木聚糖酶由细菌和真菌产生，通常不同微生物来源的木聚糖酶表现为不同的酶解特性，如能水解多聚木聚糖内部 $\beta-1,4-$糖苷键的内切木聚糖酶和从非还原性末端切下单个单糖的外切木聚糖酶。内切木聚糖酶是木聚糖酶系中的主效酶，在水解木聚糖过程中发挥主要作用。此外，内切木聚糖酶又可分为特异性木聚糖酶和非特异性木聚糖酶（Coughlan，1992；Coughlan 等，1993）。差异表现在，非特异性内切木聚糖酶除了可以水解以 $\beta-1,4-$糖苷键连接的木聚糖外，还可以水解混合木聚糖的 $\beta-1,4-$糖苷键，以及 CM 纤维素等其他 $\beta-1,4-$糖苷键连接的多糖。很多种微生物能够产生对植酸具有水解作用的酶类，Dvorakova（1998）列出了 29 种已知的能够产生植酸酶活性的真菌、细菌和酵母。所列的这 29 种微生物中，21 种产生的是细胞外植酸酶，细丝状真菌-黑曲霉（*Aspergillus niger*）能产生一种高活力的细胞外植酸酶（Volfova 等，1994）。植酸酶可以被分成 6-植酸酶和 3-植酸酶。这种分类是根据植酸分子水解的起始位点而划分的，6-植酸酶多来源于植物，3-植酸酶是由霉菌（*Aspergillum* sp.）产生的（Dvorakova，1998）。

三、动物种类和生理阶段的差别性

不同动物种类对外源酶制剂添加的必要性和添加种类的针对性存在差异。相对而言，目前单胃动物饲用酶制剂方面的研究与推广应用要比反刍动物的更先进。一方面是反刍动物具有复杂的瘤胃，成年反刍动物自身的消化能力非常强大，也因此对外源添加酶制剂的需求比显得幼年反刍动物小。另一方面是瘤胃组成的复杂性导致我们对反刍动物消化生理的内环境了解得还不够，缺乏相对清晰的设计与使用外源酶制剂的成熟条件。此外，对外源酶制剂种类的需求方面，反刍动物更是对促进碳水化合物的消化且避免外源蛋白酶在瘤胃介入消化作用太多，目的是避免饲料中真蛋白质在瘤胃消化过多导致蛋白质浪费或者引起瘤胃紊乱（McAllister 等，2001）。虽然，猪和鸡之间的差异没有单胃动物和反刍动物的那么大，但在消化生理结构上依然存在一定的差异，并由此带来消化道内环境、消化能力等方面的差异。比如，鸡有嗉囊，而猪没有，两者在胃部的 pH 及其胃液环境也存在差异；比外，还有消化器官的容积大小、滞留食靡停留时间的长短等差异（Moran，1982；Dierich，1989；Chesson，1993；Dierick 和 Decuypere，1994，1996；Graham 和 Balave，1995；Berdford 和 Schulze，1998；Danicke 等，1999）。鸡因为消化道更短，所以消化能力更弱，相对而言对外源酶制剂的需求更突出些。不同动物在消化饲料等方面的缺陷不同，因此对通过外源酶制剂来弥补不足的需求就也不同。同样，相对消化能力较强的动物来说，在消化能力较弱的动物日粮中添加外源酶制剂的使用效果通常会更好些。

此外，同一种动物不同发育阶段其消化生理结构和功能的成熟度也存在差异，因此也存在对外源酶制剂添加需求的必要性和种类等方面的差异。动物生长发育早期，消化生理发育不成熟，相对缺陷更突出，对通过添加外源酶制剂来补充或完善自身不足的需求更为迫切。例如，对仔猪而言，豆粕中伴大豆蛋白、植物凝集素等抗原蛋白质不仅导致蛋白质消化效果不足，甚至引起仔猪消化道过敏性损伤，选择性地添加一些对人豆抗原蛋白质具有很好分解或钝化效果的蛋白酶效果就非常明显，但这对生长发育后期育肥猪的作用就没有仔猪阶段显著（Hessing 等，1996；Rooke 等，1996，1998；Caine 等，1997）。原因是生长后期的猪消化生理得到了不断成熟，提高了对饲料抗原蛋白质耐受能力的同时，也提高了对饲料蛋白质的消化能力。

四、日粮类型和饲料原料的复杂性

只有对目标底物有清楚的了解，在家禽日粮中使用酶制剂才能获得较大的效益。这方面的典型例子有 β-葡聚糖酶在大麦日粮中的使用，还有木聚糖酶（戊聚糖酶）在黑麦或者小麦日粮中的使用（Choct，2001）。同样是小麦也有差别，越是低质量的小麦，使用酶制剂的效果就越明显。例如，按"优质"小麦上已经证实的添加量添加木聚糖酶，可显著改善饲喂"次等"小麦的猪的生产性能（Partridge，2001）。

五、饲料酶作用和加工条件的变异性

饲料加工的温度差别很大，制粒温度一般为 65～90 ℃（Gibson，1995），这么高的温度可以破坏对热敏感的酶制剂。当制粒温度低于 80 ℃时，纤维素酶、淀粉酶和戊聚糖酶的活力损失不大；当制粒温度超过 80 ℃，植酸酶活性损失率达 87.5%；但当温度达 90 ℃时，纤维素酶、真菌类淀粉酶和戊聚糖酶活力损失很大，损失率达 90% 以上，细菌类淀粉酶损失 20% 左右。摩擦力的增加，使得植酸酶损失率提高。用模孔孔径为 2 mm 的压模制粒时，植酸酶的损失率高于孔径为 4 mm 的压模的损失率（冯定远，2003）。

六、日粮营养水平与酶作用提供可利用营养的比较性

冯定远和沈水宝（2005）在讨论加酶日粮 ENIV（有效营养改进值）系统的建立和应用时指出，原来的研究所得出的数据可能不一定反映各种饲料原料在酶制剂催化以后的有效营养价值，现有的饲料原料数据库甚至饲养标准可能不完全适合使用酶制剂的日粮配方设计。第一，从理论上讲，不管是直接提高营养成分消化率的酶制剂（蛋白酶、淀粉酶等），还是间接提高饲料营养消化利用的酶制剂（木聚糖酶、β-葡聚糖酶等），都不同程度地提高了消化道总的有效营养供应量，这与没有添加酶制剂的情况不同。第二，在实践应用中，如果按照原来的营养参数设计日粮配方，在营养水平已经偏高的情况下，供给有效营养总量已经足够，再使用酶制剂的意义就不大，生产中也有可能不显示出效果，如在营养水平较高的玉米-豆粕型日粮中添加酶制剂没有明显效果（Charlton，1996）。Vila 和 Mascarell（1999）的试验中，当日粮中的豆粕含量增高到 60% 时，其代谢能和未加酶组相比无差异。该结果与 Leske 等（1993）的报道一致，说明有必要调整饲养标准。第三，在某些情况下，使用酶制剂以后动物的采食量反而下降（不

少情况是提高采食量），一种解释是：使用酶制剂提高了可利用（有效）营养的供应，特别是可消化能或代谢能，有时候动物能够根据营养水平（代谢能水平）调节采食量，相应的，动物将减少饲料的摄入量。

七、饲料酶制剂在畜禽饲料中应用功能的多元性

酶制剂在畜禽饲料中的应用功能有许多方面，其营养功能是最主要的。但是，某些酶制剂并不表现出营养的功能，反映在一般的生产性能方面的效果可能不明显。传统上，讨论酶制剂在畜禽日粮中使用的效果时，一般是考虑动物的生产性能，特别是日增重和饲料转化效率。酶制剂在畜禽饲料中的应用大部分也是改善动物传统意义上的生产性能。但是，部分酶制剂的功能并不表现典型的生产性能的提高，有可能是其他性能，或者是广义上的生产性能，如外观表现、健康状况、整齐度、成活率、同期出栏的比例等。广义上的生产性能同样也影响饲养的效益。我们把这些狭义上的生产性能（或者传统意义上的生产性能）以外的其他动物生产性能指标称为"非常规动物的生产性能指标"（冯定远和左建军，2010）。酶制剂的复杂性及其功能的多元性，使得有时应用"非常规动物生产性能指标"评定饲料酶制剂的作用效果更有意义。

第二节　饲料酶制剂在畜禽饲料中应用的功能

酶制剂是一种特殊的饲料添加剂，具有多方面的功能，包括具有营养性添加剂和非营养性添加剂两方面的作用，酶制剂在畜禽饲料中的作用有 6 个方面。

一、改善营养消化利用的功能

改善营养消化利用是酶制剂最主要的功能，目前也是了解最多的功能。具有这种功能的酶制剂种类最多，从第一代饲料酶制剂（蛋白酶、淀粉酶、脂肪酶等），第二代饲料酶制剂（木聚糖酶、β-葡聚糖酶、纤维素酶等），到第三代饲料酶制剂（α-半乳糖苷酶、β-甘露聚糖酶、果胶酶、甲壳素酶、壳聚糖酶等）都具有这种作用，只是其改善营养消化利用的途径有所不同。饲料酶制剂的多种功能中，最基本和最重要的功能是其营养功能，也是目前应用的最直接的目的。我们在讨论饲料酶制剂的分类和划代时，既考虑了各类饲料酶制剂研究和开发的先后顺序，也考虑了各类酶制剂的功能作用（冯定远和左建军，2011）。其中，最早研究酶制剂在饲料中的应用就是酶制剂的营养功能。

具有营养功能的酶制剂分为两类：第一种是直接催化水解营养底物，包括第一代饲料酶制剂；第二种是去除抗营养作用，包括第二代饲料酶制剂及第三代饲料酶制剂。具有营养功能的饲料酶制剂是最重要，也是最普遍的酶制剂，包括第一代至第三代的大部分饲料酶制剂。

二、促进肠道健康的功能

酶制剂促进肠道健康的功能是通过两个途径来实现的：一是与酶制剂功能的物理作用相关，主要是降低黏性；二是与生化代谢作用相关，酶制剂产生的寡糖可促进肠道正常蠕动，促进有益菌增殖，抑制有害菌定殖。促进肠道健康表现为：一方面酶制剂可以改善肠道微生态环境，另一方面酶制剂可以促进绒毛肠道的正常发育。当然这两方面也是有关联的。例如，非淀粉多糖酶（木聚糖酶、β-葡聚糖酶等）在降低食糜黏性的同时，也可以改善肠道微生态环境，来降低动物小肠绒毛代偿性增生。有关酶制剂与畜禽肠道健康的关系是近年来研究的热点，左建军等（2011）首次提出的"益生型酶制剂"理念，就是对酶制剂具有促进肠道健康功能的深入探讨。

三、生理和免疫调控的功能

蛋白质酶、肽酶的催化水解产物寡肽；淀粉酶、非淀粉多糖酶（木聚糖酶、β-葡聚糖酶、纤维素酶等）和特异碳水化合物酶（α-半乳糖苷酶、β-甘露聚糖酶、果胶酶、甲壳素酶、壳聚糖酶等）的催化水解产物寡糖，都部分具有生物活性的作用，间接具有调控肠道微生态、体内代谢和免疫的功能，部分与第二个功能相关。典型例子是体外条件下，大豆蛋白通过蛋白酶的水解生产寡肽，而且往往是以组合蛋白酶的方式进行处理，如通过黑曲霉酸性蛋白酶和枯草杆菌碱性蛋白酶等的协同作用水解大豆蛋白生产寡肽（朱海峰，2004）。淀粉酶可以产生麦芽寡糖，α-淀粉酶可以产生壳寡糖（张文清等，2003），木聚糖酶水解甘蔗渣木聚糖可以产生木寡糖（朱孝霖等，2008）。寡糖调节机体免疫系统主要是通过充当免疫刺激的辅助因子来发挥作用，以提高抗体免疫应答能力（Savage 等，1996）。生物活性成分能部分改善动物的肠道健康，部分改善肠道以外的机体抗病能力，部分提高动物的代谢水平，具有一定的生理生化调控功能。

四、脱毒解毒的功能

黄曲霉毒素脱毒酶等，能够断裂黄曲霉毒素分子中氧杂萘邻酮环上的芳香内酯键和使碳 8 位的甲氧基团降解。在 $100~\mu g/kg$ 黄曲霉毒素 B_1（以日粮计）中加入黄曲霉毒素解毒酶，能一定程度地改善肉仔鸡的平均日采食量、平均日增重和平均末重，显著降低毒素在肝脏和血液中的残留量，减弱毒素对肝脏的损伤，一定程度地改善血清学指标（曹红等，2010）。饲料中黄曲霉毒素污染量为 $20\sim50~\mu g/kg$ 时，饲用黄曲霉毒素解毒酶制剂在饲料中适宜添加量为 0.3%（尹逊慧等，2010）。另外，部分酯酶、谷胱甘肽-S-转移酶、细胞色素 P450 单加氧酶等也具有特定的脱毒解毒功能。

五、抑菌杀菌的功能

有些酶制剂，如胞壁质酶（又称溶菌酶）具有杀菌作用，部分甲壳素酶和壳聚糖酶同样具有抑菌杀菌功能。其原理是一类与甲壳素有关的分子是细菌细胞壁内肽聚糖中的糖链，这类糖链可以看成是甲壳素的衍生物，它基本上保留了甲壳素和纤维素样的结构，这类酶分解细菌细胞壁成分。由于肽聚糖糖链的结构与甲壳素类似，因此原先以肽聚糖为底物的溶菌酶也可以降解甲壳素。其他与甲壳素有关的分子是在某些链球菌的表面存在着另一类 N-乙酰氨基葡萄糖形成的多糖，与甲壳素不同的是，这类多糖不仅是通过 β-1，6-核苷键连接形成的生物大分子，而且是一种病原分子（冯定远和左建军，2011）。

六、抗氧化等功能

GSH-Px 具有抗氧化功能，能显著提高血清超氧化物歧化酶（SOD）的活力和降低肝脏丙二醛（malondialdehyde，MDA）的含量（陈芳艳，2010）。另外，具有抗氧化功能的还有超氧化物歧化酶、硫氧还原蛋白过氧化物酶和过氧化氢酶等。过氧化物在体内一旦形成，就会发挥抗氧化作用。可以推导，抗氧化作用对提高畜产品的质量和延长货架时间有一定的好处。

当然，这里讨论酶的功能，部分还只是作为生化成分"酶"的功能，有些还不是可以在饲料中应用的"酶制剂"。

第三节 饲料酶制剂与动物营养的关系

一、饲料酶制剂改善营养消化利用效率的途径

酶制剂改善畜禽对营养的消化利用是通过直接作用和间接作用两方面来实现的。一般的，酶制剂通过 3 个途径来提高营养物质的消化利用效率：①补充消化道营养水解所需的酶（直接作用）。某些酶制剂直接补充消化酶，提高营养成分的消化率。例如，蛋白酶（游金明等，2008）、淀粉酶（蒋正宇等，2006）、脂肪酶（时本利等，2010）分别提高蛋白质、淀粉和脂肪的消化利用率。蛋白酶有动物源蛋白酶、植物源蛋白酶和微生物源蛋白酶之分。动物源性的胃蛋白酶或胰脏蛋白酶，就是最典型的蛋白质消化酶直接补充；植物源蛋白酶和微生物源性蛋白酶的基本原理也是一样，也可以看成消化道内蛋白酶的补充。淀粉酶和脂肪酶的情况也是如此。最早在畜禽饲料中使用第一代酶制剂的想法就是源于蛋白酶、淀粉酶或脂肪酶可以直接补充消化道相应消化酶不足的情况。②去除饲料中的抗营养因子（间接作用）。某些酶制剂通过去除抗营养因子，来间接提高营养成分的消化率。例如，木聚糖酶（冯定远等，2008）、β-葡聚糖酶（冯定远等，1997）、纤维素酶（黄燕华，2004；陈晓春等，2005）、α-半乳糖苷酶（冒高伟，2006；蒋桂韬等，2009）、β-甘露聚糖酶（郑江平和朱文涛，2010），都不同程度地促进营养的消化，最终提供更多可利用的营养，如提高消化能、代谢能，提高氨基酸、脂肪酸、矿物质、微量元素、维生素消化利用率等。同样，添加植酸酶能够提高蛋白质和氨基酸的消化率（Ravindran 等，1995），而不仅仅是植物磷的利用效率。③增加动物内源消化酶的分泌（间接作用）。某些酶制剂通过增加动物内源消化酶分泌，来提高营养物质

的消化利用率。Sheppy（2001）认为，在日粮中添加淀粉酶和其他一些酶，可以增加动物内源消化酶的分泌，进而改进营养物质的消化吸收率，提高饲料转化效率和动物生长率。沈水宝（2002）发现，添加外源酶有增加仔猪胰脏胰淀粉酶活力的趋势，28 d和42 d仔猪胰脏胰蛋白酶活力有提高的趋势，提高了42 d和56 d胃蛋白酶的活力。党国华（2004）也发现，低聚木糖有提高肉仔鸡小肠总蛋白酶和淀粉酶活的趋势。

其中第一种途径是一种酶制剂单一提高一类营养的消化利用，如蛋白酶只能提高蛋白质的消化利用；而第二和第三种途径是一种酶制剂有可能同时提高几类营养物质的消化利用率，如木聚糖酶理论上可以提高所有营养物质的消化利用率。前者单一明确，后两者综合复杂。

二、饲料酶制剂与动物营养学的关系

饲料酶制剂的使用将会越来越普遍，主要原因有：①现代养殖的一个特点是集约化、大规模、生长快、周期短，相应的养殖模式是高密度，配方特点是富营养。不管是高密度饲养条件，还是富营养日粮水平，都在一定程度上对动物产生应激。与传统养殖相比较，双重的应激因素将对动物消化生理和消化酶的分泌造成一定影响，必然降低饲料营养物质的消化利用率，添加酶制剂可在一定程度上克服这种影响。②非常规饲料原料消化率低或含有有害有毒成分，通过发酵或者添加酶制剂等手段可在一定程度上加以改善，发酵的本质也是酶的作用。随着相对容易消化利用的以常规饲料原料玉米、豆粕作为饲料原料供应的绝对量的减少（耕地减少和作为其他用途增加），以及配方中相对量的减少（养殖需求增加，在配方中的比例下降），使用低玉米低豆粕型日粮甚至无玉米无豆粕日粮是一种趋势，酶的使用可解决饲料原料短缺的矛盾，高效组合酶的作用（冯定远等，2008；吕秋凤等，2010）使得部分非常规饲料原料得到了比较好的利用。③即使是玉米-豆粕型日粮，也同样存在消化的问题。过去许多人认为玉米是饲料原料的所谓"黄金标准"，大多数动物营养学家认为玉米不存在消化不良性，消化率超过95%。但是Noy和Sklan（1995）研究表明，在理想状态下，4～12 d的肉鸡日粮中淀粉的回肠末端消化率很少超过85%，而添加淀粉酶可以使淀粉在小肠中得到更多、更快的降解。Noy和Sklan（1995）报道，给肉仔鸡饲喂玉米-豆粕日粮时，淀粉和脂肪的回肠消化率均较低。该研究表明，肉仔鸡（4～21 d）小肠末端淀粉消化率仍然仅为82%，鸡日龄增加时，消化率也没有提高的迹象。说明玉米淀粉的一部分到达肠后段且在那里发酵，但能利用的能量仍很少。对回肠食糜进行显微镜检查发现，回肠内大量未消化的玉米胚乳成分也证明了这一点。这也说明添加酶制剂仍然有改善玉米消化利用效果的空间。

酶制剂的添加，在一定程度上改变了物种原来的消化系统和消化能力。例如，猪日粮中使用酶制剂，特别是纤维素酶和木聚糖酶一类的酶制剂，意味着猪可以消化利用部分粗饲料，从消化性能上讲，这部分类似反刍动物。添加高效饲料酶制剂的猪，已经不是原来消化性能的猪，"此猪非彼猪"，原来的消化效率、营养参数已经改变，不能再使用"彼猪"的营养消化系统，有必要使用加酶日粮的"此猪"营养消化系统，重新建立新的营养参数。因此，要真正使用好酶制剂，必须有相应的营养系统，饲料酶制剂的营养功能研究和"饲料酶制剂营养学"的逐步建立就显得很有必要。

营养调控已成为动物营养学发展的主旋律（卢德勋，2004）。过去理解营养调控更多是体内营养代谢的调控，实际上，营养调控还包括消化道的调控，添加酶制剂也是一种重要的营养调控手段，改变了营养参数，改变了有效营养的供应，同时某些产物（能吸收且具有生物活性的寡肽）也影响体内的代谢。随着酶制剂使用的越来越普遍，如何科学界定酶制剂的营养功能，将酶制剂的营养价值体现出来，根据卢德勋先生提出的系统营养学原理，在"动物营养学"的大系统内，今后十分有必要探讨构建与酶制剂相关的一个子系统，即"饲料酶制剂营养学"。

本　章　小　结

　　影响饲料酶制剂在饲料中应用的因素包括：酶本身、动物对象、日粮及其加工、综合因素等。酶制剂是一种特殊的饲料添加剂，具有营养性添加剂和非营养性添加剂的多种功能。酶制剂在畜禽饲料中的应用大体有改善营养消化利用的功能、促进肠道健康的功能等作用。酶制剂提高动物对饲料营养消化利用的途径主要包括：直接补充内源酶的不足，间接去除饲料中抗营养因子，间接调控机体内源酶分泌。酶制剂通过消化道调控营养消化吸收及代谢，改变营养参数、有效营养效应，实现对动物营养需要与利用的调控、对饲料营养价值的改造，体现出饲料酶制剂营养学的理论特点。

➡ 参考文献

曹红，尹逊慧，陈善林，等，2010. 黄曲霉毒素解毒酶对岭南黄肉仔鸡日粮中黄曲霉毒素 B_1 解毒效果的研究 [J]. 动物营养学报，22（2）：424-430.

陈芳艳，2010. 猪谷胱甘肽过氧化物酶的修饰及生物活性研究 [D]. 广州：华南农业大学.

陈晓春，陈代文，2005. 纤维素酶对肉鸡生产性能和营养物质消化利用率的影响 [J]. 饲料研究（11）：7-9.

党国华，2004. 低聚木糖在肉仔鸡和蛋鸡生产中的应用研究 [D]. 南京：南京农业大学.

冯定远，2003. 配合饲料学 [M]. 北京：中国农业出版社.

冯定远，黄燕华，于旭华，2008. 饲料酶制剂理论与实践的新思路——新型高效饲料组合酶的原理和应用 [J]. 中国饲料（13）：24-28.

冯定远，沈水宝，2005. 饲料酶制剂理论与实践的新理念——加酶日粮 ENIV 系统的建立和应用 [J]. 饲料工业（18）：1-7.

冯定远，谭会泽，王修启，等，2008. 木聚糖酶对肉鸡肠道碱性氨基酸转运载体 mRNA 表达的影响 [J]. 畜牧兽医学报，39（3）：314-319.

冯定远，张莹，余石英，等，1997. 含有木聚糖酶和 β-葡聚糖酶的酶制剂对猪日粮消化性能的影响 [J]. 饲料博览（6）：5-7.

冯定远，左建军，2011. 饲料酶制剂技术体系的研究与实践 [M]. 北京：中国农业大学出版社.

黄燕华，2004. 不同来源纤维素酶在肉鹅高纤维日粮中的应用及其作用机理的研究 [D]. 广州：华南农业大学.

蒋桂韬，周利芬，王向荣，等，2009. α-半乳糖苷酶对黄羽肉鸡生长性能和养分利用率的影响 [J]. 动物营养学报，21（6）：924-930.

蒋正宇，周岩民，王恬，2006. 外源 α-淀粉酶对肉仔鸡消化器官发育及小肠消化酶活性影响的后

续效应 [J]. 中国农学通报，10：13-16.

卢德勋，2004. 系统动物营养学导论 [M]. 北京：中国农业出版社.

吕秋凤，宁志利，王振勇，等，2010. 不同来源木聚糖酶及其组合对肉仔鸡生长性能和养分代谢率的影响 [J]. 沈阳农业大学学报，3：350-353.

冒高伟，2006. α-半乳糖苷酶在断奶仔猪玉米豆粕型日粮中的应用研究 [D]. 广州：华南农业大学.

沈水宝，2002. 外源酶对仔猪消化系统发育及内源酶活性的影响 [D]. 广州：华南农业大学.

时本利，王剑英，付文友，等，2010. 微生物脂肪酶对断奶仔猪生产性能的影响 [J]. 饲料博览（3）：1-3.

尹逊慧，陈善林，曹红，等，2010. 日粮添加黄曲霉毒素解毒酶制剂对黄羽肉鸡生产性能、血清生化指标和毒素残留的影响 [J]. 中国家禽（2）：29-33.

游金明，瞿明仁，黎观红，等，2008. 复合蛋白酶和甘露寡糖对肉鸡生长性能的影响及其互作效应研究 [J]. 动物营养学报，20（5）：567-571.

张文清，夏玮，2003. 非专一性酶催化壳聚糖水解反应的特性 [J]. 功能高分子学报（1）：44-48.

郑江平，朱文涛，2010. 添喂 β-甘露聚糖酶对蛋鸡生产性能和日粮表观利用率的影响 [J]. 中国畜牧兽医，37（8）：5-8.

朱海峰，2004. 内切酶与端肽酶协同水解大豆蛋白的研究 [J]. 食品信息与技术（8）：18.

朱孝霖，李环，韦萍，2008. 耐热木聚糖酶水解法制备木寡糖的研究 [J]. 饲料工业，12：39-42.

左建军，冯定远，张中岳，等，2011. 益生型木聚糖酶设计的理论基础及其意义 [J]. 饲料工业（增刊）：19-24.

Bedford M R，Schulze H，1998. Exogenous enzymes in pigs and poultry [J]. Nutrition Research Reviews，11：91-114.

Caine W R，Sauer W C，Tamminga S，et al，1997. Apparent ileal digestibilitis of amino acids in newly weaned pigs fed diets with protease-treated soybean meal [J]. Journal Animal Science，75：2962-2969.

Charlton P，1996. Expanding enzyme applications：higher amino acid and energy values for vegetable proteins [M]//Bbiotechnology in the feed industry. Great Britain：Nottingham University Press，Loughborough，Leics.

Chesson A，1993. Feed enzymes [M]. Animal Feed Science and Technology，45（1）：65-79.

Choct M，2001，Enzyme supple mentation of poultry diets based on viscous cereals [M]. Bedford M R，Partridge G G. Enzymes in farm animalnutrition. Wiltshire，LIK.

Coughlan M P，1992. Towards an understanding of the mechanism of action of main chain-hydrolysing xylanases [M]//Visser J，Beldman G，Kusters-van Someren M A，et al. Xylans and xylanases. Elsevier，Amsterdam，The Netherlands.

Coughlan M P，Tuohy M A，Filho E X F，et al，1993. Enzymological aspects of microbial hemicellulases with emphasis on fungal systems [M]//Coughlan M P，Hazlewood G P. Hemicellulose and hemicellulase. London：Portland Press.

Danicke S，Simon O，Jeroch H，1999. Effects of supplementation of xylanase or β-glucanase containing enzyme preparations to either rye-or barley-based broiler diets on performance and nutrient digestibility [J]. Archiv Fur Geflugeelkunde，63：252-259.

Dierick N A，1989. Biotechnology aids to improve feed and feed digestion：enzymes and fermentation [J]. Archives Animal Nutrition，39：241-261.

Dierick N，Decuypere J，1996. Mode of action of exogenous enzymes in growing pig nutrition [J].

Pig News Information，17：41－48.

Dierick N A，Decuypere J A，1994. Enzymes and growth in pigs ［M］//Cole D J A，Wiseman J，Varley M A. Principles of pig science. Nottingham，UK：Nottingham University Press.

Dvorakova J，1998. Phytase：sources，preparation and exploitations ［J］. Folia Microbiology，43：323－338.

Gibson K，1995. The pelleting stability of animal feed enzymes ［C］//van Hartingsveldt W，Hessing M，van der Lugt J T，et al. Proceedings of the 2nd European Symposium on Feed Enzymes. The Netherlands：Noordwijkerhout：157－162.

Graham H，Balnave D，1995. Dietary enzymes for increasing energy availability ［M］//Wallace R J，Chesson A. Weinheim，Germany：Biotechnology in Animal Feed and Animal Feeding VCH.

Hessing M，xan Laarhoven H，Rooke J A，et al，1996. Quality of soyabean meals（SBM）and effect of microbial enzymes in degrading soya antinutritional compounds（ANC）［C］//2nd International Soyabean Processing and Utilization Confrence. Thailand：Bangkok.

Leske K L，Jene C J，Coon C N，1993. Effect of oligosaccharide additions on nitrogen－corrected metabolizable energy of soy protein concentrate ［J］. Poultry Science，72：664－668.

McAllister T A，Hristov A N，Beauchemin K A，et al，2001. Enzymes in farm animal nutritions ［M］//Bedford M R，Partridge G G. United Kingdom：CABI Publishing.

Moran E T，1982. Comparative nutrition of fowl and swines ［D］. Canada：University of Guelph.

Noblet J，Dubois S，Labussiere E，et al，2010. Metabolic utilization of energy in monogastric animals and its implementation in net energy systems ［M］//Crovetto G M. Energy and protein metabolism and nutrition. Wageningen：Wageningen Academic Publishers.

Noy Y，Sklan D，1995. Digestion and absorption in the young chick ［J］. Poultry Science，74：366－373.

Partridge G G，2001. Enzymes in farm animal nutrition ［M］//Bedford M R，Partridge G G. United Kingdom：CABI Publishing.

Pettersson D，Rasmussen P B，1997. Improved heat stability of xylanases ［C］. Proceedings of the Australian Poultry Science symposium. Australian Poultry Science，Sydney.

Ravindran V，Bryden W L，Kornegay E T，1995. Phytates：occurrence，bioavailability and implications in poultry nutrition ［J］. Poultry and Avian Biology Reviews，6：125－143.

Rooke J A，Fraser H，Shanks M，et al，1996. The potential for improving soybean meal in diets for weaned piglets by protease treatment：comparison with other protein sources ［C］. British Society of animal Science winter Meeting Scarborough，UK：136.

Rooke J A，Slessor M，Fraser H，et al，1998. Growth performance and gut function of piglets weaned at four weeks of age and fed protease－treated soybean meal ［J］. Animal Feed Science and Technology，70：175－190.

Savage T F，Cotter P F，Zakrzewska E I，1996. The effect of feeding mannan－oligosaccharide on immune－globulins plasma IgG and bile IgA of wrolstad M W male turkey ［J］. Poultry Science，75：143.

Sheppy C，2001. The current feed enzyme market and likely trends ［M］//Bedford M R，Partridge G G. Enzymes in farm animal nutrition United Kingdom：CABI Publishing：1－10.

Vila B，Mascarell. J，1999. Alpha galactosides in soybean meal：can enzyme help ［J］? Feed International（6）：24－29.

Volfova O，Dvorakova J，Hanzlikova A，et al，1994. Phytase from *Aspergillum niger* ［J］. Folia Microbiology，39：481－484.

第十三章
基于系统动物营养学的
饲料酶制剂营养学

饲料酶制剂比其他酶制剂更加复杂，问题更加突出，如对酶制剂的功能作用，特别是如何和动物营养结合起来，使用价值如何量化，如何营养化等。"饲料酶制剂的应用，对传统的动物营养学说提出了挑战，如饲料配方、原料选择和营养需要量等方面需要重新研究或修正"（Sheppy，2001）。Noblet 等（2010）也提到，酶制剂的使用将影响饲料的净能值，说明酶的使用必须与动物营养的基础结合起来。因此，有必要讨论在饲料中应用酶制剂时应考虑的因素和酶制剂的功能与动物营养的关系。随着酶制剂使用得越来越普遍，如何科学界定酶制剂的营养功能，如何把酶制剂的营养价值体现出来，根据卢德勋先生提出的系统营养学原理，在"动物营养学"的大系统内，十分有必要探讨构建与酶制剂相关的一个子系统，即"饲料酶制剂营养学"。

第一节　系统动物营养学在饲料酶制剂研究的应用

系统动物营养学是卢德勋（1997）提出来的一种创新理论体系，对整体把握动物营养学科的发展和建立新的研究思维方式有重要理论价值，对深化认识传统动物营养学和拓展动物营养学科的研究领域有指导意义。应用这一理论，可以开展新领域的深入研究和构建新的学科体系。随着饲料酶制剂研究和实践水平不断提高，特别是酶制剂与营养的关系，酶制剂价值的量化研究和总结，为"饲料酶制剂营养学"的研究和建立积累了扎实基础，使其成为"动物营养学"的大系统中独立的一个子系统。

一、"动物营养学"大系统与"饲料酶制剂营养学"子系统的关系

根据系统营养学原理，在"动物营养学"的大系统内，有不同的子系统（卢德勋，2004），"动物营养"由不同层面的子系统组成，从动物角度，有单胃动物营养、反刍动物营养、水产动物营养、猪营养、家禽营养等子系统；从营养成分角度，有蛋白质营养、能量营养、维生素营养、矿物质营养等子系统；从饲料营养特性角度，有谷物饲料

营养、植物蛋白质饲料营养、动物蛋白质饲料营养、矿物质饲料营养、营养性添加剂营养、以及改善营养的功能性添加剂营养等子系统。

"学说、学"是指分门别类的有系统的知识，在学术上自成系统的学科理论。"动物营养学"则是由不同的与动物营养相关的学问组成，如反刍动物营养学、饲料营养学等。例如，专门研究家禽营养的学问和专业知识就是"家禽营养学"，专门研究维生素营养的学问和专业知识就是"维生素营养学"；同样，专门研究饲料酶制剂的营养的学问和专业知识，我们可以将其定义为"饲料酶制剂营养学"或者"饲料酶营养学"。

二、饲料酶制剂消化模式与动物原有消化系统消化模式的区别

系统动物营养学的研究对象就是动物营养系统（animal's nutritional system），动物营养系统是指由与动物营养过程有关的动物器官、组织及机体外部环境所组成的，其间不断进行着营养物质代谢和利用、能量流动和转化的，一种结构与功能相结合的有机整体（卢德勋，2004）。作为一个具体物种的畜禽，如猪、牛，都有一套独特的消化系统和消化模式，营养的消化利用有别于其他动物物种，因此猪的营养学和牛的营养学差别非常大，有专门的学科领域进行讨论。

外源酶制剂的添加，可明显改变动物原来的消化功能结构和消化能力，相应的饲料营养可消化参数和可利用营养数据也发生了变化。从消化系统或消化性能的角度，相当于消化道的有效延长及饲料可消耗性的改进（冯定远和沈水宝，2005）。因此，有必要针对加酶饲料，根据不同动物类别建立新的营养参数。Sheppy（2001）强调，饲料酶制剂的应用，使得饲料配方、原料选择、营养需要量等都需要重新研究或修正。这也是保障真正使用好酶制剂，必须有相应的精准营养参数系统，饲料酶制剂的营养功能研究和"饲料酶营养学"的逐步建立就显得很有必要。

三、饲料酶制剂营养调控作用的价值体现

卢德勋（2004）在讨论系统动物营养时强调"营养调控已成为动物营养学发展的主旋律"。过去理解的营养调控更多的是体内营养代谢的调控，实际上，营养调控还包括消化道的调控和外环境的调控。酶制剂是一种重要的营养调控手段，改变着营养参数，改变着有效营养的供应，同时某些产物（能吸收且具有生物活性的寡肽）也影响体内的代谢。"饲料酶制剂营养学"的主要研究内容就是酶制剂的营养调控作用及其营养的量化、当量化或者酶制剂的营养价值化。

第二节 饲料酶制剂营养学的理论体系

在《饲料酶制剂技术体系的研究与实践》中，笔者专门讨论了有关饲料酶制剂技术体系的问题。饲料酶制剂技术体系的建立是基于饲料酶制剂发挥作用的 3 个基本条件，针对酶本身生物学特性的真实性、酶制剂应用的高效性、酶制剂对日粮的适用性，根据

酶制剂的酶学特性及抗逆性研究、动物消化生理和组合酶的设计及其理论基础的研究、饲料原料特性、配方技术等（冯定远和左建军，2011）。

一、饲料酶制剂技术体系的构成

饲料酶制剂技术体系包括：①饲料酶制剂的分类及其划代；②高效饲料组合酶的设计原理；③加酶日粮 ENIV 系统的建立；④饲料酶制剂发挥作用的位置及其机制；⑤酶制剂使用效果的预测；⑥酶制剂应用效果的评价。其中，高效饲料组合酶的设计原理是产品设计的核心技术；加酶日粮 ENIV 系统是酶制剂应用的核心技术；而饲料酶制剂的分类及其划代、饲料酶制剂发挥作用的位置及其机制、酶制剂使用效果的预测及酶制剂应用效果的评价是酶制剂应用的配套技术（冯定远和左建军，2011）。

二、饲料酶制剂技术体系的价值

针对酶制剂种类较多、作用目的差别比较大、应用日粮和饲料原料范围比较广等情况，为了规范饲料酶制剂的使用，以便使得应用更为有效，对其进行的分类和划代，不仅仅是依据作用底物的简单分类或简单的时间划分，更是建立在作用模式、作用底物化学组成特点、作用位点、糖生物学基础等之上的科学分类和划分。组合酶作为酶制剂产品设计的创新理念，有别于传统的单酶和复合酶，能充分体现酶制剂的高效性、针对性，以"差异互补，协同增效"为核心理念，并以此为组合酶筛选的技术思路。加酶日粮有效营养改进值（ENIV）系统是各种加酶饲料可提供的额外有效营养量的总结；饲料酶发挥作用位置及其原理，对于拓展酶制剂应用的思路和产品开发的多样性有重要意义；酶制剂使用效果的预测及其模型的建立，对于酶制剂使用的量化有重要帮助；酶制剂应用效果的评价，在一般生产性能指标的基础上，提出了评价应用效果的非常规生产性能指标，可使得酶制剂的应用效果评价更加精细、科学（冯定远和左建军，2011）。

饲料酶制剂技术体系与饲料酶营养学既有关系，又有不同。就研究内容方面，饲料酶制剂技术体系更多是涉及酶制剂使用的技术，而饲料酶制剂营养学主要涉及是饲料酶制剂的营养功能。例如，加酶日粮有效营养改进值（ENIV）系统的提出对于加酶饲料配方的设计、饲料原料营养价值的评定提供了一套新的营养数据系统，既是酶制剂使用的技术，又反映饲料酶制剂的营养功能。

本 章 小 结

"饲料酶制剂营养学"是系统营养学原理中的重要组成部分，其主要研究内容是酶制剂的营养调控作用及其营养的量化或者营养价值化。系统饲料酶制剂核心内容包括：饲料酶制剂的分类及其划代、高效饲料组合酶的设计原理、加酶日粮 ENIV 系统、饲料酶制剂发挥作用的位置及其机理、酶制剂使用效果的预测、酶制剂应用效果的评价。"饲料酶制剂系统营养学"是对系统营养学的重要发展，具有重要的理论价值和转化成实践技术的应用价值前景。

⊙参考文献

冯定远，沈水宝，2005. 饲料酶制剂理论与实践的新理念——加酶日粮 ENIV 系统的建立和应用 [J]. 饲料工业，26（18）：1-7.

冯定远，左建军，2011. 饲料酶制剂技术体系的研究与实践 [M]. 北京：中国农业大学出版社.

卢德勋，1997. 在动物营养学领域应用系统科学的初步探索 [C]//冯仰康. 动物营养研究进展. 北京：中国农业大学出版社.

卢德勋，2004. 系统动物营养学导论 [M]. 北京：中国农业出版社.

Noblet J，Dubois S，Labussiere E，et al，2010. Metabolic utilization of energy in monogastric animals and its implementation in net energy systems [M]. Crovetto G M. Energy and protein metabolism and nutrition. Parma，ltaly：Wageningen Academic Publishers.

Sheppy C，2001. The current feed enzyme market and likely trends [M]. Bedford M R，Partridge G G. Enzymes in farm animal nutrition. Cambridge，UK：CABI Publishing.

第十四章
饲料酶制剂降低动物机体营养代谢消耗的作用及其机制

酶制剂是一种特殊的饲料添加剂，具有多方面的功能，包括营养性添加剂和非营养性添加剂两方面的作用。使用酶的基本出发点是提高饲料原料的营养价值。随着研究的开展，研究人员发现酶制剂除在动物饲料与养殖应用中有营养利用功能外，还有促进肠道健康功能、调控动物生理功能、调节免疫功能、对饲料毒物进行脱毒解毒功能、对病原微生物的抑菌杀菌功能和抗氧化功能。

第一节　饲料酶制剂的作用特点

一、饲料酶制剂的作用途径

随着饲料酶制剂生产领域技术的快速发展，以及饲料酶制剂应用技术体系的不断进步，酶制剂在饲料和养殖业中的重要性日益凸显。饲料酶制剂发挥高效生物催化剂作用的途径通常包括营养性添加剂和非营养性添加剂两个方面，其中核心价值还是提高营养消化利用功能，并存在直接作用发挥和间接作用发挥的方式。饲料酶制剂提高营养物质的消化利用功能通过：直接补充消化道营养水解所需的酶（Xu 等，2011；Ling 等，2012；Zuo 等，2015），间接通过去除饲料中抗营养因子（Xu 等，2011；Yusuf 等，2013；Ren 等，2015），或间接通过诱导增加动物内源消化酶分泌实现目标。酶制剂的这 3 个方面的营养功能都是提高营养物质的利用效率，以便给动物提供更多可消化和可利用的营养，是一种营养开源的技术手段。与此同时，非营养性作用，如健康维护作用、应激缓解作用等也在不断认识清楚，发挥越来越明确的添加作用。

二、饲料酶制剂"营养节流"的作用价值

随着饲料酶制剂精细化应用技术的不断发展，其作为营养节流技术手段的价值日益凸显出来。消减饲料机体诱导免疫增耗是近年来新发现的酶制剂发挥作用的重要途径。饲料诱导免疫源造成的营养消耗，包括能量、氨基酸和维生素等营养的消耗增加。免疫应激最

直接的反应是能量代谢水平提高，能量消耗增加而影响动物的生长性能。与酶制剂的免疫调控功能（酶水解产生一些功能性寡糖、小肽调控免疫机能）不同，酶制剂可以消除饲料源性免疫反应造成的应激，如多种蛋白酶组成的组合型蛋白酶可以水解大分子抗原蛋白的抗原性。抗原性的去除可以减少免疫应激反应，减少由于免疫应激造成的营养额外损耗。β-半乳甘露聚糖是常见的一种饲料免疫原，它与病原相关分子模式相似。肠道上的模式识别受体和β-半乳甘露聚糖的PAMP结合后可引起免疫应激，引起肠道溃疡等炎症，这种长时间、低烈度的免疫应激反应也造成营养的损耗。β-半乳甘露聚糖广泛存在于豆科籽实中，如瓜尔豆的瓜尔胶中含量最高，豆粕中的β-甘露聚糖主要是β-半乳甘露聚糖（棕榈科的棕榈粕和椰子粕中尽管β-甘露聚糖含量高，但只是普通的β-甘露聚糖或者β-葡甘露聚糖，不属于PAMP的类型）。某些针对β-半乳甘露聚糖的β-甘露聚糖酶，可以水解β-半乳甘露聚糖，消除其影响。闫晓阳等（2013）的研究表明，豆粕型日粮中添加β-甘露聚糖酶，可以降低日粮能量浓度，节约部分能量供应，同时能够改善动物的生产性能。因此，以蛋白酶和β-甘露聚糖酶为代表的酶制剂的营养功能，存在另外一种营养功能模式，就是通过降低免疫应激反应造成的营养额外消耗，起到营养节流的作用。

第二节　酶制剂消减能量损耗的作用价值

一、动物免疫反应及能量损耗

免疫生理机制的建立进而发展为对某些异物也出现免疫反应，特别是大分子的异物。一般来说，免疫反应对生物是有利的，免疫系统可以立即识别和消灭病原，甚至某些异物。免疫生理机制的建立是动物对付病原和寄生虫，防止产生疫病的结果（Zuk 和 Stoehr，2002），活化免疫系统会改善营养获得而生产与免疫反应相关的分子，这样会减少营养用于维持和生产，从而影响生产性能（Ferreira 等，2002）。由于免疫反应是营养消耗的过程，因此过强的免疫反应将造成大量的能量消耗。而这种消耗有时需要动员体内的贮备，进而影响生长、组织修复或者繁殖（Sheldon 等，1996）。大量的试验显示，免疫动员和免疫反应活动都是伴随营养的耗用（Lochmiller 和 Deerenberg，2000；Norris 和 Evans，2000）。除病原体外，饲料的组成成分和数量也影响免疫反应（Saino，1997），以及免疫反应的消耗（Moret 和 Schmid-Hempel，2000）。这种免疫反应增加基础代谢消耗在不同动物中均有报道（Demas 等，1997；Ackerman 等，2000；Ots 等，2001；Martin 等，2003）。

为什么免疫能力不能完全应对所有病原攻击的风险？一种假设是免疫反应是营养消耗性的，特别是能量的耗用（Lochmiller 等，2000；Schmidhempel 等，2003）。免疫识别和处理的能量动用，使这种强烈的、持续的反应不利于动物的生产性能（如禽类性成熟）（Råberg 等，2000；Rigby 和 Jokela，2000；Bonneaud 等，2003）。免疫应激的能量消耗与动物生产的能量消耗是有矛盾的，如果有效能量供应不能增加，那么就会牺牲动物的产蛋性能（繁殖性能），或者影响动物的免疫应答性能（Wikelski 和 Ricklefs，2001；Ricklefs 和 Wikelski，2002）。这种能量利用分配上的竞争，可以解释为什么禽类在寒冷条件下免疫功能会下降（Svensson 等，1998）。

静止代谢率或者基础代谢率反映了生命的最低能量消耗。而静止代谢率或基础代谢率的提高，是体内生理条件变化的结果，过去使用这种技术测定换羽、器官生长和产蛋的能量消耗。Martin 等（2003）通过直接呼吸测热设备测定发现，植物凝集素可激活细胞免疫反应，而增加代谢产热。Eraud 等（2005）研究了抗体滴度与能量消耗的关系发现，它们之间是呈正相关的。

二、β-甘露聚糖消减能量损耗的作用及其机制

1. β-甘露聚糖消减免疫应激导致的能量损耗 β-甘露聚糖是一种水溶性 NSP，含有重复的甘露糖单位，并与半乳糖或葡萄糖连接，以 β-1，4-糖苷键连接的甘露糖为主链（Eraud 等，2002；Hsiao 等，2006）。β-甘露聚糖有 4 种形式：线 β-甘露聚糖、β-半乳甘露聚糖、β-葡甘露聚糖和 β-半乳葡甘露聚糖，是饲料物质细胞壁结构的组成成分（Sundu，2006）。棕榈粕和椰子粕含有 β-甘露聚糖，含量分别是 39% 和 35%，但是水溶性的 β-甘露聚糖比例很低（7.7% 和 9.1%），是普通的 β-甘露聚糖，而不是 β-半乳甘露聚糖，只是造成一般的消化问题。而瓜尔豆中的瓜尔胶主要是 β-半乳甘露聚糖，瓜尔胶中的半乳甘露聚糖浓度达 70%（占总 β-甘露聚糖比例）。与一般的 β-甘露聚糖不同，β-半乳甘露聚糖是在以 β-1，4-D-吡喃甘露糖为主链的基础上，侧链上有一个半乳糖。β-半乳甘露聚糖具有水溶性。

豆粕中也含有较高浓度的 β-半乳甘露聚糖，而且甘露糖的比例与瓜尔胶半乳甘露聚糖相当（Hsiao 等，2006）。Daskiran 等（2004）发现，玉米-豆粕型日粮中瓜尔胶 β-甘露聚糖含量高，豆粕含有 3% 水溶性非淀粉多糖和 16% 不溶性非淀粉多糖，其中主要是纯通 β-甘露聚糖和 β-半乳甘露聚糖。Hsiao 等（2006）分析得出不同国家 36 种豆粕的 β-甘露聚糖范围为 1.33%～1.86%，去皮豆粕含有 1.02%～1.51% 的 β-半乳甘露聚糖。尽管豆粕中总 β-甘露聚糖含量不是特别高，但却主要是 β-半乳甘露聚糖。

β-甘露聚糖酶可以减少由于免疫反应造成的肉鸡坏死性肠炎的损害，这种损害与艾美球虫和产气荚膜梭菌（*Clostridium perfringens*）侵袭的模式相似（Jackson 等，2003）。Arsenault 等（2017）报道，相关蛋白磷酸化信号的数据表明 β-甘露聚糖酶可以消除 β-甘露聚糖，降低饲料导致的免疫反应，降低免疫相关的信号。β-甘露聚糖酶可以降低免疫球蛋白 Ig 的产生，进而降低免疫反应（Li 等，2010），也降低粒性白细胞（Mehri 等，2013）。这是因为甘露聚糖刺激免疫系统，β-甘露聚糖酶可降低与免疫相关的器官（胸腺和法氏囊）的重量（Li 等，2010）。Ferreir 等（2002）也表示，添加 β-甘露聚糖酶可以降低免疫器官法氏囊和脾脏的相对重量，不加时会刺激免疫系统的发育。β-甘露聚糖酶的另一个作用是降低日粮的黏性（Lee 等，2003）。

2. β-甘露聚糖酶提高日粮中营养物质的利用效率 β-甘露聚糖酶可以将 β-1，4-D-甘露聚糖主链上的甘露糖苷键，分解为甘露寡糖和少量的甘露糖（Kong 等，2011）。β-甘露聚糖酶在动物中的应用主要是集中在动物的生产性能、肠道健康和营养物质的利用等方面。β-甘露聚糖酶可以通过提高能量和营养物质的利用而提高动物的生产性能（Shastak 等，2015）。

β-甘露聚糖酶可以提高表观代谢能和表观氨基酸消化系数（Daskiran 等，2004；Kong 等，2011；Mussini 等，2011），可以提高营养物质的消化和利用，从而降低可发酵营养物质到达盲肠的速度（Kong 等，2011；Kwon 和 Kim，2015）。Kim 等（2017）发现，产蛋鸡日粮中添加 β-甘露聚糖酶可以提高日粮的能量价值。另外，添加 β-甘露聚糖酶可以改善畜禽的能量和提高营养物质的利用效率（Daskiran 等，2004；Kong 等，2011；Mussini 等，2011）。这与消除抗营养因子 β-甘露聚糖有关（Zangiabadi 和 Torki，2010）。在对低能量日粮中添加 β-甘露聚糖酶增加氮校正表观代谢能（apparent metabolized energy corrected for nitrogen，AMEn）表明能增加能量利用，进而起到节约能量的作用（Kong 等，2011；Kim 等，2017）。β-甘露聚糖酶通过降低黏性对肉鸡日粮发挥作用（Lee 等，2003；Mehri 等，2013）。Daskiran 等（2004）报道，在肉鸡豆粕型日粮中添加 β-甘露聚糖酶有正面效果。

肉鸡日粮中加入 β-甘露聚糖酶可以增加 AMEn、体增重及饲料转化效率（Daskiran 等，2004；Jackson 等，2004；Zangiabadi 等，2010）。肉鸡日粮中添加 β-甘露聚糖酶的效果已经在许多试验中得到证实（Jackson 等，2003；Lee 等，2003；Daskiran 等，2004；Jackson 等，2004）。Kong 等（2011）发现，在正常日粮和降低 418 kJ 的日粮中添加 β-甘露聚糖酶也增加了能量价值，AMEn 增加 4.96%，这种增加可以解释为 β-甘露聚糖酶水解小麦可溶性非淀粉多糖（soluble non-starch polysaccharides，SNSP）的效果。Saki 等（2005）认为是水解产物甘露糖增加了能量的供应并作为一种能量的来源。

另一个假设认为，在体外的研究中，水解产物寡糖可以在肉鸡小肠中发酵产生挥发性脂肪酸（volatile fatty acid，VFA），VFA 可以被肉鸡利用，从而增加 AMEn（Meng 等，2005）。因此，胃肠道的大小与肉鸡的基础代谢有关。减少黏性可以减少肉鸡的胃肠道充满程度，进而减少肉鸡产热量，有利于提高日粮的能量价值。在 Ferreira 等（2002）等试验中观察到，使用 β-甘露聚糖酶可以增加 201 kJ AMEn，添加酶可以降低日粮营养水平而不影响生产性能。

添加 β-甘露聚糖酶可以提高饲喂含棕榈粕饲粮生长猪的干物质、有机物和能量消化能量消化率（Mok 等，2013）。在含有椰子粉的肉鸡饲粮中添加 β-甘露聚糖酶可以提高营养物质的消化率和 ME 含量（Khanongnuch 等，2006）。Kim 等（2013）报道，β-甘露聚糖酶可以提高猪对棕榈粕饲粮中干物质和能量的消化率，其他有正面效果的还有玉米-豆粕型饲粮（Lü 等，2013）。β-甘露聚糖酶显著改善总必需氨基酸、精氨酸、组氨酸、赖氨酸、缬氨酸和甘氨酸的表观回肠消化率，尤其是赖氨酸，而且在低质量豆粕中添加时效果更明显。在生长猪含棕榈油粕的日粮中添加 β-甘露聚糖酶可以提高 DM、CP 和 GE 及部分氨基酸的表观回肠消化率。Cho 和 Kim（2013）在低营养浓度的猪饲料中添加 β-甘露聚糖酶和木聚糖酶可以改善氮和能量消化率。

含有 β-甘露聚糖酶的复合酶可以提高猪和肉鸡的表观氨基酸（amino acid，AA）消化系数。Mussini 等（2011）观察发现，在肉鸡日粮中添加 β-甘露聚糖酶 0、0.025%、0.05% 和 0.1% 可以提高赖氨酸、蛋氨酸、苏氨酸、色氨酸、精氨酸、亮氨酸、异亮氨酸、胱氨酸和缬氨酸的表观消化系数，而且呈线性提高。一般的解释是内源 AA 分泌的增加，由于黏性而导致在肠道停留时间更长。这可以刺激刷状缘细胞的内源 AA 分泌（Selle 等，2009）。

3. β-甘露聚糖酶可通过维护动物肠道健康来改善其生产性能　肠道形态学指标是肠道健康的重要评价参数之一。肠道形态学的改变，如绒毛高度变短和隐窝深度增加，通常会伴随疾病发生。郭爱红（2013）研究表明，β-甘露聚糖酶可显著提高小肠绒毛高度，显著降低小肠隐窝深度，加酶处理组还显著提高了十二指肠和空场 V/C 值。添加β-甘露聚糖酶可显著提高十二指肠肠道紧密连接蛋白 ZO-1 mRNA 的表达量；可显著提高空肠 ZO-1 和 Occludin mRNA 的表达量、空肠 Claudin-1 mRNA 的表达量，以及回肠 ZO-1 和 Occludin mRNA 的表达量。在 Ferreira 等（2002）的试验中，添加 β-甘露聚糖酶可以降低回肠食糜的黏性和刷状缘柱状细胞的数量。

β-甘露聚糖酶可以降解 β-甘露聚糖，并消除其对畜禽的负面影响（Jackson 等，2010）。添加 β-甘露聚糖酶可以提高日增重和饲料转化效率。Jackson 等（1999）发现，在含有高的 β-甘露聚糖的日粮中使用 β-甘露聚糖酶可以提高产蛋初期的蛋重和产蛋率。同样，添加 β-甘露聚糖酶可以改善肉鸡生产性能，在饲喂低能量日粮时，β-甘露聚糖酶可以增加肉鸡的平均体重和提高饲料转化效率（Williams 等，2014）。Daskiran 等（2004）证实，在玉米-豆粕型日粮中使用 β-甘露聚糖酶可以降低饮水增重比，加酶降低饮水量 3%。Lee（2006）在生长育肥猪的玉米-豆粕型日粮中添加 400 IU β-甘露聚糖酶后，生长育肥猪显示出了更好的生长性能、小肠菌群和营养物质消化率。Pettey 等（2002）同样报道，添加 β-甘露聚糖酶对提高饲料转化效率有作用。Jo 等（2012）也认为，β-甘露聚糖酶有提高饲料转化效率的作用和瘦肉增重。这种生产性能的提高是由于 β-甘露聚糖酶显著改善了 ME 和降低了氮的排泄。

β-甘露聚糖酶改善肠道健康和提高动物生产性能是基于降低普通 β-甘露聚糖的黏性而提高营养物质的利用效率，还是由于减少特异 β-半乳甘露聚糖的免疫原性而降低营养物质的消耗，未见具体分析。β-半乳甘露聚糖受体和 β-甘露聚糖酶可以减少肠道炎症的数据仍然有限。目前，有关 β-半乳甘露聚糖对动物造成免疫应激反应是源于瓜尔豆粕中的瓜尔胶（主要成分是以 β-半乳甘露聚糖为主的 β-甘露聚糖）的讨论还在持续，但仍没有确定造成免疫应激的是 β-半乳甘露聚糖还是其他的 β-甘露聚糖。另外，有关酶制剂通过分解饲料源性免疫原 FIIR 成分，进而降低免疫反应造成的营养动用，特别是能量代谢与能量消耗的研究甚少。饲料免疫原与免疫应激、免疫反应与营养代谢、酶制剂与饲料免疫原消除三方面的关联和证据链需要进行机制探讨和实证。

本　章　小　结

对饲粮酶制剂的非营养性作用，如健康维护、应激缓解等的认识在不断发展并完善。削减饲料诱导免疫增耗是酶制剂新型作用途径理论研究的重要发现和扩展。饲料诱导免疫源造成营养消耗，包括能量、氨基酸和维生素等营养的消耗增加。β-甘露聚糖酶等特殊功能价值的酶制剂可消减免疫应激导致的能量损耗，提高日粮营养物质的利用率，维护动物肠道健康，实现生产性能改善的目的。开展饲料免疫原与免疫应激、免疫反应与营养代谢、酶制剂与饲料免疫原消除三方面及其关联性的研究有如下两方面的意义：一是引入免疫应激和能量代谢，拓宽饲料酶制剂的研究领域；二是通过降低营养代谢消耗来实现酶制剂的营养价值，在传统酶制剂提高营养物质消化利用的另一途径上，是对酶营养功能认识的跨越。

➡ 参考文献

郭爱红，2013. 低能日粮中添加β-甘露聚糖酶对肉仔鸡生产性能和肠道形态结构的影响 [D]. 广州：华南农业大学.

闫晓阳，2013. β-甘露聚糖酶对黄羽肉鸡生产性能及小肠形态的影响 [D]. 广州：华南农业大学，18－25.

Abdullahi A Y，Zuo J J，Tan H Z，et al，2013. Effect of xylanase on performance，serum IGF－1 and glucose of broilers fed wheat－corn－soybean diet [J]. Journal of Animal and Veterinary Advances，12：1409－1414.

Ackerman P A，Iwama G K，Thornton J C，2000. Physiological and immunological effects of adjuvanted *Aeromonas salmonicida* vaccines on juvenile rainbow trout [J]. Journal of Aquatic Animal Health，12：157－164.

Arsenault R J，Lee J T，Latham R，2017. Changes in immune and metabolic gut response in broilers fed β－mannanase in β－mannan－containing diets [J]. Poultry Science，96 (12)：4307－4316.

Bonneaud C，Mazuc J，Gonzalez G，et al，2003. Assessing the cost of mounting an immune response [J]. American Naturalist，161：367－379.

Cho J H，Kim I H，2013. Effects of beta－mannanase supplementation in combination with low and high energy dense diets for growing and finishing broilers [J]. Livestock Science，154：137－143.

Daskiran M，Teeter R G，Fodge D，2004. An evaluation of endo－β－D－mannanase（Hemicell）effects on broiler performance and energy use in diets varying in β－mannan content [J]. Cerebral Cortex，18：968－977.

Eraud C，Duriez O，Chastel O，et al，2005. The energetic cost of humoral immunity in the xollared dove，*Streplopelia decaocto*：is the magnitude sufficient to force energy－based trade－offs [J]? Functional Ecology，19：110－118.

Ferreira H C，Hannas M I，Albino L F T，et al，2002. Effect of the addition of β－mannanase on the performance，metabolizable energy，amino acid digestibility coefficients，and immune functions of broilers fed different nutritional levels [J]. Poultry Science，95：1848－1857.

Hsiao H Y，Anderson D M，Dale N M，2006. Levels of beta－mannan in soybean meal [J]. Poultry Science，85 (8)：1430－1432.

Jackson M E，2010. Mannanase，alpha－galactosidase and pectinase [M]. 2nd// Bedford M R，Partridge G G. Enzymes in farm animal nutrition. Oxfordshire，UK：CABI Publishing.

Jackson M E，Anderson D M，Hsiao H Y，et al，2003. Beneficial effect of β－mannanase feed enzyme on performance of chicks challenged with *Eimeria* sp. and clostridium perfringens [J]. Avian Diseases，47：759.

Jackson M E，Fodge D W，Hsiao H Y，1999. Effects of beta－mannanase in corn－soybean meal diets on laying hen performance [J]. Poultry Science，78：1737－1741.

Jackson M E，Geronian K，Knox A，et al，2004. A dose－response study with the feed enzyme beta－mannanase in broilers provided with corn－soybean meal based diets in the absence of antibiotic growth promoters [J]. Poultry Science，83：1992－1996.

Jo J K，Ingale S L，Kim J S，et al，2012. Effects of exogenous enzyme supplementation to corn－ and soybean meal－based or complex diets on growth performance，nutrient digestibility，and blood metabolites in growing pigs [J]. Journal of Animal Science，90：3041－3048.

Khanongnuch C，Sanguansook C，Lumyong S，2006. Nutritive quality of β－mannanase treated copra meal in broiler diets and effectiveness on some fecal bacteria [J]. International Journal of Poultry Science，5 (11)：1087－1091.

Kim J S，Ingale S L，Lee S H，et al，2013. Effects of energy levels of diet and β－mannanase supplementation on growth performance，apparent total tract digestibility and blood metabolites in growing pigs [J]. Animal Feed Science and Technology，186：64－70.

Kim M C，Kim J H，Pitargue F M，et al，2017. Effect of dietary β－mannanase on productive performance，egg quality，and utilization of dietary energy and nutrients in aged laying hens raised under hot climatic conditions [J]. Asian－Australasian Journal of Animal Sciences，30 (10)：1450－1455.

Kong C，Lee J H，Adeola O，2011. Supplementation of β－mannanase to starter and grower diets for broilers [J]. Canadian Journal of Animal Science，91 (3)：389－397.

Kwon W B，Kim B G，2015. Effects of supplemental β－mannanase on digestible energy and metabolizable energy contents of copra expellers and palm kernel eexpellers fed to pigs [J]. Asian Australasian Journal of Animal Sciences，28 (7)：1014－1019.

Lee J T，Bailey C A，Cartwright A L，2003. Beta－mannanase ameliorates viscosity－associated depression of growth in broiler chickens fed guar germ and hull fractions [J]. Poultry Science，82：1925－1931.

Li Y，Xiang C，Chen Y，et al，2010. Effects of β－mannanase expressed by *Pichia pastoris* in corn－soybean meal diets on broiler performance，nutrient digestibility，energy utilization and immunoglobulin levels [J]. Animal Feed Science and Technology，159：59－67.

Ling B，Feng D，Zuo J，et al，2012. Preliminary evaluation of papain：Its enzymatic characteristics and effects on growth performance and nutrient digestibility in weaned piglets [J]. Indian Journal of Animal Sciences，82：1564－1569.

Lochmiller R L，Deerenberg C，2000. Trade－offs in evolutionary immunology：just what is the cost of immunity [J]? Oikos，88：87－98.

LüJ N，Chen Y Q，Guo X J，et al，2013. Effects of supplementation of β－mannanase in corn－soybean meal diets on performance and nutrient digestibility in growing pigs [J]. Asian－Australasian Journal of Animal Sciences，26：579－587.

Martin L B，Wei Z W，Nelson R J，2008. Seasonal changes in vertebrate immune activity：mediation by physiological trade－offs [J]. Philosophical Transactions of the Royal Society B Biological Science，363 (1490)：321－339.

Mehri M，Adibmoradi M，Samie A，et al，2013. Effects of β－mannanase on broiler performance，gut morphology and immune system [J]. African Journal of Biotechnology，9：471－472.

Meng X，Slominski B A，Nyachoti C M，et al，2005. Degradation of cell wall polysaccharides by combinations of carbohydrase enzymes and their effect on nutrient utilization and broiler chicken performance [J]. Poultry Science，84：37－47.

Mok C H，Lee J H，Kim B G，2013. Effects of exogenous phytase and β－mannanase on ileal and total tract digestibility of energy and nutrient in palm kernel expeller－containing diets fed to growing pigs [J]. Animal Feed Science and Technology，186：209－213.

Moret Y，Schmid－Hempel P，2000. Survival for immunity：the price of immune system activation for bumblebee workers [J]. Science，290：1166－1168.

Mussini F J，Coto C A，Goodgame S D，et al，2011. Effect of mannanase on nutrient digestibility in corn－soybean meal diets for broiler chicks [J]. International Journal of Poultry Science，10 (10)：

774 - 777.

Norris K，Evans M R，2000. Ecological immunology：life history trade - offs and immune defence in birds [J]. Behavioral Ecology，11：19 - 26.

Ots I，Kerimov A B，Ivankina E V，et al，2001. Immune challenge affects basal metabolic activity in wintering great thermogenesis in striped hamster (*Cricetulus barabensis*) [J]. Acta Theriology，32 (4)：297 - 305.

Ouhida I，And J F P，Gasa J，2002. Soybean (*Glycine max*) cell wall composition and availability to feed enzymes [J]. Journal of Agricultural and Food Chemistry，50：1933 - 1938.

Pettey L A，Carter S D，Senne B W，et al，2002. Effects of beta - mannanase addition to corn - soybean meal diets on growth performance，carcass traits，and nutrient digestibility of weanling and growing - finishing pigs [J]. Journal of Animal Science，80：1012.

Råberg L，Nilsson J Å，Ilmonen P，2000. The cost of an immune response：vaccination reduces parental effort [J]. Ecology Letters，3：382 - 386.

Ren L，Zuo J，Li G，et al，2015. Effects of the combination of non - phytate phosphorus，phytase and 25 - hydroxycholecalciferol on the performance and meat quality of broiler chickens [J]. Revbrasciencavic，17：371 - 380.

Ricklefs R E，Wikelski M，2002. The physiology/life - history nexus [J]. Trends in Ecology and Evolution，17：462 - 468.

Rigby M C，Jokela J，2000. Predator avoidance and immune defence：costs and trade - offs in snails [J]. Proceedings Biological Sciences，267：171 - 176.

Saino N，1997. Immunocompetence of nestling barn swallows in relation to brood size and parental effort [J]. Journal of Animal Ecology，66：827 - 836.

Saki A A，Mazugi M T，Kamyab A，2005. Effect of mannanase on broiler performance，ileal and *in vitro* protein digestibility，uric acid and litter moisture in broiler feeding [J]. International Journal of Poultry Science，43 (4)：323 - 329.

Schmidhempel P，2003. Variation in immune defence as a question of evolutionary ecology [J]. Proceedings Biological Sciences，270：357.

Selle P H，Ravindran V，Partridge G G，2009. Beneficial effects of xylanase and/or phytase inclusions on ileal amino acid digestibility，energy utilisation，mineral retention and growth performance in wheat - based broiler diets [J]. Animal Feed Science and Technology，153：303 -313.

Shastak Y，Ader P，Feuerstein D，et al，2015. β - mannan and mannanase in poultry nutrition [J]. Worlds Poultry Science Journal，71：161 - 174.

Sheldon B C，Verhulst S，1996. Ecological immunology：costly parasite defences and trade - offs in evolutionary ecology [J]. Trends in Ecology and Evolution，11：317 - 321.

Sundu B，A Kumar，J Dingle，2006. Palm kernel meal in broiler diets：effect on chicken perform- ance and health [J]. Worlds Poultry Science Journal，62：316 - 325.

Svensson E，Raberg L，Koch C，et al，1998. Energetic stress，immunosuppression and the costs of an antibodv response [J]. Functional Ecology，12 (6)：912 - 919.

Wikelski M，Ricklefs R E，2001. The physiology of life histories [J]. Trends in Ecology and Evolu- tion，16：479 - 481.

Williams M P，Brown B，Rao S，et al，2014. Evaluation of beta - mannanase and nonstarch poly- saccharide - degrading enzyme inclusion separately or intermittently in reduced energy diets fed to

饲料酶制剂技术体系的发展与应用

male broilers on performance parameters and carcass yield [J]. Journal of Applied Poultry Research, 24: 715 – 723.

Xu C L, Chen X Y, Zuo J J, et al, 2011. Performance, nutrient utilization and serum biochemical characteristics of weanling pig with dietary supplementation of pancreatic enzymes [J]. Indian Journal of Animal Sciences, 81: 66 – 70.

Xu C L, Zuo J J, Feng D Y, 2011. Influence of dietary inclusion of xylanase from different sources on LingNan Chinese color – feathered chickens [J]. Indian Journal of Animal Sciences, 81: 735 –739.

Zangiabadi H, Torki M, 2010. The effect of a beta – mannanase – based enzyme on growth performance and humoral immune response of broiler chickens fed diets containing graded levels of whole dates [J]. Tropical Animal Health and Production, 42: 1209 – 1217.

Zuk M, Stoehr A M, 2002. Immune defense and host life history [J]. American Naturalist, 160: 9 –22.

Zuo J, Ling B, Long L, et al, 2015. Effect of dietary supplementation with protease on growth performance, nutrient digestibility, intestinal morphology, digestive enzymes and gene expression of weaned piglets [J]. Animal Nutrition, 1: 276 – 282.

第十五章
饲料酶制剂消减动物机体诱导
免疫反应的作用及其机制

随着我国养殖业的发展，集约化与规模化成为养殖生产的主要趋势。高密度饲养导致动物的生产成绩受到很大影响，其中一个主要原因是动物受到各种应激源的刺激后，免疫力下降，抵抗病原等的能力下降，生长速度迟缓、饲料转化效率低下、群体整齐度差等，严重的甚至易引发流行性疾病，导致大批死亡，对养殖业造成巨大的经济损失。养殖生产成绩的提高，在很大程度上是通过提高动物免疫力的途径获得的，减少免疫应激源的过度接触是提高动物免疫力的一种重要的新途径。

酶制剂在解除动物饲料源免疫应激方面发挥着重要的作用。酶制剂具有营养性添加剂和非营养性添加剂两方面的作用，其提高日粮营养物质的消化率是通过3个途径来实现的：补充消化道营养水解所需的酶、去除饲料中抗营养因子和诱导增加动物内源消化酶分泌。酶制剂营养功能的一个新领域是降低饲料源性免疫反应造成的营养消耗增加。与酶制剂免疫调控功能（产生功能性寡糖、小肽）不同，酶制剂可以消除饲料源性免疫反应造成的应激，减少营养额外损耗。

第一节　动物免疫反应及饲料源诱导免疫应激

一、免疫系统对动物健康生长的重要性

免疫是机体的一种特殊保护性生理功能，通过免疫机体能识别"自己"，排除"非己"成分，从而破坏和排斥进入机体内的抗原物质，或机体本身所产生的损伤细胞和肿瘤细胞等，以便维持机体内部环境的稳定与平衡。动物的免疫主要分为先天免疫（非特异性免疫）和后天免疫（特异性免疫）。动物的健康生长离不开机体免疫系统的保护，完整的免疫系统对维持动物抵抗疾病、修复损伤、提高增重、加强营养物质的利用等多方面都具有重要作用。动物的免疫防线如果遭到破坏，会引起生理功能失调、代谢紊乱、生长受阻等，严重者会导致动物死亡。因此，机体维持一个健康、完整的免疫系统对动物意义重大。

二、免疫应激源的产生及危害

抗营养因子作为免疫应激源的危害有多方面表现。例如，豆粕是我国畜禽日粮中的主要蛋白质来源，由于其含有半乳甘露聚糖、葡萄甘露聚糖、半乳葡萄甘露聚糖，以及甘露聚糖等抗营养因子，因此单胃动物对其利用率受到限制。豆粕中甘露聚糖的含量为1.3%～1.6%，是其中最重要的抗营养因子（Jackson 等，1999）。甘露聚糖类物质的抗营养作用主要表现在两个方面：降低营养物质的消化吸收，影响日粮的转化率和动物的生产性能；与肠道微生物区系相互作用，从而损伤肠道黏膜形态结构，抑制动物的生长（宋智娟，2006）。

此外，动物在生长过程中会接触到许多免疫应激源，如细菌、病毒、疫苗接种等，它们都会对动物的免疫力产生抑制作用，从而导致动物摄入的过多能量不是用于生长而是消耗在免疫应答的过程中。其中，由于抗营养因子作为免疫应激源引起动物生长受阻等问题，容易被饲料企业及养殖生产者忽视。

三、饲料源诱导动物产生免疫应激的过程

在饲料卫生指标达标的条件下，饲料源的免疫应激源主要包括抗原蛋白和凝聚素，以及一些非淀粉多糖类的抗营养因子，如以β-葡聚糖、甘露聚糖为代表的大分子多糖，在动物机体内由于缺乏相应的分解酶，因此摄入的大量 NSP 只是在后肠的微生物作用下得到部分分解，大量未被分解的 NSP 会对动物产生负面影响。在目前主流畜禽日粮配方的结构中，豆粕占有很大的比例，而豆粕中就含有1.6%的β-甘露聚糖，它是豆粕的一种主要抗营养纤维。如果饲料配方中添加了其他像棕榈粕与椰子粕等杂粕时，饲料中的β-甘露聚糖含量就更高。多聚糖产生的免疫应激与抗原蛋白不同，是由于与病原（致病菌）相关分子模式（pathogen-associated molecular patterng，PAMP）相似，肠道上的受体和饲料免疫原结合引起免疫应激，引起肠道溃疡等炎症，也可能造成营养的耗用。

在动物肠道中存在着一种病原识别受体，它能够识别病原相关分子模式（PAMP），一些抗营养因子通过受体介导的信号传导通路，引起细胞内一系列的免疫炎症介质产生，从而引发动物的免疫应激。例如，β-甘露聚糖作为一种抗营养纤维，除难以被动物机体利用外，还成为饲料的一种免疫应激源。对摄入的β-甘露聚糖，动物的免疫系统误把其当做入侵病原，本应该用作生长的能量和其他营养物质却被用于动员机体免疫系统来维持机体正常运行。因此，这样容易造成动物低血糖和低胰岛素分泌、水的吸收降低、机体氮存留降低等出现影响生长的问题，进而使动物的生产潜能降低、饲料效率下降、增重下降等。免疫反应活化免疫系统会耗用营养物质，减少营养用于维持和生产，影响动物的生产性能（Ferreira 等，2016）。除病原体外，饲料的组成成分也影响免疫反应（Klasing，1998），以及免疫反应的消耗（Moret 和 Schmid-Hempel，2000）。这种免疫反应增加基础代谢消耗在不同动物中均有报道（Demas 等，1997；Ots 等，2001；Martin 等，2002）。免疫应激提高能量消耗，可能影响动物的产蛋性能

（繁殖性能），或者影响动物的免疫应答性能（Ricklefs 和 Wikelski，2002）。Martin 等（2002）研究了植物凝集素对鸟类免疫系统的反应和能量代谢的影响，通过呼吸测热装置测定代谢产热发现，植物凝集素能显著提高鸟类的能量代谢率，能量消耗每天额外增加 4.20 kJ，基础代谢率提高 29%。Svensson 等（1998）通过试验发现，蓝冠山雀的基础代谢提高了 8%～13%。Demas 等（1997）发现，血蓝蛋白可以提高试验鼠的基础代谢率（提高 27%）。Ots 等（2001）认为，经绵羊血红细胞（SRBC）处理后野山雀的基础代谢率上升了 9%。给信鸽注入绵羊血红细胞可使其基础代谢提高 8.5%。这种能量消耗增加是体液免疫反应的结果。

饼粕类饲料中含有 β-甘露聚糖及其衍生物，单胃动物肠道中不能分泌相关的酶，因而不能将其消化分解。β-甘露聚糠及其衍生物进入肠道后易形成黏性，阻碍营养物质的消化吸收，最终影响畜禽的生长和饲料转化效率（赵国琦等，2002；乔欣君等，2006）。Patel 等（1985）研究发现，β-甘露聚糖显著降低了产蛋鸡的产蛋量、蛋重和采食量。有试验报道，β-甘露聚糖能够抑制猪胰岛素分泌（Sambrook 等，1985）和葡萄糖吸收（Rainbird 等，1984）。β-甘露聚糖由重复的甘露糖单位以 β-1，4-糖苷键连接，部分侧链含有半乳糖或葡萄糖（Hsiao 等，2006）。β-甘露聚糖有 4 种形式，即单一性 β-甘露聚糖、β-甘露聚糖、β-葡甘露聚糖和 β-半乳葡甘露聚糖，其中单一性 β-甘露聚糖的水溶性较差。β-甘露聚糖有不同类型，具有两重特性：一般的黏稠性和特殊的免疫原性。Hsiao 等（2006）认为，β-甘露聚糖能够刺激特有的免疫系统，导致无目的性性能量损耗免疫反应，即 β-甘露聚糖与组成多种病原体（致病菌）的表面抗原成分（surface components of multiple pathogens，SCMP）相似，而肠道组织存在识别抗原的模式识别受体 PRR，从而产生错误性识别的免疫反应。但是该研究并未指出是哪一类型的 β-甘露聚糖，是否肠道的 PRR 就是与具体的 β-甘露聚糖的 PAMP 结合引起免疫应激还没明确。Arsenault 等（2017）通过对相关蛋白磷酸化信号的数据分析表明，在含有瓜儿豆粕日粮中添加 β-甘露聚糖酶可以消除 β-甘露聚糖造成的饲料源性免疫反应（feed induced immune response，FIIR），降低免疫信号。β-甘露聚糖酶也可以降低免疫球蛋白 IgG 的产生、降低粒性白细胞数量（Mehri 等，2010）、降低免疫器官法氏囊和脾脏的相对重量（Ferreira 等，2016）。

第二节 酶制剂消减动物饲料源应激的作用及应用

某些酶制剂的营养功能存在另外一种模式，就是通过降低免疫应激反应造成的营养额外耗用，起到营养节流的作用，可以提高动物的生长性能。玉米-豆粕型日粮中添加 β-甘露聚糖酶可以降低肉鸡日粮配方能量浓度，但并不影响肉鸡的生产性能（郭爱红，2013；闫晓阳，2013；Zuo 等，2014），其原因是 β-甘露聚糖酶具有降低机体能量损耗、实际提高日粮有效能的作用。

一、酶制剂消减动物饲料源应激及改善生产性能的效果

在配合饲料中添加酶制剂能够分解诸如抗营养因子、霉菌毒素等应激源。日粮中添

加β-甘露聚糖酶可以消除这种抗营养作用，并且提高单胃动物对玉米-豆粕型日粮的利用率（冯定远和左建军，2011）。Lee 等（2003）、Jackson 等（2004）、Daskiran 等（2004）在玉米-豆粕型日粮中添加β-甘露聚糖酶证实了其降解甘露聚糖的有益作用。王春林等（2003）报道，日粮中添加和美酵素（主要成分为β-甘露聚糖酶），后可通过内分泌和免疫调节途径提高肉鸡的抗病力，改善肉鸡的健康状况。玉米-豆粕型日粮中添加β-甘露聚糖酶能够提高肉鸡日增重和饲料转化效率（McNaughton 等，1998；Jackson 等，2004；Zou 等，2006；Li 等，2010）。Wu 等（2005）研究报道，低能日粮中添加β-甘露聚糖酶能显著提高蛋鸡总的饲料转化效率。王春林等（2005）报道，玉米-豆粕饲粮中添加β-甘露聚糖酶提高了饲养前期（21 日龄前）肉仔鸡的平均日增重、采食量和饲料转化效率。Pettey 等（2002）研究表明，与对照组相比，猪日粮中添加0.05%β-甘露聚糖酶提高了猪的平均日增重。郭爱红（2013）认为，处理组添加72 000 U/kg β-甘露聚糖酶后，猪的平均日采食量显著高于对照组（$P<0.05$）。

二、酶制剂消减动物饲料源应激及改善生产性能的机制

1. 消减抗营养因子产生化学益生元 β-甘露聚糖酶是一种半纤维素水解酶，以内切的方式降解β-1，4-糖苷键，不但能消除日粮中甘露聚糖类物质的抗营养作用，而且使日粮中甘露聚糖类物质降解成甘露寡糖。而甘露寡糖对肠道的有益菌群，如乳酸杆菌、双歧杆菌等具有益生的作用，进而能够改变畜禽肠道菌群平衡和肠道的微生态环境，可以促进动物健康生长。由于β-甘露聚糖酶本身不被动物消化吸收，并在动物体内无残留，不产生耐药性，且可以提高动物的免疫力，因此是一种理想的绿色饲料添加剂（孟岩等，2007）。

2. 提高日粮有效能 Kim 等（2017）证明，在产蛋鸡低能量日粮中添加β-甘露聚糖酶可增加 AMEn，表明β-甘露聚糖酶能提高能量利用率。Kim 等（2013）报道，β-甘露聚糖酶可以提高猪棕榈粕饲粮的干物质和能量消化率。Kong 等（2011）在正常日粮和降低418 kJ的日粮中添加β-甘露聚糖酶也发现增加日粮了能量价值，AMEn 增加4.96%。Ferreira 等（2016）试验使用β-甘露聚糖酶可以增加 201 kJ AMEn。

3. 其他发挥作用的途径 Mok 等（2013）发现，在含有棕榈油粕的猪日粮中使用β-甘露聚糖酶可以改善 DM、CP 和 GE 的表观回肠消化率，提高亮氨酸和苯丙氨酸的表观回肠消化率。Cho 和 Kim（2013）证实，在低营养浓度的猪饲料中添加β-甘露聚糖酶可改善氮和能量消化率。含有β-甘露聚糖酶的复合酶可以提高猪和肉鸡的表观 AA 消化系数（Romero 等，2013），这种提高是通过降低食糜的黏性而实现的（Shastak 等，2015）。

酶制剂作为一种重要的添加剂在饲料中的应用已经有很长时间，同时大量的研究工作也证实了酶制剂在提高动物健康与生长方面的报道。研究表明，在含有豆粕的日粮中添加β-甘露聚糖酶可以提高火鸡的日增重和饲料转化效率（James 等，1998）。Odetallah 等（2002）研究表明，β-甘露聚糖酶可以提高猪和火鸡的饲料利用效率。β-甘露聚糖酶可以通过降解β-甘露聚糖产生甘露寡糖，来有效阻止肠道内病原菌的繁殖，使有益菌大量增殖，从而提高肠黏膜的免疫力，增强动物抵御疾病的能力（杨文博等，

1995；黄俊文等，2005；阎桂玲等，2008）。McNaughton 等（1998）研究发现，在玉米-豆粕型日粮中添加 β-甘露聚糖酶可使肉鸡代谢能提高约 0.6 MJ/kg，并且改善生产性能和饲料转化效率。因此，酶制剂在解除饲料源免疫诱导的同时可以提高饲料原料营养物质的利用率，有效缓解饲料资源的紧缺问题，对动物的健康生长意义重大。因此，酶制剂的推广应用具有巨大的市场基础与需求，具有较高的应用价值和宽广的市场前景。

本 章 小 结

　　应激导致的生产性状损失是动物养殖生产损失的重要原因之一。饲料免疫应激源主要包括抗原蛋白和凝聚素，以及一些特殊的非淀粉多糖等。动物肠道病原识别受体错误地把抗营养因子识别为病原因子，导致细胞内免疫炎症介质产生，引发动物的免疫应激反应。酶制剂分解饲料源类似病原因子的特殊结构，消减动物无效应激反应，减免动物无效免疫消耗，提高饲料养分的转化效率，改善动物生产性能。

参考文献

冯定远，左建军，2011. 饲料酶制剂技术体系的研究与实践 [M]. 北京：中国农业大学出版社.

郭爱红，2013. 低能日粮中添加 β-甘露聚糖酶对肉仔鸡生产性能和肠道形态结构的影响 [D]. 广州：华南农业大学.

黄俊文，林映才，冯定远，等，2005. 甘露寡糖对动物肠道微生态的影响研究 [J]. 兽药与饲料添加剂，3：11-14.

孟岩，张辉，2007. 甘露寡糖对肉鸡生长性能及肠黏膜形态的影响 [J]. 中国饲料（21）：30-32.

乔欣君，邹晓庭，2006. β-甘露聚糖酶的营养功能及在动物生产中的应用 [J]. 饲料研究（2）：53-55.

宋智娟，2006. β-甘露聚糖酶对肉鸡生产性能、肠道微生物及免疫机能的影响 [D]. 保定：河北农业大学.

王春林，陈有荃，2005. β-甘露聚糖酶对肉仔鸡的生长性能及其组织中药残的影响 [J]. 当代畜牧，7：17-20.

王春林，朴香淑，李德发，等，2003. 和美酵素对肉用仔鸡生产性能及金霉素组织残留的影响 [J]. 中国兽医科技，33（4）：51-55.

阎桂玲，袁建敏，呙于明，等，2008. 啤酒酵母甘露寡糖对肉鸡肠道微生物及免疫机能的影响 [J]. 中国农业大学学报，6：33-37.

杨文博，陈锦英，1995. β-甘露聚糖酶酶解植物胶及其产物对双歧杆菌的促生长作用 [J]. 微生物学通报，22（4）：204-207.

赵国琦，王志跃，丁健，等，2002. β-甘露聚糖酶对蛋鸡后期产蛋性能的影响 [J]. 中国饲料，5：14-15.

Arsenault R J，Lee J T，Latham R，2017. Changes in immune and metabolic gut response in broilers fed β-mannanase in β-mannan containing diets [J]. Poultry Science, 96（12）：4307-4316.

Cho J H，Kim I H，2013. Effects of beta-mannanase supplementation in combination with low and high energy dense diets for growing and finishing broilers [J]. Livestock Science, 154：137-143.

Daskiran M, Teeter R G, Fodge D, et al, 2004. An evaluation of endo – beta – D – mannanase (*Hemicell*) effects on broiler performance and energy use in diets varying in beta – mannan content [J]. Poultry Science, 83 (4): 662 – 668.

Demas G E, Chefer V, Talan M l, et al, 1997. Metabolic cost of mounting an antigen – stimulated immune response in adult and aged C57BL/6J mice [J]. The American Journal of Physiology, 273 (5): 1631 – 1637.

Ferreira H C, Hannas M l, AlbinoL F T, et al, 2016. Effect of the addition of β – mannanase on the performance, metabolizable energy, amino acid digestibility coefficients, and immune functions of broilers fed different nutritional levels [J]. Poultry Science, 95 (8): 1848 – 1857.

Hsiao H Y, Anderson D M, Dale N M, 2006. Levels of beta – mannan in soybean meaI [J]. Poultry Science, 85 (8): 1430 – 1432.

Jackson M E, Fodge D W, Hsiao H Y, 1999. Effects of beta – mannanase in corn – soybean meal diets on laying hen performance [J]. Poultry Science, 78 (12): 1737 – 1741.

Jackson M E, Geronian K, Knox A, et al, 2004. A dose – response study with the feed enzyme beta –mannanase in broilers provided with corn – soybean meal based diets in the absence of antibiotic growth promoters [J]. Poultry Science, 83 (12): 1992 – 1996.

James R J, 1998. Improved use by turkeys of corn – soy diets with beta – mannanase [J]. Poultry Science, 77: 153.

Kim H J, Nam S O, Jeong J H, et al, 2017. Various levels of copra meal supplementation with β – Mannanase on growth performance, blood profile, nutrient digestibility, pork quality and economical analysis in growing finishing pig [J]. Journal of Animal Science and Technology, 59: 19 – 28.

Kim J S, Ingale S L, Lee S H, et al, 2013. Effects of energy levels of diet and β – mannanase supplementation on growth performance, apparent total tract digestibility and blood metabolites in growing pigs [J]. Animal Feed Science and Technology, 186 (1/2): 64 – 70.

Klasing K C, 1998. Nutritional modulation of resistance to infectious diseases [J]. Poultry Science, 77 (8): 1119 – 1125.

Kong C, Lee J H, Adeola O, 2011. Supplementation of β – mannanase to starter and grower diets for broilers [J]. Canadian Journal ofAnimal Science, 91 (3): 389 – 397.

Lee J T, Bailey C A, Cartwright A L, 2003. Beta – mannanase ameliorates viscosity – associated depression of growth in broiler chickens fed guar germ and hull fractions [J]. Poultry Science, 82 (12): 1925 – 1931.

Li Y, Chen X, Chen Y, et al, 2010. Effects of β – *mannanase expressed by ⟨i⟩ Pichia pastoris* in corn – soybean meal diets on broiler performance, nutrient digestibility, energy utilization and immunoglobulin levels [J]. Animal Feed Science and Technology, 159 (1): 59 – 67.

Martin L B, Scheuerlein A, Wikelski M, et al. 2002. Immune activity elevates energy expenditure of house sparrows: a link between direct and indirect costs [J]? Proceedings of the Royal Society B: Biological Sciences, 270 (1511): 153 – 158.

McNaughton J L, Hsiao H, Anderson D, et al, 1998. Corn/soy/fat diets for broilers, β – mannanase and improved feed conversion [J]. Poultry Science (77): 153.

Mehri M, Adibmoradi M, Samie A, et al, 2013. Effects of β – mannanase on broiler performance, gut morphology and immune system [J]. African Journal of Biotechnology, 9: 471 – 472.

Mok C H，Lee J H，Kim B G，2013. Effects of exogenous phytase and β‐mannanase on ileal and total tract digestibility of energy and nutrient in palm kemel expeller‐containing diets fed to growing pigs [J]. Animal Feed Science and Technology，186：209‐213.

Moret Y，Schmid‐Hempel P，2001. Immune defence in bumble‐bee offspring [J]. Nature，414 (6863)：506.

Odetallah N H，Ferket P R，Grimes J L，et al，2002. Effect of mannan‐endo‐1，4‐beta‐mannosidase on the growth performance of turkeys fed diets containing 44 and 48% crude protein soybean meal [J]. Poultry Science，81 (9)：1322‐1331.

Ots I，Kerimov A B，Ivankina E V，et al，2001. Immune challenge affects basal metabolic activity in wintering great thermogenesis in striped hamster (*Cricetulus barabensis*) [J]. Acta Theriology，32 (4)：297‐305.

Patel M B，Mcginnis J，1985. The effect of autoclaving and enzyme supplementation of guar meal on the performance of chicks and laying hens [J]. Poultry Science，64 (6)：1148‐1156.

Pettey L A，Carter S D，Senne B W，et al，2002. Effects of beta‐mannanase addition to corn‐soybean meal diets on growth performance，carcass traits，and nutrient digestibility of weanling and growing‐finishing pigs [J]. Journal of Animal Science，80 (4)：1012‐1019.

Rainbird A L，Low A G，Zebrowska T，1984. Effect of guar gum on glucose and water absorption from isolated loops of jejunum in conscious growing pigs [J]. British Journal of Nutrition，52 (3)：489‐498.

Ricklefs R E，Wikelski M，2002. The physiology/life history nexus [J]. TRENDS in Ecology and Evolution，17 (10)：462‐468.

Sambrook I E，Rainbird A L，1985. The effect of guar gum and level and source of dietary fat on glucose tolerance in growing pigs [J]. British Journal of Nutrition，54 (1)：27‐35.

Shastak Y，Ader P，Feuerstein D，et al，2015. B‐mannan and mannanase in poultry nutrition [J]. Worlds Poultry Science Joumal，71：161‐174.

Svensson E，Raberg L，Koch C，et al，1998. Energetic stress，immunosuppression and the costs of an antibody response [J]. Functional Ecology，12 (6)：912‐919.

Romero L F，Parsons C M，Utterback P L，et al，2013. Comparative effects of dietary carbohydrases without or with protease on the ileal digestibility of energy and amino acids and AMEn in young broilers [J]. Animal Feed Science and Technology，181 (1/4)：35‐44.

Wu G，Bryant M M，Voitle R A，et al，2005. Effects of beta‐mannanase in corn‐soy diets on commercial leghorns in second‐cycle hens [J]. Poultry Science，84 (6)：894‐897.

Zou X T，Qiao X J，Xu Z R，2006. Effect of beta‐mannanase (*Hemicell*) on growth performance and immunity of broilers [J]. Poultry Science，85 (12)：2176‐2179.

Zuo J J，Gue A H，Yan X Y，et al，2014. Supplementation of β‐mannanase in diet with energy adjustment affect performance，intestinal morphology and tight junction proteins mRNA expression in broiler chickens [J]. Journal of Animal and Veterinary Advances，13 (3)：144‐151.

第十六章
酶制剂改造饲料纤维和维护
畜禽后肠健康的作用及其机制

日粮纤维（dietary fiber，DF）被视为人类和动物的第七大营养素，是畜禽日粮中的重要组成成分，其含量对饲料营养利用率和动物肠道健康有显著影响（邓爱妮，2017）。而日粮纤维作为一种后肠道发酵原料，其不仅对调节肠道菌群平衡、维护后肠健康有着积极效果，而且对降低胆固醇、血糖和胰岛素水平也有着一定的积极作用（Brown 等，2012）。现阶段对纤维原料的应用效果报道较少，而酶制剂有针对性地降解日粮纤维研究更是近几年才逐渐发展起来，且大部分都集中在总日粮纤维、粗纤维、中性洗涤纤维和酸性洗涤纤维的酶解效果研究上。引入总日粮纤维、可溶性膳食纤维和不溶性膳食纤维概念至动物营养学界中，对扩展纤维类酶制剂饲用价值分析具有重要的方法学探讨价值。

第一节　畜禽后肠健康的重要性

传统动物营养与饲料学的研究重点包括了畜禽对饲料养分的消化、吸收、代谢过程及其效率等。经典理论认为，前肠或小肠是畜禽完成对饲料养分消化、吸收及部分代谢的重要场所，包括肠道健康也主要聚焦于小肠的健康。但事实上，后肠特别是结肠对畜禽机体健康具有非常重要的影响。广泛干预动物的肠道健康，可以预防和治疗腹泻，解决便秘等问题（Bedford 和 Gong，2018）。

后肠是畜禽动物微生物发酵、水分和电解质重吸收的重要部位，同时也是发酵等途径产生毒素侵害的主要对象。因此，后肠健康程度关系饲料营养物质微生物消化效率及其价值、动物后肠损伤性腹泻发生概率及其严重程度。

一、后肠发酵干预畜禽对饲粮中营养物质的利用效率

后肠微生物可发酵未经小肠消化吸收的碳水化合物，产生短链脂肪酸（short chain fatty acids，SCFA，主要是乙酸、丙酸、丁酸）。其中，95%～99%的短链脂肪酸可经过结肠被快速吸收，提供生长猪约 30%的维持净能（Morita 等，2004），或结肠代谢

70％的能量（Wachtershauser 等，2000），对促进钠和水分的后肠吸收具有重要作用（Williams 等，2005）。例如，Roediger 和 Moore（1981）研究发现，SCFA 可提高钠的吸收效率高达 5 倍，且对丁酸的吸收比乙酸和丙酸更高效。

二、后肠存在非常大的被毒素侵袭的风险

饲粮中蛋白质和畜禽内源性蛋白质容易被微生物发酵而产生大量的氨、胺、酚类、吲哚等有毒有害物质（Russell 等，1983；Macfarlane 等，1992）。后肠黏膜长时间接触这些有毒有害物质存在被损伤的巨大安全隐患，如氨气会抑制黏膜更新，降低绒毛高度（Visek，1984；Nousiainen，1991），高浓度的氨则增加畜禽后肠损伤性腹泻的概率（Pietrzak 等，2002）。同时，后肠黏膜长时间受到致病菌的袭击，容易发生由致病菌导致的黏膜损伤。其中，大肠埃希氏菌热稳定毒素和霍乱毒素容易诱发结肠体液损失，而沙门氏菌则容易导致盲肠、结肠，甚至直肠发生组织损伤（Ramakrishna 等，1990）。

三、后肠损伤诱发重吸收能力消减并导致动物腹泻

腹泻表现为体液随粪便过度流失，且取决于体液、电解质的分泌与后肠对其吸收、保持能力的平衡。腹泻是结肠重吸收功能受损的结果（Read，1982）。小肠流入后肠的体液超过结肠吸收能力时动物会发生腹泻。例如，Argenzio 等（1984）研究表明，感染传染性胃肠炎的 3 日龄仔猪在结肠体液净吸收丧失的情况下可发生严重腹泻；而在后肠吸收量增加 6 倍情况下，即使小肠体液分泌激烈，但染病仔猪也不发生腹泻。机制上分析认为，结肠对电解质重吸收的加强降低了肠腔渗透压，从而促进了后肠水分的重吸收能力和效应，有效控制了粪便含水量和腹泻的发生（Roediger，1989）。

第二节　酶制剂改造饲料纤维特性维护畜禽后肠健康的作用及其机制

一、纤维特性及其在后肠健康中的作用

畜禽可通过后肠中的微生物代谢碳水化合物特别是纤维进而获得能量，供给后肠生长、更新代谢的维持。碳水化合物的微生物发酵以 SCFA 形式产生后肠维持能量需要 68％的能值（Soergel，1994）。结肠能够将吸收的 SCFA 快速转化为能量（Ruppin 等，1980），并且降低渗透压（Henning 和 Hird，1972）。碳水化合物可刺激特定微生物生长，产生 SCFA，保障后肠能量供给、促进后肠组织更新和功能健全（Mathers 和 Annison，1993）。

饲粮纤维总量、可溶性日粮纤维、不溶性日粮纤维影响后肠发酵及 SCFA 产生的效率。Annison 和 Topping（1994）研究发现，高浓度 NSP 饲粮促进了猪后肠SCFA浓

度的增加。而 Glawischnig（1990）则发现，哺乳仔猪饲粮中使用 25%～30% 的小麦麸可明显减少仔猪腹泻。饲喂提取的 NSP 原料或富含 NSP 和抗性淀粉可迅速使鼠盲肠挥发性脂肪酸发生变化（Key 和 Mathers，1993；Walter 等，2000）。猪饲料中添加可发酵纤维可提高乳酸菌数量、减轻腹泻的严重程度（Edwards，1996）。此外，可控范围内的 NSP 可促进有益菌增殖，并通过有益菌的竞争性定殖来阻止潜在有害菌的定殖，消减致病菌感染后肠黏膜的安全隐患（van der Waajj，1989）。但是，到达后肠的纤维超过其发酵能力时，完整的碳水化合物出现在粪便中（饲料便），渗透压随即增加，使得更多的水向后肠内容物渗透，会加剧腹泻（Soergel，1994）。

二、酶制剂改造饲料纤维特性维护畜禽后肠健康的作用及其机制

笔者研究团队发现，以小麦麸皮和燕麦麸皮为底物时，与单独添加木聚糖酶（Xyn）相比，额外添加阿拉伯呋喃糖苷酶（AbfB）或阿魏酸酯酶（ferulic acid esterase FAE）能提高还原糖生成量 11.57%、10.92% 和 15.91%、19.51%；同时以 Xyn∶糖苷酶的最佳添加量加入这 2 种糖苷酶，能使还原糖生成量提高 48.8% 和 66.55%，有极显著的提升效果（$P<0.01$）。以小麦麸皮提取的 SDF 和以燕麦麸皮提取的 SDF 为底物时，与单独添加 Xyn 相比，额外添加 AbfB 或 FAE 能提高还原糖生成量 34.27%、11.01% 和 35.63%、19.07%；同时以 Xyn∶糖苷酶的最佳添加量加入这 2 种糖苷酶，能使还原糖生成量提高 77.32% 和 73.26%，有极显著的提升效果（$P<0.01$）。以小麦麸皮 IDF 和燕麦麸皮 IDF 为底物时，与单独添加 Xyn 相比，额外添加 AbfB 或 FAE 能提高还原糖生成量 65.17%、6.07% 和 31.96%、12.61%；同时以 Xyn∶糖苷酶的最佳添加量加入这 2 种糖苷酶，能使还原糖生成量提高 88.37% 和 66.26%，有极显著的提升效果（$P<0.01$）。与单独添加 Xyn 相比，在小麦麸皮组中同时添加 Xyn、AbfB 和 FAE，小麦麸皮、SDF、IDF 的干物质（DM）分别提高 0.51%、0.76%、0.29%，总能（GE）分别提高 1.22%、0.84%、0.72%；与单独添加 Xyn 相比，在燕麦麸皮组中同时添加 Xyn、AbfB 和 FAE，燕麦麸皮、SDF、IDF 的 DM 分别提高 0.68%、0.48%、0.36%（图 16-1 和图 16-2），GE 分别提高 0.77%、0.56%、0.51%（郑达文，2019）。

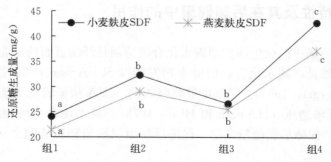

图 16-1 Xyn 与糖苷酶处理小麦麸和燕麦麸皮提取 SDF 后的还原生成量
组 1：Xyn；组 2：Xyn+AbfB；组 3：Xyn+FAE；组 4：Xyn+AbfB+FAE

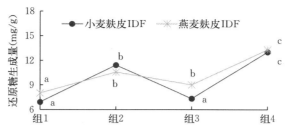

图 16 - 2 Xyn 与糖苷酶处理小麦麸和燕麦麸提取 IDF 后的还原生成量

组 1：Xyn；组 2：Xyn＋AbfB；组 3：Xyn＋FAE；组 4：Xyn＋AbfB＋FAE

日粮纤维作为肠道微生物的主要发酵底物，与 VFA 的产生息息相关（张叶秋，2016；谢红兵，2018）。据 Dagnan（1993）的发现，猪肠道微生物发酵阿拉伯木聚糖（AX）主要生产乙酸和丙酸。通过分别测定盲肠和结肠食糜中的乙酸、丙酸、丁酸和总 VFA 发现，与对照组相比，盲肠中的乙酸、丁酸和总 VFA 含量在加酶组中均有所升高且差异显著（$P<0.05$），其中酶 B 组差异极显著（$P<0.01$）；丙酸在酶 A 组断奶仔猪盲肠内容物中的含量无显著差异，但呈现升高趋势（$0.05<P<0.1$），在酶 B 组显著升高（$P<0.05$），与 Dagnan（1993）的研究结果吻合。而与酶 A 组相比较，额外添加糖苷酶的酶 B 组，乙酸、丁酸和总 VFA 含量差异极显著（$P<0.01$）；丙酸含量差异不显著，但呈现升高趋势（$0.05<P<0.1$）。在结肠内容物中，3 个处理组的丁酸含量几乎没有变化（$P>0.1$），与张叶秋（2016）的研究相近。与对照组相比，加酶组的乙酸、丙酸和总 VFA 含量均有所升高，差异显著（$P<0.05$），且乙酸、丙酸含量差异极显著（$P<0.01$）。而与酶 A 组相比较，额外添加糖苷酶的酶 B 组，乙酸和总 VFA 含量差异极显著（$P<0.01$）；丙酸含量差异不显著，但呈现升高趋势（$0.05<P<0.1$）（郑达文，2019）。

肠道中的 VFA 是食糜中 pH 的最重要影响因素，Canh（1998）研究显示，肠道 VFA 含量与 pH 呈负相关关系，当 VFA 含量升高时，pH 会下降。笔者研究团队发现，与对照组相比，酶 A 组（包含木聚糖酶、α-淀粉酶、甘露聚糖酶、蛋白酶）盲肠中的 pH 呈现下降趋势（$0.05<P<0.1$），酶 B 组（包含木聚糖酶、α-淀粉酶、甘露聚糖酶、蛋白酶、糖苷酶）显著降低（$P<0.05$）；而与酶 A 组相比较，额外添加糖苷酶的酶 B 组盲肠中的 pH 也显著降低（$P<0.05$）（表 16 - 1）；而在结肠中，3 个处理组的 pH 差异不显著，但均呈现下降趋势（$0.05<P<0.1$）（表 16 - 2）（郑达文，2019）。可以认为，额外添加了糖苷酶的酶 B 组产生了更多能被微生物发酵利用的低聚糖（郝帅帅，2016；张叶秋，2016），从而产生了更多的 VFA，降低了 pH，与张宏福（2002）的研究结果接近。

表 16 - 1　不同酶制剂组合对断奶仔猪盲肠内容物中 VFA 含量（mg/kg）及 pH 的影响

组别	乙酸	丙酸	丁酸	总酸	pH
对照组	2.86±0.33[a]	0.82±0.21[a]	32.14±8.52[a]	3.92±0.22[a]	6.17±0.41[a]
酶 A 组	3.41±0.28[b]	1.07±0.13[ab]	41.56±9.63[b]	4.96±0.14[b]	5.98±0.33[a]
酶 B 组	4.51±0.46[c]	1.29±0.20[b]	78.94±9.85[c]	6.39±0.77[c]	5.44±0.19[b]

注：同行上标不同小写字母表示差异显著（$P<0.05$），无字母或相同字母表示差异不显著（$P>0.05$）。下同。

表 16 - 2　不同酶制剂组合对断奶仔猪结肠内容物中 VFA 含量（mg/kg）及 pH 的影响

组别	乙酸	丙酸	丁酸	总酸	pH
对照组	2.01±0.39[A]	0.66±0.44[a]	66.97±9.36	2.91±0.50[A]	6.46±0.11
酶 A 组	3.69±0.47[B]	0.96±0.36[b]	68.28±8.99	5.00±0.46[B]	6.27±0.19
酶 B 组	4.88±0.58[C]	1.01±0.30[b]	67.40±8.77	6.02±0.61[c]	6.03±0.30

注：同行上标不同大写字母表示差异极显著（$P<0.01$），不同小写字母表示差异显著（$P<0.05$），无字母或相同字母表示差异不显著（$P>0.05$）。

　　基于酶制剂对纤维的积极改造效果，郑达文（2019）通过试验发现，与对照组相比，加酶组断奶仔猪的末重、ADG 和 ADFI 都有升高趋势（$0.05<P<0.1$），而 FCR 和腹泻率均呈现下降趋势（$0.05<P<0.1$）。其中，酶 A 组断奶仔猪的末重提高 3.27%，ADG 提高 7.46%，ADFI 增加 7.54 g，FCR 下降 5.79%，腹泻率显著降低 0.32%（$P<0.05$）；额外添加 AbfB 和 FAE 的酶 B 组的末重提高 4.86%，ADG 提高 11.39%，ADFI 增加 18.31 g，FCR 下降 7.52%，腹泻率显著降低 0.7%（$P<0.05$）。

　　在动物日粮中维持适当水平的膳食纤维，不但不会对畜禽的生产性能产生负面效果，甚至会带来有益的效果，而且纤维类酶制剂具有改造纤维营养价值的积极作用。在含有木聚糖酶的饲料纤维原料中，添加含有支链降解酶（糖苷酶：AbfB、FAE）的新型复合酶制剂，能够与主链酶发挥协同作用，提高主链酶的降解效率，增加总还原糖的释放量，更充分地分解日粮中的抗营养成分，促进养分消化和吸收，优化动物的肠道环境，提高动物的生长性能，降低腹泻率，提高酶制剂在实际生产中的应用价值。

本　章　小　结

　　日粮纤维是调节肠道菌群平衡、维持后肠健康的重要功能因子。后肠广泛干预动物的肠道健康，对预防和治疗动物腹泻、解决便秘等具有重要作用，是消化系统的重要组织器官。酶制剂可通过改造饲料纤维特性来间接发挥维护畜禽后肠健康的积极作用。例如，纤维改造的主效酶为木聚糖酶、辅效酶为阿拉伯呋喃糖苷酶等支链降解酶，它们配合使用可有效改造纤维后肠分解产物的组成，改善后肠微生态平衡，发挥改善后肠健康状况的积极作用。

⊙参考文献

邓爱妮，周聪，赵敏，等，2017. 海南 15 种野生蔬菜膳食纤维含量的测定 [J]. 热带作物学报，38（8）：1560-1564.

郝帅帅，2016. 高米糠日粮对苏淮猪生产性能、血液指标及肉质性状的影响 [D]. 南京：南京农业大学.

谢红兵，邹云，刘丽莉，等，2018. 植物多糖对断奶仔猪生长性能及肠道内环境的影响 [J]. 动物营养学报，30（7）：2662-2671.

张宏福，张莉，方路，等，2002. 异麦芽低聚糖对断奶仔猪肠道 VFA 浓度、pH 及黏膜形态结构的影响 [J]. 动物营养学报，14（1）：19-24.

张叶秋，2016. 高米糠日粮对苏淮猪肠道发育和肠道微生物的影响 [D]. 南京：南京农业大学.

郑达文，2019. 新型复合酶对不同溶解度膳食纤维的分解利用研究 [D]. 广州：华南农业大学.

Annison G，Topping D L，1994. Resistant starch：chemical structure vs. physiological function [J]. Annals of Nutrition and Metabolism，14：297 - 320.

Argenzio R A，Stevens C E，1984. The large bowel - a supplementary rumen [J]. Proceedings of the Nutrition Society，43（1）：13 - 23.

Bedford A，Gong J，2018. Implications of butyrate and its derivatives for gut health and animal production [J]. Animal Nutrition，4（2）：151 - 159.

Brown K，DeCoffe D，Molcan E，et al，2012. Diet - induced dysbiosis of the intestinal microbiota and the effects on immunity and disease [J]. Nutrients，4（8）：1095 - 1119.

Canh T T，Sutton A L，Aarnink A J，et al，1998. Dietary carbohydrates alter the fecal composition and pH and the ammonia emission from slurry of growing pigs [J]. Journal of Animal Science，76（7）：1887 - 1895.

Degnan B A，Macfarlane G T，1993. Transport and metabolism of glucose and arabinose in Bifidobacterium breve [J]. Archives of Microbiology，160（2）：144 - 151.

Glawischnig E，1990. Antibiotic - free weaning of piglets [J]. Dtsch Tierarztl Wochenschr，97（1）：48 - 51.

Henning S J，Hird F J，1972. Ketogenesis from butyrate and acetate by the caecum and the colon of rabbits [J]. Biochemical Journal，130（3）：7857 - 7890.

Macfarlane G T，Gibson G R，Beatty E，et al，1992. Estimation of short - chain fatty acid production from protein by human intestinal bacteria based on branched - chain fatty acid measurements [J]. FEMS Microbiology Letters，101（2）：81 - 88.

Mathers J C，Annison E F，1993. Stoichiometry of polysaccharide fermentation in the large intestine [M]//Samman S，Annison G E. Dietary Fibre and Beyond - Australian Perspectives，Nutrition Society of Australia Occasional Publications，Sydney，Australian.

Morita U，Y Ishisaki，T Koga，et al，2004. Analyses on the operating point dependence of the energy resolution with a Ti/Au TES microcalorimeter [J]. Nuclear Instruments and Methods in Physics Research A，520（1/3）：277 - 280.

Nousiainen P，H Struszczyk，1991. Modified viscose fibres and method for their manufacture [J]. Electromyography and Clinical Neurophysiology，31（2）：119 - 122.

Ohkusa T，Nomura T，Sato N，2004. The role of bacterial infection in the pathogenesis of inflammatory bowel disease [J]. Journal of Internal Medicine，43（7）：534 - 542.

Pietrzak K，Barlak M，2002. Wykorzystanie materialu gradientowego do spajania ceramiki ze stalą [J]. Przegląd Spawalnictwa，74（12）：19 - 24.

Roediger W E，1989. Short chain fatty acids as metabolic regulators of ion absorption in the colon [J]. Acta Veterinaria Scandinavica，86：116 - 125.

Roediger W E，Moore A，1981. Effect of short - chaim fatty acid on sodium absorption in isolated human colon perfused through the vascular bed [J]. Digestive Diseases and Sciences，26（2）：100 - 106.

Ruppin H，Bar - Meir S，Soergel K H，1980. Absorption of short - chain fatty acids by the colon [J]. Gastroenterology，78（6）：1500 - 1507.

Russell J B，Sniffen C J，van Soest P J，1983. Effect of carbohydrate limitation on degradation and utilization of casein by mixed rumen bacteria [J]. Journal of Dairy Science，66（4）：763 - 775.

Soergel K H，1994. Colonic fermentation：metabolic and clinical implications [J]. Journal of Clinical Investigation，72（10）：742 - 748.

van der Waajj D，1989. The ecology of the human intestine and its consequences for overgrowth by pathogens such as clostridium difficile [J]. Annual Review of Microbiology，43：69 - 87.

Viske W J，1984. Ammonia：its effects on biological systems metabolic hormones and repduction [J]. Dairy Science（67）：481 - 498.

Wachtershauser G，2000. Origin of life as we don't know it [J]. Science，289：1307 - 1308.

Walter J，Tannock G W，Tilsala - Timisjarvi A，et al，2000. Detection and identification of gastrointestinal Lactobacillus species by using denaturing gradient gel electrophoresis and species - specific PCR primers [J]. Applied and Environmental Microbiology，66：297 - 303.

Williams R B，2005. Intercurrent coccidiosis and necrotic enteritis of chickens：rational，integrated disease management by maintenance of gut integrity [J]. Avian Pathology，34：159 - 180.

第十七章
酶制剂在饲料减抗替抗中的作用价值及其作用机制

抗生素的使用极大地促进了畜牧业的发展，但同时由于其价格低廉、效果显著，国内滥用现象也非常严重。在动物生产过程中添加抗生素，会使某些病原产生耐药性，增加治疗难度。滥用抗生素能够降低动物的先天性免疫能力和抗病能力，同时破坏肠道微生物菌群平衡，造成肠道菌群失调（楚维斌等，2015）。动物体内的抗生素不能被完全吸收利用时，会随着排泄物排放到环境中，污染土壤、大气、地下水，破坏微生物群落结构，影响生态平衡，同时会增加环境中病原菌的抗药性（Mole，2013）。而抗生素滥用对人类健康的危害主要有药物不良反应和抗生素耐药性2个方面。1986年，瑞典禁用所有促进生长的抗生素。2006年1月1日起，欧盟正式禁止饲喂能够促进动物生产的任何抗生素和相关药物。2014年，美国FDA宣布将用3年的时间取缔抗生素在饲料中的添加，抗生素仅可作为治疗用药使用。2017年，美国畜牧业全面禁抗。我国也已经明确提出2020年全面禁止抗生素作为饲料添加剂使用。

无抗日粮配制的关键点是寻找高效的抗生素替代物，替代物一般分为2种：直接性替代物（起抗菌抑菌防病的功能）和间接性替代物（起促生长提高饲料效率的功能）。直接性替代产品目前认为有抑菌或杀菌作用酶制剂、微生物制剂（活菌）、抗菌肽、卵黄抗体、酸化剂、特殊碳水化合物（部分寡糖和多糖）、抑菌或杀菌作用植物提取物七大类；间接性替代产品包括促生长作用酶制剂、有机微量元素、促生长作用植物提取物、霉菌毒素脱毒剂、其他促生长性添加剂等。理论上，酶制剂和植物提取物是同时兼有抑菌杀菌和促生长作用的两类添加剂。

第一节　典型酶制剂减抗替抗的作用价值及其作用机制

酶制剂是一种天然、安全、高效的生物制品，在饲料添加剂中具有较大的发展前景。酶制剂作为潜在的抗生素替代物的作用主要包括3个方面：①补充内源消化酶的不足，促进营养物质的消化吸收，如蛋白酶、淀粉酶、脂肪酶；②去除植物源饲料原料的抗营养因子，如非淀粉多糖酶；③降低免疫反应，如β-甘露聚糖酶（冯定远，2016）。

一、补充内源酶不足，减少未消化营养在后肠过度代谢带来的对抗生素需求增加

在肉鸡日粮中添加α-淀粉酶可以显著提高肉鸡的平均日增重，提高饲料转化效率。淀粉酶提高畜禽生产性能的原因有以下几个方面：改善肠道形态，增加绒毛长度，降低隐窝深度；提升内源酶活力，如脂肪酶、蛋白酶等；增加营养物质转运载体的基因表达量，如 SGLT1、GLUT2 等（赵世元，2014）。吴建东（2014）研究表明，日粮中添加外源蛋白酶可以改善畜禽的生产性能，提高营养物质的消化利用率；肉鸡日粮中添加不同菌种来源的蛋白酶能显著降低耗料增重比，同时显著提高回肠末端氨基酸的表观消化率。在低蛋白日粮中添加蛋白酶能够显著改善断奶仔猪的生产性能，提高饲料转化效率，显著提高断奶仔猪总能、粗蛋白质的表观消化率（黄升科，2011）。同时，蛋白酶可以不同程度地改善断奶仔猪肠道的完整性，提高内源消化酶的活力及营养物质转运载体的基因表达（凌宝明，2011）。油脂是饲料中常见的提高能值的原料之一，而幼龄动物脂肪酶分泌量通常不足，添加外源脂肪酶能够缓解脂肪酶缺乏造成的负面影响。研究证明，在低能量日粮中添加脂肪酶，能够显著改善黄羽肉鸡的生产性能，达到肉鸡正常能量日粮水平（雷建平，2012）；提高屠宰率和全净膛率，改善鸡肉品质（刘昌镇，2012）。

二、去除抗营养因子，消减因抗营养因子致肠道损伤带来的抗生素需求增加

非淀粉多糖是植物源饲料原料的主要抗营养因子，其结构复杂，广泛存在，对动物的生产性能有很多负面影响。非淀粉多糖主要包括：纤维素、半纤维素、果胶、阿拉伯木聚糖、β-葡聚糖等。非淀粉多糖的营养颉颃机制较为复杂，其中增加食糜黏性是公认的首要作用因素。食糜黏性的增加，减少了消化酶与食糜表面的接触，阻碍了其相互作用效果（Choct 等，1996）。而食糜在小肠停留时间过长，易导致厌氧性微生物过度增殖，影响肠道健康。此外，非淀粉多糖能刺激动物固有免疫系统，刺激机体产生多余的免疫反应，消耗能量，影响生产性能。添加抗生素能够降低日粮中非淀粉多糖对畜禽造成的消极影响（Teirlynck 等，2009），非淀粉多糖酶也有类似效果。

多项研究表明，小麦代替玉米的肉鸡日粮中，添加木聚糖酶可以显著改善肉鸡的生产性能，提高日增重和饲料转化效率（于旭华，2004；廖细古，2006；李秧发，2010；徐昌领，2011）。高纤维日粮中添加纤维素酶能有效提高肉鹅的饲料转化效率（黄燕华，2004）。在玉米-豆粕型基础及低能量日粮中添加β-甘露聚糖酶，均有显著提高肉鸡饲料转化效率的作用（闫晓阳，2013）。

非淀粉多糖造成的食糜黏性增加，不仅阻碍内源消化酶活力，也抑制内源消化酶的分泌。添加非淀粉多糖酶对内源消化酶的活力及分泌具有显著改善效果。木聚糖酶能提高小肠食糜中蛋白酶脂肪酶及淀粉酶的活力，增加小肠黏膜中麦芽糖酶和蔗糖酶的分泌（李忠良，2011）。纤维素酶对雏鹅十二指肠内容物胰蛋白酶、糜蛋白酶、淀粉酶的分泌

具有显著提高的作用（杨彬，2004）。

　　肠道微生物过度增殖是非淀粉多糖影响畜禽健康的重要因素，而非淀粉多糖酶的添加对肠道微生物有着显著的影响。木聚糖酶能够显著增加肉鸡后肠中乳酸杆菌的丰度，减少大肠埃希氏菌的丰度（辛锦兰，2011）。纤维素酶在肉鹅高纤维日粮中显著降低了盲肠内容物大肠埃希氏菌的数量（黄燕华，2004）。非淀粉多糖酶对梭状芽孢杆菌等有害菌的增殖有抑制作用（Jackson 等，2003）。非淀粉多糖造成的食糜黏性使得肠黏膜层变厚，肠壁厚度增加，降低营养物质的吸收；而非淀粉多糖酶能有效改善畜禽肠道形态，增加绒毛长度，降低隐窝深度，提高肠道紧密连接蛋白 ZO - 1、Occludin 和 Claudin - 1 的表达量，从而提高营养物质的表观消化率和能量真消化率（李忠良，2011；雷钊，2013）。

三、降低免疫应激和消减应激损伤

　　特殊的非淀粉多糖，如 β-甘露聚糖不仅能造成食糜黏性，降低动物生产性能，同时能造成动物机体产生免疫反应，导致能量流失。Hsiao 等（2006）认为，β-甘露聚糖与病原（致病菌）相关分子模式相似，肠道的受体模式识别受体和非淀粉多糖结合引起免疫应激，引起肠道溃疡等炎症，造成营养的耗用，降低动物的生产性能。高非淀粉多糖的小麦日粮能诱导肠壁中的淋巴细胞浸润，并诱导上皮细胞凋亡，远超过具有低水平可溶性 NSP 的谷物，如玉米（Teirlynck 等，2009）。Ferreira 等（2016）研究表明，添加 β-甘露聚糖酶能减少脾脏和法氏囊的相对总量，同时降低血液中 IgA、IgG 和 IgM 的含量，减少免疫反应耗用营养物质，改善动物的生产性能。通过激酶组学分析发现，在肉鸡日粮中额外添加 β-甘露聚糖能激活多个免疫相关的信号通路，而 β-甘露聚糖酶能消除对应的免疫信号。表明非淀粉多糖酶能够减轻饲料源性造成的肠道免疫反应，类似抗生素的作用效果（Arsenault等，2017）。

四、产生寡糖等功能性酶解产物，实现减抗替抗作用

　　非淀粉多糖酶的酶解产物低聚糖同样具有作为抗生素替代物的潜力。低聚糖是由 2～10 个糖苷键聚合而成的化合物，糖苷键是由一个单糖的苷羟基和另一个单糖的某一个羟基缩水形成的。饲用寡糖主要有低聚果糖、低聚木糖、甘露寡糖等。

　　低聚糖被认为以益生元的形式发挥作用。低聚糖一般经过胃和小肠而不被消化吸收，直接到达动物后肠，被有益菌利用，生成乙酸、丙酸和丁酸等短链脂肪酸，不仅能为肠黏膜细胞提供能量，促进细胞生长代谢，还可以降低结肠内 pH 环境，抑制有害菌生长。

　　研究表明，在肉鸡日粮中添加低聚木糖和乳酸杆菌能提高肉鸡的饲料转化效率，改善血清中胰岛素样生长因子- 1（insulin - like growth factor - 1，IGF - 1）的含量；改善肉鸡肠道形态，提高肠道紧密连接蛋白 ZO - 1、Occludin 和 F11 的表达量，抑制有害菌增殖，增加有益菌丰度（Yusuf，2014）。以小麦作为酶解底物，添加不同类型的木聚糖酶，进行体外酶解，采用高效液相色谱测定木聚糖水解产物的组成，结果表明酶解

产物 85％以上集中在木二糖及木三糖。利用酶解产物培养细菌发现，其对乳酸杆菌和枯草芽孢杆菌有显著的增殖作用；此外发现，木聚糖水解产物能够显著降低大肠埃希氏菌对肠道上皮细胞的黏附率，减少细胞 LDH 的释放量，降低大肠埃希氏菌对细胞的损伤作用（雷钊，2013）。马岩（2015）研究发现，木二糖和木三糖均能促进乳酸杆菌和枯草芽孢杆菌的增殖，并且减少大肠埃希氏菌和沙门氏菌对鸡肠道上皮细胞的黏附，缓解其对细胞造成的损伤。这在雏鸡盲肠微生物检测中也得到了相似的结果。为了进一步了解低聚木糖对细菌的影响，笔者研究团队通过分别添加 5 mg/mL 的木糖、木二糖、木三糖、木四糖、木五糖及木六糖于鼠伤寒沙门氏菌培养基中连续体外培养 36 h，分点测定吸光值，发现木糖、木五糖及木六糖均能显著抑制沙门氏菌增殖；经 5 mg/mL 的木糖及低聚木糖培养 4 h 后，鼠伤寒沙门氏菌均显著降低对 IPEC-J2 的黏附率，其中以木糖的抑制效果最好，黏附率降低 49.3％，其余组分降低的比例分别为 27.13％、37.04％、17.48％、21.91％和 41.20％。通过测定细胞培养基中 LDH 的含量发现，木糖及低聚木糖均能不同程度地缓解鼠伤寒沙门氏菌对细胞的损伤。经转录组学分析，木糖及低聚木糖影响沙门氏菌活动的各个方面，而可能通过改变其生长、黏附相关基因 *galk*、*speA*、*smpB* 的表达来实现颉颃作用（欧阳海燕，2017）。低聚糖可能通过直接黏附在细菌表面，以及通过影响黏附相关基因的表达，改变肠道中存在的有害菌的黏附潜力（Ebersbach 等，2012）。这揭示了低聚糖在抑菌方面代替促生长抗生素的潜力。

第二节　新型具有杀菌抑菌功能酶制剂的作用途径及其作用机制

近年来出现了不表现帮助消化和去除抗营养因子的酶制剂，其中有"抑菌或杀菌作用的酶制剂"。目前已经发现的这类酶制剂有：葡萄糖氧化酶、溶菌酶、壳聚糖酶、过氧化氢酶等。

一、葡萄糖氧化酶的替抗作用及其作用机制

葡萄糖氧化酶（glucose oxidase，GOD）作用于病原菌的物理生存环境，能专一地将 β-D-葡萄糖分解为葡萄糖酸和过氧化氢，同时消耗大量的氧气。GOD 作为一种新型的饲料添加剂具有部分的抗生素效果，如提高动物生产性能、保护肠道健康和增强动物免疫力（Tang，2016）。其作用机制如下：按反应条件 GOD 催化反应有 3 种形式：①没有过氧化氢酶存在时，每氧化 1 mol 葡萄糖需消耗 1 mol 氧气：$C_6H_{12}O_6 + O_2 \rightarrow C_6H_{12}O_7 + H_2O_2$；β-D-葡萄糖 + $O_2 \rightarrow$ β-D-葡萄糖内酯 + H_2O_2。②有过氧化氢酶存在时，每氧化 1 mol 葡萄糖需消耗 1/2 mol 氧气：$C_6H_{12}O_6 + 1/2O_2 \rightarrow C_6H_{12}O_7 + H_2O$。③有乙醇及过氧化氢酶存在时，过氧化氢酶可用于乙醇的氧化，每氧化 1 mol 葡萄糖需消耗 1 mol 氧气：$C_6H_{12}O_6 + C_2H_5OH + O_2 \rightarrow C_6H_{12}O_7 + CH_3CHO + H_2O_2$（郑裕国等，2004）。GOD 的生理功能主要表现在 2 个方面：①制造厌氧环境，增加肠道酸性，消除肠道病菌生存环境，抑制病原菌生长。GOD 进入肠道，以葡萄糖作为底物，生成过氧

化氢具有广谱杀菌作用，可以起到抑制大肠埃希氏菌、沙门氏菌等致病微生物生长繁殖的作用（杨久仙等，2011）；GOD 消耗氧气形成的厌氧环境，抑制有害菌的生长，促进有益菌形成优势菌群，改善肠道菌群，保护肠道健康；生成的葡萄糖酸具有酸化剂的功效，可促进胃肠道食糜产生更多的短链脂肪酸，改善肠道微生态（Tsukahara 等，2002）。②保护肠道上皮细胞完整。处于应激或病理状态的动物会产生大量自由基，当自由基超过机体自身的清除能力时就会破坏肠道上皮细胞。添加 GOD 可以清除这些自由基，能保护肠道上皮细胞的完整性，阻止大量病原菌入侵，提高免疫力，促进动物健康、快速生长（吕进宏等，2004）。目前，研究葡萄糖氧化酶对畜禽肠道微生物的影响主要通过体外抑菌试验和针对特异菌种的检测，然而探索葡萄糖氧化酶如何改善畜禽整体的微生物区系，将会为其应用提供更加充分的理论基础。

玉米-豆粕型肉鸡日粮中添加葡萄糖氧化酶后，与空白组和抗生素组相比，葡萄糖氧化酶组肉鸡平均日增重分别提高 5.08% 和 2.09%，平均日采食量分别提高 1.83% 和 0.01%，料重比分别降低 3.11% 和 1.97%；葡萄糖氧化酶对肠道形态亦有改善作用，如增加绒毛高度，同时提高肠道物理屏障相关基因（如 ZO-1、Occludin 等）的表达。此外，葡萄糖氧化酶减轻了肠道免疫反应，降低了相关炎症基因（如 IL-1β、IL-4 及 IL-8 等）的表达。对盲肠内容物 16 s rDNA 分析发现，添加葡萄糖氧化酶相比于对照组和抗生素组可以显著提高肉鸡盲肠食糜中细菌操作分类单元（operational taxonomic units，OTU）的值，表明葡萄糖氧化酶促进了肠道菌群的多样性，也证实了抗生素对肠道菌群整体具有破坏作用。葡萄糖氧化酶可以降低拟杆菌门的相对丰度，提高放线菌门的相对丰度及厚壁菌门与拟杆菌门的比值，对拟杆菌门的拟杆菌科和紫单胞菌科、厚壁菌门中的瘤胃菌科和毛螺旋菌科的相对丰度都有显著的影响。抗生素对肠道菌群的影响较为剧烈，对有益菌和有害菌都有无差别的杀灭作用，长期使用能够造成肠道菌群动态的失衡。而葡萄糖氧化酶对肠道微生物的作用与抗生素相似，但相对温和，对有益菌的抑制作用相对较小。因此，葡萄糖氧化酶对肠道菌群结构有一定的改善作用（黄婧溪，2018）。

二、过氧化氢酶的替抗作用及其作用机制

氧自由基是动物呼吸作用产生的代谢产物。正常生理活动下，体内氧自由基的产生与清除处于动态平衡状态。当周围环境骤变或者畜禽处于特殊的生理状况时，自由基就会大量产生，超过机体的清除速度后就会在体内过量累积，出现氧化应激。而过量的自由基会破坏肠道组织中 DNA、脂质、蛋白质等生物大分子，造成肠道氧化应激损伤，导致动物腹泻、肠炎、菌群紊乱等，影响营养物质的消化吸收，从而损害动物的生长发育（李维等，2016）。

过氧化氢酶是动物植物体内广泛存在的末端氧化酶，又称为"触酶"，是参与活性氧代谢的重要因子之一，与超氧化物歧化酶、过氧化物酶等共同组成了生物体内活性氧防御系统，在清除氧自由基方面发挥重要的作用。过氧化氢酶的主要作用就是通过催化电子对的转移将 H_2O_2 转化为对机体无害的水和氧气，从而清除体内堆积的超氧阴离子和减少生成羟自由基等强活性的自由基（Schrader 等，2006），同时有效降低自由基对肠上皮细胞的损伤，从而维护肠道结构的完整性。

笔者研究团队研究表明，日粮中添加过氧化氢酶能有效替代氧化锌在断奶仔猪中的应用。给 24 日龄断奶仔猪基础日粮中分别添加氧化锌和过氧化氢酶，饲养 14 d 后，添加过氧化氢酶能显著提高饲料转化效率和降低腹泻率；改善肠道形态，显著提高绒毛高度，降低隐窝深度；减轻仔猪的氧化应激，提高仔猪的抗氧化能力，显著降低血清中 MDA 的含量，提高血清中 GSH 的含量和超氧阴离子的抑制能力。细胞试验表明，过氧化氢酶能显著降低过氧化氢对肠道上皮细胞的损伤，增加细胞活力（方锐，2017）。过氧化氢酶能改善母猪的繁殖性能和抗氧化性能力。母猪妊娠后期日粮中添加过氧化氢酶能在一定程度上提高总产仔数；血液和初乳中的总抗氧化能力（total antioxidant capacity，T‑AOC）和 GSH‑Px，过氧化氢酶的活力均有显著提高；对仔猪的腹泻率也有显著改善（张志东，2017）。研究证明，添加外源过氧化氢酶能有效帮助动物清除氧自由基，提高机体的抗氧化能力，缓解氧自由基造成的损伤，改善动物生产性能，达到减抗替抗的效果。

由于环境压力及消费者对畜产品安全要求的增加等多方面因素，无抗养殖是未来畜牧业发展的必然趋势，开发促生长抗生素替代品具有广阔的发展前景。目前，尽管在减抗替抗方面取得了一定的成果，多种酶制剂作为抗生素替代物也用于畜禽养殖，但普遍遇到的挑战是酶制剂的功能单一，效果不稳定，无法达到抗生素的综合效果。因此，需要进一步研究酶制剂，以了解其作用机制、确定标准化的作用方法、改进产品稳定性、保障产品本身作用功效，研究多种酶制剂配伍或者与其他抗生素替代品组合使用，以最大化地获取类似抗生素的效果。

本 章 小 结

饲料禁抗是保障饲料安全的必然措施。无抗日粮配制的关键点是寻找高效的抗生素替代物，其中部分功能特点特殊的酶制剂可起到有效替代抗生素的积极作用。代表性的产品包括：产功能性寡糖的益生酶、葡萄糖氧化酶、溶菌酶、壳聚糖酶、过氧化氢酶等新型具有杀菌抑菌功能的酶制剂。改进替代抗生素作用酶制剂的使用方法、改进产品稳定性、保障产品作用功效、全面解析作用机制是这类酶制剂应用技术领域发展的重要方向。

参考文献

楚维斌，史彬林，红雷，等，2015. 抗生素在畜禽生产中的应用·危害及科学使用 [J]. 安徽农业科学，43（19）：128‑130.

方锐，2017. 过氧化氢酶对断奶仔猪生长性能、肠道形态及抗氧化性能的影响 [D]. 广州：华南农业大学.

冯定远，2016. 葡萄糖氧化酶在日粮中替代抗生素的机理和应用价值 [C]. 中国畜牧兽医学会动物营养学分会第十二次动物营养学术研讨会论文集.

黄婧溪，2018. 葡萄糖氧化酶对黄羽肉鸡生长性能、肠道微生物区系及肠道免疫的影响 [D]. 广州：华南农业大学.

黄升科，2011. 两种微生物蛋白酶在断奶仔猪日粮中应用的比较研究 [D]. 广州：华南农业大学.

黄燕华，2004. 不同来源纤维素酶在肉鹅高纤维日粮中的应用及其作用机理的研究 [D]. 广州：华南农业大学.

雷建平，2012. 不同脂肪酶及其优化组合对黄羽肉鸡生长性能和脂质代谢的影响 [D]. 广州：华南农业大学.

雷钊，2013. 木聚糖酶水解底物作用及其产物调控细菌增殖和细胞黏附率的研究 [D]. 广州：华南农业大学.

李维，孙开济，孙玉丽，等，2016. 乳酸菌缓解肠道氧化应激研究进展 [J]. 动物营养学报，28 (1)：9-14.

李秧发，2010. 木聚糖酶的酶学特性及复合酶在黄羽肉鸡日粮中应用的研究 [D]. 广州：华南农业大学.

李忠良，2011. 木聚糖酶对肉鸡肠黏膜形态及二糖酶分泌与 mRNA 表达的影响 [D]. 广州：华南农业大学.

廖细古，2006. 木聚糖酶对肉鸭生产性能的影响及机理研究 [D]. 广州：华南农业大学.

凌宝明，2011. 微生物源与植物源蛋白酶对仔猪生长性能的影响及作用机理研究 [D]. 广州：华南农业大学.

刘昌镇，2012. 组合脂肪酶在黄羽肉鸡猪油日粮中的应用效果及其性别差异 [D]. 广州：华南农业大学.

吕进宏，黄涛，马立保，2004. 新型饲料添加剂——葡萄糖氧化酶 [J]. 中国饲料 (12)：15-16.

马岩，2015. 木二糖与木三糖分离纯化及其对鸡肠道细菌增殖和细胞黏附率的影响 [D]. 广州：华南农业大学.

欧阳海燕，2017. 木糖及低聚木糖对鼠伤寒沙门氏菌增殖及其黏附性的调控 [D]. 广州：华南农业大学.

吴建东，2014. 外源蛋白酶的酶学性质及其在黄羽肉鸡饲粮中应用的研究 [D]. 广州：华南农业大学.

辛锦兰，2011. 聚糖酶及其组合对肉鸡肠道消化酶及微生物区系的影响 [D]. 广州：华南农业大学.

徐昌领，2011. 组合型木聚糖酶对肉鸡生产性能及作用机理的研究 [D]. 广州：华南农业大学.

闫晓阳，2013. β-甘露聚糖酶对黄羽肉鸡生产性能和养分利用率及小肠形态的影响 [D]. 广州：华南农业大学.

杨彬，2004. 纤维素酶在黄羽肉鸡小麦型日粮中的应用研究 [D]. 广州：华南农业大学.

杨久仙，张荣飞，张金柱，等，2011. 葡萄糖氧化酶对仔猪胃肠道微生物区系及血液生化指标的影响 [J]. 畜牧与兽医，43 (6)：53-56.

于旭华，2004. 真菌性和细菌性木聚糖酶对肉鸡生长性能的影响及机理研究 [D]. 广州：华南农业大学.

张志东，2017. 过氧化氢酶基于消减母猪氧化损伤改善其繁殖性能的研究 [D]. 广州：华南农业大学.

赵世元，2014. 不同 α-淀粉酶及其组合对黄羽肉鸡生长性能的影响及其作用机理 [D]. 广州：华南农业大学.

郑裕国，王远山，薛亚平，2004. 抗氧化剂的生产及应用 [J]. 北京：化学工业出版社.

Yusuf，2014. 日粮中添加木聚糖酶和乳酸杆菌及低聚木糖对肉鸡生产性能的影响及其机理 [D]. 广州：华南农业大学.

Arsenault R J，Lee J T，Latham R，et al，2017. Changes in immune and metabolic gut response in broilers fed β-mannanase in β-mannan-containing diets [J]. Poultry Science，96 (12)：4307-4316.

Choct M, Hughes R J, Wang J, et al, 1996. Increased small intestinal fermentation is partly responsible for the antiâ nutritive activity of nonâ starch polysaccharides in chickens [J]. British Poultry Science, 37 (3): 609 - 621.

Ebersbach T, Andersen J B, Bergström A, et al, 2012. Xylo - oligosaccharides inhibit pathogen adhesion to enterocytes *in vitro* [J]. Research in Microbiology, 163 (1): 22 - 27.

Ferreira H C, Hannas M I, Albino L F T, et al, 2016. Effect of the addition of β - mannanase on the performance, metabolizable energy, amino acid digestibility coefficients, and immune functions of broilers fed different nutritional levels [J]. Poultry Science, 95 (8): 1848 -1857.

Hsiao H Y, Anderson D M, Dale N M, 2006. Levels of beta - mannan in soybean meal [J]. Poultry Science, 85 (80): 1430 - 1432.

Jackson M E, Anderson D M, Hsiao H Y, et al, 2003. Beneficial effect of β - mannanase feed enzyme on performance of chicks challenged with *Eimeria* sp. and *Clostridium perfringens* [J]. Avian Diseases, 47 (3): 759 - 763.

Mole B, 2013. Farming up trouble [J]. Nature, 499 (7459): 398.

Schrader M, Fahimi H D, 2006. Peroxisomes and oxidative stress [J]. Biochimica et Biophysica Acta, 1763: 1755 - 1766.

Tang H, Yao B, Gao X, et al, 2016. Effects of glucose oxidase on the growth performance, serum parameters and faecal microflora of piglets [J]. South African Journal of Animal Science, 46 (1): 14 - 20.

Teirlynck E, Bjerrum L, Eeckhaut V, et al, 2009. The cereal type in feed influences gut wall morphology and intestinal immune cell infiltration in broiler chickens [J]. British Journal of Nutrition, 102 (10): 1453 - 1461.

Tsukahara T, Koyama H, Okada M, et al, 2002. Stimulation of butyrate production by gluconic acid in batch culture of pig cecal digesta and identification of butyrate - producing bacteria [J]. The Journal of Nutrition, 132 (8): 2229 - 2234.

第十八章
酶制剂分解底物改造饲料原料品质的作用

我国非常规饲料资源数量大、种类多、分布广，资源总量愈 40 亿 t，但大部分因含有抗营养因子而无法大量使用，需要经过物理、化学或微生物处理，进行可消化性改造，提高其饲用价值。饲料酶制剂在目前的研究中被认为能促进畜禽对非常规饲料养分的消化吸收，解决非常规饲料抗营养作用，提高非常规饲料转化效率，降低饲养成本。

但饲粮中添加酶制剂，真的能发挥其最大效用吗？其实未必，就目前的研究结果而言，像 NPS 单酶的添加、复合酶的添加，甚至于组合酶的添加，对饲粮转化效率、各养分消化率的改善，还远谈不上高效，这都是由于酶制剂本身的特殊性造成的。酶具有生物催化功能的大分子蛋白质，通过降低化学反应的活化能（用 Ea 或 ΔG 表示）来加快反应速率，是每个物种在进化中经过自然选择筛选出来的、符合自身新陈代谢规律的，故每种酶都具有其最适反应条件。而动物的消化道环境复杂、胃肠道 pH 差异较大，故在动物体内很难满足外源酶的最适反应条件。体外程序化酶解（*in vitro* programmed enzymolysis）是指在体外人为营造的最适反应条件下，按步骤地添加针对性的酶，每一步骤只针对单一目标，步骤与步骤间的目标关系为顺延或平行。以小麦为例，于体外酶解其细胞壁，可尽量释放其细胞质，提升其养分消化率。酶制剂的体外前处理原料应用理念是对酶制剂应用技术的重要扩展，具有重要的实践应用前景。

第一节　基于提高饲用价值为目标的饲料酶制剂体外应用技术

一、体外酶解消减细胞壁的抗营养作用

毕玉花于 2018 年以大麦为对象，组合设计出了由 β-葡聚糖酶、木聚糖酶和酸性蛋白酶配合盛典成的复合酶，体外条件下水解大麦，结果发现明显增加了大麦表面孔隙（图 18-1），结合透析分析小分子物质透析率结果说明，该复合酶的体外酶解出来显著

降低了小麦细胞壁的抗营养作用。同样，赵林果等（2001）选用纤维素复合酶酶解大麦后，在扫描电镜下大麦呈现出较多表面孔隙、孔径增大、胞间层断裂等情况。表明在酶的作用下，大麦细胞壁被酶破裂，有效消减了细胞壁对畜禽消化利用细胞内养分的束缚、抗性。

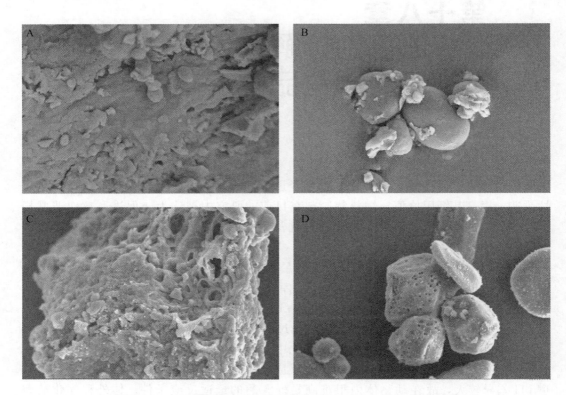

图 18-1　大麦酶解前（A 和 B）和酶解后（C 和 D）电子显微镜图

二、体外酶解消减大豆抗原蛋白的致敏反应

黄明媛等（2017）采用 SDS-PAGE 法分析了蛋白酶酶解豆粕后发现，在未酶解的豆粕中，可溶性酶解物有多种蛋白质组分，经蛋白酶酶解后的豆粕 7S 和 11S 亚基已完全消失（图 18-2）。结果表明，豆粕中的 7S 和 11S 亚基都很容易被蛋白酶水解，含有较多疏水性氨基酸的碱性亚基对蛋白酶也比较敏感。畜禽肠道免疫系统对抗原蛋白很敏感，可引起肠黏膜损害和过敏反应，表现为肠绒毛萎缩，导致小肠结构受损、食糜滞留时间缩短，营养物质和矿物质的转运、吸收紊乱，严重时引起动物消化不良、腹泻（Maruyama 等，1998；吕刚，2005）。但从王冠颖等（2017）选用 1 种酸性蛋白酶和 4 种中性蛋白酶的豆粕抗原体外酶解结果分析来看，豆粕抗原分解所需要的外源蛋白酶具有特殊的针对性，不是所有蛋白酶对饲料抗原都具有分解破坏的能力（图 18-3）。

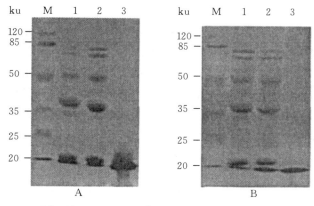

图 18-2　43％豆粕（A）和 46％豆粕（B）外源蛋白酶酶解后抗原变化

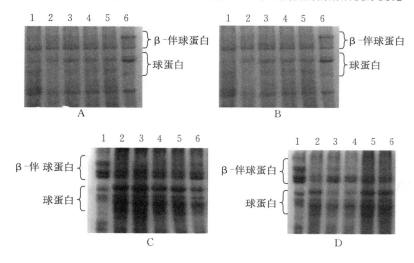

图 18-3　不同蛋白酶对豆粕抗原的酶解效果

注：A 为 30 ℃酶解豆粕 72 h SDS-PAGE 电泳结果；B 为 30 ℃酶解豆粕 120 h SDS-PAGE 电泳结果；C 为 35 ℃酶解豆粕 72 h SDS-PAGE 电泳结果；D 为 35 ℃酶解豆粕 120 h SDS-PAGE 电泳结果。1. 原豆粕；2. 酸性蛋白酶组；3. 中性蛋白酶 1 组；4. 中性蛋白酶 2 组；5. 中性蛋白酶 3 组；6. 中性蛋白酶 4 组。

第二节　基于提高饲料营养价值为目标的酶制剂体外应用技术

一、体外酶解提高油脂有效能值

为避开饲料加工及消化道内环境的条件限制，徐志祥（2013）利用饲用脂肪酶在体外对油脂进行前处理，开展了油脂有效能值的试验研究。脂肪酶体外水解猪油较适宜的 pH、温度和酶添加剂量的参数值分别为 8.0、40 ℃、64 U/g 猪油，在此条件下酶解处理后猪油代谢能值相对未酶解处理油脂提高了 4.81％（表 18-1）。赵海珍等（2005）通过脂肪酶催化猪油与辛酸酸解制备功能性脂的试验发现，体外条件下，在正己烷介质中，在脂肪酶含量为 15％（底物重量百分比）、底物比率为 1∶2（猪油∶辛酸）、反应时间为 24 h、反应温度为 55～60 ℃时。可大大提高辛酸的插入率。陈少欣等（1995）筛选出游离脂肪酸最佳催化条件为 pH 9.6、33 ℃、底物浓度 25％，水解率可达 85.7％，此时游离脂肪酶动力学参数 Vm 和 Km 值分别为 5.56 μmol/（mL·min）和 6.2×10^{-2}（V/V）。在充分平衡各方面条件后，选择适宜的工艺条件，油脂的水解率可达到 90％～98％（高昆玉等，1992）。理论上，油脂在体外经脂肪酶水解处理后可起到前消化作用，提高饲料的利用效率，进而提高饲料中油脂的有效能值。赵海珍等（2005）通过脂肪酶体外处理猪油，改良制备出了功能性脂。

表 18-1 脂肪酶前处理对猪油及其 TME 的影响

试验组	DM（％）	EE（％）	油脂 TME（MJ/kg）
猪油组	78.17±1.30[a]	87.32±0.50[a]	35.77±0.17[b]
酶解猪油组	77.85±0.54[a]	89.17±0.48[a]	37.49±0.19[a]

注：同列上标不同字母表示差异显著（$P<0.05$），相同字母表示差异不显著（$P>0.05$）。TME，true metabolizable energy，真代谢能；DM，dry matter，干物质；EE，ether extract，粗脂肪。

二、体外酶解提高蛋白质溶解度和改善蛋白质品质

曹庆云（2015）发现，体外设计组合蛋白酶水解豆粕后，豆粕蛋白总水解度、水溶性蛋白水解度和粗蛋白质消化率均获得了明显改善（表 18-2）。俞明伟等（2009）、Wang 等（1999）、Motoi 等（2004）、张红梅（2008）的研究也同样表明，蛋白酶体外水解饲料后，其水解度和蛋白质回收率都有显著提高，而且双酶复配的效果要优于单一酶的作用效果。

表 18-2 黑曲酶源蛋白酶（A）与木瓜蛋白酶（B）组合对豆粕蛋白水解度的影响（％）

蛋白酶组合	总水解度	水溶性蛋白水解度	粗蛋白质消化率
黑曲酶源蛋白酶（A）	36.96	86.72	21.83
木瓜蛋白酶（B）	28.63	50.16	16.28
1∶9	30.18	52.32	18.09
2∶8（A∶B）	35.15	58.05	20.26
3∶7（A∶B）	40.56	63.82	22.10
4∶6（A∶B）	45.08	75.90	25.32
5∶5（A∶B）	47.18	85.36	26.04
6∶4（A∶B）	52.39	98.81	29.69
7∶3（A∶B）	50.32	93.73	28.45
8∶2（A∶B）	48.60	90.06	27.12
9∶1（A∶B）	45.15	87.96	25.93

第三节　基于产生功能性产物为目标的酶制剂体外应用技术

一、体外定向酶解木聚糖产生低聚木糖

雷钊（2013）选用多个木聚糖酶分别水解木聚糖，采用高效液相色谱法测定其水解产物的组成，结果发现，毕赤酵母源木聚糖酶分解木聚糖后产生了较多的木二糖，其含量为 50.08%；米曲霉源木聚糖酶分解木聚糖后产生了较多的木三糖，其含量为 44.15%；组合酶（毕赤酵母源木聚糖酶和米曲霉源木聚糖酶按 1:1）组合分解木聚糖后产生的木三糖最多，含量为 50.34%。5 个处理组中，木二糖和木三糖的总含量分别为 95.70%、86.79%、93.11%、87.55% 和 94.55%（表 18-3）。相应表现出对有害菌的增殖抑制、肠上皮细胞损伤的保护作用。

表 18-3　不同条件下木聚糖水解产物的组成（%）

项　　目	毕赤酵母源木聚糖酶（C）	米曲霉源木聚糖酶（D）	3:7（C:D）	7:3（C:D）	1:1（C:D）
木　糖	2.54±0.65	3.41±0.43	3.40±0.55	5.74±0.87	3.43±0.13
木二糖	50.08±2.13	42.64±1.87	44.60±3.41	40.88±3.98	44.21±2.64
木三糖	45.62±1.95	44.15±2.56	48.51±3.66	46.67±4.01	50.34±2.88
木四糖	1.06±0.09	6.90±0.22	2.59±0.24	5.01±0.42	1.02±0.04
木五糖及以上	0.70±0.01	2.90±0.05	0.80±0.04	1.70±0.09	1.00±0.06

任何细菌在肠道体内发挥作用的前提是其能够在肠道体内成功定殖（Collins 等，1998），定殖后的细菌可以免于肠道蠕动等的排除作用。病原菌菌体表面与宿主细胞表面特异性寡糖配体结合的蛋白，常被称为黏附素、凝集素或血凝素。大多数黏附素可以与含有 3~5 个单糖的特定寡糖片段相结合（潘晓东，2009）。因此，定性酶解产生低聚木糖具有定向设计有害菌抑制的积极作用。阿拉伯木聚糖的支链含有乙酰基、半乳糖、乙酰基葡萄糖醛酸等多种结构。潘晓东（2009）还发现，中性的甘露寡糖对大肠埃希氏菌的黏附抑制率可达 39%。雷钊（2013）试验发现，木寡糖同样能降低大肠埃希氏菌对细胞的黏附率，最高可降低达 27.27%，且寡糖组成成分不同，抑制作用也不同。

二、体外定向酶解大豆蛋白产生小肽

曹庆云（2015）试验表明，豆粕体外酶解后的产物中小分子质量的肽段数量增多，在组合型的蛋白酶酶解产物中获得的小分子片段越多，水解效果越好（彩图 6）。李玉珍等（2007）研究也发现，中性蛋白酶和碱性蛋白酶组合水解大豆分离蛋白的效果优于单酶，而且经 SDS-PAGE 电泳分析可得到许多分子质量在 14.4~20.1 ku 的小片段。

本 章 小 结

若将酶的反应环境置于体外，人为给其营造最适反应条件，即可最大化地体现其高效性；再结合程序化的酶解思路，针对底物，一步步将其酶解，每一步针对单一目标，进而最大化地体现酶的专一性。可见，与传统酶制剂的研究理念不同，体外程序化酶解与定向酶解开发非常规饲粮原料研究思路的提出，其考虑的不是如何使酶适应反应环境，而是如何使环境更适应酶，辅助酶发挥最大效用，是对传统研究本质与出发点的突破。这预示着，酶制剂除在传统的饲料加工过程中添加之外，体外原料酶解处理也是一种重要的应用方式，而且具有其独特的优势，特别是能够把酶制剂的高效性充分发挥出来。此外，酶制剂除体外酶解饲料外，一些生物活性酶制剂还可以通过饲料外饮水等使用模式，起到杀菌、抑菌或改善养殖环境的作用，进一步扩展了酶制剂的应用范围和价值空间。

➡ 参考文献

毕玉花，2018. 大麦体外酶解条件筛选及酶解大麦在肉鸡日粮中的应用 [D]. 广州：华南农业大学.

曹庆云，2015. 蛋白酶组合的筛选及其对断奶仔猪生长性能影响的机理研究 [D]. 广州：华南农业大学.

陈少欣，林文蛮，黄惠莉，1995. 脂肪酶水解植物油及动力学参数测定 [J]. 福建化工（4）：17-19.

高昆玉，朱秀玲，富洵，等，1992. 8901 脂肪酶催化油脂水解反应的研究 [J]. 精细化工（5/6）：67-71.

黄明媛，宋敏，魏秋群，2017. 蛋白酶对豆粕的酶解研究 [J]. 广东饲料，26（3）：19-22.

雷钊，2013. 木聚糖酶水解底物作用及其产物调控细菌增殖和细胞黏附率的研究 [D]. 广州：华南农业大学.

李玉珍，肖怀秋，2009. 蛋白酶酶解液水解度对起泡性和乳化性的影响研究 [J]. 粮油食品科技（6）：21-22.

吕刚，2005. 用蛋白酶体外酶解豆粕的酶解参数及饲喂效果研究 [D]. 雅安：四川农业大学.

潘晓东，2009. 若干寡糖的供能特性及对肠道生理生态调控机制的研究 [D]. 杭州：浙江大学.

王冠颖，刘志国，战晓燕，等，2017. 不同蛋白酶对豆粕酶解作用效果的研究 [J]. 饲料博览（9）：29-32.

徐志祥，2013. 脂肪酶前处理油脂的效果及其对肉鸡生产性能的影响 [D]. 广州：华南农业大学.

俞明伟，张名位，孙远明，等，2009. 双酶直接酶解米糠制备短肽的工艺优化 [J]. 中国农业科学，42（5）：1744-1750.

张红梅，陶敏慧，刘旭，等，2008. 双酶法酶解大豆蛋白制备大豆低分子肽的研究 [J]. 中国油脂（3）：23-25.

赵海珍，陆兆新，刘战民，等，2005. 脂肪酶改良猪油制备功能性脂的研究 [J]. 食品科学，26（8）：173-177.

赵林果，王传槐，叶汉玲，2001. 复合酶制剂降解植物性饲料的研究 [J]. 饲料研究（1）：2-5.

Collins K J, Thomton G, Sullivan G O, 1998. Selection of probiotics strains for human application [J]. International Dairy Journal, 8：487-490.

Maruyama N，Katsube T，Wada Y，et al，1998. The roles of the N‑linked glycans and extension regions of soybean β‑conglycinin in folding, assembly and structural features [J]. European Journal of Biochemistry, 258 (2)：854 - 862.

Motoi H，Fukudome S，Urabe I，2004. Continuous production of wheat gluten peptide with foaming properties using immobilized enzymes [J]. European Food Research and Technology, 219 (5)：522 - 528.

Wang M，Hettiarachchy N S，Qi M，et al，1999. Preparation and functional properties of rice bran protein isolate [J]. Journal of Agricultural and Food Chemistry, 2 (2)：411 - 416.

第十九章
酶制剂的限制性定向酶解 饲料改造技术

开发非常规饲粮原料及其配套使用技术，可减轻对国外常规饲粮原料的依赖，对平抑饲粮价格的上长或波动、降低饲粮的生产成本有重要的现实意义。面对世界范围内抗生素类生长促进剂的逐渐禁用、集约化养殖程度越来越高、动物疫病多发、抗原突变加剧的畜牧业生产现状，且国内的禁抗也在缓步实施，如何找到抗生素类生长促进剂的替代产品愈加迫在眉睫。根据目前的研究进展，具有替代抗生素类生长促进剂潜力的添加剂种类有微生态制剂、功能性寡糖、植物提取物、中草药制剂、功能性肽类物质等。近期研究发现，蛋白酶体外水解小麦后，其酶解产物中含有阿片肽、抗氧化肽等功能性肽类。可见通过定向酶解技术制备高营养附加值的非常规日粮原料不仅可以实现细胞壁酶解后胞质的释放，而且可以通过酶解产物定向设计水解酶的搭配组合，使其生成大量具有替代抗生素类生长促进剂潜力的功能性产物。若掌握体外程序化和定向酶解技术，不仅可改善非常规饲粮原料的养分消化率、改善未消化物质排放造成的环境污染情况，而且可在一定程度上替代促生长抗生素饲料添加剂的使用，促进添加剂产业的发展。

第一节　限制性定向酶解技术的概述

一、限制性定向酶解技术的定义

限制性定向酶解（restrained enzymolysis）技术是指在体外通过对酶解产物或酶解后整体预期，进而进行底物、酶和反应条件的限制，使得酶解产物产量或酶解后整体效果达到期望值的一种酶应用技术。其所受限制主要分为 3 个层面：①底物层面上的限制。因开发不同非常规饲用原料，或不同功能酶解产物的针对性不同，其对底物的需求也将不同，其中既包括底物的种类，也包括底物的理化特性。故应在开发前，针对性地进行文献查阅和库搜寻，对底物种类与理化特性等条件进行限制。②酶解用酶层面上的限制。在明确底物种类和理化特性后，针对酶解位点、酶学特性等方面，挑选不同的酶进行按需组合。③反应条件层面上的限制。因限制性定向酶解往往由多变量组合，故在确定底物和用酶种类后，酶解效果达到预期与否，完全取决于酶解反应条件，故因针对以产物含量或酶解后整体效果为应变量，通过 PB（Plackett – Burman）试验进行主因筛选，进而通过响应面优化反应条件，使其达到期望值。

以小麦为例，目前研究发现，使用蛋白酶水解小麦蛋白可获得多种生物活性肽，如阿片肽、降血压肽（ACE 抑制肽）、抗氧化肽等。其中，阿片肽具有诱导睡眠、调节呼吸和脉搏、延长胃肠蠕动次数、刺激胃肠激素的释放、提高肠道吸收水平、增进采食、刺激胰岛素分泌等功能。特以小麦酶解产物中阿片肽类活性物质产量为主体，进行限制性定向酶解设计，通过产物与细胞模型结合分析物质的产生与否，结合分析化学的手段鉴定其产量，进而使用 PB 试验挑选主因后，进行响应面分析，最优化其反应条件，实现蛋白酶水解小麦产物中阿片肽类具生物活性物质的产量最大化。这种技术的应用可增加非常规或常规饲粮原料的营养附加值，减少药物、促生长剂的使用量。

二、限制性定向酶解技术与传统酶制剂应用技术的差异

与限制性定向酶解技术相比较，传统酶制剂改造原料品质技术手段多为随机性体外酶解制备饲用原料。

在酶制剂方面，就生产而言，目前国内的生产仍较为混乱，关键是不同企业酶制剂产品效用的评定没有统一标准，同种酶之间不具可比性，只是笼统标明各种酶的活力。虽经过近几年的努力，单一产品效果基本接近了国外产品，但还是普遍存在以仿制为主的特点。而国外企业，如丹麦丹尼斯克集团股份有限公司、丹麦诺维信集团股份有限公司、法国安迪苏集团股份有限公司、美国奥特奇集团股份有限公司等开发技术先进、产品质量较好而稳定。但就研究现状而言，国内外均有着一定的思维定势及局限性。国内外酶制剂的研发往往聚焦于如何通过改变酶结合位点的氨基酸，进而提高酶的活力；如何通过改造酶自身结构，进而提升其抗逆性；如何通过包被技术，令其在固定位点释放发挥其效用。虽然冯定远（2004）在讨论饲料工业的技术创新时，突破性地提出了饲料酶制剂应用的组合酶概念，打破了大家的固有思维，利用酶催化的协同作用，选择具有互补性的 2 种或 2 种以上酶配合而成的酶制剂，进而科学、合理地实现酶对底物作用的针对性，发挥酶制剂作用的高效性。但是，其科研主体是如何改进酶，使其勉强适应环境，而不是如何创造环境，使酶发挥最大效用。

在随机性体外酶解制备饲用原料这一方面，则更多聚焦于功能性食品添加剂的研发。例如，东忠方和闫鸣艳（2013）从安康鱼皮中使用酶法制备胶原蛋白多肽；彭莉娟等（2012）从酪蛋白中使用酶法制备血管紧张素转化酶抑制肽；郭红英（2009）使用小麦酶解制备抗氧化肽；Chen 等（1998）从大豆蛋白 β - conglycinin 的水解物中分离出 6 种抗氧化活性多肽等。但这些研究并未涉及饲料原料的开发，也未涉及定向酶解这一概念。传统酶制剂应用体系具有盲目性，酶制剂添加进饲料中对动物体的影响就像黑箱理论，对其在动物体内将如何发挥效用、产生何种酶解产物、酶解产物怎样影响动物体生理运作等问题，往往难以清晰、明确地解释与回答。与传统酶制剂应用体系不同，定向酶解技术是针对性地对目标结构进行分析后明确产物潜在可能，进而针对性地以目标酶解产物含量为主体对酶解条件、酶的搭配组合进行最优化调整。

结合上述两者优劣分析，以限制性定向酶解开发非常规饲粮原料作为酶制剂研发与

应用的创新理论，有着深刻意义和推广应用前景。酶作为每个物种在自然进化中经选择后，筛选出符合自身生理特性的高效反应催化剂，具有难以替代的高效性与专一性，并对反应环境有着严格的要求。而动物消化道环境复杂，不同物种间体内环境差异较大，若想使外源酶在各物种体内均能发挥作用是难以达到的。但若将酶的反应环境置于体外，人为给其营造最适反应条件，即可最大化地体现其高效性；再结合限制性定向酶解技术的设计原则，针对底物，一步步将其酶解，每一步针对单一目标，进而最大化地体现酶的专一性。可见，与传统酶制剂的研究理念不同，体外限制性定向酶解技术开发非常规饲粮原料研究思路的提出，考虑的不是如何使酶适应反应环境，而是如何使环境更适应酶；进而辅助酶发挥最大效用，是对传统研究本质与出发点的突破。

第二节 限制性定向酶解技术在非常规饲用原料开发中的应用

饲料行业发展到今天，已经进入一个重大变革的时期。根据国家"十三五"规划，到 2020 年年底中国饲料企业将减少至 3 000 余家，与 2013 年全国各经济类型饲料企业总数 14 079 家相较，将减少 11 079 家，降幅高达 78.7%。而 100 万 t 产能的企业增加至 60 家，约占全国饲料产能的 60%，行业集中度将不断提升。可见现阶段各饲料企业将面临着诸多问题，而其中最突出的是：①原料价格不断上涨带来的成本压力；②市场竞争带来的优化产品质量压力；③畜禽疫病与无抗养殖带来的添加剂安全选用压力。而目前研究普遍认为酶制剂能有效地解决常规饲料原料缺乏及价格上涨、违禁药物和促生长剂大量使用导致的饲料安全、未被充分吸收利用养分大量排放造成的环境污染等问题，进而实现可持续的生态养殖。另外，在非常规饲料原料领域，据张心如等（2014）统计，与别国不同，我国非常规饲料资源每年有近 40 亿 t 的产量，但这些非常规饲料资源未能得到有效利用，多数被废弃，成为当今我国重要的污染源。例如，对畜产品加工下脚料，屠宰场、皮革加工厂、水产品加工厂的副产物，包括动物血液、羽毛、皮革加工副产物等，目前采用发酵法、酸化法、热喷法、膨化法等技术进行加工处理。但这样的处理往往难以发挥其本身的最大利用价值，如动物血液一般采用的加工工艺为将血浆分离提纯，干燥后得到血浆蛋白粉，却并没有对其可能含有的抗原物质进行处理，降低了其使用率。若通过蛋白酶对其进行定向化酶解处理，那可最大限度地水解抗原物质，并能产生具有生物活性的肽类物质，提高血浆蛋白粉的安全性、消化率和营养价值。又如，林业饲料资源、秸秆等高纤维素类非常规饲粮原料，目前大多采用碱化、酸化、氧化、氨化等化学方法进行处理。这样的处理高能耗、低效率，往往影响了产品的市场竞争力。若通过定向酶解技术对其加工，通过酶的高效性水解，可最大限度地提高其生产效率（Wang 等，1992），并因酶的专一性，不会对除底物外的物质发生作用，故可最大限度地保留，如叶类黄酮、多酚等生物活性物质。

一、限制性定向酶解技术在体外酶解饲料原料中的应用

目前酶制剂在动物养殖中的饲喂方法主要有干喂、湿喂和预处理 3 种。Offredo 等

（1994）建议，对于一些特殊原料的饲料，可以先使用专一酶制剂进行具有针对性的预先处理，这样不仅可降低大麦籽粒中的抗营养物质，并提高养分利用效率，而且还能克服酶制剂在动物体内的应用限制。赵林果等（2001）选用纤维素复合酶酶解大麦后，在扫描电镜下大麦呈现出较多表面孔隙、孔径增大、胞间层断裂等情况。表明在酶的作用下，大麦细胞壁被酶破裂。Vries 等（2012）采用 5×2〔（未加工、粉碎、压片、高压蒸煮、加酸高压蒸煮）×（加酶、不加酶）〕试验因子设计法测定了加工工艺和酶在体外消化中对细胞壁降解的影响，结果发现粉碎、压片、加酸高压蒸煮均能破坏大麦细胞壁，促进了大麦仿生消化中淀粉和粗蛋白的消化率，额外添加木聚糖酶和 β-葡聚糖酶仅能改善未加工大麦和劣质大麦的体外淀粉和粗蛋白质的消化能力。

我们在充分分析大麦营养成分和酶解条件因素后，结合现有技术通过摇瓶的方式对大麦进行体外一次酶解，给 β-葡聚糖酶、木聚糖酶和酸性蛋白酶 3 种酶提供一个相对稳定并适合的反应环境。在摇瓶条件下，通过单因素试验和 Design-Expert 8.0.6 软件中 Box-Behnken 响应面设计优化体外酶解条件：酸性蛋白酶、木聚糖酶和 β-葡聚糖酶的添加量分别为 407.63 U/g、562.58 U/g 和 122.23 U/g。响应面优化得出摇瓶的最佳条件为：缓冲液初始 pH4.57、温度 61.83 ℃、体积为 120 mL（表 19-1、表 19-2和彩图 7）。经过扫描电子显微镜观察到酶解大麦表面有较多孔隙（图 18-1）。代谢试验研究发现，相比直接强饲大麦，强饲酶解大麦后干物质表观利用率有升高的趋势（$P>0.05$），粗蛋白表观利用率无显著差异（$P>0.05$），但能量表观利用率显著提高15.48%（$P<0.05$）（毕玉花，2018）。

表 19-1　Box-Behnken 响应面设计及其酶解大麦还原糖含量

序号	温度（℃）	pH	缓冲液体积（mL）	还原糖含量（mg/g）
1	45	5	75	194.23
2	45	3	30	140.70
3	45	5	75	187.06
4	45	7	120	116.12
5	70	5	120	210.06
6	45	5	75	194.94
7	20	5	30	110.24
8	45	3	120	140.55
9	20	7	75	70.05
10	45	7	30	114.71
11	70	7	75	88.43
12	45	5	75	188.80
13	20	3	75	87.52
14	45	5	75	173.89
15	70	5	30	180.14
16	70	3	75	152.80
17	20	5	120	105.27

表 19 - 2　Box - Behnken 响应面设计还原糖含量试验结果方差分析与显著性分析

来源	平方和	自由度	均方	F 值	Prob＞F	P 值
模型	30 143.70	9	3 349.30	15.46	0.000 8	＜0.01
A - 温度	8 342.81	1	8 342.81	38.51	0.000 4	＜0.01
B - pH	2 186.57	1	2 186.57	10.09	0.015 6	
C - 液体体积	85.77	1	85.77	0.40	0.549 2	
AB	549.82	1	549.82	2.54	0.155 2	
AC	304.29	1	304.29	1.40	0.274 6	
BC	0.61	1	0.61	$2.80^{E} - 003$	0.959 3	
A2	4 403.08	1	4 403.08	20.32	0.002 8	
B2	13 084.48	1	13 084.48	60.39	0.000 1	
C2	68.04	1	68.04	0.31	0.592 7	
残差	1 516.59	7	216.66			
失拟项	1 229.34	3	409.78	5.71	0.062 9	＞0.05
纯误差	287.25	4	71.81			
总和	31 660.29	16				

二、限制性定向酶解技术在体外酶解脾脏产功能肽中的应用

响应面法是建立数学模型的一种有效工具，适宜于解决非线性数据处理的相关问题，可以用于优化多因素试验，并评估几种因素之间的影响，是实现酶制剂限制性定向酶解条件寻优的有效手段（徐向宏，2010）。

夏旻灏（2019）基于目的产物预估、底物比对、酶组合筛选、酶解条件优化、产物纯化等步骤，建立了适用于生物活性酶解小肽开发的限制性定向酶解技术体系，并以免疫活性肽的开发，开展了探讨该技术在开发功能性活性饲料添加剂方面可行性的研究工作。试验结果发现：①综合评定酶学特性和酶切位点，氨肽酶和碱性蛋白酶在热稳定性、最适反应 pH、最适反应温度等方面相接近，且酶切位点具有差异性，故将其组合作为酶解用酶。②使用超滤技术，以相对分子质量为 100～50 000 的肽段为目的产物，通过响应面优化酶解条件，在碱性蛋白酶酶活力为 10 056 U、氨肽酶酶活力为 900 U、pH 为 6.53、料液比为 11.7 时，获得的酶解肽段含量最大值为 548.32 mg/g（表 19 - 3 和彩图 8）。③通过 100 mg/kg 环磷酰胺构建 BALB/c 小鼠免疫抑制模型，每日灌胃 0.45 mg/kg、0.27 mg/kg 酶解肽段组可显著改善平均日采食和试验末重（$P<0.05$）；0.45 mg/kg、0.27 mg/kg SP 组显著提高胸腺、脾脏指数，改善脾脏形态，提高脾小体面积（$P<0.05$）；0.45 mg/kg、0.27 mg/kg SP 组显著提高血液中 CD4^{+} 和 CD8^{+} 细胞数量，且数量随着灌胃剂量的增加而增加（$P<0.01$）；0.45 mg/kg SP 组能显著恢复免疫抑制模型

表 19 - 3　响应面设计优化酶解条件分析

来源	平方和	均方	F 值	P 值	显著性
模型	1.418×10^5	236	1	0.0	显著
A	37 564.85	375	1	0.0	
B	13 235.02	132	6	0.0	
C	11 591.78	115	5	0.0	
AB	1 953.90	195	0	0.3	
AC	7.81	7.81	0	0.9	
BC	35.28	35.2	0	0.5	
A^2	52 309.18	523	2	0.0	
B^2	31 943.29	319	1	0.0	
C^2	1 580.56	158	0	0.4	
残差	9 339.11	849			
失拟项	4 504.48	750	0	0.6	不显著
纯误差	4 834.63	966			
总和	1.683×10^5				

注：A，pH；B，料液比；C，碱性蛋白酶酶活。

的溶血空斑数量（$P<0.05$），但与对照组相比，差异不显著。④酶解肽段的灌胃可显著改善因免疫抑制而诱发的肠道形态变化，在空肠中尤为显著。0.14 mg/kg、0.27 mg/kg、0.45 mg/kg 的 SP 灌胃均可显著提高空肠肠绒毛高度，显著降低隐窝深度（$P<0.01$）；而在盲肠方面，SP 可显著提高盲肠完整性，并提高盲肠黏膜层高度（$P<0.01$）；且均随着浓度的提高，改善程度也随之上升。⑤通过 HPLC 纯化分离酶解产物，通过 LC - MS 进行分子质量鉴定，并结合小鼠巨噬细胞系（RAW264.7）和小鼠肠上皮细胞系（MODE - K）进行酶解产物活性鉴定发现，峰 6 的酶解肽段分子质量为586.35 Da，能显著提高 RAW246.7、MODE - K 细胞的 24 h 细胞活力（$P<0.05$），并显著提高 MODE - K 细胞的 $ZO-1$、$Occludin$、$Claudin-1$、$IL-1$ 的表达量（$P<0.05$），显著降低 RAW264.7 细胞 $IL-2$、$IL-6$ 的表达量（$P<0.05$）。结果说明，与传统酶解相较，限制性定向酶解技术的目的性更强，针对性地进行底物筛选、酶组合设计及酶解条件优化，使得活性酶解产物的发掘更具可行性。酶解脾脏肽段能显著改善免疫抑制模型小鼠的免疫功能，且免疫效果随着灌胃剂量的提升而提升，对健康小鼠虽有提高免疫功能的趋势，但并没有达到显著水平。通过分离纯化，得到分子质量为586.35 Da 的肽段，在细胞水平上，其能提高肠上皮细胞和巨噬细胞的活力，并在mRNA 水平上提高肠道紧密连接蛋白和细胞因子相关基因的表达。

　　开发体外限制性定向酶解技术及配套体系，可为我国酶制剂应用研究提出新的理论，为我国酶制剂产品开发、创新提供新的热点，进而提升我国酶制剂应用的技术水平和应用效果。同时，结合各方机构，发挥各自所长，通过限制性定向酶解技术进行非常规饲粮原料产业化的开发和推广应用，最终达到高效解决我国饲料行业目前面临的常规饲料原料缺乏及价格上涨、违禁药物和促生长剂大量使用导致的饲料安全问题、未被充分吸收利用养分大量排放造成的环境污染等阻碍畜牧业可持续的关键问题。不仅如此，还可通过限制性定向酶解技术对非常规饲粮原料进行加工，其不仅最大限度地降低了抗营养因子对非常规原料饲用价值的影响，提高了加工效率，更在加工过程中最大限度地保留了非常规原料营养及功能成分，赋予酶制剂新的应用空间。

本 章 小 结

酶制剂限制性定向酶解技术的发展与生产应用是酶制剂创新应用的重要发展方向，可有效提高酶制剂饲料改造的效果和效率。与传统酶制剂应用技术比较而言，具有明显的作用模式设计思维在限制性定向酶解技术中发挥着重要的作用。特别是在饲料原料改造、功能性酶解饲料添加剂产品开发方面，限制性定向酶解技术具有非常重要的发展前景和实践应用价值。

➡ 参考文献

毕玉花，2018. 大麦体外酶解条件筛选及酶解大麦在肉鸡日粮中的应用 [D]. 广州：华南农业大学.

东忠方，闫鸣艳，2013. 安康鱼鱼皮胶原蛋白多肽酶法制备工艺研究 [J]. 食品工业 (3)：87-90.

冯定远，2004. 饲料工业的技术创新与技术经济 [J]. 饲料工业 (11)：1-6.

郭红英，2004. 麦胚蛋白酶解物的制备及其抗氧化功能研究 [D]. 镇江：江苏大学.

彭莉娟，王伟，张赛赛，等，2012. 基于模拟酶切的酪蛋白定向酶解探究 [J]. 食品工业科技，33 (3)：214-216，321.

徐向宏，何明珠，2010. 实验设计与 Design-Expert、SPSS 应用 [M]. 北京：科学出版社.

张心如，黄柏森，郑卫东，等，2014. 非常规饲料资源的开发与利用 [J]. 养殖与饲料 (4)：21-29.

赵林果，王传槐，叶汉玲，2001. 复合酶制剂降解植物性饲料的研究 [J]. 饲料研究 (1)：2-5.

Chen H M，Muramoto K，Yamauchi F，1995. Structural analysis of antioxidative peptides from soybean β-conglycinin [J]. Journal of Agricultural and Food Chemistry，43：574-578.

Offredo S，1994. Voluntary intake and digestibility by pigs of diets containing pectin-rich raw materials and the effects of enzyme treatment [J]. Animal Production Science，58 (3)：467-470.

Vries S de，Pustjens A M，Schols H A，et al，2012. Effects of processing technologies combined with cell wall degrading enzymes on *in vitro* degradability of barley [J]. Journal of Animal Science (90)：331-333.

Wang L，Newman R K，Newman C W，et al，1992. Barley beta-glucans alter intestinal viscosity and reduce plasma cholesterol concentrations in chicks [J]. Journal of Nutrition，122 (11)：2292-2297.

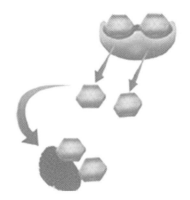

04

第四篇　饲料酶制剂应用效果的评价方法

第二十章
饲料酶制剂理化特性的评价方法

随着我国饲料工业的快速发展，饲料添加剂相关产业也得到了蓬勃发展，针对动物与饲料需要，相继产生了各种营养性添加剂及非营养性添加剂。尤其是以酶制剂为代表的功能性添加剂得到了长足发展，其产量巨大，应用效果突出，对推动我国养殖业的健康发展做出了突出贡献。在养殖业健康发展、国内饲料产量稳定增长的背景下，饲料酶制剂显现出了巨大的市场需求，一大批生产酶制剂的企业诞生，市场上出现了各种来源与功能的酶制剂。而随着越来越多的企业，包括一些跨界的企业加入到酶制剂生产领域，目前生产中出现的酶制剂产品质量参差不齐。现有酶制剂缺乏统一的评价体系，致使部分企业生产的酶制剂产品应用于养殖的效果甚微，客户对酶制剂的作用产生了怀疑。因此，建立一套系统的酶制剂评价体系，规范酶制剂的评价，既是酶制剂企业及养殖户共同的利益诉求，也是酶制剂领域健康发展的迫切需要。

第一节　酶制剂理化特性的评价方法

一、酶活力的定义

酶活力（enzyme activity）也称酶活性，是指酶催化一定化学反应的能力。酶活力的大小可以用在一定条件下、所催化的某一化学反应的转化速率来表示，即酶催化的转化速率越快，酶的活力就越高；反之，酶的活力就越低。因此，测定酶的活力就是测定酶促转化速率。酶转化速率可以用单位时间内单位体积中底物的减少量或产物的增加量来表示。酶活力既可以通过定量测定酶反应的产物或底物数量随反应时间的变化来实现，也可以通过定量测定酶反应底物中某一性质的变化，如黏度变化来实现。通常是在酶的最适 pH 和离子强度及指定的温度下测定酶活力。在特定条件下，1 min 转化 1 μmol 底物所需的酶量为一个活力单位（U）。

α-淀粉酶的酶活力分析通常采用可溶性淀粉作为底物，如用 DNSA 3，5-二硝基水杨酸法（3，5-dinitro-salicylic acid，NASA）为底物测定还原糖的增加量（Bailey，1988）。比较好的方法是采用末段为 p-硝基苯酚麦芽七糖作为底物，在 α-淀粉酶活力很低的情况下，需要使用灵敏度更高的底物，如 Amylazyme 颗粒（Mc Cleary，1991）。α-半乳糖苷酶水解半乳糖-蔗糖结构的寡糖的活力可以通过 Nelson/Somogyi 还原糖分析法进行测定。用于测定蛋白酶的底物和分析方法有多种，许多是用天然蛋白质，如酪蛋白、凝乳蛋白、白蛋白、胶原蛋白、血红蛋白等作为底物。这种分析方法是基于用三氯乙酸沉淀未水解的底物，然后在 235 nm 处测定离心获得的上清液的吸光度（Kunitz，1947；AACC，1985）。以普罗塔酶（protazyme）片作为测活底物，其灵敏度要比 azo - 酪蛋白高 4～5 倍。即使采用更高灵敏度的底物，要准确分析配合饲料混合物中的酶活力仍然是很困难的。采用荧光底物可以满足所需要的灵敏度，然而仍然需要解决饲料成分对酶蛋白的吸附和特定酶蛋白抑制物对酶活力的抑制等问题。分析木聚糖酶的方法，包括还原糖法、黏度法和以染色底物为基础的方法。黏度法主要用于分析内切酶的活力，Nelson/Somogyi 还原糖法仍然不失为测定纯木聚糖酶制剂的标准方法（Somogyi，1960），已有的各种染色底物包括燕麦木聚糖、桦木木聚糖、山毛榉木聚糖、小麦阿拉伯木聚糖和染色的小麦木聚糖等（McCleary，1995）。β-葡聚糖酶活力的测定方法包括还原糖法、黏度分析法、琼脂平板扩散法、不/可溶性的染色底物法，用不可溶性的染色底物法进行分析的灵敏度要比使用可溶性的染色底物 azo-大麦葡聚糖和 azo - CMC 高 3～10 倍。测定植酸酶的活力，通常是测定在一定的作用时间内，从植酸溶液中水解释放出的正单磷酸量。一个单位的植酸酶活力定义为在测定条件下（pH5.5，37 ℃），1 min 内水解植酸释放 1 μmol 无机磷所需要的酶量。

由于不同来源的同种酶及相同来源的同种酶活力存在很大差异，因此测定酶活力是对酶制剂进行评价的首要环节。尤其是在目前采用基因工程手段，通过对基因修饰及建立高效酶表达载体后，酶产量及活力都在逐步提高，因而酶活标准化测定的意义就更加重大。由于不同的酶其酶学特性不同，所采用的底物不同，以及受最适酶活温度、pH、金属离子、内源酶的影响，测定的酶活力波动大，因此对酶活力的定义必须考虑其特定的条件，只有条件统一才有进行酶活力比较的意义。

二、酶学稳定性评价方法

酶制剂是一种具有催化活性的蛋白质，当遇到高温、酸碱、金属离子、蛋白酶等时活力会有所损失。因此，影响外源酶制剂稳定性的因素主要有温度、pH、离子浓度和内源蛋白酶等。但是不同酶制剂的稳定性是有差别的，不同的酶有自己最适的温度、pH、金属离子浓度及种类等，所以酶的稳定性评价对酶活力及催化能力的保持至关重要。

1. 热稳定性 温度对酶活的影响有两个方面：一方面温度升高可使底物分子的键能增加，分子碰撞概率提高，从而加快反应速度；但温度升高到一定的程度，亦可引起酶蛋白分子中一些疏水键断裂，改变分子构象，使酶蛋白逐渐变性并丧失活性。Israelsen（1995）报道，110 ℃时植酸酶的活力存留率为零。Cambell 和 van der Poel（1988）报道，110 ℃时 β-葡聚糖酶和纤维素酶的活力已无法检测到。Gradient 等（1998）报道，淀粉酶在 80 ℃时活力显著下降。Clayton（1999）认为，如制粒温度超过 85 ℃，就应采用制粒后液体酶制剂喷涂技术，这样可避免高温蒸汽对酶活力的不利影响。

Spring（1996）测定了不同制粒温度对纤维素酶、细菌淀粉酶、真菌淀粉酶和戊聚糖酶活力的影响，试验样品为含有不同酶制剂的大麦-小麦-豆饼型饲料，制粒温度分别为 60 ℃、70 ℃、80 ℃、90 ℃和 100 ℃。结果表明，纤维素酶、戊聚糖酶和真菌淀粉酶在 80 ℃时仍然稳定，但在 90 ℃时活力丧失 90%（$P<0.05$）。细菌淀粉酶更稳定些，在 100 ℃时仍具有 60%的活力。Cowan 和 Rasmusen（1993）测定了不同酶制剂在溶液中酶活力的稳定性，其中戊聚糖酶的测定结果与 Spring 的测定结果相似。但在制粒条件下和溶液条件下都有不同结果的报道。Gadient 等（1993）报道，在热溶液处理过程中，如果临界温度不超过 75 ℃，则碳水化合物酶的活力不受影响。Nunes（1993）报道，制粒蒸汽温度高于 60 ℃时，会显著降低戊聚糖酶的活力。这种结果的差异可能是由于酶活力的测定方法不同或不同菌种来源的酶制剂耐热性差异所导致。制粒后酶活力的测定是一个尚具争议的话题，因为目前尚未出现统一的测定加酶饲料中被高度稀释的酶活力方法。

产酶菌种影响酶制剂的耐热性能。饲料酶制剂是由微生物，如细菌、酵母和真菌通过发酵生产的生物制品，不同菌种发酵生产的酶耐热性能不同。目前，用于饲料工业的大多数酶菌种来自真菌类，很少来自细菌类。细菌类酶制剂比真菌类酶制剂具有更多的优点，如细菌木聚糖酶来源于枯草杆菌近中性 pH，热稳定性好于真菌类木聚糖酶，对木聚糖酶抑制剂不敏感，对不溶性木聚糖有较高活性。

2. 湿度稳定性　水分含量对酶制剂活力同样有很大的影响。在水分存在的条件下，蛋白质因表面张力改变而变性。蛋白质的多肽经常会在两相界面上松散，特别是气液界面，这也是泡沫多的蛋白质溶液会产生变性的原因。经过包被处理的饲料酶制剂，在干燥条件下，90 ℃加热 30 min 不会失活；但在相同温度下供给蒸汽，酶制剂就会迅速失活。另外，与水分含量相关的水分活度也会造成蛋白质变性。例如，中性蛋白酶在 0 ℃以上时保持 10 min，活力损失达 100%，而且在水分活度较高的情况下，酶分子的稳定性比在干燥情况下差得多。氢键在维持酶的空间构象中起着重要的作用，当体系中含有大量自由水时，酶分子内部氢键的相互作用就会受到破坏，酶分子的构象容易发生变化，酶易变性，失活。在一定温度下，饲用复合酶及配合饲料中水分含量与水分活度的关系用水的吸附等温线表示。虽然这种关系不是一级直线关系，但总的趋势是，样品水分含量越高，水分活度越大；在较高的水分活度下，酶蛋白的变性会显著增强。当样品水分含量降为 10%时，温度升高到 60 ℃，脂肪酶才开始失活；而水分含量为 23%时，在常温下便出现明显的失活现象。对于大多数酶制剂，在接近中性的 pH 和较低温度下将水分活度降到 0.3 以下，能防止因酶蛋白变性和微生物生长引起的变质，从而保存较多的酶活力。对酶蛋白采取一定的稳定化措施后，酶制剂在水分活度较高的环境中仍能保存足够的活力，但损失仍存在。

3. pH 稳定性　和其他蛋白质一样，酶具有许多可解离的基团，因此 pH 变化会引起酶的构象、酶与底物的结合能力及活性中心基团催化活性的改变，从而使酶活力受到影响。外源酶进行催化作用都有一定的 pH 范围，因此饲料酶制剂的作用条件必须与畜禽消化道的生理条件相适应，如胃蛋白酶在 pH 为 6～7 时很快失活，而在 pH 为 1 时却十分稳定。一种酶不可能同时适应跨度较大范围的 pH 变化，要使添加外源酶在湿喂过程中全部发挥作用，则要采取保护措施，使复合酶体系中某一类或某一种酶耐受酸性环境而达到期望作用点，以保证酶在消化道的各个部位发生作用（卢兴民，1998）。

4. 压力和剪切力　关于压力对酶分子影响的研究已有 40 余年的历史，但近年才重视压力对酶与底物相互作用的影响。试验证明，加压可提高酶的活力，降压也可改进酶的催化效能。一般认为，压力会改变蛋白质体积、构象及活性部位，采用激光拉曼分光光度计法可以检测到这一现象。加压若使反应速度减慢，活化体积增加，即是一种解离反应；反之，则是一种键合反应。在试验条件下压力可以得到精确控制，但饲料制粒过程的压力很难精确把握，精确确定制粒或膨化过程中压力对被稀释酶的活力影响仍很困难。目前，关于剪切力导致酶失活的研究较少。制粒前添加的酶制剂在搅动、混合、振动、挤压等过程中都要受剪切力的作用。在搅动过程中酶的失活主要是一种表面现象，并不等同于酶在加热及化学作用下失活。搅动作用使肽链在气液界面暴露并展开，虽然暴露在气液界面（包括液体中产生的气体泡）的肽链数量相对于总肽链来说很少，但其产生的影响不可忽略。因为搅动会连续产生新的界面，导致更多肽链的展开，使酶难以与底物发生反应。Fikret 等（1996）研究了剪切力作用对酶活力的影响，结果表明纤维素酶活力随着剪切强度的增加及时间的推移而降低，半纤维素酶在低的剪切强度作用下活力降低较缓慢，而在剪切强度较高时，混合 10 min 以后活力降低很快。在制粒和膨化过程中剧烈的剪切力可能是导致酶活损失的一个原因，但目前还缺乏足够的数据来证实。

5. 其他因素　酶抑制剂、酶激活剂等都能显著改变酶的催化活力。金属离子不仅会影响酶的活力，而且会影响酶的稳定性。曹庆云（2015）研究表明，Fe^{2+} 和 Mn^{2+} 对菠萝蛋白酶具有一定的激活作用，而其他金属离子表现出不同程度的抑制作用。Co^{2+}、Mn^{2+} 等离子通常可显著增加 D - 葡萄糖异构酶的活力；Cu^{2+}、Fe^{2+}、Al^{3+}、Hg^{2+}、Zn^{2+} 和 Ca^{2+} 均有不同程度地抑制催化活力的作用；Hg^{2+} 和 Pb^{2+} 可使酶发生变性作用，因此应避免其与酶接触。另外，饲料中的添加物对酶也有影响。PO_4^{3-} 对酶活力有一定程度的抑制作用，CO_3^{2-}、Cl^-、SO_4^{2-}、NO_3^- 等对酶活力的影响则不大。有机物，如尿素、胍等都可引起蛋白质变性，但单纯由尿素引起的变性常是可逆的。对纤维素酶而言，甲醛和碘酸钾能使其失活，但半胱氨酸、重铬酸钾对其有激活作用，纤维素酶水解的能力能提高 20% 左右。另外，饲料原料中存在许多酶的天然抑制剂，它们有些是非专一的抑制剂，如植物中单宁类成分具有强烈的结合蛋白质的能力，易使酶失活；动物体内的肝素、青霉素等抗生素也能影响很多酶的活力。对纤维素酶而言，植物体内的酚类即各种白色素则是其抑制剂。

外源酶是一种具催化活力的蛋白质，其本质是蛋白质。当其进入动物消化道后是否受到内源蛋白酶（胃蛋白酶、胰蛋白酶）的作用，也是研究外源酶稳定性的因素之一。沈水宝等（2004）研究表明，酸性蛋白酶的主要作用位点在胃内，酸性蛋白酶、纤维素酶、木聚糖酶和 β - 葡聚糖酶对胃蛋白酶和胰蛋白酶的耐受性强，外源酶制剂总体上对胃肠道蛋白酶的耐受性强。黄志坚等（2014）研究表明，菠萝蛋白酶经 pH 为 2.5 的胃蛋白酶和 pH 为 3.2 的胃蛋白酶作用后，随处理时间的延长，其酶活力都呈下降的趋势。其中，pH 为 2.5 时胃蛋白酶对菠萝蛋白酶活力的影响较大。

第二节　生产中酶制剂稳定性的控制措施

酶是一种蛋白质，酶蛋白同其他蛋白质一样，主要由氨基酸组成，也具有两性电解质的性质，并具有一、二、三、四级分子结构，容易受某些物理因素（加热、打击、紫外线照射等）、化学因素（酸、碱、有机溶剂等）的作用而变性或失活。当酶制剂加工成饲料酶制剂后，必须经过从自身贮存、饲料加工（包括制粒时高温、高湿、挤压）到动物体消化道内酸碱介质及内分泌酶水解等的考验。实际上，如不采取一定的稳定化措施，任何一种酶蛋白分子都会在这种过程中遭到严重破坏。因此，怎样保证饲料酶制剂能耐受这些严苛的条件必然是酶制剂生产要着重解决的问题。为了获得最佳效果，除通过菌种筛选和生产培养改变微生物酶的特性达到所需要求外，还必须采用适当的稳定化技术来提高其稳定性。

一、与载体结合

将酶吸附于不溶性载体上是酶稳定化中最主要的方法。按酶的不同结合方式，将载体分为物理吸附、离子结合、螯合或金属结合与共价结合等方式。理想的饲料酶制剂载体，应有助于酶与饲料中营养物质的结合，降低营养小分子或内源性酶的抑制，能将pH改变为需要值，不利于微生物生长，不造成动物出现各种不良的免疫与血凝反应等；同时，要综合考虑载体、酶活力及成本等因素，确定其最佳结合方式。卢兴民等（1996）报道，以麦饭石作为载体，与真菌酶制剂（一种中性蛋白酶）按1:1混匀后存放，其活力损失率较真菌酶制剂（贮存6个月）减少3%，pH适应范围由纯真菌酶组的7.0～7.5扩大到5.0～9.0。

二、包埋剂处理

包埋剂处理主要包括凝胶包埋、纤维包埋及微囊化。凝胶包埋是将酶包埋在交联的水不溶聚合物凝胶空隙中。Bernfeld早在1963年就用交联聚丙烯酰胺固定了胰蛋白酶、木瓜蛋白酶、β-淀粉酶等。纤维包埋是将酶包埋在合成的纤维微孔穴中，目前在饲料酶制剂上应用较少。微囊化是借鉴医药制造业的做法，将酶包埋在1～100 mm球形半透聚合物膜内，可以让膜在饲料加工及饲用的各种过程中首先去承受相应的破坏因素，进而起到保护膜内酶的作用。其优点是使用较小的体积就可为酶与底物的接触提供极大表面积，同时可将多种酶同时固定。对饲料酶制剂采取包埋必须选择好材料，保证无毒，底物与酶分子易通过膜或膜在指定部位能自溶及酶活力损失小。

三、液体酶制剂后置添加

随着饲料工业科学技术的不断发展，酶制剂出现了液体添加形式，主要有前置添加和后置添加两种形式。前置添加是在混合、制粒前的调质器或熟化器中添加，而后置添加是在制粒机的环模外、后熟化或冷却筛分后添加。前置添加由于酶的热敏问题没有得到很好的解决而比较少见；后置添加是液体酶制剂常用的添加方式，常见的有直接添加酶制剂悬浊液（或胶体）、酶制剂液体喷雾添加和酶制剂液体真空添加3种形式。

液体酶制剂后置添加技术包括：①直接添加悬浮液或胶体。Kvanta（1970）报道，将含有少量生物活性的物质（包括维生素、酶制剂、微生物制剂等）结合到制粒后的饲料中，含有生物活性的物质先与一种惰性物质载体混合成液体，形成均匀的悬浮液，悬浮液再通过一种设备转化为一种可作用于粒料的形态，进而形成均匀的一层薄膜覆盖于粒料的表面。Lavery（1996）也报道了一种添加酶制剂等组分到颗粒中的方法，将添加物质与一种黏性胶体混合后，再与饲料颗粒混合。这种覆盖胶体的颗粒基本上是均匀的，对混合机的污染也很小，它的添加量为 2～40 kg。这两种添加方法，比较适合于小批量生产饲料或农场自行加工。②喷雾添加液体。目前，国内外有关热敏性微量组分液体后置添加的报道不多，而且主要集中在欧美几个工业发达的国家。

当前，几种比较有代表性的液体添加系统为：①德国 Amandus Kahl 公司是开发后置添加技术的先行者，其液体添加系统的核心设备是旋转喷雾添加机。该机器中部设有一组高速旋转的转碟，当转碟高速旋转时，可将 1 mL 的液体饲料原料分开为 1 000 万粒雾粒，喷洒在转碟四周由上而下的颗粒或膨化饲料上。该机器结构简单，喷雾效果好，分布均匀。据资料介绍，当用于添加植酸酶时，液体分布的均匀度变异系数小于10%；当颗粒料的流量为 5～20 t/h 时，液体料喷在颗粒饲料上的达 98%以上。②比利时的 Schranwen 公司与美国的 Finnfeads 公司联合开发的新型喷涂-添加系统。该系统通过一台泵将液态的酶制剂以经过计量的流速送至气助雾化喷嘴，喷嘴位于旋转圆盘的上方，这个圆盘从一个冲击式称量器中接收颗粒饲料，并能使物料在其上面停留大约30 s。由于圆盘的转动，再加上有一个桨轮对颗粒饲料的不断翻动，因而所有的颗粒都能被喷涂。③诺和诺德公司在 1993 年开发了一种液体喷涂系统，这种系统能满足饲料制粒后液体酶制剂的要求。它主要由一个高精度的计量泵组成，能将精确添加量的液体酶制剂经气压喷头喷出，并且泵的输出可根据饲料的不同而调整。④Daniso 公司开发的一种将液体酶制剂喷涂到颗粒饲料表面的酶喷涂系统。这种喷涂系统在添加液体酶制剂时，能保证添加量的精确和安全，并且该公司还配套生产了一系列的液体酶制剂。⑤我国于 2000 年自行研究开发出的一种液体喷涂系统 LC50S，该系统的核心设备是液体喷涂机。工作时物料盘和液体盘同时启动，停留在物料盘上的干物质，在离心力和重力的作用下，在 360°角度的范围内被抛出，并形成一向下流动的均匀干物料帘。与此同时，液体罐内的酶制剂等被泵入高速旋转的液体盘内，尔后在离心力的作用下向上抛出，从而形成一向上的液体帘。在桨叶的作用下，喷涂室内两种逆向运动的料帘经充分接触后落入混合室，进一步混合后从料口流出（邓君明等，2002）。

目前，酶制剂理化特性评价方法很大程度上引用的是有机化学、生物化学等体系内的方法，需要通过改进其动物营养与饲料学的属性特征。其次，需要对多种方法进行实用性评估之后开展标准化建设工作，确定测定方法的代表性、一致性、可比性和权威性等。

本 章 小 结

建立一套系统的酶制剂评价体系，规范酶制剂的评价，是酶制剂生产企业和使用企业共同需要的配套应用技术。其中，理化特性是饲料酶制剂评价体系中重要的组成部分，包括酶活力、热稳定性、pH 稳定性等酶学稳定性评价。酶制剂稳定性的控制措施有载体结合保护、包埋剂处理、饲料制粒后添加等。现有的理化特性评价存在一定的局限性，如酶活力测定结果对饲料酶制剂营养价值及生产性状效应的代表性变异比较大，需要不断对评价方法进行改进处理，并推进具有可比性的标准化等工作向前开展。

➡参考文献

邓君明，2002 酶制剂的后置添加技术 [J]. 粮食与饲料工业 （1）：18-20.

黄志坚，董瑞兰，罗刚，2014. 菠萝蛋白酶部分酶学性质的研究 [J]. 福建农业学报，29（1）：62-66.

李祥，1996. 饲用酶制剂稳定化技术研究 [J]. 饲料研究 （7）：4-6.

卢兴民，杨旭，何维明，等，1996. 真菌酿制剂与麦饭石混合饲喂蛋鸡的效果试验 [J]. 四川畜禽，78（10）：9.

毛荫秋，1997. 饲料制粒后的喷酶处理 [J]. 粮食与饲料工业 （5）：16-18.

邱万里，2002. 关于饲料制粒工艺中要素的控制 [J]. 粮油加工与食品机械 （8）：51.

沈水宝，2002. 外源酶对仔猪消化系统发育及内源酶活性的影响 [D]. 广州：华南农业大学.

史钧摘译，1999. 微量添加剂的液体添加法 [J]. 国外畜牧科技，26（5）：19-20.

史文超，金征宇，2000. 膨化饲料中热敏性物质的后添加工艺 [J]. 中国饲料 （8）：29-30.

王杭，1997. 颗粒和膨化饲料的后置添加技术及装备 [J]. 粮食与饲料工业 （1）：31-32.

魏有霞，韩增祥，2006. 酶制剂活性的测定及稳定性的研究 [J]. 饲料工业 （24）：46-48.

吴德胜，2001. 饲料加工新动态——液体喷涂技术 [J]. 农业机械 （8）：36-37.

吴德胜，2001. 液体喷涂技术 [J]. 饲料广角 （9）：22-23.

朱建津，李星，徐欢根，等，2000. 酶制剂在饲料加工和贮存中的稳定性研究 [J]. 饲料工业 （10）：18-19.

Eberhard，1999. 微量添加剂的液体添加法 [J]. 史钧，译. 国外畜牧科技，26（5）：19-20.

Robert R，McEllhiney，1996. 饲料制造工艺 [M]. 北京：中国农业出版社.

AACC，1985. Approved Methods of the American Association of Cereal Chemists [M]. St. Paul, MN，USA：The American Association of Cereal Chemists.

Aicher，1999. Practical approach：using fat to apply enzymes to pellets or crumbles [J]. Feed International，6：30-32.

Bailey M J，1988. A note on the use to dinitrosalicyclic acid for determining the products of enzymatic reactions [J]. Applied Microbiology and Biotechnology，29：494-496.

Bernfeld P，1963. Antigens and enzymes made insoluble by entrapping them into lattices of synthetic polymers [J]. Science，142（3593）：678-679.

Campbell G L，van der Poel A F B，1988. Use of enzyme and process technology to inactivate anti-nutritional factors in legume seeds and rapeseed [M]//Jansman A J M. ANF Workshop recent advances of reasearch in legume seeds and rapeseed. Wageningen，the Netherlands：EAAP Publication.

Clayton G，1999. Keeping enzyme dosing simple [J]. Feed International （10）：32-38.

Cowan W D，Rasmussen P B，1993. Thermostability of microbial enzymes in expander and pelleting processing process and application systems for post pelleting addition [C]//Proceedings of the first Symposium of enzyme in Animal Nutrition. Kartaus Ittingen，Switzerland.

Fikret K，Heitmann J A，Joyce T W，1996. Deactivation of cellulose and hemicellulase in high shear fields，cellulose [J]. Journal of Chemical Technology，30：49-56.

Gill C，2000. Incorporating liquids by vacuum infusion [J]. Feed International，5：30-34.

Gradient M L，Kalaivani T，Jayakumararaj R，et al，1993. Experience with enzymes in manufacturing [C]//Proceedings of the first symposium of enzyme in animal nutririon. Switerland：Kartaus Ittingen.

Heidenreich E，1999. Adding liquid micro ingredients ［J］. Feed Technology，23：10 - 12.

Israelsen M，Jscobsen E. Hansen I D，1995. High product temperature key to salmonella control ［J］. Feedstuffs，9：23 - 25.

Kunitz M，1947. Crystalline soybean trypsin inhibitor ［J］. Journal of General Physiology，30：291 - 310.

Kvanta E，1970. Streptolysin inhibitory factor in pollen ［J］. Acta Chemica Scandinavica，24：3672 - 3680.

Lavery M，1996. Medicated animal foodstuffs. US，6387393 B1 ［P］. 1996 - 01 - 16.

McCleary B V，1995. Problems in the measurement of beta - xylanase，- glucanase and alpha - amylase in feed enzymes and animal feeds ［C］//Proceedings of the 2nd European Symposium on Feed Enzymes，Noordwijkerhout，The Netherlands.

McCleary B V，Bouhet F，Driguez H，1991. Measurement of amyloglucasidase using P - nitrophenyl β - maltoside assubstate ［J］. Biotechnology Techniques，5：255 - 258.

Spring P，1996. Effect of pelleting temperature on the activity of different enzyme ［J］. Poultry Science，75（3）：357 - 361.

第二十一章
饲料酶制剂应用效果的评价方法

对饲料酶制剂应用效果的评价不像评价一般营养成分或添加剂那样容易。许多时候，即使饲料酶制剂是有效的、是有针对性的，但未必能够在动物的生产性能中反映出来。酶在动物日粮中的应用更多的是表现出生产性能指标或试验数据差异不显著。在这种情况下，仅仅用传统的动物生产性能指标（生长增重和饲料转化效率）的评价方法并不能完全反映酶的作用及其效果，必须建立综合评价体系。

第一节 饲料酶制剂在饲料中应用效果的一般评定方法

一、消化试验及代谢试验测定营养物质消化率和代谢率的评定方法

饲料酶制剂的体内养分消化率评定方法主要包括：全收粪法、排空-强饲法和回肠末端消化法3种。全收粪法（total excreta）是经典的消化试验方法，是一切消化试验的基础，但是对实验动物和试验场地的准备和要求较高。例如，对实验动物数量的要求。如果数量过少，则测定的试验数据可靠性差，数据不具有代表性；如果实验动物数量过多，虽然测定值的准确性有提高，但会增加工作量与试验费用；同时，在实际操作过程中需要注意很多细节问题，如需要无损地收集所有测试动物的全部粪便，并需仔细剔除粪便中的羽毛、皮屑等杂质，否则严重影响测定值的准确性。全收粪法工作量非常大，现逐渐被排空-强饲法（emptying-force-feeding）取代。排空-强饲法的基本操作流程包括36 h的饥饿期和48 h的排泄物收集期，同时设定空腹组来测定内源养分的损失以矫正养分利用率。该方法既可准确地测定饲料的摄入量，同时还能够完整地收集动物的排泄物，是目前饲料原料价值评定的主要方法，同时也可以进行外源酶制剂的作用效果评价。回肠末端消化法（ileal digesta）的基本操作过程为家禽颈部脱臼或家畜宰杀后，迅速剖开其腹部，结扎卵黄囊憩室和回盲肠结合部肠段，并立即采集该段消化道内容物测其养分消化率。该法虽然快速、方便，但采样时间难以一致。赵峰（2006）为了解决以上问题，相继成功地建立了单胃动物回肠瘘管模型，该模型的建立为研究单胃动物回肠末端消化的时间和空间变化，以及采样时间的确定提供了基础理论依据。全收粪法、排空-强饲法和回肠末端消化法这3种方法都可以用来评价外源酶制剂的作用效果，而且都具有各自的优缺点。实际生产中可以结合试验条件、评价目的来选用不同

的评定方法。为了使得评定结果更加准确，也可以将这3种方法结合起来应用。

于旭华（2004）在小麦基础日粮中添加木聚糖酶后，黄羽肉鸡的表观代谢能和能量表观代谢率都有升高趋势，组Ⅱ～Ⅺ比对照组提高2%～7%，比Hew等（1998）提高的幅度有所降低，这主要与于旭华（2004）试验中所采用的日粮能量浓度较高有关。当日粮能量浓度较高时，木聚糖酶对日粮能量提升的空间较小；而日粮能量浓度较低时，则木聚糖酶对日粮能量提升的空间较大。Carré等（1992）的试验表明，日粮中添加阿拉伯木聚糖酶提高了日粮的表观代谢能，其中淀粉消化率的提高贡献率为35%，而脂肪和蛋白质的提高贡献率分别为35%和30%。Hew等（1998）在小麦日粮中添加2种阿拉伯木聚糖酶后，各种氨基酸在粪中的消化率平均由0.70%分别提高至0.78%和0.79%，将日粮氨基酸回肠末消化率平均由0.78%分别提高至0.84%和0.85%。Steenfeldt等（1998）报道，在3周龄肉鸡小麦基础日粮中添加酶制剂，可以提高粪中蛋白质的表观消化率和脂肪的表观消化率，同时也将回肠蛋白质和脂肪的表观消化率分别提高了6%和13%。于旭华（2004）报道，添加木聚糖酶对日粮中粗蛋白的真消化率也有不同程度的提高。

二、饲养试验测定动物常规生产性能的评定方法

饲养试验是动物营养试验中最常用、最直接，有时候也是最有效的饲料酶制剂使用效果评定方法，酶制剂在日粮中应用效果的评定也不例外。的确，任何营养措施和配方技术，最终必须要反映其在动物饲养中的生产效果，反映在动物生产性能（生长性能、增重性能、产奶性能、产蛋性能等）上。大量酶制剂在饲料和养殖中应用的报道都反映了这种情况，也是目前绝大多数人评价和判断饲料酶制剂有效性的依据。这种评价和判断不仅在生产实践上，同样也在科学研究上。一般常用的动物生产性能评定指标是狭义上的动物生产性能指标（为了方便，我们可以把狭义上的动物生产性能指标称为"常规动物的生产性能指标"），主要包括动物生产水平（生长水平、增重水平、产奶水平、产蛋水平等）及其相应的饲料效率（饲料报酬、耗料增重比、料重比、饵料系数等）。

对酶制剂直接进行动物生产性能的评定主要涉及酶的添加量、酶的组合等对动物实际生产成绩的影响，这能够直接对酶制剂的实际生产效果作出评估。但是需要一定规模的实验动物和重复多次，需要花费较长的时间。吴天星等（2000）发现，酸性蛋白酶能提高仔猪对蛋白质的表观消化率，降低仔猪的腹泻率，提高小肠绒毛表面短肽和氨基酸的浓度，促进短肽、氨基酸的吸收。郭建来和魏红芬（2007）研究证实，在仔猪日粮中添加0.1%的酸性蛋白酶，可以显著提高仔猪的生长性能，显著降低腹泻率，并可提高干物质、粗蛋白质、钙和磷的表观消化率。在饲料中添加外源蛋白酶，可以有效补充仔猪内源蛋白酶的不足，改善饲料中蛋白质等营养物质的消化率，从而提高仔猪的生产性能（李长忠和魏登邦，2001；于桂阳等，2005；刘景环等，2010）。李成云和袁英良（2010）在仔猪的低营养水平饲料中添加金属蛋白酶的试验结果表明，与对照组相比，试验组提高了血清总蛋白和白蛋白的浓度（$P<0.05$），同时加酶组还可提高仔猪机体的免疫力。吴建东（2014）在肉鸡日粮中添加蛋白酶，根据结果将日粮氨基酸的消化率换算成可消化氨基酸，相对而言添加蛋白酶反而加大了氨基酸比例与肉鸡理想氨基酸平衡比例。

第二节　酶制剂应用效果的非常规评定方法

一、体外模拟消化法

由于酶制剂的体内评定法工作量大，且试验耗费高及可重复性小，因此越来越多的研究人员采用体外仿生消化法来评定酶制剂的作用效果。体外消化模拟法是评价酶制剂品质的有效方法之一，能够在一定程度上反映酶制剂的作用效果，并与体内评定法的结果有较强的一致性。最具代表性的是 Boisen 和 Fermandez 等（1995）建立的方法。他们设立了胃蛋白酶和猪胰液素体外消化模拟动物胃和肠两期消化试验。目前，根据消化模拟胃肠道和时期设置的不同分为一步法、两步法及三步法，分别模拟胃期消化、胃期＋小肠消化、胃期＋小肠消化＋大肠三期消化。用到的消化酶包括胃蛋白酶、胰蛋白酶、胰淀粉酶、纤维素酶等，酶的来源有微生物来源或动物提取来源。相对而言，两步法较为成熟、更具代表性，主要模拟胃部和小肠部的消化过程，采用胃蛋白酶-胰蛋白酶法或胃蛋白酶-胰液素法（艾琴等，2015）。测定结果与体内消化率具有极强的相关性（王宁娟，2009），但对矿物质及配合饲料评价的准确率较差，而且受到油脂组成及水平的影响较大。比如，孙建义等（2002）体外模拟动物胃肠道条件研究里氏木霉 GXC 的 β-葡聚糖酶对内源蛋白酶的耐受性。结果表明，虽然 β-葡聚糖酶在胃内的活力较低，但其活力能在小肠中恢复，同时胃蛋白酶和胰蛋白酶对 β-葡聚糖酶无降解作用。Inborr 和 Gronlund（1993）利用体外消化模拟法对木聚糖酶和一种饲用复合酶在单胃动物前段消化道内的稳定性进行了研究，结果提示低 pH、胃蛋白酶和胰酶均能够使饲料酶制剂活力降低，饲料酶制剂活力的稳定性受三者的影响而具有相似的变化趋势。

利用体外模拟消化法来研究纤维素酶在畜禽动物上的作用效果，以此来解释其作用机理也是可行的方法。笔者研究团队经过试验，充分证实了体外试验的结果与体内试验有较强的一致性（黄燕华，2004；于旭华，2004；左建军，2005；艾琴，2014；曹庆云，2015）。

二、应用"加酶日粮 ENIV 值"的评定方法

添加酶制剂对饲料原料有效营养改进（ENIV 系统）的核心是，在添加特定酶制剂的情况下，各种饲料原料可提供额外有效营养量，即 ENIV 值，ENIV 值能直观地反映出酶制剂的添加功能及其幅度有效营养改进值 ENIV 也可以用于设计专用酶制剂产品，如果通过大量的研究和应用已经得到一组饲料原料使用相应酶制剂的 ENIV 值，那么其他生产酶制剂产品的厂家在设计新的酶制剂而选择单酶种类及其活力单位时，可以将 ENIV 值作为一个重要的参照指标来确定酶谱及其有效活力。有关这方面的内容可参考冯定远和沈水宝（2005）的专门论述。

三、应用"非常规动物生产性状指标"的评定方法

我们必须注意到，一方面，目前作为一种争论比较多的添加剂，酶制剂在实际应用时很难达到理想的效果，许多时候反映出两点：一是生产性能指标的改善往往并未达到生物统计学上的显著水平；二是生产性能的效果并不稳定。动物生产性能并不仅仅是指狭义上的生产水平和饲料效率，广义上的动物生产性能还应该包括其他指标，甚至还包括不能量化的指标，如外观表现、健康状况、整齐度、成活率、同时出栏的比例等。动物生产性能不仅仅包括动物生物学方面的性能，还应该包括养殖方面的商品性能、综合经济价值等。这些方面特别容易被忽视，也许这些容易被忽视的性能指标恰恰更能反映酶制剂这种复杂、变异和多功能添加剂的效果。因此，笔者认为，除了一般常规的评价方法外，有时候需要其他的非常规评定方法，这是建立多层次的饲料酶制剂及其应用效果评价体系的意义所在。例如，已经证实未消化的可溶性纤维是影响非特异性结肠炎综合征的关键因素，尤其是对于采食小麦基础日粮（颗粒饲料）的、体重为 15～40 kg 的猪（Taylor，1989）。日粮中添加适宜的木聚糖酶可以改善这种症状（Hazzledine 和 Partridge，1996），对于已经受到影响的猪，可以减少粉状饲料的需要量或者重新评估配方成本。其他的研究也有用酶制剂降低日粮性腹泻的类似报道，尤其是对断奶仔猪的效果更明显（Inborr 和 Ogle，1988；Florou - Paneri 等，1998；Kantas 等，1998）。未来养猪生产中抗生素的使用只能是策略性的而不是日常性。上述这些报道，以及酶与治疗剂量或亚治疗剂量的抗生素具有可能协同作用的报道，将为实现未来养猪生产方式提供令人非常感兴趣的可能性。那时，使用酶的价值就不能仅仅看增重效果了。

这里特别要指出的是，许多实践经验表明，酶制剂在动物生产中的应用应避免在以下几方面不被重视的表现：①当日粮组成不十分合理或者配方技术水平不高时，应用有针对性的高效酶制剂可以在一定范围内达到调整和平衡的作用；②在饲料原料质量比较差和不稳定的情况下，添加适当的酶制剂可以达到改善和缓和的效果；③使用高质量的酶制剂可以提高动物生长增重性能的均一度和外观的整齐度。这三方面的表现之间既有关联，也不完全相同，但都直接与养殖的经济效益密切相关。生长增重性能的均一度可以通过量化指标反映出来，如离均差的大小可考虑作为评价酶在动物日粮中应用的辅助指标，甚至是重要的评定指标。也许，这类非常规动物生产性能指标不仅仅可作为酶制剂效果的评定指标，同样可以作为其他饲料添加剂和营养因素效果的评价指标，在动物营养科学朝着精细化、数据量化的方向发展的趋势下，越来越多人意识到其重要意义。

外源酶制剂的效果评价除了考虑该酶的酶学特性外，同时还应考虑家畜的内环境，内环境为酶发挥作用提供了适宜的环境。对于外源酶制剂的作用效果，许多试验得出的结果并不一致，有些结果显著，而另一些试验显示了改善的趋势，但效果不一定显著。对这些观察结果，有许多可能的解释。一般情况下，由于酶的种类、活性及酶的添加水平不同，我们很难对不同试验进行直接比较。即使酶的活力确实（固定的、稳定的），可是酶活力单位及测定酶活力方法上也可能存在差异。饲料酶制剂和应用条件的复杂性，决定了酶应用效果评价不能仅仅靠常规方法，而必须通过多种评定方法的结合，有时候其他的评定方法更能反映出酶的作用效果，特别是在一般生产指标未达到显著水平

时更是如此。将酶制剂的体外评定方法和体内评定方法结合起来，做到优势互补，建立和推广饲料酶制剂及其应用效果的评价体系对客观评价酶制剂应用效果的意义重大。

本 章 小 结

用传统动物生产性能指标的评价方法有时并不能完全反映饲料酶制剂的真实作用及其应用效果，需要建立包括非常规评价方法在内的综合评价体系。其中，饲料酶制剂在饲料中应用效果的一般评定方法主要有饲料养分消化或利用率、常规生产性能等；非常规评定方法主要有体外模拟消化法、加酶日粮 ENIV 值、非常规动物生产性状指标评价体系等。将酶制剂的体外评价、体内评价等不同方法结合起来，做到优势互补，建立和推广饲料酶制剂及其应用效果的评价体系对客观评价酶制剂应用效果的意义非常重要。

⊙ 参考文献

艾琴，左建军，赵江涛，等，2015. 外源酶制剂评定的方法探讨 [J]. 饲料工业，36（10）：16-20.

安永义，1997. 肉雏鸡消化道酶发育规律及外源酶添加效应的研究 [D]. 北京：中国农业大学.

曹庆云，2015. 蛋白酶组合的筛选及其对断奶仔猪生长性能影响的机理研究 [D]. 广州：华南农业大学.

曹治云，王水顺，谢必峰，等，2004. 黑曲霉酸性蛋白酶的酶学特性研究 [C]. 2004 年全国生物技术学术研讨会.

冯定远，沈水宝，2005. 饲料酶制剂理论与实践的新理念——加酶日粮 ENIV 系统的建立和应用 [J]. 饲料工业，26（18）：1-7.

郭建来，魏红芳，2007. 酸性蛋白酶对仔猪生产性能及养分表观消化率的影响 [J]. 饲料博览（技术版），3：10-12.

黄燕华，2004. 不同来源纤维素酶的酶学特性及其在马冈鹅中的应用 [D]. 广州：华南农业大学.

黄志坚，董瑞兰，罗刚，等，2014. 菠萝蛋白酶部分酶学性质的研究 [J]. 福建农业学报（1）：62-66.

李长忠，魏登邦，2001. 仔猪消化道酸度和酶活性变化研究方法概述 [J]. 青海大学学报（自然科学版），6：10-13.

李成云，袁英良，2010. 添加金属蛋白酶对仔猪低营养水平饲料利用率的影响 [J]. 黑龙江畜牧兽医（7）：112-113.

刘景环，玉永雄，周群，等，2010. 木瓜蛋白酶和苜蓿对断奶仔猪生长性能的影响 [J]. 广东畜牧兽医科技（2）：25-27.

刘书亮，吴琦，詹莉，等，2010. 枯草芽孢杆菌弹性蛋白酶的纯化及酶学性质研究 [J]. 食品与发酵工业（6）：26-30.

曲和之，黄露，张国华，等，2008. 无花果蛋白酶与木瓜蛋白酶酶学性质的比较 [J]. 吉林大学学报（理学版），6：1217-1220.

沈水宝，2002. 外源酶对仔猪消化系统发育及内源酶活性的影响 [D]. 广州：华南农业大学.

沈水宝，冯定远，2004. 外源酶对胃肠道蛋白酶的耐受性试验 [C] // 中国畜牧兽医学会动物营养学分会——第九届学术研讨会. 重庆：中国农业科学技术出版社.

孙建义，李卫芬，顾赛红，等，2002. 体外模拟动物胃肠条件下 β-葡聚糖酶稳定性的研究 [J]. 中国畜牧杂志，38（1）：18-19.

王宁娟，2009. 饲用酶制剂生物学价值评价技术研究［D］. 北京：中国农业科学院.

吴建东，2014. 微生物蛋白酶学性质及组合蛋白酶在黄羽肉鸡饲粮中的应用［D］. 广州：华南农业大学.

吴天星，王亚军，董雪梅，等，2000. 酸性蛋白酶和甲酸钙对断奶仔猪生产性能的影响［J］. 浙江农业学报，12（4）：3－6.

肖昌松，吕健，田新玉，等，2001. 嗜碱芽孢杆菌 XE22－4－1 碱性弹性蛋白酶发酵条件的研究［J］. 微生物学报（5）：611－616.

谢必峰，曹治云，郑腾，等，2005. 黑曲霉 Aspergillus niger SL2－111 所产酸性蛋白酶的分离纯化及酶学特性［J］. 应用与环境生物学报（5）：100－104.

于桂阳，张昊，郭武生，等，2005. 断奶仔猪日粮中添加复合酶制剂的效果研究［J］. 家畜生态学报（3）：26－29.

于旭华，2004. 真菌性和细菌性木聚糖酶对肉鸡生长性能的影响及机理研究［D］. 广州：华南农业大学.

曾黎明，胡春燕，徐平，等，2009. 饲料用米曲霉酸性蛋白酶研究［J］. 安徽农业科学（1）：20－22.

赵彩艳，蔡克周，陈丽娟，等，2006. 黑曲霉酸性蛋白酶酶学性质的研究［J］. 中国饲料（10）：17－19.

赵峰，2006. 用酶法评定鸭饲料代谢能的方法学研究［D］. 北京：中国农业科学院.

郑祥建，韩正康，1998. β-葡聚糖酶活力及稳定性研究［J］. 中国饲料（1）：15－17.

AACC，1985. Approved methods of the American Association of Cereal Chemists［M］. Saint Paul. Minnesota，USA.

Alloui O，Chibowska M，Smulikowska S，1994. Effects of enzyme supplementation on the digestion of low glucosinolate rapeseed meal *in vitro*，and its utilization by broiler chicks［J］. Journal of Animal and Feed Sciences，3（2）：119－128.

Bailey M J，1988. A note on the use to dinitrosalicyclic acid for determining the products of enzymatic reactions［J］. Applied Microbiology and Biotechnology，29：494－496.

Bedford M R，Classen H L，1992. Reduction of intestinal viscosity through manipulation of dietary rye and pentosanase concentration is effected growth rate and conversion efficiency of broiler chicken［J］. Nutrition，122：560－569.

Bedford M R，Classen H L，1993. An *in vitro* assay for prediction of broiler intestinal viscosity and growth when fed rye－based diets in the presence of exogenous enzymes［J］. Poultry Science，72：137－143.

Boisen S，Fernhndez J A，1995. Prediction of the apparent ileal digestibility of protein and amino acids in feedstuffs and feed mixtures for pigs by *in vitro* analyses［J］. Animal Feed Science and Technology，51：29－43.

Carré B，Lessire M，Nguyen T H，et al，1992. Effects of enzymes on feed efficiency and digestibility of nutrients in broilers［C］. The Proceedings of 19th World Poultry Congress，Amsterdam.

Farrand E A，1964. Flour properties in relation to the modem bread process in the United Kingdom，with special reference to a－amylase and starch damage［J］. Cereal Chemistry，41：98－111.

Florou－Paneri P，Kantas C D，Alexopoulo A C，et al，1998. A comparative study on the effect on a dietary multi－enzymes system and/or Virginiamycin on weaned piglet performance［C］. Proceedings of the 15th IPVS Congress. Birmingham，England.

Gollnisch K，Vahjen W，Simon O，et al，1996. influence of an antimicrobial （avilamycin） and an enzymetic （xylanase） feed additive alone or in combination on pathogenic micro‐organisms in the intestinal of pigs （*E. coli*，*C. perfringens*） ［J］. Landbauforschung Volkenrode，193：337－342.

Hazzledine M，Partridge G G，1996. Enzymes in animal feeds-application technology and effectiveness ［C］//Proceedings of 12th Carolina Swine Nutrition Conference. USA：12－33.

Hew L I，Ravindran V，Mollah Y，et al，1998. Influence of exogenous xylanase supplementation on apparent metabolisable energy and amino acid digestibility in wheat for broiler chickens ［J］. Animal Feed Science and Technology，75 （2）：83－92.

Inborr J，Gronlund A，1993. Stability of feed enzymes in physiological conditions assayed by *in vitro* methods ［J］. Agricultural Science in Finland，2 （2）：125－131.

Inborr J，Ogle R B，1988. Effect of enzyme treatment of piglet feeds on performance and post‐weanling diarrhoea ［J］. Swedish Journal of Agricultural Research （6）：129－133.

Kantas D，Florou‐Paneri P，Vassilopoulos V，et al，1998. The effect on a dietary multi‐enzyme system on piglet post‐weaning performance ［C］//Proceedings of the 15th IPVS Congress，Birmingham，England：35－38.

Kaur M，Tripathi K K，Gupta M，et al，1988. Production and partial characterization of elastase of *Bacillus subtilis* isolated from the cervices of human females ［J］. Canadian Journal of Microbiology，7 （34）：855－859.

Taylor D J，1989. Pig diseases ［M］. 5th ed. Cambridge，UK：Burlington Press.

第二十二章
酶制剂基于体外模拟消化作用效果的评定方法

体外法不需要实验动物的参与。自从 Sheffer 等（1956）首次采用胃蛋白酶进行体外评定饲料蛋白质消化率作为饲料体外消化技术以来，到现在已经有 60 多年的历史了。体外法主要包括溶解度法和体外模拟法（方热军，2003）。根据原理和装置不同，又可将体外消化测定技术分为：密闭系统内培养后未消化残渣测定法、培养过程中已经消化物质的透析率法和培养过程中的 pH 测定法。外源酶制剂评定方法主要包括生物学评定和体外消化评定。其中，体外模拟消化法是利用实验室条件首先模拟动物体内消化环境将样品消化，然后计算样品内所测营养物质消化率的方法。体外模拟消化法按照模拟所使用的消化酶酶谱及来源可分为三类，即外源酶法、内源酶法和仿生酶法。而按照操作方法和设备特点，又可分成多种，其中以体外透析管法、体外仿生消化法最为成熟。

第一节　外源酶制剂体外模拟消化法

多年来科学家们一直在探索畜禽消化道环境，并试图建立高模拟度的仿生消化系统。总结各种文献资料，外源酶法、内源酶法和仿生消化酶法的特点如下。

一、外源酶法

外源酶法的代表为 Boisen 和 Fermandez（1995）建立的以胃蛋白酶和猪胰液素模拟动物胃和肠期消化酶为主的消化程序。根据不同的模拟阶段又分为一步法和两步法。一步法主要模拟胃部的消化过程，即胃蛋白酶水解法。此法的优点是方法简单、设备条件要求低、结果重复性好；但缺点是与动物实际对饲料养分消化率的拟合度较低，模拟体内情况的效果较差，测定结果易受 pH 和胃蛋白酶剂量的影响。当 pH 越低、胃蛋白酶活力越好时，所测得的蛋白质消化率越高；当保持 pH 不变、胃蛋白酶剂量越大时，所测得的蛋白体外消化率越高。但这样评价的饲料蛋白体外消化率基本没有差别，因为当胃蛋白酶剂量足够高时，低质的蛋白质饲料也将被全部降解。而且胃部酶解法只模拟了胃部的消化过程，对后肠段的消化没有考虑。蛋白质饲料除了受胃蛋白酶降解外，还受到小肠中胰蛋白酶、糜蛋白酶的降解和大肠中一些微生物的降解。因此，胃部酶解法只能作为蛋白质饲料的初步评价方法。两步法主要模拟食糜在动物胃和小肠时期的消化效果，通常采用胃蛋白酶-胰蛋白酶法或胃蛋白酶-胰液素法。胃蛋白酶-胰液素法是目前应用最多的两步法，胰液素中包含了小肠中主要的消化酶类，并且胰液素已经商品化、稳定性较好，但胰液素没有考虑不同动物之间酶谱的差异性，因此还不够精确。标准试剂胃蛋白酶-胰蛋白酶法能有效保障消化酶的稳定性、保证测定结果重复间的重演性，并与体内消化率有极强的相关性，是较为理想的体外消化评定方法。但因为小肠中的消化酶除了胰蛋白酶外，还含有淀粉酶、脂肪酶、糜蛋白酶等，所以该方法会表现出对矿物质及配合饲料评价的准确率较差，与体内消化率结果拟合度还有进一步提升的空间。

二、内源酶法

指在胃蛋白酶水解的基础上，辅以模拟小肠的 pH、温度及消化酶浓度。小肠液是直接从动物体内获取的消化液，更接近动物的消化实际，但所用消化液所含消化成分变动幅度较大，稳定性差，用此方法测出的结果可比性差。此外，虽然 Sakamoto 等（1980）、卢福庄和张子仪（1985）、杜荣等（1995）均证明利用猪的消化酶谱来模拟鸡体内消化过程是可行的，但亦有研究指出鸡十二指肠及后肠液中胰蛋白酶和糜蛋白酶的活力远高于猪小肠液中的（包承玉等，1993），且猪胰液素中酶的活力及其组成、酶水解条件是制约该方法准确评定鸡日粮体外消化能的主要因素（Valdes 和 Leeson，1992）。

三、仿生消化酶法

指通过在体内试验测定畜禽各段消化道的 pH、温度及消化酶酶谱和浓度，然后利用定标的商品单酶制剂配制。围绕家禽消化液中酶谱的组成，我国科研人员研发出了适用于禽类的"空肠 T 型瘘管"（赵峰，2006），并在此基础上相继探索了北京鸭和黄羽肉鸡消化液中酶谱组成及小肠食糜流量的变化规律（赵峰，2006；赵峰等，2008，2010；张建智等，2011；任立芹，2012），研制出了一套适用于黄羽肉鸡的仿生消化液试剂盒，并在获取的家禽胃肠道消生理参数及手工模拟消化操作过程的基础上，开发了"单胃动物仿生消化系统"（专利号：ZL200920105937.X、ZL200920105936.5 和200910078147.1；软著登字第 0154149 号）（赵峰等，2010）。

比较外源酶法和仿生消化酶法在胃期和肠期的主要参数可见，仿生消化酶法缩短了胃期和肠期消化时间，并将肠期分为小肠前段和小肠后段，分别采用不同的缓冲液，且在小肠消化时期使用家禽模拟小肠液（表 22-1）。可见，仿生消化酶法操作程序对家禽消化生理的模拟程度更高，且实现了半自动化操作，有效降低了系统误差。但无论外源酶法还是仿生消化酶法，其开发目的均为饲料原料营养价值评定，因此在胃期和肠期胃蛋白酶和胰液素或人工小肠液的添加浓度均为过量。而在待测日粮（配合饲料）中的添加量仅为 2 g，若按照生产中外源酶的添加量 500 g/t 计算，2 g 配合日粮中外源酶的添加量（质量）仅为 1 mg。如此微量的蛋白类物质在过量模拟胃液和小肠液的作用下，其酶活力存留率到底为多少尚未见详尽报道。因此，确定体外模拟消化过程中酶制剂的适宜添加量是建立酶制剂体外消化评估方法可行性的参数之一。

表 22 - 1 外源酶法与仿生消化酶法胃期和肠期主要参数比较

阶段	项目	消化道	外源酶法*	仿生消化酶法**
胃期	消化酶	胃	胃蛋白酶	胃蛋白酶
	pH	胃	2	2
	消化时间	胃	6 h	4 h
肠期	消化酶	小肠	胰液素	家禽模拟小肠液
	pH	小肠前段	6.8	6.55
		小肠后段		8.12
	消化时间	小肠前段	18 h	7.5 h
		小肠后段		7.5 h
	消化产物分离方式		过滤	透析

资料来源：* Boisen（1991）；** 赵峰等（2010）。

此外，体外酶法测定值较好地回归校正到生物学法是检测体外模拟消化法可行性的重要标准。但相关研究报道较少，仅见 Bedford 和 Classen（1993）、张铁鹰（2002）、王宁娟（2009）分别对添加酶制剂后的食糜黏度、日粮磷利用率，以及干物质、粗蛋白质、能量、钙和磷消化率进行了体内外评价相关性检验，证明各自建立的体外评价体系能较好地反应酶制剂在体内的生物学效价效果。

四、酶制剂体外评定方法的参数受消化道内环境的影响

长久以来酶制剂体外评定程序较好地借用了饲料原料营养价值评定程序，随着饲料原料营养价值评定程序的不断规范化、标准化和精确化，酶制剂的体外评定程序也将日趋完善。但在此过程中我们必须区分其目的性，酶制剂评定的主要对象是酶制剂，其活力的体现受家禽消化道内环境的影响。Inborr 和 Gronlund（1993）利用体外消化模拟法对木聚糖酶和一种饲用复合酶在单胃动物前段消化道内的稳定性进行了研究。结果表明，低 pH、胃蛋白酶和胰酶均能够降低饲料酶制剂的活力，饲料酶制剂活力的稳定性受三者的影响具有相似变化趋势。Almirall 和 Esteve - Garcia（1995）在体外条件下，研究低 pH、中、高 pH 和添加胃蛋白酶（或胰酶）对 β-葡聚糖酶活力的影响时也得出了同样结论。为了提高体外模拟程度，使酶制剂的评价更加客观性，总结鸡各段消化道的 pH 范围结果显示，嗉囊、腺胃、肌胃、十二指肠、空肠、回肠和盲肠 pH 分别为 4.56～6.29、3.09～5.20、2.69～4.02、4.78～6.57、5.63～8.12、5.87～8.79 和 4.96～6.20，其中胃期 pH 均高于传统模型中选用

的 2.0。此外，他们进一步发现仿生消化模型中使用的胃蛋白酶能够使饲料酶制剂活力降低。因此，适宜的胃蛋白酶水平是确保体外消化评定饲料营养价值和饲料酶制剂作用效果可靠性的另一关键因素。但目前使用的体外消化法中，胃蛋白酶浓度和胃期消化时间却无统一标准，当以猪为实验动物时，胃蛋白酶浓度为 0.56~220 U/mL（以反应体积计），而鸡的胃蛋白酶浓度则有用到 2 000 U/mL 以（反应体积计），消化时间为 0.75~6 h。张铁鹰（2002）认为，腺胃和肌胃食糜中胃蛋白酶水平与日龄呈3次曲线关系（$y=1\times10^{-6}x^3-0.000\,4x^2+0.034x+0.096$，$R^2=0.708\,5$；式中，$y$ 指胃蛋白酶水平，x 指日龄）。根据该回归方程可以计算出任意日龄肉仔鸡消化道食糜中胃蛋白酶的酶活水平。然而，胃、肠道蛋白酶酶活水平受日粮类型（Makkink 和 Verstegen，1990；Lhoste 等，1993）和昼夜规律的影响（张铁鹰，2002；赵峰，2006），无法精确定量。生理学研究发现，家禽体内胃蛋白酶活力平均值为 1 550 U/mL（以胃液体积计）（赵峰，2006）。

第二节　基于透析法的酶制剂消化评价方法

一、体外消化法参数筛选方案

左建军在 2005 年时，基于植酸酶体外消化评定，研究采用体外透析袋法设计正交试验对胃蛋白酶浓度、胃蛋白酶消化时间、胃蛋白酶消化时 pH、胰蛋白酶浓度、胰蛋白酶消化时间、胰蛋白酶消化时 pH、透析液体积和酶促反应温度 8 个影响因素，对磷体外消化率的影响进行了系统研究，建立了植酸酶体外透析消化评定方法，为确定适宜的饲料磷体外消化反应条件参数提供了参考（表 22-2），确定的试验方案见表 22-3。

表 22-2　正交表 L_{32}（49）处理因素及水平

处理因素	水平			
	1	2	3	4
胃蛋白酶浓度（U/mL）	1 000	1 500	2 000	2 500
胃蛋白酶处理时间（min）	50	75	100	125
胃蛋白酶处理时的 pH	2.0	2.5	3.0	3.5
胰蛋白酶浓度（U/mL）	875	1 125	1 375	1 625
胰蛋白酶处理时间（h）	2	4	6	8
胰蛋白酶处理时的 pH	6.0	6.5	7.0	7.5
透析液体积（mL）	100	200	300	400
酶促反应温度（℃）	35	37	39	41

表 22 - 3　体外消化评定有效磷的最佳反应条件研究的试验方案

试验编号	处理因素								
	I	II	III	IV	V	VI	VII	VIII	空列
1	1 000	50	2	875	2	6	100	35	1
2	1 000	75	2.5	1 125	4	6.5	200	37	2
3	1 000	100	3	1 375	6	7	300	39	3
4	1 000	125	3.5	1 625	8	7.5	400	41	4
5	1 500	50	2	1 125	4	7	300	41	4
6	1 500	75	2.5	875	2	7.5	400	39	3
7	1 500	100	3	1 625	8	6	100	37	2
8	1 500	125	3.5	1 375	6	6.5	200	35	1
9	2 000	50	2.5	1 375	8	6	200	39	4
10	2 000	75	2	1 625	6	6.5	100	41	3
11	2 000	100	3.5	875	4	7	400	35	2
12	2 000	125	3	1 125	2	7.5	300	37	1
13	2 500	50	2.5	1 625	6	7	400	37	1
14	2 500	75	2	1 375	4	7.5	300	35	2
15	2 500	100	3.5	1 125	2	6	200	41	3
16	2 500	125	3	875	4	6.5	100	39	4
17	1 000	50	3.5	875	8	6.5	300	37	3
18	1 000	75	3	1 125	6	6	400	35	4
19	1 000	100	2.5	1 375	4	7.5	100	41	1
20	1 000	125	2	1 625	2	7	200	39	2
21	1 500	50	3.5	1 125	6	7.5	100	39	2
22	1 500	75	3	875	8	7	200	41	1
23	1 500	100	2.5	1 625	2	6.5	300	35	4
24	1 500	125	2	1 375	4	6	400	37	3
25	2 000	50	3	1 375	2	6.5	400	41	2
26	2 000	75	3.5	1 625	4	6	300	39	1
27	2 000	100	2	875	6	7.5	200	37	4
28	2 000	125	2.5	1 125	8	7	100	35	3
29	2 500	50	3	1 625	4	7.5	200	35	3
30	2 500	75	3.5	1 375	2	7	100	37	4
31	2 500	100	2	1 125	8	6.5	400	39	1
32	2 500	125	2.5	875	6	6	300	41	2

　　注：I，胃蛋白酶浓度（U/mL）；II，胃蛋白酶处理时间（min）；III，胃蛋白酶处理时的 pH；IV，胰蛋白酶浓度（U/mL）；V，胰蛋白酶处理时间（h）；VI，胰蛋白酶处理时的 pH；VII，透析液体积（mL）；VIII，酶促反应温度（℃）。

具体试验步骤参考 Liu 等（1998）和 Zyla 等（1999）设计，如图 22-1 所示。

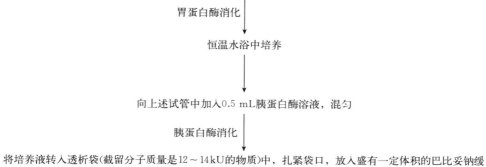

1g饲料样品与2 mL胃蛋白酶盐酸溶液于10 mL试管中混合均匀，用Palafilm胶密封

胃蛋白酶消化

恒温水浴中培养

向上述试管中加入0.5 mL胰蛋白酶溶液，混匀

胰蛋白酶消化

将培养液转入透析袋(截留分子质量是12～14kU的物质)中，扎紧袋口，放入盛有一定体积的巴比妥钠缓冲溶液的三角瓶中

于一定温度条件下消化、透析

测定缓冲溶液中磷的含量

图 22-1　体外消化试验操作步骤

二、体外消化法参数结果分析

根据正交试验结果的综合可比性，从正交试验结果极差 R 值的分析可以看出，8 个因素对豆粕磷透析率的影响依次为：胰蛋白酶处理时间＞透析液体积＞胃蛋白酶处理时 pH＞胃蛋白酶处理时浓度＞胃蛋白酶处理时间＞酶促反应温度＞胰蛋白酶处理时浓度＞胰蛋白酶处理时 pH（表 22-4）。

表 22-4　正交试验结果分析

试验编号	处理因素								磷透析率（%）
	I	II	III	IV	V	VI	VII	VIII	
1	1 000	50	2	875	2	6	100	35	11.59±0.20
2	1 000	75	2.5	1125	4	6.5	200	37	16.28±0.44
3	1 000	100	3	1 375	6	7	300	39	13.31±0.33
4	1 000	125	3.5	1 625	8	7.5	400	41	11.56±0.62
5	1 500	50	2	1 125	4	7	300	41	8.26±0.73
6	1 500	75	2.5	875	2	7.5	400	39	9.08±0.28
7	1 500	100	3	1 625	8	6	100	37	58.69±1.02
8	1 500	125	3.5	1 375	6	6.5	200	35	15.59±0.33
9	2 000	50	2.5	1 375	8	6	200	39	18.60±0.56
10	2 000	75	2	1 625	6	6.5	100	41	49.75±2.07
11	2 000	100	3.5	875	4	7	400	35	12.27±0.33

（续）

试验编号	处理因素								磷透析率（%）
	I	II	III	IV	V	VI	VII	VIII	
12	2 000	125	3	1 125	2	7.5	300	37	9.66±0.27
13	2 500	50	2.5	1 625	6	7	400	37	16.82±0.50
14	2 500	75	2	1 375	8	7.5	300	35	29.25±1.15
15	2 500	100	3.5	1 125	2	6	200	41	5.67±0.36
16	2 500	125	3	875	4	6.5	100	39	24.52±0.41
17	1 000	50	3.5	875	8	6.5	300	37	15.29±0.35
18	1 000	75	3	1 125	6	6	400	35	16.52±0.60
19	1 000	100	2.5	1 375	4	7.5	100	41	34.61±0.93
20	1 000	125	2	1 625	2	7	200	39	9.39±0.08
21	1 500	50	3.5	1 125	6	7.5	100	39	14.24±0.39
22	1 500	75	3	875	8	7	200	41	27.99±0.47
23	1 500	100	2.5	1 625	2	6.5	300	35	10.92±0.25
24	1 500	125	2	1 375	4	6	400	37	15.41±0.58
25	2 000	50	3	1 375	2	6.5	400	41	10.85±0.32
26	2 000	75	3.5	1 625	4	6	300	39	11.71±0.18
27	2 000	100	2	875	6	7.5	200	37	32.42±1.51
28	2 000	125	2.5	1 125	8	7	100	35	61.70±1.11
29	2 500	50	3	1 625	4	7.5	200	35	12.76±0.30
30	2 500	75	3.5	1 375	2	7	100	37	10.44±0.33
31	2 500	100	2	1 125	8	6.5	400	39	17.22±0.60
32	2 500	125	2.5	875	6	6	300	41	13.57±0.44
K_1	127.55	108.42	173.34	146.84	77.61	152.25	217.03	169.61	
K_2	161.66	170.02	181.58	148.55	135.82	160.42	138.80	169.01	
K_3	207.06	180.39	174.78	148.06	171.32	160.18	111.97	118.07	
K_4	130.25	161.40	96.71	183.06	241.78	153.68	108.23	162.26	
$K_1/4$	15.94	13.55	21.68	18.36	9.70	19.03	27.13	21.20	
$K_2/4$	20.21	21.25	22.70	18.57	16.98	20.05	17.35	21.13	
$K_3/4$	25.88	22.55	21.85	18.51	21.42	20.02	14.00	14.76	
$K_4/4$	16.28	20.18	12.09	22.89	30.22	19.21	13.59	20.28	
R	9.94	9.00	10.61	4.53	20.52	1.02	13.54	6.37	

注：I，胃蛋白酶浓度（U/mL）；II，胃蛋白酶处理时间（min）；III，胃蛋白酶处理时的 pH；IV，胰蛋白酶浓度（U/mL）；V，胰蛋白酶处理时间（h）；VI，胰蛋白酶处理时的 pH；VII，透析液体积（mL）；VIII，酶促反应温度（℃）。

　　由极差 R 值可知，胰蛋白酶处理时间对磷体外透析率的影响最大。胰蛋白酶处理

2～8 h 的过程中，磷的体外透析率呈线性增加（$y=3.3x+3.08$，$R^2=0.99$）。如果以最大可透析磷为标准来判断，则在这 4 个水平中，以 8 h 最为适宜。在透析液体积由 100 mL 增加至 400 mL 过程中，磷体外透析率呈 $y=0.000\,2x^2-0.161\,1x+40.723$（$R^2=0.99$）的关系。以磷透析率最高为标准来判断，在这 4 个水平中，最佳透析液体积为 100 mL。胃蛋白酶处理时的 pH 由 2.0 增加至 3.5 的过程中，磷体外透析率呈 $y=-10.78x^2+53.366x-42.284$（$R^2=0.97$）的关系。以磷透析率最高为标准来判断，在这 4 个水平中，最佳胃蛋白酶处理时的 pH 为 2.5。胃蛋白酶处理时的浓度由 1 000 U/mL 增加至 2 500 U/mL 过程中，磷体外透析率呈先增加后下降的趋势。其中，胃蛋白酶处理浓度由 1 000 U/mL 增加至 2 000 U/mL 的过程中，磷体外透析率呈 $y=0.009\,9x+5.766\,7$（$R^2=0.99$）的关系。以磷透析率最高为标准来判断，在这 4 个水平中，最佳胃蛋白酶处理时的浓度为 2 000 U/mL。胃蛋白酶处理时间由 50 min 增加至 125 min 的过程中，磷体外透析率呈 $y=-0.004x^2+7.897x-15.726$（$R^2=0.99$）的关系。以磷透析率最高为标准来判断，在这 4 个水平中，最佳胃蛋白酶处理时间为 100 min。反映温度由 35 ℃ 增加至 41 ℃ 的过程中，磷体外透析率呈先增加后下降的趋势。其中，酶促反应温度由 35 ℃ 增加至 39 ℃ 的过程中，磷的透析率呈 $y=-0.787\,5x^2+56.665x-997.39$（$R^2=1.00$）的关系。以磷透析率最高来判断，在这 4 个水平中，最佳反应温度为 35 ℃。胰蛋白酶处理时的浓度由 875 U/mL 增加至 1 625 U/mL 的过程中，磷体外透析率呈 $y=2\times10^{-5}x^2-0.036\,3x+37.577$（$R^2=0.92$）的关系。以磷透析率最高为标准来判断，在这 4 个水平中，最佳的胰蛋白酶处理时浓度为 1 625 U/mL。胰蛋白酶处理时的 pH 由 6.0 增加至 7.5 的过程中，饲料磷的体外透析率几乎没有变化。以磷透析率最高为标准来判断，在这 4 个水平中，最佳胃蛋白酶处理时的 pH 为 6.5。

据此，获得的饲料磷最大体外消化率的适宜酶促反应条件分别为：①胃蛋白酶处理时的浓度为 2 000 U/mL；②胃蛋白酶的处理时间为 100 min；③胃蛋白酶处理时的 pH 为 2.5；④胰蛋白酶处理时的浓度为 1 625 U/mL；⑤胰蛋白酶处理时间为 8 h；⑥胰蛋白酶处理时的 pH 为 6.5；⑦透析液体积为 100 mL；⑧酶促反应温度为 35 ℃。

在单胃动物体外消化模拟技术的研究中，各项消化参数的确定大多是以饲料养分体外消化率的高低变化来确定的，通常是以体外养分消化率最大时的消化参数为最适参数（Furuya 等，1979；黄瑞林等，1999）。此外，也有 Bedford 和 Classen（1993）是根据食糜黏性变化来确定肉仔鸡体外消化参数的。这些体外消化法在评定饲料营养价值方面取得了成功，但所确定的消化参数与畜禽消化道内的实际情况存在较大差异。

第三节　基于体外仿生消化仪的酶制剂体外消化评价方法

禽类生理学研究表明，饲料在鸡十二指肠前器官的消化主要依靠腺胃分泌的胃蛋白酶，以及盐酸在肌胃的碾磨作用下对饲料进行酶及酸水解。这一过程可以看作是胃液在一个较小的稳定容器（肌胃）内对饲料进行消化，酶促反应相对单一，易模拟（刘雨田等，2010）。在小肠期，则是由胰腺和肠腺分泌的一系列消化酶沿小肠纵向逐步对食糜进行酶水解（斯托凯，1982）。小肠是饲料消化吸收的主要场所，消化过程复杂，模拟难度大。在该期消化过程的主要影响因素包括胃蛋白酶和小肠内各种消化酶的活力、胃部和小肠各肠段的 pH 及消化时间。其中，小肠内各种消化酶及其活力、小肠各肠段的 pH 已经在前人的研究中基本得到确定（刘雨田等，2010；赵峰等，2010；张建智等，2011；任立芹，2012），且完全符合外源酶制剂的评定条件。

一、胃消化期适宜 pH

张铁鹰（2002）研究认为，腺胃和肌胃食糜中胃蛋白酶水平与日龄呈 3 次曲线关系（$y=1\times10^{-6}x^3-0.000\,4x^2+0.034x+0.096$，$R^2=0.708\,5$；式中，$y$ 指胃蛋白酶水平，x 指日龄），根据该回归方程可以计算出任意日龄肉仔鸡消化道食糜中胃蛋白酶的酶活水平。然而，消化道蛋白酶酶活水平受日粮蛋白来源的影响（王恩玲等，2008），因此胃蛋白酶活力亦可能随日粮蛋白来源而有所变异。目前公认的家禽体内胃蛋白酶活力平均值为 1 550 U/mL（以胃液体积计）。笔者研究团队发现，胃期 pH 对外源酶制剂体外消化效果的影响非常大。前人研究中较多选用 pH 2.0，主要原因为：第一，体外研究中胃蛋白酶一般选用 Sigma 公司的猪源胃蛋白酶，产品说明中标示其最佳 pH 为 2~4，但是目前尚无具体文献数据阐述 Sigma 公司猪源胃蛋白酶的酶学性质；第二，体外研究的最初目的是评价饲料原料的养分利用率，其原则是在固定背景下探索既能在最短有效时间内取得重复性好而又能逼近常态的近似值，最终回归到体内测值，因此研究中只需考虑可发挥胃蛋白酶最佳作用效果的较适 pH 即可。虽然小麦干物质消化率和酶水解物能值随胃期 pH 的升高呈现一定规律，二者的线性回归模型、二次回归模型和三次回归模型均显著，但是相应失拟回归同样显著。因此，3 种回归模型均不适用于描述二者间的关系，且无法通过拟合的回归方程确定最佳 pH，这可能与样本量和设定的 pH 梯度值较少有关。数据显示，在 pH 为 3.2 时胃蛋白酶对小麦中干物质的消化率和酶水解物能值均达到最大值（表 22 - 5）。该结论更加符合肉鸡体内实际条件，即腺胃和肌胃 pH 分别为 3.09~5.20（平均值 4.10）和 2.69~4.02（平均值 3.37）。同时，通过酶学性质分析可知，试验用酶在 pH 为 3.2 时相对活力达 44.56%，比 pH 为 2.0 时升高了 25.15%。可见，该结论扩大了通过酶学性质评定外源酶制剂的筛选范围，同时使外源酶在体外胃期环境中的水解能力达到最大化（艾琴，2014）。

表 22 - 5　胃消化期 pH 和木聚糖酶添加量对小麦中干物质的消化率和酶水解物能值的影响

pH	木聚糖酶添加量（mg/kg）	干物质消化率（%）	酶水解物能值（J/g）
2.0	0	9.54±0.17	1 973.68±81.46
2.0	250	10.99±0.05	2 235.80±45.94
	ENIV	1.46	262.13
2.4	0	10.87±0.01	2 615.17±36.11
2.4	250	13.64±0.13	3 189.80±54.48
	ENIV	2.77	574.63
2.8	0	13.54±0.10	2 945.12±42.30

（续）

pH	木聚糖酶添加量（mg/kg）	干物质消化率（%）	酶水解物能值（J/g）
2.8	250	18.29±0.26	3 957.85±32.30
	ENIV	4.74	1 012.70
3.2	0	15.16±0.22	3 162.73±60.63
3.2	250	20.86±0.26	4 123.42±59.20
	ENIV	5.70	960.69
3.6	0	12.99±0.19	2 518.64±42.30
3.6	250	18.71±0.19	3 673.26±35.90
	ENIV	5.72	1 154.57
		P 值	
pH		<0.000 1	<0.000 1
木聚糖酶添加量		<0.000 1	<0.000 1
pH×木聚糖酶添加量		<0.000 1	<0.000 1

注：ENIV，加酶组测值与对照组测值的差；XYZ，木聚糖酶。

二、胃消化期和小肠消化期适宜时间

消化时间的确定通常有两种方法，即以某一模拟消化条件下饲粮完全水解的最短时间为依据，或以动物体内各消化道食糜的停留时间为参考。这种确定参数的原则是假设饲料养分在动物体内以最高的效率进行完全消化。然而在体外模拟消化中，消化时间受酶促反应的温度、消化液组成等因素的影响。因此，不同的模拟消化体系其水解参数确定所受的影响因素也不同。笔者所在团队前期研究中选用的水解体系是赵峰等（2010）建立的"仿生消化系统 Ⅱ"，该系统中确定的胃期和肠期消化时间分别为 4 h 和 15 h（小肠前、后期各 7.5 h）。研究时对胃期 pH 的最优值进行了优化，由原系统的 pH 2.0 升高到 pH 3.2。随着 pH 的提高，木聚糖酶的水解能力相应增强（相对酶活提高了 25.15%），这可能意味着达到最大消化率时所需的消化时间缩短了。结果显示，添加木聚糖酶后，小麦中干物质的消化率和酶水解物能值达到最大值的最短消化时间仍然为胃期 4 h、肠期 12 h。这与饲料原料营养价值评定中胃期消化时间为 4 h 类似（刘雨田等，2010）。虽然肠期达到干物质消化率和酶水解物能值最大值的最短消化时间为 12 h，但第 15 h 和 18 h 的数据更加稳定。由此，将木聚糖酶体外评定中胃期和肠期的消化时间选定为 4 h 和 15 h（小肠前、后期各 7.5 h）（表 22 - 6 和表 22 - 7）。

表 22 - 6　胃期消化时间和木聚糖酶添加量对小麦中干物质的消化率和酶水解物能值的影响

时间（h）	木聚糖酶添加量（μL/g）	干物质消化率（%）	酶水解物能值（J/g）
3	0	14.14±0.13	2 959.85±52.13
3	250	16.74±0.10	3 492.09±41.76
4	0	14.72±0.10	3 133.48±31.97
4	250	17.93±0.06	3 799.83±31.25

（续）

时间（h）	木聚糖酶添加量（μL/g）	干物质消化率（%）	酶水解物能值（J/g）
5	0	14.79±0.08	3 202.31±28.41
5	250	17.81±0.08	3 845.10±13.85
6	0	15.64±0.07	3 273.35±6.78
6	250	18.71±0.11	3 920.91±27.07
3		15.44[c]	3 225.95[c]
4		16.32[b]	3 466.65[b]
5		16.30[b]	3 523.35[b]
6		17.17[a]	3 597.11[a]
	0	14.82[b]	3 127.33[b]
	250	17.80[a]	3 748.45[a]
		P 值	
消化时间		<0.000 1	<0.000 1
木聚糖酶添加量		<0.000 1	<0.000 1
pH×木聚糖酶添加量		0.029	0.215

表 22-7 小肠期消化时间和木聚糖酶添加量对小麦干物质消化率和酶水解物能值的影响

时间（h）	木聚糖酶添加量（μL/g）	干物质消化率（%）	酶水解物能值（J/g）
12	0	80.70±0.27	15 259.05±22.97
12	250	81.33±0.33	15 313.44±22.97
15	0	79.64±0.23	15 167.00±14.02
15	250	81.49±0.33	15 342.73±30.88
18	0	79.68±0.24	15 171.18±14.81
18	250	81.46±0.32	15 338.54±32.55
12		81.01	15 285.83
15		80.57	15 253.15
18		80.57	15 253.53
	0	80.01[a]	15 197.33[a]
	250	81.43[b]	15 330.97[b]
		P 值	
消化时间		0.235	0.406
木聚糖酶添加量		<0.000 1	<0.000 1
pH×木聚糖酶添加量		0.088	0.063

对酶效果的评价不应只选择该酶的最适作用条件，而应同时考虑动物的消化道环境。因此，体外模拟消化法是评价酶制剂品质的有效方法之一，而体外模拟消化法的建立与参数选用较多沿用了单位动物饲料原料能量的体外评定方法，一般采用酶法。酶法是根据仿生学的原理，先通过体外模拟养分在动物胃肠道内的消化过程，然后将酶法测

值回归校正到生物学法；以仿生消化系统为基础，建立适用于评价酶制剂在畜禽日粮中应用的体外仿生参数及方法，并通过与生产试验和代谢试验的比较研究进行论证，筛选适用性强的生物学法具有重要的科研方法学研究价值和指导实际生产技术作用。

本　章　小　结

体外消化法是评价饲料酶制剂应用效果的重要方法之一。按照所使用消化酶酶谱及来源，将体外消化法分为三类：外源酶法、内源酶法和仿生酶法。基于体外透析的酶制剂外源酶法和基于体外仿生消化仪的酶制剂仿生酶法是体外评价酶制剂饲用价值的两种较好的评价方法，但筛选试验研究建立包括 pH、胃期反应时间、肠期反应时间等科学的体外酶解反应参数体系。体外酶法具有较好的重演性和对体内真实使用效果的拟合度，在酶制剂研究与生产实践中都具有重要的研发和推广应用价值。

⊙参考文献

艾琴，2014. 木聚糖酶在肉鸡日粮中应用的体外仿生法建立及与其他方法的比较 [D]. 广州：华南农业大学.

包承玉，沙文锋，刘明智，等，1993. 鸡小肠液蛋白酶活力及其饲喂菜籽饼后酶活力的变化 [J]. 江苏农业科学，5：60-61.

杜荣，李文英，顾宪红，等，1995. 离体方法测定鸡饲料代谢能的研究报告，第三报：离体测定方法的研究 [J]. 中国农业科学院畜牧研究所科学研究年报：198-200.

方热军，2003. 植物性饲料磷真消化率及其真可消化磷预测模型的研究 [D]. 雅安：四川农业大学.

黄瑞林，李铁军，谭支良，等，1999. 透析管体外消化法测定饲料蛋白质消化率的适宜酶促反应条件研究 [J]. 动物营养学报，11（4）：51-58.

刘雨田，赵峰，张宏福，等，2010. 仿生消化系统模拟鸡饲料消化的适宜水解时间的研究 [J]. 动物营养学报，22（5）：1422-1427.

卢福庄，张子仪，1985. 鸡饲料代谢能的离体测定方法的研究，第一报：肉鸡饲料代谢能值的离体测定方法的可行性探讨 [J]. 中国农业科学院畜牧研究所科学研究年报：85-94.

任立芹，2012. 仿生法评定黄羽肉鸡常用饲料代谢能和可消化氨基酸研究 [D]. 北京：中国农业科学院.

斯托凯，1982. 禽类生理学 [M]. 3版. 北京：科学出版社.

王恩玲，张宏福，赵峰，等，2008. 离体法优化肉鸭日粮非淀粉多糖酶谱的研究 [J]. 饲料工业，29（10）：9-17.

王宁娟，2009. 饲用酶制剂生物学价值评价技术研究 [D]. 北京：中国农业科学院.

张建智，赵峰，张宏福，等，2011. 基于 T 型套管瘘术的鸡小肠食糜流量变异规律的研究 [J]. 动物营养学报，23（5）：789-798.

张铁鹰，2002. 植酸酶体外消化评定技术的研究 [D]. 北京：中国农业科学院.

赵峰，2006. 用酶法评定鸭饲料代谢能的方法学研究 [D]. 北京：中国农业科学院.

赵峰，张宏福，侯水生，等，2008. 鸭空肠液中淀粉酶、胰蛋白酶、糜蛋白酶活性变异的研究 [J]. 畜牧兽医学报，39（5）：601-607.

赵峰，张宏福，张子仪，2010. 基于模拟消化液和开发仿生消化系统评定禽饲料代谢能值的研究进展 [C]. 饲料营养研究进展：12.

左建军，2005. 非常规植物饲料钙和磷真消化率及预测模型研究 [D]. 广州：华南农业大学.

Almirall M, Esteve - Garcia E, 1995. *In vitro* stability of a β - glucanase preparation from Trichoderma longibrachiatum and its effect in a barley based diet fed to broiler chicks [J]. Animal Feed Science and Technology, 54：149 - 158.

Bedford M R, Classen H L, 1993. An *in vitro* assay for prediction of broiler intestinal viscosity and growth when fed rye - based diets in the presence of exogenous enzyme [J]. Poultry Science, 72：137 - 143.

Boisen S, Eggum B O, 1991. Critical evaluation of *in vitro* methods for estimating digestibility in simple - stomach animals [J]. Nutrition Research Reviews, 4：141 - 162.

Boisen S, Fernhndez J A, 1995. Prediction of the apparent ileal digestibility of protein and amino acids in feedstuffs and feed mixtures for pigs by *in vitro* analyses [J]. Animal Feed Science and Technology, 51：29 - 43.

Furuya S, Sakamoto K, Takahashi S, 1979. Relation between *in vitro* and *in vivo* assessment of amino acid availability [J]. Reproduction Nutrition Development, 29：495 - 507.

Inborr J, Gronlund A, 1993. Stability of feed enzymes in physiological conditions assayed by *in vitro* methods [J]. Agricultural Science in Finland, 2 (2)：125 - 131.

Lhoste E F, Fiszlewicz M, Gueugneau A M, et al, 1993. Effect of dietary proteins on some pancreatic mRNAs encoding digestive enzymes in the pigs [J]. Journal of Nutritional Biochemistry, 4：143 - 152.

Liu J, Bollinger. D W, Ledoux D R, et al, 1998. Lowering the dietary calcium to total phosphorus ratio increases phosphorus utilization in low - phosphorus corn - soybean meal diets supplemented with microbial phytase for growing - finishing pigs [J]. Journal of Animal Science, 76 (3)：808 - 813.

Makkink C A, Verstegen M W A, 1990. Pancreatic secretion in pigs [J]. Journal of Animal Physiology and Animal Nutrition, 64：190 - 208.

Sakamoto K, Asano T, Furuya A, et al, 1980. Estimation of *in vivo* digestibility with the laying hen by an *in vitro* method using the intestinal fluid of the pig [J]. British Journal of Nutrition, 43：389 - 391.

Sheffer A L, Eckfeldt G A, Spector H, 1956. The pepsin - digest - residue (PDR) amino acid index of net protein utilization [J]. Journal of Nutrition, 60：105 - 120.

Sibbald I R, 1976. A bioassay for true metabolizable energy in feedingstuffs [J]. Poultry Science, 55：303 - 308.

Valdes E V, Leeson S, 1992. Measurement of metabolizable energy in poultry feeds by an *in vitro* system [J]. Poultry Science, 71：1493 - 1503.

Zyla K, Gogol D, Koreleski J et al, 1999. Simultaneous application of phytase and xylanase to broiler feeds based on wheat：*in vitro* measurements of phosphorus and pentose release from wheats and wheat - based feeds [J]. Journal of the Science of Food and Agriculture, 79 (13)：1832 - 1840.

第二十三章
以动物肠道微生物为作用靶标的饲料酶制剂营养价值评价方法

动物肠道既是消化器官也是重要的免疫器官，如何维护动物肠道健康是畜牧业中面临的严峻问题（万遂如，2013）。动物体内的微生物应被理解为最复杂的组成部分之一。肠道微生物对动物宿主营养物质的消化吸收，免疫功能等具有重要的影响。

第一节　肠道微生物作为饲料酶制剂作用靶标的理论基础

一、肠道微生物的生理作用

研究表明，改变仔猪的肠道菌群结构可以改变仔猪体重和饲料报酬（Che 等，2016）。与正常动物相比，无菌模式下饲养的动物，其免疫细胞产物及细胞类型均出现异常，IgG 和 IgA 水平显著降低（Macpherson 和 Harris，2004）。当肠道内有适宜的肠道微生物区系分布时，可促进宿主的免疫应答，诱导 T 细胞、B 细胞及巨噬细胞活化，从而增强仔猪的特异性免疫及非特异性免疫，促使肠道内淋巴细胞活化，增强机体的体液免疫能力和细胞免疫能力（Sanders 等，2013）。肠道黏液层由杯状细胞分泌的黏蛋白组成，这些黏蛋白覆盖上上皮细胞。黏液层不仅具有润滑剂功效，有利于肠道蠕动，而且其网状结构可有效阻止细菌穿过肠黏膜上皮，为宿主提供屏障保护（王珊珊等，2015）。无菌小鼠的结肠杯状细胞减少，黏液层变薄（Sharma 等，1995）；而受细菌脂多糖或肽聚糖刺激后，杯状细胞分泌黏蛋白的量增加，黏液层恢复至正常厚度（Petersson等，2011）。同时，肠道微生物保持动态稳定性是宿主维持肠道健康、防止病原菌入侵的重要基础（MacFarlane 等，2010；Sartor 等，2012）。特别是在仔猪阶段，断奶应激及日粮成分的变化会使仔猪肠道微生物发生很大变化（Swords 和 Mazmanian，1993；Zhao 等，2015）。因此，了解肠道微生物群落结构及其与宿主的共生关系是一个确保动物健康和提高生产性能的新型策略。分子生物学的快速发展，如高通量测序技术彻底改变了人们对微生物生态系统的研究方式，为我们提供了高度、详细的关于不同环境中不同细菌群体的信息。这些技术为阐明肠道微生物的基本特征、评价饲料添加剂的使用效应提供了重要的技术支持（Jagmann 和 philipp，2014；Daly 等，2016）。

二、肠道微生物作为饲料酶制剂作用靶标的理论基础

饲料酶制剂不仅能促进动物对营养物质的消化吸收，而且会影响肠道微生物的群落结构。肠道微生物的种类及多样性因其底物不同而出现差异，因此食糜的组成和结构对肠道微生物菌群具有非常重要的影响。食糜黏度的增加会降低肠道运动的速度，从而使得食糜的排空速度降低；同时，消化道内的微生物也随之在体内进一步繁殖和代谢，通常伴随有害菌的大量繁殖，进而影响肠道功能和机体健康。饲料酶制剂能降解构成植物细胞壁的非淀粉多糖类物质，破坏食糜周围的水化膜，从而影响食糜的物质组成及物理化学特性。例如，在饲粮中添加非淀粉多糖酶（木聚糖酶和葡聚糖酶）会通过部分或完全降解可溶性非淀粉多糖而降低食糜黏度，调节消化道后端微生态环境，进而改变肠道内微生物菌群的组成及代谢状况（Choct 等，1996；Torok 等，2008）。另外，肠道微生物的营养物质主要来源于食糜，酶制剂对食糜底物的降解能力和状况决定了可供微生物利用营养物质的种类和数量，从而调节肠道中微生物菌群的分布（任文等，2017）。例如，添加植酸酶可以提高肠道中可利用磷的水平，从而影响那些受可利用钙、磷水平调节的微生物的数量（Ptak 等，2015）。降解产物的益生作用也是酶制剂影响肠道微生物的重要原因。饲料原料中的植物成分含有几乎所有系列的多聚糖，添加特殊的 NSP 单酶或复合酶，可以在肠道中将这些多聚糖降解生成大量的寡糖。寡糖能被肠道微生物中的有益菌利用，对乳酸菌和双歧杆菌等有益菌具有显著的益生效果，用以维持肠道功能的平衡（Annuk 等，2003）。添加寡糖后能极显著提高 VFA 的含量，生成的 VFA 中的丁酸能促进部分有益菌的生长，维持肠道中微生物菌群的动态平衡（Rasmussen 等，2017）。

第二节　以肠道菌群为靶标的酶制剂作用效应评价方法

一、建立以肠道菌群为靶标的饲料酶制剂作用效应评价方法的理论基础

酶制剂应用效果的评价不像一般的营养成分或添加剂那样容易。许多时候，即使酶制剂是有效的、有针对性的，但未必能够在动物的生产性能中反映出来。酶在动物日粮中的应用更多的是表现出生产性能指标或试验数据差异不显著。在这种情况下，仅仅用传统的动物生产性能指标（生长增重和饲料报酬）评价方法并不能完全反映酶的作用及其效果。对于外源酶的作用效果，许多试验得出的结果并不一致，一些结果显著，而另一些试验显示了改善的趋势。对这些观察结果，有许多可能的解释。一般情况下，由于酶的种类、活性及酶的添加水平不同，因此很难对不同的试验进行直接比较。即使酶的活性确实（固定的、稳定的），可是酶活力单位及测定酶活力的方法也可能存在差异。饲料酶制剂和应用条件的复杂性，决定了对酶应用效果评价不能仅仅靠常规的评定方法。

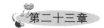

肠道菌群基于宿主的健康情况呈现出不同的结构组成。测序结果显示，某些细菌数量的增加会提高动物的生产性能，如瘦肉型猪种粪便微生物中具有较高的拟杆菌/厚壁杆菌比值（Yan 等，2016），肠道菌群中乳酸菌和双歧杆菌的增加能提高猪整体健康水平和生产性能（Yang 等，2015）。患病猪的肠道微生物与正常猪的也有显著差别。如患有流行性腹泻的仔猪其粪便微生物中梭杆菌的含量高于健康仔猪（Liu 等，2015）。因此，以肠道菌群的变化作为评价酶制剂的效应具有较高的可行性。

二、建立以肠道菌群为靶标的饲料酶制剂作用效应评价方法的实践意义

动物肠道菌群的种类分布结构在很大程度上揭示了动物机体的新陈代谢情况，以肠道菌群为靶标建立科学的酶制剂效应评价体系，能有效评价酶制剂的质量和作用效果，避免仅在狭义的生产性能上定义酶制剂的优劣，忽略酶制剂发挥作用的生物学功能。同时，针对猪在不同生长发育、生理时期（妊娠、泌乳、初生、断奶、生长等）、不同疾病状态的菌群特征性变化规律，研发精准调节肠道菌群系列的酶制剂，可有效解决生产实践中的问题，提高经济效益。

本 章 小 结

肠道微生物是宿主重要的"间接器官"之一，它与饲料、宿主之间互作，具有非常复杂的关系。由于酶制剂作用于饲料后不可避免地会和肠道微生物发生互作影响，因此微生物是饲料酶制剂重要的作用对象，具备作为酶制剂作用效果评价的重要基础；而且随着肠道微生物与动物健康、生产性能的紧密关系日益清晰，微生物作为酶制剂作用靶标的方法建立的条件日趋完备。这一方法的建立有利于完善酶制剂作用价值评估的方法体系，并进一步反馈性地促进酶制剂产品设计和应用技术的发展。

➔ 参考文献

李德发，赵君梅，宋国隆，等，2001. 纤维素酶对生长猪的生长效果试验 [J]. 畜牧与兽医，33（4）：18-19.

吕进宏，黄涛，马立保，2004. 新型饲料添加剂——葡萄糖氧化酶 [J]. 中国饲料，12：15-16.

任文，喻晓琼，翟恒孝，等，2017. 饲用酶制剂调节单胃动物肠道微生态及可能作用机理 [J]. 动物营养学报，29（3）：762-768.

万遂如，2013. 维护猪的胃肠道健康，是一个十分重要的现实问题 [J]. 今日畜牧兽医，7：4-7.

王珊珊，王佳堃，刘建新，2015. 肠道微生物对宿主免疫系统的调节及其可能机制 [J]. 动物营养学报，27（2）：375-382.

相振田，2011. 饲粮不同来源淀粉对断奶仔猪肠道功能和健康的影响及机理研究 [J]. 雅安：四川农业大学.

闫祥洲，高研，吴勃，等，2015. 日粮中添加低温淀粉酶对仔猪生长性能的影响 [J]. 饲料工业，36（2）：31-33.

杨久仙，张荣飞，张金柱，等，2011. 葡萄糖氧化酶对仔猪胃肠道微生物区系及血液生化指标的影响 [J]. 畜牧与兽医，43（6）：53-56.

Annuk H，Shchepetova J，Kullisaar T，et al，2003. Characterization of intestinal *Lactobacilli* as putative probiotic candidates [J]. Journal of Applied Microbiology，94（3）：403-412.

Che J M，Ye S W，Liu B，et al，2016. Effects of brevibacillus brevis FJAT-1501-BPA on growth performance, faecal microflora, faecal enzyme activities and blood parameters of weaned piglets [J]. Antonie van Leeuwenhoek，109（12）：1545-1553.

Choct M，Hughes R J，Wang J，et al，1996. Increased small intestinal fermentation is partly responsible for the anti-nutritive activity of non-starch polysaccharides in chickens [J]. British Poultry Science，37（3）：609-621.

Daly K，Darby A C，Shirazi-Beechey S P，2016. Low calorie sweeteners and gut microbiota [J]. Physiology and Behavior，164（Pt B）：494-500.

Evelyne M，Schmitz-Esser S，Qendrim Z，et al，2014. Mucosa-associated bacterial microbiome of the gastrointestinal tract of weaned pigs and dynamics linked to dietary calcium-phosphorus [J]. PLoS ONE，9（1）：e86950.

Jagmann N，Philipp B，2014. Design of synthetic microbial communities for biotechnological production processes [J]. Journal of Biotechnology，184：209-218.

Joel P，Olof S，Gunnar H C，et al，2011. Importance and regulation of the colonic mucus barrier in a mouse model of colitis [J]. American Journal of Physiology-Gastrointestinal and Liver Physiology，300（2）：327-333.

Liu S Y，Zhao L L，Zhai Z X，et al，2015. Porcine epidemic diarrhea virus infection induced the unbalance of gut microbiota in piglets [J]. Current Microbiology，71（6）：643-649.

MacFarlane G T，Macfarlane L E，2010. Acquisition, evolution and maintenance of the normal gut microbiota [J]. Digestive Diseases，27（1）：90-98.

Macpherson A J，Harris N L，2004. Interactions between commensal intestinal bacteria and the immune system [J]. Nature Reviews Immunology，4（6）：478-485.

Petersson J，Schreiber O，Hansson G C，et al，2011. Importance and regulation of the colonic mucus barrier in a mouse model of colitis [J]. American Journal of Physiology：Gastrointestinal and Liver Physiology，300（2）：327-333.

Ptak A，Bedford M R，Świątkiewicz S，et al，2015. Phytase modulates ileal microbiota and enhances growth performance of the broiler chickens [J]. PLoS ONE，10（3）：e0119770.

Rasmussen S O，Lena M，Mette Ø V，et al，2017. Human milk oligosaccharide effects on intestinal function and inflammation after preterm birth in pigs [J]. The Journal of Nutritional Biochemistry，40：141-154.

Sanders M E，Allison K H，Chen Y Y，et al，2013. PIK3CA mutations are enriched in invasive lobular carcinomas and invasive mammary carcinomas with lobular features：results from a TCGA sub-analysis [J]. Cancer Research，73（24）：Abstract.

Sartor R B，Mazmanian S K，2012. Intestinal microbes in inflammatory bowel diseases [J]. The American Journal of Gastroenterology Supplements，1（1）：15-21.

Sharma R，Schumacher U，Ronaasen V，et al，1995. Rat intestinal mucosal responses to a microbial flora and different diets [J]. Gut，36（2）：209-214.

Swords W E，Wu C C，Champlin F R，et al，1993. Postnatal changes in selected bacterial groups of

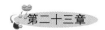

the pig colonic microflora [J]. Neonatology, 63 (3): 191-200.

Takamitsu T, Hironari K, Masaaki O, et al, 2002. Stimulation of butyrate production by gluconic acid in batch culture of pig cecal digesta and identification of butyrate - producing bacteria [J]. The Journal of Nutrition, 132 (8): 2229-2234.

Tang H, Yao B, Gao X, et al, 2016. Effects of glucose oxidase on the growth performance, serum parameters and faecal microflora of piglets [J]. South African Journal of Animal Science, 46 (1): 14-20.

Torok V A, Ophel - Keller K, Maylene L, et al, 2008. Application of methods for identifying broiler chicken gut bacterial species linked with increased energy metabolism [J]. Applied and Environmental Microbiology, 74 (3): 783-791.

Yan H L, Diao H, Xiao Y, et al, 2016. Gut microbiota can transfer fiber characteristics and lipid metabolic profiles of skeletal muscle from pigs to germ - free mice [J]. Scientific Reports, 6: 31786.

Yang Y, Zhao X, Le M H A, et al, 2015. Reutericyclin producing *Lactobacillus reuteri* modulates development of fecal microbiota in weanling pigs [J]. Frontiers in Microbiology, 6: 762.

Zhao W J, Wang Y P, Liu S Y, et al, 2015. The dynamic distribution of porcine microbiota across different ages and gastrointestinal tract segments [J]. PLoS ONE, 10 (2): e0117441.

第二十四章
加酶饲料营养价值的
当量化评估

近年来，尽管酶制剂在畜禽饲料中应用的技术已有了较快发展，但迄今为止，全球所有单胃动物饲料仅有 10% 左右使用了酶制剂，总价值约 1.5 亿美元。因此，Sheppy（2001）特别指出，"饲料酶制剂产业界质疑：饲料酶制剂的发展速度为什么不能更快些？尤其是那些已经显示出良好商业前景的饲料酶制剂。由饲料业界给出的解释是：饲料酶制剂在使用过程中受到如下薄弱环节的制约——标准化、公开有效的质量控制体系、良好的热稳定性、更加准确的液体应用系统、较为明确的技术信息公示，以及使生产性能反应更加一致的产品。显然，饲料酶制剂应用技术发展的潜力巨大，任重道远。"本来，欧盟最先颁布的"饲料中禁止使用某些抗生素作为促生长剂"这一决定迫使饲料生产企业努力寻找替代品，添加酶制剂成为首选的措施。但实际情况并未如人们所期望的那样，特别是在猪饲料中使用酶制剂并不普遍。其中的原因有很多，但最重要的可能是添加酶制剂以后，酶制剂提高了消化率相当于动物消化过程的延伸，从而使得原来的饲料数据库和动物营养需要参数并不适合实际情况。最近，净能体系研究权威专家Noblet（2010）也指出，添加酶制剂后的饲料能量价值将会受到影响，需要进一步研究。

第一节　饲料酶制剂饲用价值量化评估的重要性

越来越多的证据显示，饲料酶制剂的应用对传统的动物营养学说提出了挑战，如饲料配方、原料选择和营养需要量等需要进行重新研究或修正（Sheppy，2001）。酶制剂作为一种功能复杂的生物活性成分，是一种高效、专一的生物催化剂，它既不直接提供营养成分（维生素），但又与营养成分的利用直接有关。原来的研究所得出的数据可能不一定反映出各种饲料原料在酶制剂催化以后的有效营养价值，现有的饲料原料数据库甚至饲养标准可能不完全符合使用酶制剂的日粮配方设计。这种不适应情况表现在：①从理论上讲，不管是直接提高营养成分消化率的酶制剂（蛋白酶、淀粉酶等），还是间接提高饲料营养消化利用的酶制剂（木聚糖酶、β-葡聚糖酶等），都不同程度地提高了消化道内总的有效营养供应量。例如，Cowieson 和 Ravindran（2008）的研究表明，添加复合酶后肉鸡日粮中 AME 提高了 3%、N 沉积提高了 11.7%，这与没有添加酶制剂的情况不同。②在实践应用中，如果按照原来的营养参数设计日粮配方，在营养水平已经偏高的情况下，供给有效营养总量就已经足够，再使用酶制剂的意义就不大，生产中也有可能不显示出效果。在营养水平较高的玉米-豆粕型日粮中添加酶制剂没有明显效果（Charlton，1996），在 Vila 和 Mascarrell（1999）的试验中，当日粮中的豆粕含量增高到 60% 时，其代谢能和未加酶组相比无差异。该结果与 Francesch 和 Geraert（2009）的报道一致，这说明有必要调整饲养标准。③在某些情况下使用酶制剂以后，动物的采食量反而下降（Kocher 等，2003）（不少情况是提高采食量）。过去一直不理解这一现象，因为酶制剂本身是蛋白质，没有任何有害的作用。一种合理的解释是：使用酶制剂提高了可利用（有效）营养的供应，特别是可消化能或代谢能，有时动物能够根据营养水平（代谢能水平）调节采食量，相应地动物将减少饲料的摄入量。④在酶制剂应用中，由于饲料原料价格上涨，一般认为添加酶制剂将造成整个配方成本提高，使用酶制剂没有多少利润空间。的确，如果没有一套合适的营养消化率或总有效营养的数据库，酶制剂不像氨基酸和维生素这类被认为是必不可少的营养性添加剂，添加可能会被认为可有可无，额外添加只能增加饲料配方的成本（Dalibard 和 Geraert，2004）。⑤目前，有关饲料酶制剂行业，不论是从事酶制剂产品开发还是酶制剂在日粮中的应用，绝大部分都存在着盲目性，缺乏科学的依据，没有具体可以量化的指标或数据，特别是产品设计中对酶的种类选择、酶活的比例确定、在具体日粮中的添加量等缺乏明确的根据（Francesch 和 Geraert，2009）。

两个明显的例子是在大麦和小麦中应用酶制剂。大麦是最早被重视使用酶制剂的谷物，经研究得出一个所谓"黄金定律"，即"大麦＋β-葡聚糖酶＝小麦"；而小麦是第二个被研究的对象，理论假设是："小麦＋阿拉伯木聚糖酶＝玉米"。大麦的营养价值如何等于小麦？而小麦又如何变成玉米？显然，大麦和小麦的潜在营养价值被发掘以后，原来的营养价值体系并不适应酶添加后的情况，需要另外建立一种系统。越来越多的人已经意识到酶制剂对有效营养的改善作用，并在应用时调整日粮的饲养标准和降低营养水平。但是，这种调整的依据是什么？调整的幅度应是多少？是否可以对使用酶制剂的效果进行预测和量化？

确定这部分额外的有效营养数量是酶制剂应用价值评估的重要内容，具有非常重要的实际应用价值和指导作用。当然，这里涉及两个必须明确的核心问题：第一，所使用的酶制剂必须有效，能发挥作用，而且有针对性；第二，所涉及的由于额外有效营养供应而降低日粮营养浓度时，必须不影响饲料管理部门所设定的产品合格标准。换句话说，在有充分试验数据的基础上，涉及加酶饲料的饲养标准有必要重新考虑甚至作出必要的修订，或者调整日粮的饲养标准和降低营养水平的饲料产品必须有产品标识和加注说明。

第二节　加酶日粮 ENIV 体系及其数据库

一、加酶日粮 ENIV 体系的概念

酶制剂对饲料原料营养价值的全面提高将直接影响饲料原料的选择和营养成分的配比，因此，1992 年 Adams 就提出了酶制剂的表现能值（apparent energy value，AEV）

的概念。然而这个概念并不全面，加上当时的研究数据有限，因此这一概念并没有形成一套有效的可操作系统。酶制剂对饲料原料营养价值的提高首先最直接地反映在能量方面，尤其是非淀粉多糖酶的应用方面。但随着检测技术及代谢理论的进一步完善，酶制剂对其他营养成分，如肽营养、矿物质营养和维生素营养等方面的作用亦可以用某种指标来表示。酶制剂的表现价值（apparent value，AV）如能以一个固定的数值参与饲料配方设计，将使配方设计更灵活和更适合实际情况。目前，酶制剂对日粮整体价值的提高只能通过动物试验来确定，给予一定的系数来参与饲料配方的设计。

呙于明和彭玉麟（2005）也提到，如果酶制剂供应商能够在进行充分、科学的试验基础上，提出某种酶制剂所能改进的饲料养分消化率的大小或相当的营养价值〔可以称作"营养改进值"（improvement nutrients value，INV）或"营养当量"（nutrients e-quivalent，NE）〕，在制作配方时应用这些 INV 或 NE 对经典的饲养营养参数进行调整后再进行计算，就可以获得较高的精准度，实现真正的优化。尽管这一概念的构思很有理论和实践应用价值，但没有具体明确 INV 或 NE 的内涵，只是提出了一种思路，说明酶制剂应用的核心问题已受到关注。

冯定远于 2004 年开始关注酶制剂应用效果的当量化分析，初步提出了"消化改善因子"（digestive improvement factor，DIF）的概念，并在实践应用中作了探讨，取得一定的效果，特别是进行配方设计时，在有效降低成本方面得到了饲料生产企业的认可。笔者经过一段时间的实践和探讨后发现，DIF 的概念并不完全准确，原因是消化改进只是酶制剂作用的表观现象，更重要的是能提供的额外有效营养量（代谢能）。

在原来概念和思路的基础上，笔者提出了"有效营养改进值"（effective nutrients improvement value，ENIV）的概念，并期望进一步完善而成为一种可应用、可操作的理论系统。这一概念的提出，得到了西班牙巴塞罗那自治大学兽医学院饲料酶制剂研究方面的专家——Puchal 教授的建议及其提供的数据资料的支撑。

ENIV 系统是在总结国内外有关酶制剂研究的基础上提出的，同时笔者研究团队也进行了大量的研究。苏海林（2010）针对复合酶对 10 种饲料原料进行了代谢能和可消化粗蛋白质的 ENIV 值测定；沈水宝（2002）针对复合酶的应用，于旭华（2004）针对木聚糖酶的应用，黄燕华（2004）针对纤维素酶的应用，左建军（2005）针对有效磷和植酸酶的应用，杨彬（2004）针对纤维素酶的应用，廖细古（2005）针对木聚糖酶在肉鸭日粮中的应用，冒高伟（2006）针对 α-半乳糖苷酶的应用，克雷玛蒂尼（1999）针对植酸酶的应用，于旭华（2001）、邹胜龙（2001）和黄俊文（1998）针对复合酶的应用进行了试验研究。冯定远等（1997，2000a）就木聚糖酶和阿拉伯呋喃糖苷酶在亚麻籽日粮中的添加效果进行了报道，同时也进行了许多综述分析和讨论（冯定远和吴新连，2001；沈水宝和冯定远，2001；冯定远和于旭华，2001；冯定远和汪儆，2004）。这些研究报道和综述讨论在一定程度上为 ENIV 系统的建立提供了思路和直接的依据。

二、加酶日粮 ENIV 系统建立的理论基础和试验根据

若不把日粮营养水平下降至常规饲养标准条件下的所谓"理想营养水平"以下，外源酶使营养利用率的提高均不能反映动物的真实情况。Schang 等（1997）、Spring 等

（1998）、Kocher 等（2003）和 Zhou（2009）在营养浓度低于推荐标准的配合日粮中添加酶制剂后，日粮中营养物质的利用率显著提高，而营养水平超过饲养标准时则营养物质的利用率变化不显著。也就是说，在使用有效酶制剂的情况下，原来饲料原料的营养价值不适合实际情况，有必要建立另外的营养价值体系；而这种新的营养价值体系又是和原来的体系有关联的，它只是相对地额外增加了有效营养的供给量，而绝对的营养量并没有改变，这就是 ENIV 系统建立的基础。

在常规情况下，任何饲料都不会被完全消化，猪对饲料原料的消化率为 75%～85%。在动物饲料中添加酶制剂来提高消化率可以看作是动物消化过程的延伸。过去动物营养学界认为，玉米是饲料原料的"黄金标准"（Sheppy，2004），不存在消化不良情况；但是 Noy 和 Sklan（1994）发现，在理想状态下，4～12 日龄肉鸡日粮中淀粉的回肠末端消化率很少超过 85%，添加淀粉酶可以使淀粉在小肠中得到更快速的降解；断奶仔猪日粮中添加淀粉酶及一些其他酶，可以改善营养物质的消化吸收。

添加外源酶制剂降解了单胃动物本来不能利用的一些多糖，从而提高了日粮的代谢能值。Zanella 等（1999）、Vila（2000）、Meng 和 Slominski（2005）、Zhou（2009）通过试验都发现，酶制剂对日粮代谢能有不同程度的提高，提高幅度与具体提供日粮成分和酶制剂配比及浓度有关。添加外源酶制剂不仅有利于提高日粮中多糖的消化率，而且也有利于提高蛋白质的消化率。Pack 和 Bedford（1997a）、Michael（1999）和 Puchal（1999）、Cowieson 和 Ravindran（2008）等也发现，酶制剂对日粮粗蛋白质的消化率有不同程度的提高，而且对低氨基酸水平日粮的作用显著高于高氨基酸水平日粮。

麦类日粮是添加酶制剂改善其营养价值研究最多的日粮，这主要是由于麦类日粮中含有抗营养因子，如阿拉伯木聚糖或 β-葡聚糖等水溶性非淀粉多糖，水溶性非淀粉多糖可以降低饲料的表观代谢能（apparent metabolizable energy，AME）。添加非淀粉多糖酶可以提高麦类日粮的代谢能值。小麦中主要含有阿拉伯木聚糖，大麦中主要含有 β-葡聚糖，添加阿拉伯木聚糖酶和 β-葡聚糖酶后均能提高小麦和大麦的代谢能值。Bedford 等（1992）在检测肠道中的食糜黏性时发现，食糜黏性同日粮类型和阿拉伯木聚糖酶的添加量之间存在着较强的互作关系，麦类添加量增加，黏度也增加，饲料转化效率同黏度的回归关系为：$FCR = 1.507 + 0.007\,5x$，而木聚糖酶则降低食糜的黏度。体外研究也表明，食糜黏度的降低与木聚糖酶的添加量具有一定的剂量依赖关系（李秧发，2010）。Annison 和 Choct（1991）研究表明，小麦中的可溶性非淀粉多糖与日粮表观代谢能量呈现最显著线性相关。汪儆等（1997）报道，在小麦或次粉日粮中添加 0.1% 以木聚糖酶和 β-葡聚糖酶为主的酶制剂后提高了日粮的表观代谢能值（AME），小麦日粮 AME 值提高 6.6%，次粉日粮 AME 值提高 1.5%。在小麦日粮中添加以木聚糖酶为主的复合酶可以提高鸡的表观代谢能（AME）和养分消化率，降低了食糜黏度（Klis 和 Kwakernaak，1995；Steenfeldt 等，1998）。代谢试验研究表明，木聚糖酶提高了饲喂小麦基础日粮的肉鸡生产性能，关键是提高了日粮的 AME。Choct 等（1995）向饲喂含低代谢能的小麦日粮中添加木聚糖酶制剂后，肉仔鸡日粮的 AME 增加了 24%，FCR 改善了 25%。代谢能随日粮中戊聚糖含量的增加而降低，补充木聚糖酶可显著消减 ME 值的降低（Danicke 等，1999）。Choct 等（1993）建立了一种方法来区分 AME 含量很低和普通 AME 含量的小麦浸提物的黏度，此后很多研究证实了这种方法对预测家禽日粮营养价值的有效性。

Choct 和 Annison（1990）在比较其中包括小麦、黑麦、大麦、高粱、大米和玉米 7 种日粮的 AME 时发现，各种饲料原料的 AME 与其中阿拉伯木聚糖含量之间存在强的负相关关系，相关系数为-0.95。随后的分析发现，各种饲料原料的 AME 与其中总的非淀粉多糖（阿拉伯木聚糖和 β-葡聚糖之和）含量之间也存在强的负相关关系，相关系数为-0.97。Annison（1991）在高粱-豆粕日粮中分别添加 5 g/kg、10 g/kg、20 g/kg 和 40 g/kg 的小麦木聚糖提取物后，3 周龄肉仔鸡饲料的 AME 从 15.05 MJ/kg 分别下降到 15.0 MJ/kg、14.7 MJ/kg、13.3 MJ/kg 和 12.48 MJ/kg，日粮中小麦木聚糖提取物的含量与饲料的 AME 之间具有明显的线性关系，小麦和黑麦的代谢能与其中所含的阿拉伯木聚糖呈负相关。阿拉伯木聚糖对肉鸡饲料 AME 的降低主要是由于可溶性部分造成的。Flores 等（1994）的试验证明，8 个小黑麦品种的氮校正真代谢能与其中水溶性 NSP 之间有氮矫正真代谢能（N-corrected metabolizable energy，TMEn），$TMEn=15.6-0.016\times NSP$ 的关系。Austin 等（1999）在对 12 种英国小麦的调研后发现，小麦代谢能与小麦中的可溶性非淀粉多糖等 3 个指标相关，添加外源酶制剂不仅有利于提高日粮的能量消化率，而且还有利于提高蛋白质的消化率。笔者所在课题组在 2006 年的研究中，通过分子营养的方法，探讨了酶制剂提高表观代谢能的机理，说明了酶制剂可提高可利用营养（Asp、Arg、Ala 和总氨基酸回肠表观消化率）的总量。木聚糖酶能显著增加肠系膜静脉对 His 和 Lys 的吸收，肠系膜静脉血清中 His 和 Lys 的含量分别提高了 55.77% 和 55.22%（$P<0.05$）；在 His 和 Lys 的吸收转运过程中，起主导作用的是碱性氨基酸转运载体，碱性氨基酸吸收的增加与肉鸡空肠氨基酸转运载体 rBAT 和 CAT4 mRNA 的表达增加密切相关（谭会泽，2006）。

玉米-豆粕型日粮历来被看作是典型日粮或标准日粮，一般认为在其中添加酶制剂后的效果不明显，使用酶制剂的意义不大。尽管研究开发玉米-豆粕型日粮酶制剂不像麦类日粮酶制剂那么顺利且耗费很多，然而越来越多的证据表明这种所谓的"黄金日粮"也可以通过酶制剂而改善其营养价值，1996 年开始成功应用玉米-豆粕型日粮酶制剂（Sheppy，2001）。由于酶制剂在玉米-豆粕型日粮中的应用效果不如麦类日粮那么明显，因此专门的玉米-豆粕型日粮酶制剂成本等因素使得在玉米-豆粕型日粮中加酶并不十分普遍，肉鸡饲料仅为 5% 左右。尽管如此，这也说明在玉米-豆粕型日粮中添加酶制剂还是有潜力可挖的。

一般认为，含非淀粉多糖低的玉米对一般的非淀粉多糖酶不敏感，然而 Pack 和 Bedford（1997b）及 Pack 等（1998）的研究表明，含有淀粉酶、木聚糖酶和蛋白酶的复合酶制剂对玉米-豆粕型日粮的营养价值有一定促进作用，可提高其中玉米的可利用能 2%~5%。Schang 等（1997）研究复合酶制剂（由蛋白酶、纤维素酶、戊聚糖酶、α-半乳糖苷酶和淀粉酶组成）在肉仔鸡玉米-豆粕型日粮和玉米全脂大豆粉日粮中的应用效果，结果表明复合酶制剂对高营养水平日粮的应用效果不显著，而对低营养水平日粮能显著提高肉仔鸡的重量。Spring 等（1998）也证实，应用复合酶制剂时低营养水平日粮能显著改善仔猪对饲料的利用效果。另外一种提高玉米营养价值的方法是使用植酸酶，而木聚糖酶和植酸酶的配合使用具有明显添加效果（Lü 等，2009）

大豆饼粕中仅 70% 左右的总能可被家禽利用，而仅 55% 左右的大豆总能可被雏鸡所利用，其中大豆寡糖（主要是 α-半乳糖苷寡糖，如棉子糖和水苏糖）是导致大豆饼粕能量利用率下降的主要原因之一。在以豆粕为基础的肉鸡日粮中添加 α-半乳糖苷酶，可以明显提高代谢能和氮的消化率。用加酶豆粕代替常规豆粕进行日粮配方时，代谢能和可利用氨基酸的利用率至少可以提高 5％～10％（Puchal，1999）。Pack 和 Bedford（1997c）及 Zanella 等（1999）在玉米-豆粕型日粮中添加酶制剂后，蛋白质消化率分别提高了 2.2％和 3.6％。Michael（1999）发现，低氨基酸水平日粮对酶的添加有很大反应，表明酶提高了氨基酸的利用率。Veldman 等（1993）研究发现，在玉米-豆粕型日粮中添加 α-半乳糖苷酶后，α-半乳糖苷的消化率从 57％上升到了 93％。在玉米-豆粕型日粮组中添加 0.3 g/kg α-半乳糖苷酶后，断奶仔猪平均日采食量和平均日增重都分别显著提高了 9.6％和 18.1％，而且干物质、粗蛋白质、总能和粗纤维的体内消化率分别显著提高了 1.42％、6.57％、5.95％和 26.32％（冒高伟，2006）。研究还证明，在猪日粮中添加 α-半乳糖苷酶可以降低食糜黏度和改善营养物质的消化（Rackis，1975）。

　　西班牙 Barcelona Autonoma 大学用肉仔鸡研究了 α-半乳糖苷酶的两个添加水平对玉米-豆粕型日粮的能量、粗蛋白质及其他营养物质利用率的影响，结果表明添加酶制剂使日粮的代谢能提高了 5％，氮的存留率提高了 10％以上（Vila 和 Mascarrell，1999）。王春林（2005）研究表明，在玉米-豆粕型日粮中添加 α-半乳糖苷酶显著提高了肉仔鸡的 TMEn、Met 和 Cys 的真消化率，以及 DM、OM、Ca 和 P 的表观消化率，与 Brenes 等（1993）的研究结果一致。Ao 等（2004）研究发现，在豆粕中添加 α-半乳糖苷酶可以增加单糖的释放，增加肉仔鸡中性洗涤纤维消化率和日粮 AMEn。Ghazi 等（1997a，1997b）所做的两次试验都表明，α-半乳糖苷酶提高了肉鸡豆粕的氮存留和 TME 值。Knap 等（1996）研究证实，α-半乳糖苷酶显著提高了去皮豆粕的 TMEn。Slominski等（1994）通过体内外试验证明，α-半乳糖苷酶与转化酶（蔗糖酶）协同水解棉籽糖和水苏糖的效果比单一酶的好。以 α-半乳糖苷酶为主的复合酶，用于肉鸡商品玉米-豆粕型日粮中，可以提高饲料效率 1％～10％。表明 α-半乳糖苷酶制剂提高了营养素的分配效率，有节省蛋白质和合成氨基酸的作用。1998 年，西班牙巴塞罗那自治大学兽医学院动物生产系在肉仔鸡试验中用了含有 α-半乳糖苷酶的复合酶制剂 Caposozyme SB，结果提高了饲料效率 1％～10％，α-半乳糖苷酶制剂提高了营养素的分配效率，有节省蛋白质和合成氨基酸的作用。由此可见，α-半乳糖苷酶的添加提高了豆粕中 α-半乳糖苷的消化率，从而改善了能量和蛋白质的利用。Kim 等（2001）在含豆粕的乳仔猪日粮中添加了含有 α-半乳糖苷酶的复合酶制剂后，总能消化率改善了 7％，赖氨酸、苏氨酸和色氨酸的消化率提高了 3％，饲料效率提高了 11％。

　　其他饲料原料方面，棉籽、葵花籽、菜籽等中含有较高水平的 α-半乳糖苷（2％～9％）及非淀粉多糖（特别是木聚糖）。从理论上讲，在这类籽实及其副产品日粮中使用含有阿拉伯木聚糖酶和 α-半乳糖苷酶的复合酶制剂均可提高营养的利用效率。菜籽粕中含有大豆寡糖，棉籽糖和水苏糖的含量也在 2.5％左右（Slominski 和 Campbell，1991）。Slominski 等（1994）用产蛋鸡和成年公鸡做试验发现，低寡糖的双低菜籽粕非淀粉多糖的消化率显著高于普通双低菜籽粕。Bedford 和 Morgam（1995）发现，双低菜籽粕中单独添加木聚糖酶提高了肉鸡的生产性能。Gdala 等（1997a，1997b）在羽扇豆日粮中添加 α-半乳糖苷酶后发现，α-半乳糖苷类寡糖的猪回肠末端消化率从 80％提高到了97%，效果显著，同时酶的添加也明显提高了干物质、能量和大部分氨基酸的回肠末端表观消化率。Annison等（1996）研究后发现，含有木聚糖酶的复合酶制剂能显著提高羽扇豆的表观代谢能（AME）。Stanley等（1996）在棉粕用量分别为7.5%、15%和30%的日粮中，使用包括蛋白酶、阿拉伯木聚糖酶、纤维素酶、β-半乳糖苷酶和淀粉酶组成的复合酶后发现，复合酶明显提高了肉鸡对不同棉粕日粮的饲料转化效率。冯定远等（2000a）就木聚糖酶和阿拉伯呋喃糖苷酶对亚麻籽日粮的作用效果进行了报道。苏海林（2010）发现，添加复合酶后花生粕的表观代谢能和可消化粗蛋白代谢率分别提高了632~711 J/g和3.14%~12.43%。总体来说，除豆粕以外的饼粕类日粮使用酶制剂的报道不多，特别是添加酶制剂改善这类非常规饲料原料的营养价值的资料较少，有关这类饲料原料的加酶ENIV值更多的是一种估计，需要进一步研究进行修正。

三、常见植物饲料原料 ENIV 值的估计

影响酶制剂使用效果的因素主要有：①酶制剂的种类和活力比例；②饲料原料的营养特性和抗营养特性；③动物的种类和生理阶段。我们可以将这些因素作为饲料原料ENIV值评估的条件，或需要考虑的因素。

（一）酶制剂的种类

有关不同日粮中使用酶制剂种类的研究有很多，酶制剂的种类决定了日粮中所提高的有效营养量，在植物饲料原料中使用的常见酶制剂的情况如下：

1. 玉米型的酶制剂 主要是由淀粉酶、阿拉伯木聚糖酶、蛋白酶和纤维素酶组成的复合酶。

2. 豆粕型的酶制剂 以α-半乳糖苷酶为主，同时含有阿拉伯木聚糖酶及其他酶的α-半乳糖苷酶单酶或复合酶。

3. 小麦型的酶制剂 以阿拉伯木聚糖酶为主，同时含有纤维素酶及其他酶的阿拉伯木聚糖酶单酶或复合酶。

4. 小麦麸和次粉型的酶制剂 以阿拉伯木聚糖酶和纤维素酶为主，同时含有其他酶的复合酶。

5. 大麦型的酶制剂 以β-葡聚糖酶为主，同时含有阿拉伯木聚糖酶和纤维素酶及其他酶的β-葡聚糖酶单酶或复合酶。

6. 菜籽粕型的酶制剂 以阿拉伯木聚糖酶和纤维素酶为主，同时含有其他酶的复合酶。

7. 棉籽粕型的酶制剂 以纤维素酶和阿拉伯木聚糖酶为主，同时含有其他酶的复合酶。

8. 稻谷型的酶制剂 以阿拉伯木聚糖酶和纤维素酶为主，同时含有其他酶的复合酶。

9. 米糠型的酶制剂 以阿拉伯木聚糖酶和纤维素酶为主，同时含有其他酶的复合酶。

10. 花生粕型的酶制剂 以纤维素酶和阿拉伯木聚糖酶为主，同时含有其他酶的复

合酶。

11. 向日葵粕型的酶制剂 以纤维素酶和阿拉伯木聚糖酶为主，同时含有其他酶的复合酶。

另外，所有植物饲料原料同时或单独添加植酸酶都有一定的改善有效营养价值的效果。

(二) 饲料原料的营养特性和抗营养特性

饲料原料的营养特性和抗营养特性方面，目前营养方面考虑最多的是蛋白质、淀粉和粗纤维含量及其种类（表 24-1），而抗营养因子主要考虑非淀粉多糖（表 24-2）和特别的寡糖，如谷物的戊聚糖（主要是阿拉伯木聚糖）和 β-葡聚糖等多聚糖及 α-半乳糖苷寡糖。前面已讨论了通过了解饲料原料中的抗营养因子情况可以预测添加酶制剂提高有效营养的数值，这也是估计使用相应酶制剂的饲料 ENIV 值的理论基础。当然，根据原料或日粮抗营养因子含量估计使用相应酶制剂的饲料 ENIV 值不可能这么简单，如根据原料或日粮 NSP 含量预测添加 NSP 酶改善 AME 程度的实用性仍有很大争议。正如 Choct 等（2004）所指出的那样，日粮 NSP 含量可能用于预测日粮需要添加的酶制剂量。

表 24-1 主要植物性原料营养成分及抗营养成分含量（%）

成分	玉米	小麦	小麦麸	次粉	米糠	豆粕	去皮豆粕	菜籽粕	棉籽粕
蛋白质	8	11	16	16	12	42	48	36	38
淀粉	64	56	20~40	10~20	16~23	1	1	7	3
粗纤维	2.5	4.5	8	11	9	6	4	11	10
细胞壁成分	6.9	16.4	27.4	38.6	20.5	27.5	22	34	32
β-葡聚糖	—	4	14	20	10	1.4	1.2	—	—
阿拉伯木聚糖	4.4	6.5	8	11	6	6	4	4	9
纤维素	2	3.9	3.5	5.8	4.5	10.3	6	8	12
木质素	0.5	2	—	—	—	1	—	11	7
果胶	—	—	—	—	—	11.5	11	11	4

表 24-2 主要谷物及豆类中 NSP 的类型及含量（%，DM）

饲料原料	总 NSP	不溶性 NSP	可溶性 NSP	主要 NSP
小麦	11.4	9.0	2.4	戊聚糖
大麦	16.7	12.2	4.5	β-葡聚糖
黑小麦	16.3	14.6	1.7	戊聚糖
玉米	8.1	8.0	0.1	纤维素等
高粱	4.8	4.6	0.2	果胶和戊聚糖
豆粕	19.2	16.5	2.7	半乳糖和果胶
菜籽粕	46.1	34.8	11.3	果胶和戊聚糖
豌豆	34.7	32.2	2.5	果胶和戊聚糖

但在目前条件下，通过掌握饲料原料中的抗营养因子情况预测和估计添加酶制剂提

饲料酶制剂技术体系的发展与应用

高有效营养数值（effective nutrients improvement value，ENIV）仍然为酶制剂的应用提供了一种方法和手段，初步建立的 ENIV 系统和所制定的饲料原料 ENIV 值，可以通过不断的研究试验和实际应用效果的检验而得以修改、补充和完善，这也是 ENIV 系统的提出和建立的出发点。

（三）动物的种类和生理阶段

尽管近年来有关反刍动物和水产动物使用酶制剂的报道增多，但对反刍动物和水产动物使用酶制剂的效果和经济效益的看法却很不一致，相对猪与禽的应用效果不太明显。特别是对水产动物，水产动物消化道温度一般比较低，甚至有人质疑外源酶是否能发挥作用。而反刍动物瘤胃微生物能产生各种酶，一般不需要额外添加酶制剂。当然，在集约化、高采食量和某些应激条件下，给高产奶牛使用一些酶，如纤维素酶和阿拉伯木聚糖酶等可能是有益的。目前一般多考虑猪与禽使用酶制剂的情况，同样这两种动物使用酶制剂的效果也很不相同。一般认为，家禽使用酶制剂的效果更明显，在肉鸡饲料中添加酶的产出投入比例超过 2∶1（Sheppy，2001）。相对地，在猪日粮中使用酶制剂的情况比较复杂。这与鸡、猪的消化生理有关，因为外源酶的最佳 pH 不同，肉鸡的嗉囊使得一些酶在进入 pH 低的肌胃以前，首先在相对高的 pH 环境（pH 约为 6.0）中表现出了较高的活力，并发挥了积极的作用。

使用酶制剂需要考虑的另外一个因素是动物的年龄和生理阶段。一般情况下，幼年动物更需要补充内源酶的不足，也就是说，所使用的复合酶一般含有蛋白酶、淀粉酶甚至脂肪酶；而对于成年动物而言，更多的是考虑由纤维素酶和阿拉伯木聚糖酶这一类的非淀粉多糖酶组成的复合酶，甚至直接使用单酶。

根据以上因素，在综合有关报道的基础上，笔者建立了常见植物能量和蛋白质饲料原料使用相应酶制剂的 ENIV 值（表 24-3 和表 24-4）。其中，代谢能值和粗蛋白质值是根据《中国饲料成分及营养价值表》2018 年第 29 版的原料数据库数据值计算出来的估计值，代谢能 ENIV 值和蛋白质 ENIV 值为估测值。

表 24-3　常见植物能量饲料原料使用相应酶制剂的 ENIV 值

项　目		代谢能值（kJ/kg）	加酶改善幅度（%）	代谢能 ENIV 值（kJ/kg）*	粗蛋白质（%）	加酶饲料中粗蛋白质消化率改善幅度（%）	蛋白质 ENIV 值**（%）
玉米	鸡	13 481	1.0～2.3	126～314	7.8	8～15	0.6～1.2
	猪	13 485	1.1～2.8	151～381			
小麦	鸡	12 719	4.0～6.3	502～795	13.9	9.5～18.2	1.3～2.5
	猪	13 221	3.0～4.7	377～628			
小麦麸	鸡	6 820	5.0～7.4	335～502	15.7	9～15	1.4～2.4
	猪	8 703	3.4～4.8	293～418			
次粉	鸡	12 510	3.0～4.5	377～565	13.6	9～15	1.2～2.0
	猪	12 510	3.0～3.7	377～460			
大麦	鸡	11 213	4.1～6.9	460～774	13.0	7.5～13.8	1.0～1.8
	猪	12 678	4.2～6.6	544～837			

（续）

项　目		代谢能值（kJ/kg）	加酶改善幅度（%）	代谢能 ENIV 值（kJ/kg）*	粗蛋白质（%）	加酶饲料中粗蛋白质消化率改善幅度（%）	蛋白质 ENIV 值**（%）
稻谷	鸡	11 004	1.9～4.2	209～460	7.8	3.8～9.2	0.3～0.7
	猪	10 627	2.4～3.7	126～397			
米糠	鸡	11 213	3.3～5.2	377～586	12.8	7.5～2.3	0.9～1.6
	猪	11 799	2.6～4.2	314～502			

注：＊根据已有研究报道，结合饲料原料 ENIV 值的确定条件提出的估测值。

资料来源：《中国饲料成分及营养价值表》2018 年第 29 版。

表 24 - 4　常见植物蛋白质饲料原料使用相应酶制剂的 ENIV 值

项　目		代谢能（kcal/kg）			粗蛋白质（%）		
		代谢能值（kJ/kg）	加酶改善幅度（%）	代谢能 ENIV 值（kJ/kg）	粗蛋白质（%）	加酶饲料中粗蛋白质消化率改善幅度（%）	蛋白质 ENIV 值（%）
豆粕	鸡	9 832	209～335	50～80	44.0	8.2～11.0	3.6～4.8
	猪	12 426	167～293	40～70			
菜籽粕	鸡	7 406	502～711	120～170	38.6	9.0～13.5	3.5～5.2
	猪	9 330	418～565	100～135			
棉籽粕	鸡	7 782	251～377	60～90	47.0	8.5～10.5	4.0～5.0
	猪	8 159	293～377	70～90			
花生粕	鸡	10 878	209～628	50～150	47.8	6.5～9.0	3.1～4.3
	猪	10 711	251～523	60～125			
向日葵仁粕	鸡	8 494	272～356	65～85	33.6	6.5～9.5	2.2～3.2
	猪	9 288	251～377	60～90			

注：＊根据已有研究报道，结合饲料原料 ENIV 值的确定条件提出的估测值。

资料来源：《中国饲料成分及营养价值表》2018 年第 29 版。

四、加酶日粮 ENIV 体系的应用

ENIV 系统的核心是各种饲料原料在添加特定酶制剂的情况下，可提供额外有效营养量，即 ENIV 值。在目前阶段，初步考虑饲料的代谢能 ENIV 值和蛋白质 ENIV 值。实际上，使用饲料酶制剂，特别是非淀粉多糖酶制剂（包括木聚糖酶、β-葡聚糖酶和纤维素酶）及植酸酶，不仅改善能量和蛋白质的利用效率，为动物提供更多有效营养；同时也改善其他营养，如氨基酸、微量元素等的利用效率。ENIV 值不仅可以建立加酶饲料原料数据库（在充分研究的基础上），而且其更直接的作用是在设计配方时考虑更能显示出酶制剂添加的功效（在营养水平高的情况下，酶制剂效果可能显示不出来）。加酶日粮 ENIV 体系的应用主要包括以下 3 个方面：

1. 加酶畜禽日粮配方计算　加酶日粮 ENIV 体系应用的最重要方面是加酶畜禽日粮配方计算，通过使用饲料原料的 ENIV 值，可以直接进行配方计算，使酶制剂应用可

以操作和量化。

举一具体的计算方法的例子，某肉鸡日粮配方为：玉米 65%，豆粕 22%，菜籽粕 5%，小麦麸 4%，预混料 4%。在不添加酶制剂的情况下，玉米、豆粕、菜籽粕和小麦麸的代谢能分别为 13 472 kJ/kg、9 832 kJ/kg、7 113 kJ/kg 和 6 820 kJ/kg，即日粮配方的代谢能为 11 548 kJ/kg。

如果使用专门的酶制剂，则玉米、豆粕、菜籽粕和小麦麸的代谢能 ENIV 值分别为 209 kJ/kg、272 kJ/kg、607 kJ/kg 和 41 kJ/kg，即玉米、豆粕、菜籽粕和小麦麸的总代谢能（原来代谢能＋代谢能 ENIV 值）分别为 13 682 kJ/kg、10 104 kJ/kg、7 719 kJ/kg 和 7 238 kJ/kg。以这一总代谢能（原来代谢能＋代谢能 ENIV 值）重新计算配方，可以得到一个新的日粮配方，即玉米 62%、豆粕 21%、菜籽粕 6%、小麦麸 7% 和预混料 4%。新配方的总代谢能（原来代谢能＋代谢能 ENIV 值）为 11 573 kJ/kg。新配方的玉米和豆粕所占比例降低，而菜籽粕和小麦麸的所占比例提高，使用了更多的非常规饲料原料，一般可以降低配方的成本。同样，也可以考虑蛋白质的 ENIV 值并用于日粮配方的设计和计算。

2. 专用酶制剂产品设计　加酶日粮 ENIV 体系也可以用于设计专用酶制剂产品，如果大量的研究和应用已经得到一组饲料原料使用相应酶制剂的 ENIV 值，其他生产酶制剂产品的厂家设计新的酶制剂选择单酶的种类及其活力单位时，就可以将 ENIV 值作为一个重要的参照指标来确定酶谱及其有效活力。例如，使用的酶应该使玉米的代谢能 ENIV 值在 126 kJ/kg 以上、豆粕的代谢能 ENIV 值在 209 kJ/kg 以上，等等。

3. 饲料原料营养价值的评定　加酶日粮 ENIV 体系同样可以评定饲料原料的营养价值，根据饲料原料的代谢能 ENIV 值和蛋白质 ENIV 值的大小，可以分析饲料原料的营养价值。当然，这是一种参考的评定方法。ENIV 值代表了一种营养价值的潜力或潜在营养当量，当在有合适的酶的作用下，这种营养当量可以转变为真正的、有效的、可利用的营养。代谢能＋代谢能 ENIV 值或者粗蛋白＋蛋白质 ENIV 值越大，饲料的营养价值就越高。

酶制剂能从饲料原料中释放出额外的有效营养成分，提高饲料原料的利用效率。如果在设计日粮配方时，将这部分额外的有效营养量化出来，就可以将其作为参数引入配方计算，降低日粮本身的营养浓度。其意义有：第一，可以降低饲料配方成本，提高经济效益；第二，可以合理利用和节约饲料资源，如果普遍应用 ENIV 系统，每年可以节约大量的饲料原料；第三，可以生产低污染、环保型日粮，有利于减少动物排泄物中的营养成分（特别是氮和磷）对环境的影响。另外，加酶日粮 ENIV 体系重要的一个意义是打破了传统动物营养概念的局限，有效地考虑了饲料的营养潜力；同时，建立了一个初步的可以量化的系统，为动物营养研究提供了新的思路。

本 章 小 结

在饲料中添加酶制剂改变了原来数据库中的饲料有效营养参数，确定加酶后饲料能够提供的额外有效营养数量是酶制剂应用价值评估的重要内容。在总结国内外有关酶制剂研究基础上，ENIV 系统提出了能有效量化加酶饲料额外有效营养的方法体系，该方法经理论和实践论证具有很好的科学性和实践可操作性。方法上，可以通过结合我国饲料成分及营养价值数据库参数，建立常见动物饲料原料中能量和蛋白质 ENIV 数据库系统。需要注意的是，酶制剂 ENIV 值受很多因素影响，如酶制剂的种类和活力比例、饲料原料的营养和抗营养特性、动物的种类、生理阶段等。加酶日粮 ENIV 体系可应用于动物加酶日粮配方计算、专用酶制剂产品设计、饲料原料营养价值的评定等。

⊙ 参考文献

冯定远，2004. 饲料工业的技术创新与技术经济 [J]. 饲料工业，11：1-4.

冯定远，Shen Y R，Chavez E R，2000a. 添加酶制剂及其他降低亚麻籽抗营养因子措施的应用效.

冯定远，汪儆，2004. 饲用非淀粉多糖酶制剂作用机理及影响因素研究进展 [C]//2004 年版动物营养研究进展. 北京：中国农业科学技术出版社.

冯定远，吴新连，2001. 非淀粉多糖的抗营养作用及非淀粉多糖酶的应用 [C]//冯定远. 生物技术在饲料工业中的应用. 广州：广东科技出版社.

冯定远，于旭华，2001. 生物技术在动物营养和饲料工业中的应用 [J]. 饲料工业，12：12.

冯定远，张莹，2000b. β-葡聚糖酶和戊聚糖酶等对猪日粮营养物质消化的影响 [J]. 动物营养学报，2：31.

冯定远，张莹，余石英，等，1997. 含有木聚糖酶和 β-葡聚糖酶的酶制剂对猪日粮消化性能的影响 [J]. 饲料博览，6：5-7.

呙于明，彭玉麟，2005. 酶制剂的适当选择与高效使用 [C]//冯定远. 酶制剂在饲料工业中的应用. 北京：中国农业科学技术出版社.

黄俊文，1998. 金霉素与益生素、饲用酶在仔猪料中的配伍研究 [D]. 广州：华南农业大学.

黄燕华，2004. 不同来源纤维素酶的酶学特性及其在马冈鹅中的应用 [D]. 广州：华南农业大学.

克雷玛蒂尼，1998. 低磷日粮中使用植酸酶对肉鸡生产性能的作用 [D]. 广州：华南农业大学.

李秧发，2010. 木聚糖酶的酶学特性及复合酶在黄羽肉鸡日粮中应用的研究 [D]. 广州：华南农业大学.

廖细古，2005. 木聚糖酶对肉鸭生产性能的影响及机理研究 [D]. 广州：华南农业大学.

冒高伟，2006. α-半乳糖苷酶在断奶仔猪玉米豆粕型日粮中的应用研究 [D]. 广州：华南农业大学.

沈水宝，2002. 外源酶对仔猪消化系统发育及内源酶活性的影响 [D]. 广州：华南农业大学.

沈水宝，冯定远，2001. 外源酶制剂及其在仔猪营养中的研究与应用进展 [C]//冯定远. 生物技术在饲料工业中的应用. 广州：广东科技出版社.

苏海林，2010. 复合酶制剂对鸡饲料原料代谢能和可消化粗蛋白改进值的影响 [D]. 广州：华南农业大学.

谭会泽，2006. 肉鸡肠道碱性氨基酸转运载体 mRNA 表达的发育性变化及营养调控 [D]. 广州：华南农业大学.

王春林，2005. α-半乳糖苷酶固态发酵中试技术参数研究 [D]. 北京：中国农业大学.

汪儆，Juokslahti T，1997. 木聚糖酶制剂对生长肥育猪次粉日粮饲养效果的影响 [J]. 中国饲料，3：17-19.

杨彬，2004. 纤维素酶在黄羽肉鸡小麦型日粮中的应用研究 [D]. 广州：华南农业大学.

于旭华，2001. 外源酶对断奶仔猪消化系统酶活的影响 [D]. 广州：华南农业大学.

于旭华，2004. 真菌性和细菌性木聚糖酶对肉鸡生长性能的影响及机理研究 [D]. 广州：华南农业大学.

邹胜龙，2001. 复合酶制剂在仔猪日粮中的应用 [D]. 广州：华南农业大学.

左建军，2005. 非常规植物饲料钙和磷真消化率及预测模型研究 [D]. 广州：华南农业大学.

Annison G，1991. Relationship between the levels of soluble nonstarch polysaccharides and the apparent metabolizable energy of wheats assayed in broiler chickens [J]. Journal of Agriculture and Food Chemistry，39：1252 - 1256.

Annison G，Choct M，1991. Anti - nutritive activities of cereal non - starch polysaccharides in broiler diet and strategies minimizing their effects [J]. World's Poultry Science Journal，47：232 - 242.

Annison G，Hughes R J，Choct M，1996. Effect of enzyme supplementation on the nutritive value of dehulled lupins [J]. British Poultry Science，37：157.

Ao T，Cantor A H，Pescatore A J，et al，2004. *In vitro* and in *vivo* evaluation of simultaneous supplementation of α - galactosidase and citric acid on nutrient release, digestibility and growth performance of broiler chicks [J]. Journal of Animal Science，82：1148.

Austin S C，Wiseman J，Chesson A，1999. Influence of non - starch polysaccharides structure on the metabolisable energy of U. K. wheat fed to poultry [J]. Journal of Cereal Science，29 (1)：77 - 88.

Bedford M R，Classen H L，1992. Reduction of intestinal viscosity through manipulation of dietary rye and pentosanase concentration is effected growth rate and food conversion efficiency of broiler chicken [J]. Journal Nutrition，122：560 - 569.

Bedford M R，Morgan A J，1995. The use of enzymes in canola - based diets [C]//van Hartingsveldt W，Hessing M，van der Lugt J P，et al. 2nd European Symposium on Feed Enzymes. Proceedings of ESFE2，Noord Wijkerhout，The Netherlands.

Brenes A，Smith M，Guenter W，1993. Effect of enzyme supplementation on the performance and digestive tract size of broiler chickens fed wheat - and barley - based diets [J]. Poultry Science，72：1731 - 1739.

Charlton P，1996. Expanding enzyme applications：higher amino acid and energy values for vegetable proteins [C]. Proceedings of the 12th Annual Symposium on Biotechnology in the Feed Industry. Nottingham University Press，Loughborough，Leics. ，Great Britain.

Choct M，Annison G，1990. Antinutritive activity of wheat pentosans in broiler diets [J]. British Poultry Science，31：811 - 821.

Choct M，Annison G，Trimble R P，1993. Extract viscosity as a predictor of the nutritive quality of wheat in poultry [C]. Proceedings of the Austalian Poultry Science Symposium，5：78.

Choct M，Hughes R J，Trimble R P，et al，1995. Non - starch polysaccharide - degrading enzymes increase the performance of broiler chickens fed wheat of low apparent metabolizable energy [J]. Journal of Nutrition，125：485 - 492.

Choct M，Selby E A D，Cadogan D J，et al，2004. Effect of liquid to feed ratio, steeping time, and enzyme supplementation on the performance of weaner pigs [J]. Australian Journal of Agricultural Research，55 (2)：247 - 252.

Cowieson A J，Ravindran V，2008. Effect of exogenous enzymes in maize - based diets varying in nutrient density for young broilers：growth performance and digestibility of energy, minerals and amino acids [J]. British Poultry Science，49：37 - 44.

Dalibard P，Geraert P A，2004. Impact of a multi - enzyme preparation in corn - soybean poultry diets [C]. Animal Feed Manufacturers Association Forum，Sun City，South Africa. De Wet Boshoff，Centurion，South Africa.

Danicke S, Simon O, Jeroch H, 1999. Effects of supplementation of xylanase or beta - glucanase containing enzyme preparations to either rye - or barley - based broiler diets on performance and nutrient digestibility [J]. Archiv Fur Geflugelkunde, 63 (6): 252 - 259.

Flores M P, Castañon J I, McNab J M, 1994. Nutritive value of triticale fed to cockerels and chicks [J]. British Poultry Science, 35 (4): 527 - 536.

Francesch M, Geraert P A, 2009. Enzyme complex containing carbohydrases and phytase improves growth performance and bone mineralization of broilers fed reduced nutrient corn - soybean - based diets [J]. Poultry Science, 88: 1915 - 1924.

Gdala J, Jansman A J M, Buraczewska L, et al, 1997b. The influence of a - galactosidase supplementation on the ileal digestibility of lupin seed carbohydrates and dietary protein in young pigs [J]. Animal Feed Science and Technology, 67: 115 - 125.

Gdala J, Johansen H N, Bach K K E, et al, 1997a. The digestibility of carbohydrates, protein and fat in the small and large intestine of piglets fed non supplemented and enzyme supplemented diets [J]. Animal Feed Science and Technology, 65: 15 - 33.

Ghazi S, Rooke J A, Galbraith H, et al, 1997a. Effect of adding protease and alpha - galactosidase enzymes to soybean meal on nitrogen retention and true metabolizable energy in broilers [J]. British Poultry Science, 38: 28.

Ghazi S, Rooke J A, Galbraith H, et al, 1997b. Effect of feeding growing chicks semi - purified diets containing soybean meal and amounts of protease and alpha - galactosidase enzymes [J]. British Poultry Science, 38: 29.

Kim S W, Mavromichalis I, AEaster R, 2001. Supplementation of alpha - 1, 6 - galactosidase and beta - 1, 4 - mannanase to improve soybean meal utilization by growing - finishing pigs [J]. Journal Animal Science, 79: 84.

Klis J D, Kwakernaak C, 1995. Effects of endo xylanase addition to wheat - based diets on physico - chemical chyme conditions and mineral absorption in broilers [J]. Animal Feed Science and Technology, 51: 15 - 27.

Knap I H, Ohmann A, Dale N, 1996. Improved bioavailability of energy and growth performance from adding alpha - galactosidase (from *Aspergillus* sp.) to soybean meal - based diets [C]. Proceedings of Australian Poultry Science Symposium, Sydney, Australia: 153 - 156.

Kocher A, Choct M, Ross G, et al, 2003. Effects of enzyme combinations on apparent metabolizable energy of corn - soybean meal based diets in broilers [J]. The Journal of Applied Poultry Research, 12: 275 - 283.

Lü M B, Li D F, Gong L M, et al, 2009. Effects of supplemental microbial phytase and xylanase on the performance of broilers fed diets based on corn and wheat [J]. Poultry Science, 46 (3): 217 - 223.

McNab J M, Whitehead C C, Volker L, 1993. Effects of dietary enzyme addition on broiler performance and the true metabolisable energy values of these diets and wheat [C]. World's Poultry Science Association, 9th European Symposium on Poultry Nutrition. Jelenia Gora, Poland.

Meng X, Slominski B A, 2005. Nutritive values of corn, soybean meal, canola meal and peas for broiler chickens as affected by a multicarbohydrase preparation of cell wall degrading enzymes [J]. Poultry Science, 84: 1242 - 1251.

Michael Z, 1999. Enzyme may provide venefits in corn/soybean meal layer diets [J]. Feedstuffs, 8: 10.

Noblet J, Dubois S, Labussiere E, et al, 2010. Metabolic utilization of energy in monogastric animals and its implementation in net energy systems [M]// Crovetto G M. Energy and protein metabolism and nutrition. Wageningen: Wageningen Academic Publishers.

Noy Y, Sklan D, 1994. Digestion and absorption in the young chick [J]. Poultry Science, 73: 366-373.

Pack M, Bedford M R, 1997a. Effects of feed enzymes on ileal digestibility of energy and protein in corn-soybean diets fed to broilers [C]. Proceedings of 11th Europe Symposium on Poultry Nutrition. Faaborg, Denmark: 502-504.

Pack M, Bedford M R, 1997b. Feed enzymes for corn-soybean broiler diets [J]. World Poultry, 13: 87-93.

Pack M, Bedford M R, 1997c. Feed enzymes for corn-soybean broiler diets, a new concept to improve nutritional value and economics [J]. World's Poultry Science Journal, 13: 93-97.

Pack M, Bedford M, Harker A, et al, 1998. Alleviation of corn variability with poultry feed enzymes [M]//Recent programmes in development and production application. Marlborough, UK: Finnfeeds International Ltd.

Puchal F, 1999. Role of feed enzyme in poultry nutrition examined [J]. Feedstuffs, 11: 12-14.

Rackis J J, 1975. Oligosaccharides of food legumes: Alpha-galactosidase activity and the flatus problem [M]//Jeanes A, Hodge S J. Physiological effects of food carbohydrates. Washington, DC, USA.

Schang M J, Azcona J O, Arias J E, 1997. Effects of a soya enzyme supplement on performance of broilers fed corn/soy or corn/soy/full-fat soy diets [J]. Poultry Science, 76: 132.

Sheppy C, 2001. The current feed enzyme market and likely trends [M]//Bedford M R, Partridge G G. Enzymes in farm animal nutrition. United Kingdom: CABI Publishing.

Slominski B A, Campbell L D, 1991. Influence of indole glucosinolate on the nutritive quality of canola meal [C]//McGregor D I. Proceedings of 8th international rapeseed congress. Organizing Committee, Saskatoon, Canada.

Slominski B A, Campbell L D, Guenter W, 1994. Oligosaccharides in canola meal and their effect on nonstarch polysaccharide digestibility and true metabolizable energy in poultry [J]. Poultry Science, 73: 156-162.

Spring P, Wenk C, Lemme A, et al, 1998. Effect of an enzyme complex targeting soybean meal on nutrient digestibility and growth performance in weanling piglets [C]. 14th Annual Symposium on Biotechnology in the Feed Industry. Lexington, Kentucky, USA.

Stanley V G, Gray C, Chukwu H, et al, 1996. Effects of enzyme (treatment) in enhanced the feeding value of cottonseed meal and soybean meal in broiler chick diets [C]. 12th Annual Symposium on Biotechnology in the Feed Industry. Lexington, Kentucky, USA.

Steenfeldt S, Harnmershoj M, Mullertz A, 1998. Enzyme supplementation of wheat-based diets for broilers 1. Effect on growth performance and intestinal viscosity [J]. Animal Feed Science and Technology, 75 (1): 27-43.

Steenfeldt S, Mullertz N A, Jensen F J, 1998. Enzyme supplementation of wheat-based diets for broilers 1. Effect on growth performance and intestinal viscosity [J]. Animal Feed Science and Technology, 75 (1): 27-43.

Veldman A, Veen W A G, Barug D, et al, 1993. Effect of a-galactosides and a-galactosidase in feed on ileal piglet digestive physiology [J]. Journal of Animal Physiology and Animal Nutrition, 69: 57-65.

Vila B，Mascarell J，1999. α - galactosides in soybean meal：can enzyme help［J］? Feed Internation-
　　al（6）：24 - 29.

Zanella I，Sakomura N K，Silversides F G，et al，1999. Effect of enzyme supplementation of broiler
　　diets based on corn and soybeans［J］. Poultry Science，78：561 - 568.

Zhou Y，Jiang Z，Lü D，et al，2009. Improved energy - utilizing efficiency by enzyme preparation
　　supplement in broiler diets with different metabolizable energy levels［J］. Poultry Science，88：
　　316 - 322.

第二十五章
基于大数据分析方法评价
饲料酶制剂的营养当量价值

大数据技术的战略意义不在于掌握庞大的数据信息，而在于对这些含有意义的数据进行专业化处理。换而言之，如果把大数据比作一种产业，那么这种产业实现盈利的关键，在于提高对数据的"加工能力"，通过"加工"实现数据的"增值"。Meta 分析是指收集一系列相关的研究分析结果并加以整合的统计分析方法，传统 Meta 分析中通常只对某个或某几个感兴趣的暴露因素单独进行探讨，忽略了暴露因素之间的相关性。利用数学和大数据的思想探索多因素关联 Meta 分析的方法，可以有效地从复杂数据之中剥离出目的数据信息，提高动物营养试验结果关键信息的分离效率和价值。

第一节　Meta 分析概述

一、Meta 分析的概念

Meta 分析又称荟萃分析、汇总分析，是针对相同研究内容的多个独立研究结果进行的数据再分析，是一种量化的文献综述。利用适当的统计方法对按照某种特定标准收集到的研究资料进行分析概括，以获得更加普遍的结论。其特点是增大样本含量，增加结论的可信度，其结论比一般综述更加科学、可靠，能最大限度地减少主观影响和最大可能地确保结论的科学性和真实性。Meta 分析是一种定量的、正式的、流行的研究设计，用于系统评估前人研究以获得综合大量研究的一致结论。一般来说，这些研究以随机性和控制性临床试验为主，但也允许对其他性质研究进行分析。*The Cochrane Library* 将其定义为，Meta 分析是将系统评价中的多个不同结果的同类研究合并为一个量化指标的统计学方法（方积乾和陆盈，2002）。

Meta 分析是一系列的系统分析，而系统评价是通过核对达到特定标准的经验证据以回答特定的研究假设的一种方法（Sargent 等，2005）。系统分析的主要特点是声明了研究目标及研究纳入标准，是一种明确的、可以重复的研究方法。系统评价的方法可以最小化发表偏倚，因此提供比传统综述更加可靠的研究结果。Meta 分析的益处在于是合并效应因子的定量综述，包括大量的、复杂的、有时研究结论明显不一致的文献。

Meta 分析不仅可以作为官方依据定量评估某一产品是否可以进行注册，而且还可以获得一些非单个试验可以提供的假设及结论。Meta 分析的结论已经越来越受到科研工作者及生产实践人员的认可。这种方法已经从其来源社会科学和人类医学科学发展应用于天文学和动物学。Meta 分析在临床医学、社会科学上应用广泛，并且已经应用于国外畜牧业研究中，但在我国畜牧业上的应用还未见报道。

二、Meta 分析在酶制剂应用评估中的价值

对外源酶制剂的研究，受制于试验条件、实验动物数量、动物状态等方面因素的影响，所得出的数据或结论可能存在不同甚至相反。有研究认为，在小麦型日粮中添加木聚糖酶可提高肉鸡的日增重（Wu 等，2004；Selle 等，2009）；但也有研究认为，在小麦型日粮中添加木聚糖酶对肉鸡日增重的影响不显著或无影响（Mahagna 等，1995；Olukosi 和 Adeola，2008；Woyengo 等，2008）。采用 Meta 分析对诸多此类问题的研究进行综合统计，可得出接近真实的结论。解决有争议的具体问题，使得引入 Meta 分析成为必然。

动物营养添加剂类研究一般为加权均数差（weighted mean difference，WMD）和标准化后的均数差（standardized mean difference，SMD）。WMD 即为试验组与对照组均数的差值，消除了多个研究绝对值大小的影响，以原有的单位真实地反映了试验效应，WMD＝0 表示两均数相等，即两均数无统计学意义，故 WMD 森林图的无效竖线在横坐标刻度为零处。当总体 WMD＜0（或某研究的 95％置信区间上下限均＜0）时，或在森林图中某个研究的 95％置信区间的横线不与竖线相交，且该横线落在无效线左侧时，可认为试验组中某指标的均数小于对照组，试验因素可减少某指标的均数（刘关健和吴泰相，2004），反之亦然。SMD 可简单地理解为试验组与对照组均数差值再除以合并标准差的商，一方面消除了多个研究间的绝对值大小的影响，另一方面消除了多个研究测量单位不同的影响，比较适用于单位不同或均数相差较大资料的汇总分析。但是，SMD 是一个没有单位的值，因而对 SMD 分析的结果解释要慎重。如果单个研究间的作用测量指标不一致，则需转化为统一指标。结论一般是利用效应因子（effect size，ES）进行比较，ES 是两个比较组间作用差值除以对照组或合并组的标准差。

Tim 和 Simon（1991）指出，为解决统一问题而进行的试验，其综合结果具有相同的方向。而 Meta 分析正是通过综合多个研究结果，利用森林图、倒漏斗图等直观的表现形式，提供给研究人员更加趋向真实的结果（刘关健和吴泰相，2004）。

第二节　Meta 分析方法在酶制剂应用效果评估中的应用

一、Meta 分析法评定酶制剂添加效果的主要步骤

Meta 分析是一种对多个同类研究结果进行合并汇总的分析方法，从统计学的角度来讲，该分析达到了增大样本含量、提高检验效能的目的，尤其是当多个研究结果不一

致或都没有统计学意义时，采用 Meta 分析可得到更加接近真实情况的综合分析结果。处理方法包括：①异质性检验（齐性检验）；②统计合并效应量（加权合并，计算效应尺度及 95% 的置信区间）并进行统计推断；③图示单个试验的结果和合并后的结果；④敏感性分析；⑤通过"倒漏斗图"了解潜在的发表偏倚。

笔者研究团队艾琴在 2014 年时采用 Meta 分析统计了 2002—2012 年公开发表的数据，系统评价了木聚糖酶对肉鸡生产性能指标的影响，并通过 Meta 回归对其影响因子进行了分析。

1. 文献收集 相关文献利用华南农业大学图书馆（http：//lib. scau. edu. cn）Sci（ISTP、BP、MEDLIN）平台和 Google Scholar search engines 搜索并由人工筛选整理。检索条件为："标题"ylanase and broiler and performance and "出版年"2002—2012。

2. 纳入标准 选用的研究需满足以下标准：

（1）2002—2012 年发表的英文文献；

（2）研究对象为肉鸡；

（3）研究中包含内切木聚糖酶单酶（endo‑xylanase）空白组和试验组；

（4）鸡生产性能指标包括 1～21 d 和 22～42 d 平均日增重（ADG）、平均日采食量（ADFI）和耗料增重比（F：G）；

（5）研究中给出指标的数值或平均值（mean）、标准差（SD）或标准误（SE）。SD 重在描述变量值的分布，SE 重在反映抽样误差的大小，二者转化公式为 $SE = SD/\sqrt{n}$，n 表示样本量；

（6）试验设计为完全随机对照试验。

3. 排除标准 主要有：

（1）文献摘要、会议论文和未发表的报道；

（2）木聚糖酶与其他 NSP 或消化酶复合使用的研究；

（3）数据不全或无法利用的文献。

4. 数据提取和整理 提取的数据包括每个处理的效应因子平均值 SD 及实验动物个数的数据。分析的参数主要有平均日增重、平均日采食量、耗料增重比。评价的精确性以文献中报道的 SD 为依据，如果 SD 没有提供，则利用 $SD = x\sqrt{n}$（标准误乘以样本量的平方根）计算得到。

5. 统计分析 利用 STATA （Intercooled Stata V. 12. 0，College Station，TX）软件的固定效应模型计算了每项研究的效应值、权重、方差及综合效应量。采用标准差作为权重的衡量依据，标准差越小，权重越大；综合效应采用标准均数差（standardized mean difference，SMD）表示，SMD 可简单地理解为两均数的差值再除以合并标准差的商。它不仅消除了多个研究间绝对值大小的影响，还消除了多个研究测量单位不同的影响。固定效应模型的结果可用 Q 检验（服从卡方分布）评价各研究之间的异质性，用漏斗图、Begg 秩相关法、Egger 回归法检验发表偏倚，并对纳入的研究结果进行敏感性分析。

二、基于 Meta 分析生产性能指标评定木聚糖的添加效果

1. 纳入文献的特征 数据库初检出 54 篇文献相关的随机对照试验，通过上述纳入

标准逐步筛选后,最终有 9 篇被纳入本次 Meta 分析(表 25-1)。被纳入的文献发表于 2002—2011 年,互相之间没有重复。这些研究观察了添加木聚糖酶后,对照组和试验中平均日增重、平均日采食量和耗料增重比的对比情况。个别研究中有设计木聚糖酶不同的添加梯度或能量梯度,但本次研究中只引入饲养阶段和日粮结构两个因素,因此单篇研究可能有多个数据纳入,其中平均日增重、平均日采食量和耗料增重比的纳入数据分别为 28 组、27 组和 25 组。

表 25-1 Meta 分析肉鸡生产性能数据

| 日龄(d) | 日粮 | 重复数
($n_1 = n_2$) | 指 标 | | | 资料来源 |
			ADG	ADFI	F:G	
1~21	WS	18	1	1	1	Wu 等(2004)
1~21, 22~42	WS	6	10	9	8	Wu 等(2005)
1~21, 22~42	CWS	16	2	2	2	Chiang 等(2005)
1~21	WS	8	1	1	1	Olukosi 和 Adeola(2008)
1~21	WS	10	2	2	2	Woyengo 等(2008)
1~21	WS	6	1	1	1	Selle 等(2009)
1~21, 22~42	CWS	5	4	4	4	Luo 等(2009)
1~21	CWS	8	1	1	1	Lue 等(2009)
1~21, 22~42	CS	18	6	6	5	Liu 等(2011)
		95	28	27	25	合计

注:WS,小麦-豆粕型日粮;CWS,玉米-小麦-豆粕日粮或小麦-玉米-豆粕型日粮;CS,玉米-豆粕型日粮;ADG,平均日增重;ADFI,平均日采食量;F:G,平均日采食量/平均日增重。

2. Meta 分析结果 在饲粮中添加木聚糖酶对肉鸡生产性能影响的效应因子 Meta 分析结果见表 25-2。由表 25-2 可见,通过对所有研究的分析,饲粮中添加木聚糖酶可使肉鸡的平均日增重提高 0.46 g/只(0.19~0.73 g/只)(ES 为效应尺度,effect size,此外 $ES=0.20$,$P=0.027$,$n=298$),可使耗料增重比降低 0.02(0.01~0.03)($ES=-0.277$,$P=0.006$,$n=286$),但对平均日采食量的影响不大($ES=0.115$,$P=0.216$,$n=297$)。通过 I^2 值计算发现,肉鸡平均日增重、平均日采食量和耗料增重比的异质性均不显著(分别为 $I^2=0$、12.6% 和 14.1%;$P=0.808$、0.276 和 0.262)。因此,没有必要进行异质性检验分析,并且所有模型均选用固定效应模型计算。

表 25-2 Meta 分析中木聚糖酶对生产性能影响的效应因子

指标	重复	df	WMD(95% CI)	SMD(95% CI)	I^2(%)	P^1	P^2
ADG	244	27	0.46(0.19, 0.73)	0.21(0.02, 0.39)	0	0.808	0.027
ADFI	237	26	0.01(−0.04, 0.05)	0.12(−0.07, 0.30)	12.6	0.276	0.216
F/G	214	24	−0.02(−0.03, −0.01)	−0.28(−0.47, 0.08)	14.1	0.262	0.006

注:P^1,同质性检验 P 值;P^2,效应量 P 值;对照组和试验组重复数相同。WMD:加权均数差=试验组−对照组;SMD:标准后的均数差=(试验组−对照组)/合并标准差。

ADG、ADFI 和 F∶G 影响的 Meta 分析森林图见图 25-1。图中 X 轴表示 SMD 值（利用标准化的 Z 统计计算得到），水平线的长度代表每个研究的 95% 置信区间，中间方形面积大小代表该研究在所有研究中所占的比重，具体数值列于右侧。图 25-1 中虚线上的菱形代表饲粮中添加木聚糖酶可显著提高肉鸡平均日增重（$P=0.027$），所有研究异质性指数的 $I^2=0$ 和 $P=0.808$，说明研究异质性不显著。图 25-2 中图中虚线上的菱形代表饲粮中添加木聚糖酶可提高肉鸡的平均日采食量，但提高的程度不显著（$P=0.216$），所有研究异质性指数的 $I^2=12.6\%$ 和 $P=0.276$，说明研究异质性不显著。图 25-3 中虚线上的菱形代表添加木聚糖酶明显降低肉鸡耗料增重比（$P=0.006$），所有研究异质性指数的 $I^2=14.1\%$ 和 $P=0.262$，说明研究异质性不显著。

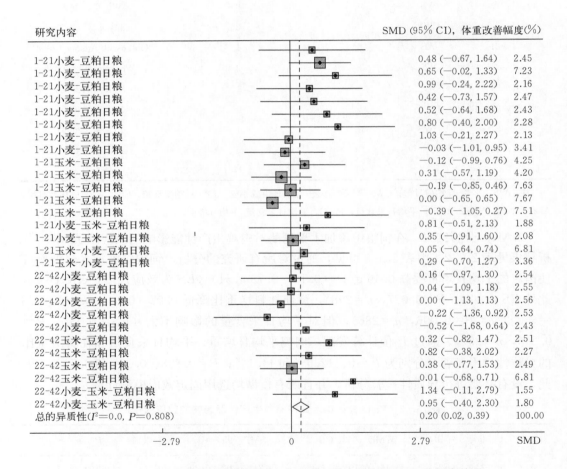

图 25-1　日粮中添加木聚糖酶对肉鸡平均日增重影响的 Meta 分析森林图

注：图中横坐标轴显示 SMD 值（利用标准化的 Z 统计计算得到），水平线的长度代表每个研究的 95% 置信区间，中间方形面积大小代表该研究在所有研究中所占的比重（具体数值列于右侧），图中虚线上的菱形代表饲粮中添加木聚糖酶可显著提高肉鸡平均日增重（$P=0.027$）。所有研究异质性指数的 $I^2=0$ 和 $P=0.808$，说明研究异质性不显著。

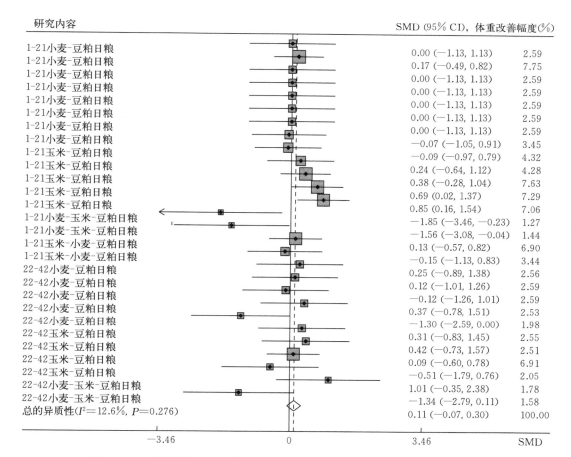

研究内容	SMD (95% CI)，体重改善幅度(%)	
1-21小麦-豆粕日粮	0.00 (−1.13, 1.13)	2.59
1-21小麦-豆粕日粮	0.17 (−0.49, 0.82)	7.75
1-21小麦-豆粕日粮	0.00 (−1.13, 1.13)	2.59
1-21小麦-豆粕日粮	0.00 (−1.13, 1.13)	2.59
1-21小麦-豆粕日粮	0.00 (−1.13, 1.13)	2.59
1-21小麦-豆粕日粮	0.00 (−1.13, 1.13)	2.59
1-21小麦-豆粕日粮	0.00 (−1.13, 1.13)	2.59
1-21小麦-豆粕日粮	−0.07 (−1.05, 0.91)	3.45
1-21玉米-豆粕日粮	−0.09 (−0.97, 0.79)	4.32
1-21玉米-豆粕日粮	0.24 (−0.64, 1.12)	4.28
1-21玉米-豆粕日粮	0.38 (−0.28, 1.04)	7.63
1-21玉米-豆粕日粮	0.69 (0.02, 1.37)	7.29
1-21玉米-豆粕日粮	0.85 (0.16, 1.54)	7.06
1-21小麦-玉米-豆粕日粮	−1.85 (−3.46, −0.23)	1.27
1-21小麦-玉米-豆粕日粮	−1.56 (−3.08, −0.04)	1.44
1-21玉米-小麦-豆粕日粮	0.13 (−0.57, 0.82)	6.90
1-21玉米-小麦-豆粕日粮	−0.15 (−1.13, 0.83)	3.44
22-42小麦-豆粕日粮	0.25 (−0.89, 1.38)	2.56
22-42小麦-豆粕日粮	0.12 (−1.01, 1.26)	2.59
22-42小麦-豆粕日粮	−0.12 (−1.26, 1.01)	2.59
22-42小麦-豆粕日粮	0.37 (−0.78, 1.51)	2.53
22-42玉米-豆粕日粮	−1.30 (−2.59, 0.00)	1.98
22-42玉米-豆粕日粮	0.31 (−0.83, 1.45)	2.55
22-42玉米-豆粕日粮	0.42 (−0.73, 1.57)	2.51
22-42玉米-豆粕日粮	0.09 (−0.60, 0.78)	6.91
22-42玉米-豆粕日粮	−0.51 (−1.79, 0.76)	2.05
22-42小麦-玉米-豆粕日粮	1.01 (−0.35, 2.38)	1.78
22-42小麦-玉米-豆粕日粮	−1.34 (−2.79, 0.11)	1.58
总的异质性(I^2=12.6%, P=0.276)	0.11 (−0.07, 0.30)	100.00

−3.46　　　　0　　　　3.46　　SMD

图 25-2　日粮中添加木聚糖酶对肉鸡平均日采食量影响的 Meta 分析森林图

注：图中横坐标显示 SMD 值（利用标准化的 Z 统计计算得到），水平线的长度代表每个研究的 95% 置信区间，中间方形面积大小代表该研究在所有了研究中所占的比重（具体数值列于右侧），图中虚线上的菱形代表饲粮中添加木聚糖酶可提高肉鸡的平均日采食量，但提高的程度不显著（P=0.216）。所有研究异质性指数的 I^2=12.6% 和 P=0.276，说明研究异质性不显著。

3. 发表偏倚的检验　为了对纳入的研究进行发表偏倚检验，对纳入文献的研究数据进行了 Egger's 检验（表 25-3），结果发现平均日增重、平均日采食量和耗料增重比的 P 值分别为 0.002、<0.001 和<0.001，即所有试验因子均存在发表偏倚。

同时，利用 Begg's 检测其发表偏倚，并以图形直观地显示发表偏倚状况（漏斗图 25-4 至图 25-6，其中 X 轴代表 SMD 的 SE，Y 轴代表 SMD），水平线代表全部的效应因子预测值。两条斜线代表效应因子预测值的 95% 置信区间。水平线两侧的研究个数代表研究间的发表偏倚。由图 25-6 可见，肉鸡平均日增重和耗料增重比均存在显著的发表偏倚（均是 P<0.001），但平均日采食量的发表偏倚不显著（P=0.046）。

4. 敏感性分析　各因子的敏感性分析分别见图 25-7 至图 25-9，图中 X 轴代表 SMD，Y 轴代表单个研究。水平线的长度代表 95% 置信区间，其中圆圈代表去除左侧对应的研究后剩余所有研究的 SMD 值。所有圆圈均处于所有研究的 95% 置

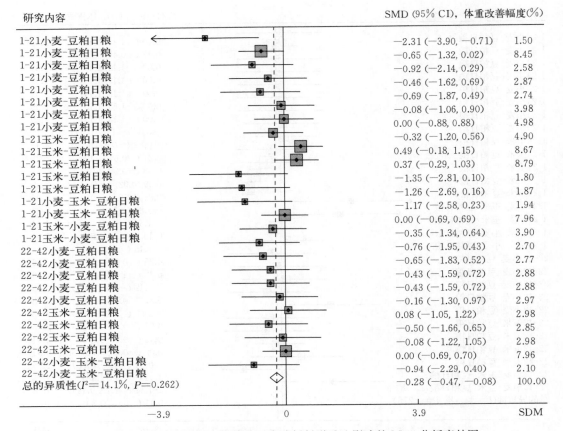

图 25-3　日粮中添加木聚糖酶对肉鸡耗料增重比影响的 Meta 分析森林图

　　注：图中横坐标显示 SMD 值（利用标准化的 Z 统计计算得到），水平线的长度代表每个研究的 95% 置信区间，中间方形面积大小代表该研究在所有了研究中所占的比重（具体数值列于右侧），图中虚线上的菱形代表添加木聚糖酶明显降低肉鸡耗料增重比（$P=0.006$）。所有研究异质性指数的 $I^2=14.1\%$ 和 $P=0.262$，说明研究异质性不显著。

表 25-3　变量发表偏倚 Egger's 检测

变量	协变量	协变量 CI 值（95%）	P 值
ADG（g/只）	1.86	0.75，2.96	0.002
ADFI（g/只）	−2.44	−3.70，1.18	<0.001
F∶G	−2.97	−4.09，−1.84	<0.001

　　注：ADG，平均日增重；ADFI，平均日采食量；F∶G，平均日采食量/平均日增重。

信区间内，表明研究结论非常稳定。由此可见，本试验敏感性分析表明不存在敏感研究，去掉任何一个单独研究都不会改变整体趋势，对于全部研究结果的影响不大。

　　上述分析说明，Meta 分析的 9 篇文献 28 组研究数据显示，肉鸡日粮中添加内切木

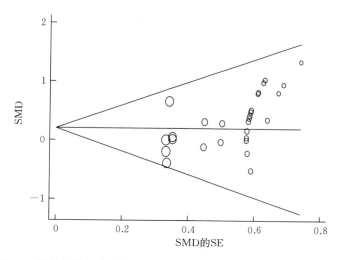

图 25-4　饲粮中添加木聚糖酶对肉鸡平均日增重影响的发表偏倚漏斗图

注：图中横坐标代表 SMD 的 SE，纵坐标代表 SMD，水平线代表全部的效应因子预测值，两条斜线代表效应因子预测值的 95％置信区间，水平线两侧的研究个数代表研究间的发表偏倚。

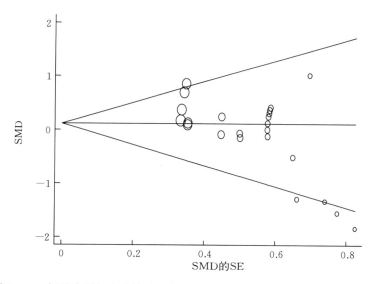

图 25-5　饲粮中添加木聚糖酶对肉鸡平均日采食量影响的发表偏倚漏斗图

注：图中横坐标代表 SMD 的 SE，纵坐标代表 SMD，水平线代表全部的效应因子预测值，两条斜线代表效应因子预测值的 95％置信区间，水平线两侧的研究个数代表研究间的发表偏倚。

聚糖酶可使 ADG 提高 0.46 g/只（$0.19 \sim 0.73$ g/只）（$P < 0.05$），料重比降低 0.02（$0.01 \sim 0.03$）（$P < 0.05$），对 ADFI 影响不显著（$P > 0.05$）。所有研究存在的显著的发表偏倚（$P < 0.05$），添加木聚糖酶后提高日增重、降低采食量和耗料增重比的研究发表数较多。

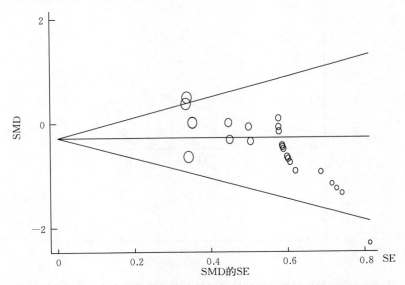

图 25-6　饲粮中添加木聚糖酶对肉鸡耗料增重比影响的发表偏倚漏斗图

　　注：图中横坐标代表 SMD 的 SE，纵坐标代表 SMD，水平线代表全部的效应因子预测值，两条斜线代表效应因子预测值的 95％置信区间，水平线两侧的研究个数代表研究间的发表偏倚。

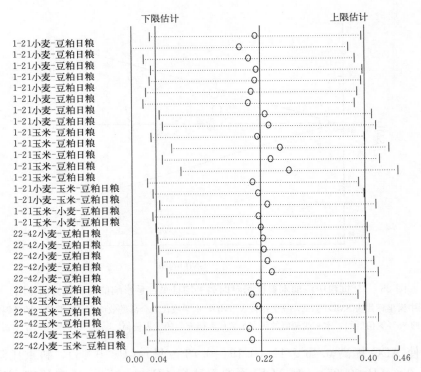

图 25-7　日粮中添加木聚糖酶对肉鸡平均日增重影响的敏感性分析

　　注：图中横坐标代表 SMD，纵坐标代表单个研究，水平线的长度代表 95％置信区间，其中圆圈代表去除左侧对应的研究后剩余所有研究的 SMD 值。所有圆圈均处于所有研究的 95％置信区间内，表明研究结论非常稳定。图 25-8 和图 25-9 注释与此同。

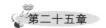
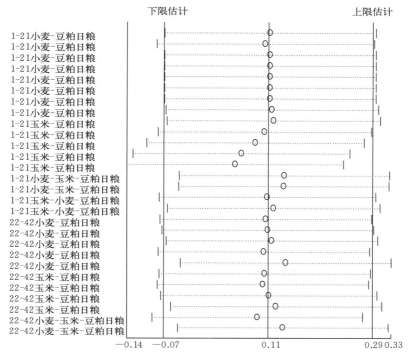

图 25-8　日粮中添加木聚糖酶对肉鸡平均日采食量影响的敏感性分析

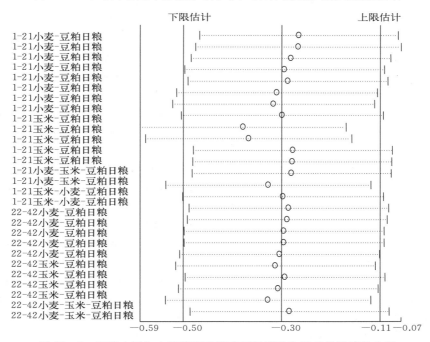

图 25-9　日粮中添加木聚糖酶对肉鸡耗料增重比影响的敏感性分析

　　Meta 分析具有特殊的数据规律和共性特征归纳、解析能力，对不同试验研究结果的归类整理、剥离数据隐含的真实生物学信息具有非常重要的价值和意义，特别是对酶制剂等产品生物效应的定性、定量系统评估具有重要的科学价值和生产实践指导作用。

本 章 小 结

利用 Meta 分析法，可以有效地从复杂数据之中剥离出目的数据信息，提高动物营养试验结果关键信息的分离效率和价值。采用 Meta 分析对不同条件下开展的研究进行综合统计，能解决有争议的具体问题，可得出接近真实的综合性结论。采用 Meta 分析统计了 2002—2012 年公开发表的数据，系统评价了木聚糖酶对肉鸡生产性能指标的影响，结果说明肉鸡日粮中添加内切木聚糖酶可使 ADG 提高 0.46（0.19~0.73）g/（d·只），F∶G 降低 0.02（0.01~0.03），对 ADFI 的影响不显著。Meta 分析的引入对提高饲料酶制剂试验研究结果的分析效果具有重要的参考价值。

➡ 参考文献

艾琴，2014. 木聚糖酶在肉鸡日粮中应用的体外仿生法建立及与其他方法的比较 [D]. 广州：华南农业大学.

方积乾，陆盈，2002. 现代医学统计学 [M]. 北京：人民卫生出版社.

刘关健，吴泰相，2004. Meta - 分析的森林图及临床意义 [J]. 中国循证医学杂志，4（3）：198 - 201.

Chiang C C, Yu B, Chiou P W S, 2005. Effects of xylanase supplementation to wheat - based diet on the performance and nutrient availability of broiler chickens [J]. Asian - Australasian Journal of Animal Sciences, 18（8）：1141 - 1146.

Liu N, Ru Y J, Tang D F, et al, 2011. Effects of corn distillers dried grains with solubles and xylanase on growth performance and digestibility of diet components in broilers [J]. Animal Feed Science and Technology, 163（2/4）：260 - 266.

Lue M, Li D, Gong L, et al, 2009. Effects of supplemental microbial phytase and xylanase on the performance of broilers fed diets based on corn and wheat [J]. Journal of Poultry Science, 46（3）：217 - 223.

Luo D, Yang F, Yang X, et al, 2009. Effects of xylanase on performance, blood parameters, intestinal morphology, microflora and digestive enzyme activities of broilers fed wheat - based diets [J]. Asian - Australasian Journal of Animal Science, 22（9）：1288 - 1295.

Mahagna M, Nir I, Larbier M, et al, 1995. Effect of age and exogenous amylase and protease on development of the digestive tract, pancreatic enzyme activities and digestibility of nutrients in young meat - type chicks [J]. Reproduction Nutrition Development, 35（2）：201 - 212.

Olukosi O A, Adeola O, 2008. Whole body nutrient accretion, growth performance and total tract nutrient retention responses of broilers to supplementation of xylanase and phytase individually or in combination in wheat - soybean meal based diets [J]. Journal of Poultry Science, 45（3）：192 - 198.

Sargent D J, Wieand H S, Haller D G, et al, 2005. Disease - free survival versus overall survival as a primary end point for adjuvant colon cancer studies：individual patient data from 20,898 patients on 18 randomized trials [J]. Journal of Clinical Oncology, 23：8664 - 8670.

Selle P H, Ravindran V, Partridge G G, 2009. Beneficial effects of xylanase and/or phytase inclusions on ileal amino acid digestibility, energy utilisation, mineral retention and growth performance in wheat‐based broiler diets [J]. Animal Feed Science and Technology, 153: 303‐313.

Tim D, Simon G T, 1991. The potential and limitations of meta‐analysis [J]. Journal of Epidemiology and Community Health, 45: 89‐92.

Woyengo T A, Guenter W, Sands J S, et al, 2008. Nutrient utilisation and performance responses of broilers fed a wheat‐based diet supplemented with phytase and xylanase alone or in combination [J]. Animal Feed Science and Technology, 146 (1/2): 113‐123.

Wu Y B, Ravindran V, Thomas D G, et al, 2004. Influence of phytase and xylanase, individually or in combination, on performance, apparent metabolisable energy, digestive tract measurements and gut morphology in broilers fed wheat‐based diets containing adequate level of phosphorus [J]. British Poultry Science, 45 (1): 76‐84.

Wu Y, Lai C, Qiao S, et al, 2005. Properties of *Aspergillar xylanase* and the effects of xylanase supplementation in wheat‐based diets on growth performance and the blood biochemical values in broilers [J]. Asian‐Australia journal Animal Science, 18 (1): 66‐74.

05

第五篇　饲料酶制剂的应用实践

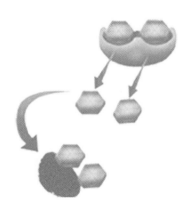

第五章 饲料添加剂的应用实验

第二十六章
提高酶制剂改善饲料营养价值潜能的措施

　　饲料酶制剂具有改善饲料品质和养分利用效率及畜禽生产性能作用的认识已经被普遍接受。但由于酶制剂发挥作用条件的复杂性、酶本身理化特性的多样性，酶制剂添加于饲料中后对饲料营养价值的影响受很多因素制约。只有综合考虑酶发挥作用的 pH、温度等自身特性，以及饲料原料组成、动物消化生理特点等多方面因素，才能最大化地发挥酶制剂的使用效果和对饲料营养价值的改善潜能。

第一节　酶制剂在畜禽饲料中应用的营养功能

一、酶制剂在畜禽饲料中的作用

　　酶制剂是一种特殊的饲料添加剂，具有多方面的功能，包括了具有营养性添加剂和非营养性添加剂两方面的作用。酶制剂在畜禽饲料中的应用大体有六个方面，包括改善营养消化利用功能、促进肠道健康功能、生理和免疫调控功能、脱毒解毒功能、抑菌杀菌功能和抗氧化功能。其中，改善营养消化利用功能是饲料酶制剂最主要的功能，也是最主要的营养功能；广义上，促进肠道健康功能也具有营养潜能。而其他功能是酶制剂的非营养功能，也是非传统的功能。

　　改善营养消化利用功能是酶制剂最主要的功能，也是目前了解最多的功能。具有这种功能的酶制剂种类最多，从第一代饲料酶制剂（蛋白酶等）、第二代饲料酶制剂（木聚糖酶等），到第三代饲料酶制剂（甲壳素酶等）都具有这种作用，只是其改善营养消化利用的途径有所不同。饲料酶制剂的多种功能中，最基本和最重要的功能是其营养功能，也是目前应用的最直接的目的。笔者在讨论饲料酶制剂的分类和划代时，既考虑了各类饲料酶制剂研究和开发的先后顺序，也考虑了各类酶制剂的功能作用。其中，最早在饲料酶制剂领域进行的工作就是酶制剂的营养功能，即提高营养的消化率，达到提供更多可消化、可利用养分的效果。

　　具有营养功能的酶制剂分为两类：第一类是直接催化水解营养底物，主要有大分子营养消化酶（蛋白酶、淀粉酶、脂肪酶等）；第二类是去除抗营养作用，主要有非淀粉

饲料酶制剂技术体系的发展与应用

多糖酶（木聚糖酶、β-葡聚糖酶、纤维素酶等）和植酸酶等，以及特异碳水化合物酶（α-半乳糖苷酶、β-甘露聚糖酶、甲壳素酶、壳聚糖酶等）。具有营养功能的饲料酶制剂是最重要也是最普遍的酶制剂，包括目前的第一代至第三代的大部分饲料酶制剂。

二、酶制剂促进肠道健康功能的作用途径

酶制剂具有促进肠道健康的作用是通过两个途径来实现的：一是与酶制剂功能的物理作用相关，如通过降低黏性来实现；二是与生化代谢作用相关，酶制剂产生的寡糖可促进肠道正常蠕动，促进有益菌的增殖，抑制有害菌的定殖。促进肠道健康表现为：一方面酶制剂可以改善肠道微生态，另一方面酶制剂可以改善绒毛肠道正常发育。当然，这两方面也是有关联的。非淀粉多糖酶（木聚糖酶、β-葡聚糖酶等）可以降低黏性，日粮中酶制剂的添加也可以通过改变肠道微生态环境，来降低和消除日粮中木聚糖对动物的抗营养作用，降低动物小肠绒毛代偿性增生。有关酶制剂与畜禽肠道健康的话题，左建军等（2011）首次提出的"益生型酶制剂"的理念就是对酶制剂具有促进肠道健康功能的初步探讨。

第二节　酶制剂改善饲料营养利用的途径

酶制剂具有改善畜禽对营养的利用是通过直接与间接两方面和三个途径实现。一般地，酶制剂提高营养消化利用主要有以下几个途径。

一、直接补充消化道营养水解所需的酶

某些酶制剂直接补充消化酶，可提高营养成分的消化率。例如，蛋白酶（游金明等，2008）、淀粉酶（蒋正宇等，2006）、脂肪酶（时本利等，2010）分别提高蛋白质、淀粉和脂肪的消化利用。蛋白酶有动物源、植物源和微生物源。动物源性的胃蛋白酶或胰脏蛋白酶就是最典型的蛋白质消化酶的直接补充，植物源蛋白酶和微生物源性蛋白酶的基本原理也是一样，也可以看成消化道内蛋白酶的补充，淀粉酶和脂肪酶的情况亦是如此。最早在畜禽饲料中使用第一代酶制剂的原理就是源于蛋白酶、淀粉酶或脂肪酶可以直接补充体内消化道相应消化酶的不足。

二、间接去除饲料中的抗营养因子

某些酶制剂通过间接去除抗营养因子，来提高营养成分的消化率。例如，β-葡聚糖酶（冯定远等，1997），纤维素酶（黄燕华，2004；陈晓春和陈代文等，2005），α-半乳糖苷酶（冒高伟，2006；蒋桂韬等，2009），木聚糖酶（冯定远等，2008），β-甘露聚糖酶（郑江平和朱文涛，2008），都不同程度地提高了营养的消化率，最终提供更多可利用的营养，如提高消化能、代谢能，以及氨基酸、脂肪酸、矿物质、微量元素、

维生素消化利用率等。同样，添加植酸酶能够提高蛋白质和氨基酸的消化率（Ravind-ran 等，1995），而不仅仅是植物磷的利用效率。

三、间接增加动物内源消化酶的分泌

某些酶制剂通过增加动物内源消化酶的分泌，来提高营养物质的消化利用率。Sheppy（2001）认为，在日粮中添加淀粉酶和其他一些酶，可以增加动物内源消化酶的分泌，进而改进营养物质的消化吸收率，提高饲料转化效率和动物生长率。沈水宝（2002）发现，添加外源酶对仔猪胰脏胰淀粉酶的活力有增加趋势，28日龄和42日龄仔猪胰脏胰蛋白酶活力有提高趋势，提高了42日龄和56日龄生长猪胃蛋白酶的活力（沈水宝，2002）。党国华（2004）也发现，低聚木糖有提高肉仔鸡小肠总蛋白酶和淀粉酶活力的趋势。

其中，第一种途径是一种酶制剂单一提高一类营养物质的消化利用率，如蛋白酶只能提高蛋白质的消化利用；而第二和第三种途径是一种酶制剂有可能同时提高几类营养物质的消化利用率，如理论上木聚糖酶可以提高所有营养物质的消化利用率。前者单一明确，后两者综合复杂。复合酶、组合酶和配合酶则是综合了多个途径来解决复杂的消化问题。这是我们特别提出组合酶和配合酶的重要依据，它们不是简单的概念，而是具体的实践。

第三节　提高酶制剂改善饲料营养价值效果的措施

影响酶制剂在饲料中应用的因素有很多，既有酶本身的因素、动物的因素，也有日粮及其加工的因素，还有综合的因素。针对这些影响因素，必须有相应的措施才能提高酶制剂改善饲料营养价值的作用。

一、充分发挥酶制剂的生物催化能力

酶是催化剂，任何催化剂都有独特的反应温度、pH、时间等催化的条件。在这方面，饲料酶制剂的复杂性在于单一的酶制剂使用比较少，多数是几种酶同时存在。反应的溶剂和底物状况没有多少可以调整的可能，更多的是从酶本身考虑。

酶是蛋白质，与所有其他的饲料蛋白质一样，也对饲料加工的处理非常敏感。饲料蛋白质是以氨基酸为单位而发挥作用的，所以无需维持构型；而饲料酶制剂在饲料加工过程中要么发生不可逆的变性，要么不再发挥作用。酶制剂的生物敏感性也有比较大的差异。Pettersson 和 Rasmussen（1997）研究证实，由木霉（*Trichoderma*）、高温霉（*Thermomyces*）和腐质霉（*Humicola*）分离到的木聚糖酶在热稳定性上存在差异。由木霉分离得到的木聚糖酶在 75 ℃调质温度下明显失活，而由高温霉与腐质霉分离得到的木聚糖酶在 85 ℃调质温度下可保留 80％以上的活力。其中，由高温霉分离得到的木聚糖酶，即使在 95 ℃的调质温度下仍可保留 70％以上的活力。

因此，充分发挥酶制剂的生物催化能力重要的有两点：一是要建立和设计好酶制剂

的最适作用条件，如最适温度、最适 pH 和离子浓度环境，在复合酶、组合酶和配合酶的设计中，特别要注意同时兼顾各个单酶的最适理化条件。二是要注意保护好酶的生物敏感性和脆性，特别是热敏感性；同时，在最适温度的情况下，加强耐高温特性，或者注意耐温的保护措施，或者是在使用方法和环节上加以考虑。

二、设计针对原料与日粮的从简单酶到"饲料完全酶系"的系列酶制剂

酶的种类和数量非常多，作用同样底物的酶在来源、分子质量、结构和理化条件上差别非常大，笼统讲蛋白酶是没有多少意义的，植物源、动物源、微生物源？作用蛋白质、肽的哪一类肽键等？差别很大。这里以最常用的木聚糖酶和植酸酶为例。木聚糖酶由细菌和真菌产生，此类微生物包括：需氧性微生物（acrobes）、厌氧性微生物（anaerobes）、嗜温微生物（mesophiles）、嗜热微生物（thermophiles）和极温微生物（extremophiles）。根据酶切位点，木聚糖酶有内切酶和外切酶之分。根据其对不同多糖的活性，内切木聚糖酶又可分为特异性内切木聚糖酶和非特异性内切木聚糖酶（Coughlan, 1992；Coughlan 等, 1993）。特异性内切木聚糖酶仅对木聚糖的 β-（1，4）键有活性，而非特异性内切木聚糖酶可以水解以 β-（1，4）键连接的木聚糖、混合木聚糖的 β-（1，4）键及其他 β-（1，4）键连接的多糖，如 CM-纤维素。很多种微生物都能够产生对植酸具有水解作用的酶类。Dvorakova（1998）列出了 29 种已知的能够产生植酸酶活性的真菌、细菌、酵母。所列的这 29 种微生物中，21 种产生的是细胞外植酸酶，细丝状真菌——黑曲霉（*Aspergillus niger*）能产生一种高活力的细胞外植酸酶（Volfova 等, 1994）。植酸酶可以被分成 3-植酸酶和 6-植酸酶。这种分类是根据植酸分子水解的起始位点而划分的，3-植酸酶是由霉菌（*Aspergillum* sp.）产生的（Dvorakova, 1998），而 6-植酸酶多来源于植物。

日粮类型和饲料原料的复杂性是由饲料原料，特别是植物性原料的化学成分与物理结构所决定的。有关这方面的内容在非常规饲料原料中有不少的讨论。例如，只有对目标底物有了清楚的了解之后，在家禽日粮中使用酶制剂才能获得较大的效益。这方面的典型例子是 β-葡聚糖酶在大麦日粮中的成功使用，还有木聚糖酶（戊聚糖酶）在黑麦或者小麦日粮中的使用也获得明显效果（Choct, 2001）。同样是小麦也有差别，越是低质量的小麦，其使用酶制的效果就越明显。按在"优质"小麦上已经证实的添加量添加木聚糖酶，显著改善了饲喂"次等"小麦的猪的生产性能（Partridge, 2001）。大自然的丰富多彩和复杂性，在很大程度上表现为生物的多样性和复杂性，而生物的复杂性也表现在酶的种类、数量和功能的复杂性上，可以作为饲料酶制剂的也只是很少的一部分。即便如此，具有相同功能的酶也为数不少，往往是一个系列或者一个族。我们最近在讨论的一个问题是，在复合酶、组合酶和配合酶的基础上，如何设计"饲料完全酶系"的理论，就是把酶的种类、催化的多样性与饲料的化学及结构的复杂性结合起来。组合酶、配合酶的价值还没有被充分认识，饲料完全酶系更需要我们去深入讨论。

三、设计和合理使用不同动物种类和生理阶段的差异化酶制剂

在单胃动物日粮中使用饲料酶制剂得到了迅速普及和推广，酶制剂在单胃动物体内

的作用机制和作用模式已经建立。在反刍动物日粮中添加酶制剂对反刍动物的生产性能有改善作用，但结果并不完全一致。瘤胃消化道的特点（有很多微生物菌落能产生很多内源性酶制剂），使得外源酶制剂在反刍动物体内的作用机制更加复杂（McAllister 等，2001）。同样是单胃动物，猪和家禽也是有差别的，猪和家禽对日粮中添加外源性碳水化合物酶的反应不同的原因可能是由生理解剖结构的不同而引起的。许多研究对猪和家禽进行了比较（Dierich，1989；Chesson，1993；Dierick 和 Decuypere，1994a，1996；Graham 和 Balnave，1995；Bedford 和 Schulze，1998；Danicke 等，1999）。与家禽相比，影响猪对酶制剂潜在反应的主要因素有：胃肠道解剖结构、消化能力、食糜的特征等（Partridge，2001）。酶制剂的最佳 pH 不同，肉仔鸡的嗉囊存在使得一些酶在进入 pH 低的肌胃之前，首先在相对高的 pH 环境（约 pH＝6）中发挥活力。而对于猪来讲，在 pH 更低的胃中（pH＜3），酶制剂会迅速与其底物接触而潜在地影响到外源性酶的活力。家禽的固态和液态食糜的平均保留时间比猪少（Moran，1982），所以这两种动物对外源性酶制剂的需要及相对重要性不同。幼年动物的消化生理明显与成年动物不同，酶制剂的作用差别肯定很大，用外源酶对豆粕进行预处理对幼龄动物（特别是对早期断奶仔猪）似乎有重要意义（Hessing 等，1996；Rooke 等，1996，1998；Caine 等，1997），用酶制剂预处理的大豆粕对生长育肥猪似乎不特别重要。

设计不同动物种类和生理阶段的酶制剂，既有前面讨论的复合酶、组合酶、配合酶甚至"饲料完全酶系"的考虑，也有动物年龄阶段、生理状况、养殖用途等方面的考虑，在病理、应激、老龄状况下（一般是繁殖用途）的酶制剂应用考虑更多的应该是体内酶的补充。在饲料酶制剂科学使用要求方面，也需要注意选择适宜的条件，并不是所有条件下都有必要使用，有时候是无效果的。另外，添加比例、使用量也应该是动态的，科学使用是建立一个添加使用模型，考虑动物因素、日粮因素、养殖环境因素等。当然，这方面只是一个方向，需要大量的研究试验数据来建立公式方程，并不断进行验证。

四、根据饲料酶制剂的特性适当调整饲料加工工艺条件

目前，商品化的配合饲料普遍使用颗粒饲料。颗粒饲料的制粒温度一般为 65～90 ℃，其中以 80～85 ℃居多（Gibson，1995）。除植酸酶、葡聚糖酶、木聚糖酶的耐热性能取得了较好的提升外，优良菌种生产的酶在 80～85 ℃制粒条件下可获得 80％～90％的存留率；大部分酶制剂在高温制粒条件下的酶活力损失达 30％～50％。除制粒温度影响外，包被保护处理与否或包被效果，以及制粒机的膜孔孔径等因素也会影响酶活力的损失（冯定远，2003）。

五、根据酶制剂作用提供可利用营养确定日粮营养水平和设计饲料配方

冯定远和沈水宝（2005）在讨论加酶日粮 ENIV（有效营养改进值）系统建立的必要性和应用价值时指出，原来研究得出直接的可利用营养参数值可能不一定反映各种饲料原料在酶制剂催化以后真实的有效营养价值，现有的饲料原料营养成分数据库可能不完全合适使用了酶制剂日粮的配方设计。从理论上讲，不管是直接提高饲料中营养成分

消化率的酶制剂（如蛋白酶、淀粉酶等），还是基于消减细胞壁的消化障碍以提高饲料可消化性而间接提高饲料营养消化利用的酶制剂（木聚糖酶、β-葡聚糖酶等），都不同程度地提高了畜禽动物消化道实际提供的总的有效营养数量，这与没有添加酶制剂的情况不同。如果在配方设计时，加酶日粮的原料营养参数值依然采用原始值，实际相当于低估了饲料原料的可利用营养参数值或配方设计过高设置了营养水平。这种简单的添加，其结果可能使得酶制剂的使用效果不明显。例如，Laske 等（1993）、Charlton（1996）、Vila 和 Mascarell（1999）在玉米-豆粕型日粮中直接添加酶制剂，而不作营养水平的调整，结果发现添加效果不明显。另外，简单、直接添加时甚至可能导致负面影响。例如，冒高伟（2006）在断奶仔猪玉米-豆粕型日粮中超剂量添加 α-半乳糖糖苷酶，结果反而降低了仔猪的生长性能。其原因可能是酶制剂的添加增加了日粮实际提供的仔猪摄入营养物质的浓度，导致营养过量，营养过量需要仔猪额外消耗营养去代谢并排出过剩的营养，即处理掉营养负担，因此导致实际营养利用效率的下降和生长性能的抑制。因此，有必要对加酶饲料的可利用营养参数值进行修正或重新设定。

此外，动物日粮中添加酶制剂后，在补充动物内源消化酶不足的基础上，表现出饲料养分消化率的提高或可利用养分的增加，也可以理解为动物消化能力的提高。例如，猪、鸡等动物消化生理的改变、动物营养生理学的发展，预示着建立酶制剂营养学的必要性和重要理论基础。而且，酶制剂特别复杂，对传统动物营养学是一个重要的挑战（Sheppy，2001）。其关键是，在动物消化生理主要是消化能力改变的情况下，如果以原来总营养参数来表示动物的营养需要，会高估动物的营养需要量（Noblet 等，2010）。这种情况下，就涉及对原来饲养标准中动物营养需要量参数的调整。

总之，加酶以后饲料有效营养参数发生了改变，可以理解为饲料可消化性的提高或动物消化能力的提高，要使得动物营养需要量和饲料营养的供给量匹配，要么修正饲料可利用营养参数、要么修正动物营养需要量值。相对而言，对加酶饲料可利用营养参数的修正，进而调整配方参数就需要更为清晰的思路和理论思维及更可行的操作性。

六、使用合适的酶制剂应用效果评价体系

作为饲料添加剂的一种，应用效果的评价是评估酶制剂应用效果、添加价值及筛选合适的产品等重要的依据。应用效果评价的重要内容包括评价指标的选择、评价方法的建立等，评价指标是建立有针对性评价体系的重要基础。传统饲料添加剂应用效果的评价指标包括生产性能指标、营养价值指标、生理生化指标、屠宰性能等，其中以增重、产仔、产蛋、饲料转化效率等生产性能指标最为常见。但是，作为添加剂的添加作用也是有极限或作用效果空间限制的。特别是在试验群体小、酶制剂作用底物少、酶制剂发挥作用的空间小、畜禽对酶制剂的需求小等情况下，酶制剂的效果很难从比较宏观的生产性能体现出来。针对这种情况，一方面需要对生产性能类指标分析的方法进行调整，另一方面可以考虑选择"非常规性的生产性能指标"作为相对敏感的指标体系（冯定远和左建军，2010），如畜禽羽毛整齐度和色泽等外观品质、个体重整齐度、同期出栏率、胴体分割品质、风味品质等。由于酶制剂发挥作用具有复杂性和途径多元性的特点，因此有时应用"非常规性的评价指标"更能客观地评价酶制剂的作用效果和准确、快速地

指导生产，其中包括 ENIV 值。不仅如此，ENIV 值可以结合目前饲料营养价值快速评价方法中的体外仿生消化法，建立加酶饲料体外可消化养分的 ENIV 值，快速、准确地评价酶制剂的应用价值、应用条件及应用空间。

目前，酶制剂功能的发挥还远没有达到其具有的价值极限效应，还有进一步挖掘的空间。但是，这需要综合分析酶制剂的功能、作用途径、作用机理，从设计和论证，再到科学应用，来发挥酶制剂改善饲料营养价值的作用。

有关饲料加工工艺条件的研究一直是饲料行业的一个短板，加工条件不仅影响饲料产品的外观、营养成分的稳定；还影响饲料中的一些敏感成分或者组分，如维生素、个别氨基酸、活菌制剂等，可能更容易受到加工工艺影响的就是酶制剂。除了前面提到从酶制剂本身考虑外，适当调整工艺条件是可行的，也是经济有效的。目前对调质温度、调质时间、蒸汽质量与酶制剂的效果等方面的研究非常有限。

本 章 小 结

只有综合考虑饲料酶制剂发挥作用的 pH、温度、饲料原料组成、动物消化生理特点等多方面因素，才能最大化地发挥酶制剂的使用效果和对饲料营养价值的改善潜能。具体措施包括：充分发挥酶制剂的生物催化能力，设计针对原料与日粮的从简单酶到"饲料完全酶系"的系列酶制剂，设计和合理使用不同动物种类和生理阶段的差异化酶制剂，根据饲料酶制剂的特性适当调整饲料加工工艺条件，根据酶制剂作用提供可利用营养确定日粮营养水平和设计饲料配方，使用合适的酶制剂应用效果的评价指标等。此外，进一步发挥饲料酶制剂作用效果的扩展空间依然很大，可以通过不断开发新的酶制剂应用技术措施来实现。

参考文献

陈晓春，陈代文，2005. 纤维素酶对肉鸡生产性能和营养物质消化利用率的影响 [J]. 饲料研究（11）：7-9.

党国华，2004. 低聚木糖在肉仔鸡和蛋鸡生产中的应用研究 [D]. 南京：南京农业大学.

冯定远，2003. 配合饲料学 [M]. 北京：中国农业出版社.

冯定远，黄燕华，于旭华，2008. 饲料酶制剂理论与实践的新思路——新型高效饲料组合酶的原理和应用 [J]. 中国饲料，13：24-28.

冯定远，沈水宝，2005. 饲料酶制剂理论与实践的新理念——加酶日粮 ENIV 系统的建立和应用 [C]//酶制剂在饲料工业中的应用. 北京：中国农业科学技术出版社.

冯定远，谭会泽，王修启，等，2008. 木聚糖酶对肉鸡肠道碱性氨基酸转运载体 mRNA 表达的影响 [J]. 畜牧兽医学报，39（3）：314-319.

冯定远，张莹，余石英，等，1997. 含有木聚糖酶和 β-葡聚糖酶的酶制剂对猪日粮消化性能的影响 [J]. 饲料博览（6）：5-7.

冯定远，左建军，2011. 饲料酶制剂技术体系的研究与实践 [M]. 北京：中国农业大学出版社.

黄燕华，2004. 不同来源纤维素酶在肉鹅高纤维日粮中的应用及其作用机理的研究 [D]. 广州：华南农业大学.

蒋桂韬，周利芬，王向荣，等，2009. α-半乳糖苷酶对黄羽肉鸡生长性能和养分利用率的影响[J]. 动物营养学报，21（6）：924－930.

蒋正宇，周岩民，王恬，2006. 外源α-淀粉酶对肉仔鸡消化器官发育及小肠消化酶活性影响的后续效应 [J]. 中国农学通报（10）：13－16.

吕秋凤，宁志利，王振勇，等，2010. 不同来源木聚糖酶及其组合对肉仔鸡生长性能和养分代谢率的影响 [J]. 沈阳农业大学学报（3）：350－353.

冒高伟，2006. α-半乳糖苷酶在断奶仔猪玉米豆粕型日粮中的应用研究 [D]. 广州：华南农业大学.

沈水宝，2002. 外源酶对仔猪消化系统发育及内源酶活性的影响 [D]. 广州：华南农业大学.

时本利，王剑英，付文友，等，2010. 微生物脂肪酶对断奶仔猪生产性能的影响 [J]. 饲料博览（3）：1－3.

游金明，瞿明仁，黎观红，等，2008. 复合蛋白酶和甘露寡糖对肉鸡生长性能的影响及其互作效应研究 [J]. 动物营养学报，20（5）：567－571.

郑江平，朱文涛，2008. 添喂β-甘露聚糖酶对蛋鸡生产性能和日粮表观利用率的影响 [J]. 中国畜牧兽医，10：5－8.

左建军，冯定远，张中岳，等，2011. 益生型木聚糖酶设计的理论基础及其意义 [J]. 饲料工业（1）：19－24.

Bedford M R，Schulze H，1998. Exogenous enzymes in pigs and poultry [J]. Nutrition Research Reviews，11：91－114.

Borja V Vila B，Mascarell J，1999. Alpha galactosides in soybean meal：can enzyme help [J]. Feed International，6：24－29.

Caine W R，Sauer W C，Tamminga S，et al，1997. Apparent ileal digestibilitis of amino acids in newly weaned pigs fed diets with protease－treated soybean meal [J]. Journal Animal Science，75：2962－2969.

Charlton P，1996. Expanding enzyme applications：higher amino acid and energy values for vegetable proteins [C]. Proceedings of the 12th annual symposium on biotechnology in the feed industry. Great Britain：Nottingham University Press.

Chesson A，1993. Feed enzymes [J]. Animal Feed Science and Technology，45：65－79.

Choct M，2001. Enzyme supplementation of poultry diets based on viscous cereals [M]// Bedford M R，Partridge G G. Enzymes in farm animal nutrition. United Kingdom：CABI Publishing.

Coughlan M P，1992. Towards an understanding of the mechanism of action of main chain－hydrolysing xylanases. In：Xylans and Xylanases [C]. Visser J，Beldman G，Kusters－van Someren M A，et al. Progress in Biotechnological Vol. 7，Elsevier，Amsterdam，The Netherlands：111－139.

Coughlan M P，Tuohy M A，Filho E X F，et al，1993. Enzymological aspects of microbial hemicellulases with emphasis on fungal systems [M]//Coughlan M P，Hazlewood G P. Hemicellulose and hemicellulase. London：Portland Press.

Danicke S，Simon O，Jeroch H，1999a. Effects of supplementation of xylanase or β－glucanase containing enzyme preparations to either rye－or barley－based broiler diets on performance and nutrient digestibility [J]. Archiv Fur Geflugeelkunde，63：252－259.

Dierick N A，1989. Biotechnology aids to improve feed and feed digestion：enzymes and fermentation [J]. Archives Animal Nutrition，39：241－261.

Dierick N A，Decuypere J A，1994a. Enzymes and growth in pigs [M]//Cole D J A，Wiseman J，Varley M A. Principles of pig science. Nottingham，UK：Nottingham University Press.

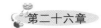

Dierick N, Decuypere J A, 1996b. Mode of action of exogenous enzymes in growing pig nutrition [J]. Pig News Information, 17: 41 - 48.

Dvorakova J, 1998. Phytase: sources, preparation and exploitation [J]. Folia Microbiology, 43: 323 - 338.

Gibson K, 1995. The pelleting stability of animal feed enzymes [M]//van Hartingsveldt W, Hessing M, van der Lugt J T, et al. Proceedings of the 2nd European symposium on feed enzymes. Noordwijkerhout: The Netherlands.

Graham H, Balnave D, 1995. Dietary enzymes for increasing energy availability [M]. Wallace R J, Chesson A. Biotechnology in Animal Feed and Animal Feeding VCH, Weinheim, Germany.

Hessing M, xan Laarhoven H, Rooke J A, et al, 1996. Quality of soyabean meals (SBM) and effect of microbial enzymes in degrading soya antinutritional compounds (ANC) [C]//2nd International Soyabean Processing and Utilization Confrence. Bangkok, Thailand.

Leske K L, Jene C J, Coon C N, 1993a. Effect of oligosaccharide additions on nitrogen - corrected metaboliz able energy of soy protein concentrate [J]. Poultry Science, 72: 664 - 668.

McAllister T A, Hristov A N, Beauchemin K A, et al, 2001. Enzymes in ruminant diets [M]// Bedford M R, Partridge G G. Enzymes in farm animal nutrition. United Kingdom: CABI Publishing.

Moran, E T, 1982. Comparative nutrition of fowl and swine [M]. The gastrointestinal systems. University of Guelph, Canada.

Noblet J, Dubois S, Labussiere E, et al, 2010. Metabolic utilization of energy in monogastric animals and its implementation in net energy systems [M]// Matteo C G. Energy and protein metabolism and nutrition. Wageningen: Wageningen Academic Publishers.

Noy Y, Sklan D, 1995. Digestion and absorption in the young chick [J]. Poultry Science, 74: 366 - 373.

Partridge G G, 2001. Enzymes in farm animal nutrition. United Kingdom: CABI Publishing.

Pettersson D, Rasmussen P B, 1997. Improved heat stability of xylanases [C]. Proceedings of the Australian Poultry Science symposium. Australian Poultry Science, Sydney.

Ravindran V, Bryden W L, Kornegay E T, 1995. Phytates: occurrence, bioavailability and implications in poultry nutrition [J]. Poultry and Avian Biology Reviews, 6: 125 - 143.

Rooke J A, Fraser H, Shanks M, et al, 1996. The potential for improving soyabean meal in diets for weaned piglets by protease treatment: comparison with other protein sources [J]. British Society of animal Science winter Meeting Scarborough, UK.

Rooke J A, Slessor M, Fraser H, et al, 1998. Growth performance and gut function of piglets weaned at four weeks of age and fed protease - treated soyabean meal [J]. Animal Feed Science and Technology, 70: 175 - 190.

Sheppy C, 2001. The current feed enzyme market and likely trends [M]//Bedford M R, Partridge G G. Enzymes in farm animal nutrition. United Kingdom: CABI Publishing.

Volfova O, Dvorakova J, Hanzlikova A, et al, 1994. Phytase from *Aspergillum niger* [J]. Folia Microbiology, 39: 481 - 484.

第二十七章
饲料蛋白酶在畜禽饲粮中的
营养效应

　　蛋白酶是工业酶制剂中最重要的一类酶，是催化蛋白质水解的酶类，在饲料业中的应用最为广泛，约占全世界酶销售总量的 60%。蛋白酶的种类和来源很多，动物源性蛋白酶，如胃蛋白酶、胰蛋白酶多从牛、羊、猪等的胃和胰脏中提取，提取成本较高，在饲料业中较少使用。植物源性蛋白酶常见的有木瓜蛋白酶和菠萝蛋白酶，分别从未成熟的番木瓜和菠萝中提取（凌宝明，2009），番木瓜和菠萝在热带地区和亚热带地区的产量较大，提取成本相对较低，可用于大规模提取蛋白酶。近年来，木瓜蛋白酶和菠萝蛋白酶在饲料、食品、制革、能源等领域的应用越来越广泛。微生物源性蛋白酶来源广泛，既有通过细菌培养提取的，也有通过真菌发酵提取的，其来源主要有枯草芽孢杆菌、地衣芽胞杆菌、巨大芽孢杆菌、蜡状芽孢杆菌、米曲霉、黄曲霉、栖土曲霉、黑曲霉、啤酒酵母、拟内孢霉、毕赤酵母、隐球酵母、假丝酵母、红酵母、灰色链霉菌、费氏链霉菌等。因微生物蛋白酶大多为胞外酶，易提取、生产成本较低、效率高，可作为工业生产蛋白酶的微生物种类多，且可用遗传手段改良等优点，所以也是工业上应用非常广泛的一类蛋白酶。

第一节　饲料蛋白酶的种类及其酶学特性

一、饲料蛋白酶的种类

　　根据来源，蛋白酶包括动物源性蛋白酶、植物源性蛋白酶及微生物源性蛋白酶。Iubmb（1992）指出，仔猪胃黏膜上有 4 种蛋白酶，即胃蛋白酶 A、胃蛋白酶 B、胃亚蛋白酶和胃凝乳酶。仔猪在出生后 3～4 周龄时胃蛋白酶 B 和胃凝乳酶是胃底腺黏膜的优势酶（Cranwell，1995）；随着日龄的增长，这 2 种酶逐渐被胃蛋白酶 A 和胃亚蛋白酶替代（Lindemann 等，1986）。胰脏中总的胰蛋白酶和糜蛋白酶活力在 0～4 周龄仔猪中都随日龄的增加而呈线性增加，但这 2 种蛋白酶活力增加的主要原因是胰脏重量的增加（Owsley 等，1986）。多数研究表明，仔猪断奶会导致蛋白酶活力下降（Owsley 等，1986；Makkink 等，1994；计成等，1997），主要原因包括生理应激与采食量下降引起的反馈性调节作用（Makkink 等，1994）。胃蛋白酶属于酸性蛋白酶，胰蛋白酶属于中性蛋白酶，两者都是丝氨酸蛋白酶，活性中心是

Ser、His 和 Asp，但它们与底物的结合中心却彼此有所不同，这决定了它们对底物具有不同的专一性，从而在消化饲料时起到协同互补的作用，以分解蛋白质中不同的肽键。日粮影响仔猪内源蛋白酶的分泌。侯水生（1999）研究发现，仔猪断奶后蛋白质的采食量与胰腺组织中胰蛋白酶活力呈极显著正相关，而对糜蛋白酶的活力相对无影响。日粮中的化学物质则对蛋白酶分泌具有差异性影响，如纤维抑制蛋白酶的活力表现（刘强，1999），而植物性蛋白质能促进仔猪消化酶系迅速发育，显著提高蛋白酶活力（陈有荃，2005）。

二、饲料蛋白酶的酶学特性

植物蛋白酶中以木瓜蛋白酶为代表，饲料工业用的木瓜蛋白酶一般都是未经纯化的多酶体系，其中大部分都是疏基蛋白酶，主要的 2 种组分是木瓜凝乳酶和木瓜蛋白酶（杨欣，2005）。它们都具有广泛的底物专一性，大多数肽键都能在一定程度上被木瓜蛋白酶水解，但不同肽键被水解的速率相差较大，有的可相差 3 个数量级，木瓜凝乳蛋白酶水解酪蛋白的速度只有木瓜蛋白酶的一半（冯定远和陈芳艳，2011）。木瓜蛋白酶和木瓜凝乳蛋白酶的最适 pH 随底物不同而不同。木瓜凝乳蛋白酶以酪蛋白为底物，最适反应温度为 80 ℃（pH 为 7.0），最适 pH 为 3～5（37 ℃），米氏常数 Km 值为 1.25 g/L（冯定远和陈芳艳，2011）。曹庆云（2015）证实，当木瓜蛋白酶最适宜反应温度、pH分别为 50 ℃、7.0 时，具有良好的胃蛋白酶和胰蛋白酶耐受性。

微生物蛋白酶是目前饲料工业领域的主要来源。根据其适宜作用的 pH 范围分为酸性蛋白酶、中性蛋白酶和碱性蛋白酶。酸性蛋白酶是一类具有复杂理化性质的化合物，在底物特异性、抑制剂、激活剂等方面均存在一定的差异，最适 pH 一般为 2.0～4.0（酵母与根霉属在 3.0 左右，曲霉属在 3.0 以下，青霉属一般为 3.0～4.0，曲霉和根霉所分泌的酸性蛋白酶一般在 pH 为 2.0～6.0 时较稳定）。酸性蛋白酶一般在 50 ℃以下较为稳定，但也随产酶微生物的不同而有所差异。曲霉属的斋藤曲霉所产酸性蛋白酶在 50 ℃稳定，青霉属产的门冬氨酸蛋白酶在最适 pH 条件下 50 ℃时可达到最大酶活力。中性蛋白酶可将大分子蛋白分解为较小的多肽及一些游离氨基酸，是微生物胞外产生的一种水解酶（舒薇等，2005）。中性蛋白酶酶活力受环境条件的影响较大，尤其是在强酸、强碱和有机溶剂等不良外界因素的影响下，中性蛋白酶的活力损失较大，这极大地限制了其应用潜力。目前，中性蛋白酶在正常条件下的结构稳定性及不利环境条件下的耐受性是急需解决的重要问题（Rawat 等，2010）。中性蛋白酶自身的最适 pH 为 6.5～8.0（方林明等，2014）。张艳芳等（2008）筛选出的米曲霉产中性蛋白酶最适宜 pH 为7.0～8.0，pH 低于 6.0 时酶活力低于 60%存留率，pH 低于 3.0 时酶活力存留率仅为 10%左右，最适宜的反应温度为55 ℃。曹庆云（2015）用于组合蛋白酶设计的微生物蛋白酶即属于中性蛋白酶，最适反应 pH 为 7.0，最适反应温度为 50 ℃；在 pH 为 2.0 且存在胃蛋白酶的条件下，相对酶活力存留率可达 56.48%，同时存在胰蛋白酶处理条件下可存留 42.23%，属于抗逆性较好的中性蛋白酶。工业化生产推广使用的主要是碱性蛋白酶，约占蛋白酶总量的一半，饲料工业中所用的蛋白酶也是以碱性蛋白酶为主。目前，商业化的碱性蛋白酶主要来源于芽孢杆菌，来源于真菌的极少（Tunga 等，2003）。柯野等（2012）研究发现，一种米曲霉碱性蛋白酶最适宜反应的 pH 为 8.5～9.5，pH 高于 10.0 或低于 5.0 时酶的稳定性明显下降，最适反应温度为 50 ℃，总体表现出较宽泛的 pH 稳定性和较高的热稳定性，对大豆蛋白和花生蛋白具有很好的水解效率。曹庆云（2015）设计筛选出的组合蛋白酶中，微生物蛋白酶来源于黑曲霉，最适宜温度为 60 ℃，最适宜反应 pH 为 3.0，Cu^{2+} 和 Mn^{2+} 是其激活剂，对猪胃蛋白酶和胰蛋白酶的耐受性均最佳。

三、组合蛋白酶设计及其特点

基于动物消化生理特点和内源胃蛋白酶及胰蛋白酶的酶学特性，内源蛋白酶存在一定缺陷：①发育早期动物的内源蛋白酶分泌不足；②酶谱不全，缺乏针对某些结构复杂的尤其是植物源谷蛋白和醇溶蛋白发挥作用的蛋白酶；③酶切位点单一，不能充分发挥不同蛋白酶的差异互补、协同增效，以及不能高效发挥多位点、协同水解的组合效应。因此，外源蛋白酶的使用目的是：①补充内源蛋白酶的不足；②满足复杂蛋白质消化的需要；③因蛋白酶水解位点特异性导致的需要；④某些功能性的需要，如消除抗性蛋白抗营养作用的需要、水解饲料底物产生功能性小肽等。

即使使用的是单一外源蛋白酶，也同样存在如何很好地与内源蛋白酶协同作用的问题。进一步扩展蛋白酶组分，即扩展其酶谱，可有效完善其蛋白酶酶系的广谱性和协同高效性。组合蛋白酶正是基于这一理论基础设计的（冯定远等，2008），其核心理念是"差异互补、系统增效"（冯定远和左建军，2011）。因此，选择不同来源蛋白酶设计组合时，首先需要考虑的是不同来源蛋白酶的差异性。基于仔猪消化生理特点，曹庆云（2015）首先考虑对象为酸性蛋白酶和中性蛋白酶，筛选的判断标准是能否通过组合使用达到协同增效的效果。其选取 2 种微生物蛋白酶和 2 种植物蛋白酶作为组合设计的酶源，首先是基于它们之间显著的差异性。通过酸性微生物蛋白酶 A 与中性微生物蛋白酶 C 组合、酸性微生物蛋白酶 A 与中性植物性蛋白酶 D 和中性植物性蛋白酶 E 组合，一方面以最佳酶学特性的蛋白酶 A 为基础，差异性地结合中性蛋白酶，期望发挥出组合增效的功效；另一方面考虑外源蛋白酶与内源蛋白酶的差异互补性。考虑到仔猪属于幼龄动物，而基于幼龄动物早期日粮中原料的可消化性好、外源酶的使用最重要的是补充内源酶数量的不足，因此酸性蛋白酶和中性蛋白酶的选择分别兼顾了对胃蛋白酶和胰蛋白酶补充的需要。体外水解豆粕试验的结果也说明，不同来源蛋白酶的使用表现出了明显的组合效应，但是这种效应存在适宜的组合比例设计需要。其中，蛋白酶 A 与蛋白酶 C 的最佳组合为 7∶3，蛋白酶 A 与蛋白酶 D 的最佳组合为 6∶4，蛋白酶 A 与蛋白酶 E 的最佳组合为 8∶2。上述组合中，以蛋白酶 A 与蛋白酶 D 按 6∶4 组合发挥出的组合效应最佳，豆粕蛋白质水解度可达到 98.81%。

第二节　蛋白酶在动物日粮中的应用

一、蛋白酶在动物饲粮中的应用价值

基于仔猪日粮所用原料多为可消化性较好的优质蛋白原料，因此蛋白酶在仔猪日粮

中添加的目的更多的是补充内源酶的不足，尤其是断奶仔猪采食量下降引起的内源酶分泌不足的需求。

刘景环等（2010）研究发现，日粮中添加木瓜蛋白酶后对仔猪的生长有促进作用，平均日采食量增加 2.7%，平均日增重提高 2.56%，料重比分别降低 1.6%。宾石玉和盘仕忠（1996）研究表明，在生长猪日粮中添加 0.1% 的木瓜蛋白酶后，生长猪的日增重和饲料转化效率均有所提高，以 10～20 kg 的生长猪效果最为显著，在生长前期的生长猪日粮中添加木瓜蛋白酶最为适宜。吴天星等（2000）证实，酸性蛋白酶能提高仔猪的粗蛋白质表观消化率、降低腹泻率、提高小肠绒毛表面短肽和氨基酸的浓度、促进短肽和氨基酸的吸收。外源蛋白酶不仅在补充内源酶的不足上发挥作用，而且某些外源蛋白酶针对仔猪阶段常用原料本身可表现出比内源蛋白酶更高的水解效率。研究表明，木瓜蛋白酶水解血粉的表观消化率为 75.77%（吕世明和谭艾娟，2001），比直接用动物测定的消化率提高 30%（杨正德，1999），约增加 45 个百分点。虽然体外酶解法测定的消化率不能完全表示动物试验的消化率，但木瓜蛋白酶对提高血粉表观消化率的趋势是明显的。

以前，蛋白酶应用于动物日粮中多以单一组分的形式添加。由于缺乏明确的针对性，因此难以保障其作用的高效性。吴建东（2014）发现，在黄羽肉鸡日粮中添加蛋白酶后差异不显著。日粮中对蛋白酶的组合添加，如卢晨（2009）通过同时使用酸性蛋白酶和中性蛋白酶获得了明显的互作效应，原因可能是这 2 种蛋白酶差异互补性的效应得以体现。因为中性蛋白酶属于蛋白质内切酶，作用于肽键后可产生肽类和少量氨基酸，最适宜 pH 为 7.0～8.0，而酸性蛋白酶最适宜 pH 为 2.5～3.0；同时，使用中性蛋白酶补充了内源胰蛋白酶的不足，酸性蛋白酶补充了内源胃蛋白酶的不足，具备协助胃蛋白酶和胰蛋白酶在发挥生理功能和作用方式上协同性的基础。曹庆云（2015）使用蛋白酶组合的理念与卢晨（2009）的一致，且在具体使用比例上作了更为严谨和系统的筛选分析。结果说明，单独使用或组合使用蛋白酶对断奶仔猪的生长性能均起到了不同程度的改善作用。其中，黑曲霉来源微生物酸性蛋白酶和木瓜植物源中性蛋白酶按6∶4组合可获得最佳的使用效应。

此外，值得注意的是，日粮中添加另一个组合蛋白酶（2∶8）组并没有获得明显的互作增效结果，甚至在日增重和饲料转化效率方面还没有达到单一使用黑曲霉源蛋白酶的添加效果。据此说明，组合酶不是简单的两两配合，只能是通过有机的组合才能表现出正向的组合效应，否则甚至可能导致负面的组合抑制。

二、蛋白酶调控畜禽动物生长性能的作用机理

蛋白酶对仔猪生长性能影响的机理涉及多个方面，但是最为根本的有两个方面：一是促进消化，二是促进吸收利用。

大多数研究表明，外源蛋白酶的使用可显著提高动物对饲料蛋白质的消化效率。吴天星等（2000）发现，酸性蛋白酶能提高蛋白表观消化率，提高小肠绒毛表面短肽和氨基酸的浓度。Ghazi 等（2003）研究表明，在豆粕日粮中添加外源蛋白酶可提高日粮中代谢能和真消化率。曹庆云（2015）研究发现，添加蛋白酶尤其是组合蛋白酶（6∶4）显著提高了粗蛋白质及 His 和 Met 的表观消化率。而蛋白酶对营养消化率的提高可能

基于几个方面原因：①对饲料蛋白质具有最直接的水解作用，而且除了对营养蛋白质的消化外，还存在对抗性蛋白质的消化作用。例如，豆类植物中广泛存在蛋白酶抑制剂和凝集素，它们对饲料营养价值有很大影响。试验表明，许多微生物蛋白酶可以降解动物消化道中的蛋白酶抑制剂和凝集素，消除它们的影响或减轻它们的抗营养作用（周芬，2008）。但也有研究认为，添加外源消化酶没有明显的效果（Marsma 等，1997；Tet-suya 等，2002）。②基于对饲料蛋白质消化基础上对内源蛋白质消化能力的调节，即添加外源蛋白酶可能影响动物消化系统的发育，并进一步影响仔猪的生产性能（徐奇友等，1995）。许梓荣和卢建军（2001）报道，添加酶制剂不仅提高了生长猪的日增重和饲料转化效率，而且使十二指肠内容物的总蛋白水解酶和淀粉酶活力分别升高了99.07%和18.41%。奚刚等（1999）在丝毛乌骨鸡玉米-豆粕型日粮中添加中性蛋白酶后，分别提高了37日龄和67日龄内源性胃蛋白酶、胰蛋白酶和总蛋白酶活力。在饲粮中添加外源性酶制剂，可增加在肠道中进一步分解或吸收的养分量，从而刺激机体消化系统的发育。张树政（1994）报道，真菌发酵的酸性蛋白酶与内源蛋白酶具有不同的作用位点，而且许多来源于真菌的酸性蛋白酶能激活胰蛋白酶原而使内源酶的活力有所提高。但也有人认为，外源酶的添加可能反馈性地抑制内源酶的分泌和活力发挥，而且实践中也确有相关报道。例如，Mahagna 等（1995）认为，在高粱日粮中添加淀粉酶和蛋白酶，可降低小肠内容物中淀粉酶、胰蛋白酶和糜蛋白酶活力及胰腺糜蛋白酶活力；耿丹等（2003）也通过试验表明，在日粮中添加0.5%以蛋白酶为主的复合酶，肉鸡胰蛋白酶活力降低了194.7%（$P<0.01$）；而周芬（2008）研究后认为，饲料中添加适宜剂量的中性蛋白酶对断奶仔猪内源消化酶具有积极效果或效果不显著，但添加高剂量蛋白酶对仔猪消化器官分泌的内源消化酶有负面影响。目前，外源性消化酶对内源性酶分泌的影响机理至今还不十分清楚。从研究结果来看，动物种类、饲粮类型、酶制剂种类等因素都将影响这两者之间的关系，其中饲粮类型的影响作用最大。

关于外源蛋白酶对养分吸收效率影响的研究报道不多，多数结合消化试验从消化率的角度综合反映吸收效率。理论上，外源蛋白酶对饲料蛋白质消化后吸收的影响可能存在两种可能：一种是因为提高了某些氨基酸的消化率，从而改善了可利用氨基酸的平衡状况，减少了氨基酸失衡带来的竞争性吸收问题，提高了氨基酸的利用效率；另一种则是蛋白酶对蛋白质消化程度的改变，影响了肠腔内游离的可利用氨基酸的比例，导致氨基酸失衡，从而加大了氨基酸之间的竞争，或导致氨基酸在体内的利用效率下降，分解排泄量增加，综合利用效率降低。这就解释了为什么蛋白酶在使用实践中存在很大差异的原因。这对研究与实践中合理选择适宜的蛋白酶种类和剂量提出了一个相当复杂的问题。吴建东（2014）在肉鸡试验中发现，低剂量的蛋白酶反而表现出比高剂量更好的添加效果，而高剂量添加情况下不仅没有促进肉鸡生长，反而使得肉鸡获得了更差的生长性能；进一步分析可消化氨基酸的平衡比例发现，低剂量添加组在氨基酸平衡方面表现出改善作用，而高剂量添加组则进一步加剧了氨基酸失衡的程度。在外源蛋白酶调控氨基酸吸收方面的研究不足在一定程度上也受限于现有的研究手段很难像消化试验反应消化效果一样直观。针对这一限制，目前较多的方式是结合分子生物学技术，通过动物肠道吸收转运载体基因表达来反映动物的吸收能力。曹庆云（2015）通过检查分析仔猪肠道氨基酸和小肽转运载体 mRNA 的差异表达，较好地分析了外源蛋白酶对仔猪机体蛋白质消化后影响吸收效率的机理。

除了消化与吸收两个方面之外，外源蛋白酶也可能从动物食欲、代谢、内分泌调控等途径影响动物的生长与发育，这需要进一步开展更为系统和全面的基础性试验研究。

相对而言，蛋白酶是比较复杂的一类外源酶制剂，原因是种类繁多，特性和作用特点差异很大。特别需要注意的是：①底物针对性，需要在内源蛋白酶的基础上筛选外源蛋白酶，突出其对植物饲料中谷蛋白和醇溶蛋白的针对性，实现外源酶和内源酶的差异互补、协同增效；②外源蛋白酶的添加会改变动物对饲料蛋白和氨基酸的消化利用效率，也相应地改变饲料原来可提供的可利用氨基酸等指标，可能带来更复杂的氨基酸平衡调整的需要。

本 章 小 结

饲用蛋白酶来源广泛，产酶菌株有枯草芽孢杆菌、地衣芽孢杆菌、黑曲霉、米曲霉、酵母等。通过选取木瓜蛋白酶、黑曲霉来源微生物蛋白酶等，基于不同来源蛋白酶的差异性，设计出的黑曲霉来源微生物酸性蛋白酶和植物源木瓜中性蛋白酶按6：4使用时可获得最佳的组合使用效应。外源蛋白酶的使用可显著提高动物对饲料蛋白质的消化效率，也可能从动物食欲、吸收与代谢、内分泌调控等途径影响动物的生长与发育。

➔ 参考文献

宾石玉，盘仕忠，1996. 木瓜蛋白酶在生长猪日粮中的应用 [J]. 粮食与饲料工业（7）：24-25.

曹庆云，2015. 蛋白酶组合的筛选及其对仔猪生长性能影响的机理研究 [D]. 广州：华南农业大学.

曹治云，王水顺，谢必峰，等，2004. 黑曲霉酸性蛋白酶的酶学特性研究 [C]. 2004年全国生物技术学术研讨会论文集.

陈启和，何国庆，邬应龙，2003. 弹性蛋白酶产生菌的筛选及其发酵条件的初步研究 [J]. 浙江大学学报（农业与生命科学版），29（1）：62-67.

陈有荃，2005. 不同类型蛋白质源对断奶仔猪消化道酶活性的影响 [J]. 兽药与饲料添加剂，10（5）：3-5.

邓成萍，薛文通，孙晓琳，等，2006. 双酶水解制备大豆多肽的研究 [J]. 粮油食品科技（1）：23-24.

邓靖，林亲录，赵谋明，等，2005. 米曲霉 M_3 中性蛋白酶的提取及酶学特性研究 [J]. 中国食品添加剂（2）：21-23.

方林明，李德才，赵世光，2014. 中性蛋白酶修饰条件的优化 [J]. 安徽工程大学学报，29（2）：13-16.

冯定远，2011. 新型高效饲料组合酶的最新理论研究与应用技术 [J]. 饲料工业（4）：1-8.

冯定远，陈芳艳，2011. 木瓜蛋白酶的酶学特性及其在饲料工业中的应用 [J]. 饲料工业（20）：1-5.

冯定远，黄燕华，于旭华，2008. 饲料酶制剂理论与实践的新思路——新型高效饲料组合酶的原理和应用 [J]. 中国饲料（13）：24-28.

冯定远，左建军，2010. 饲料酶制剂及其应用效果的评价体系 [J]. 饲料与畜牧（7）：53-58.

高梅娟，2009. 酶法水解蛋白制备风味增强肽的研究 [D]. 无锡：江南大学.

耿丹，张映，赵燕，等，2003. 粗酶制剂对肉仔鸡消化酶活性的影响 [J]. 山西农业科学，31

（4）：81-83.

谷中华，朱旭，杨凌霄，等，2013. 小麦面筋蛋白酶解制备合适分子质量小肽的研究 [J]. 食品工业科技，34（24）：105-109.

管武太，1997. 理想氨基酸模式提高猪生长性能的机理 [D]. 北京：中国农业大学.

侯水生，1999. 善用酸化剂改善断奶仔猪胃肠功能 [J]. 中国动物保健，6：27-28.

黄瑞林，李铁军，谭支良，等，1999. 透析管体外消化法测定饲料蛋白质消失率的适宜酶促反应条件研究 [J]. 动物营养学报，11（4）：51-58.

黄志坚，董瑞兰，罗刚，等，2014. 菠萝蛋白酶部分酶学性质的研究 [J]. 福建农业学报，29（1）：62-66.

霍永久，王恬，许若军，2005. 新生仔猪小肠生长发育及肠黏膜部分基因的表达 [J]. 南京农业大学学报，28（3）：129-132.

计成，周庆田，河山，等，1997. 断乳前后乳猪消化道（胰、小肠内容物）几种消化酶活性变化的研究 [J]. 动物营养学报，9（3）：7-12.

柯野，陈丹，李家洲，2012. 米曲霉碱性蛋白酶基因的克隆表达及水解特性 [J]. 华南理工大学学报（自然科学版），40（8）：88-94.

李富伟，汪勇，汤海鸥，2008. 胃蛋白酶、胰酶及酸度对植酸酶稳定性的影响 [J]. 饲料与畜牧（10）：18-20.

李洪龙，孙明梅，文玉兰，2006. 金属蛋白酶制剂对仔猪生产性能的影响 [J]. 黑龙江畜牧兽医（12）：61.

李书国，陈辉，庄玉亭，等，2001. 复合酶法制备活性大豆寡肽研究 [J]. 粮食与油脂（3）：5-7.

李向阳，董海洲，张洪林，2013. 菠萝蛋白酶催化大豆蛋白水解反应的热动力学 [J]. 高等学校化学学报，34（12）：2861-2865.

刘景环，玉永雄，周群，等，2010. 添加木瓜蛋白酶和苜蓿对断奶仔猪生长性能的影响 [J]. 广东畜牧兽医科技，35（2）：25-27.

刘强，1999. 我国麦类饲料中非淀粉多糖抗营养作用机理的研究 [D]. 北京：中国农业科学院.

刘宇峰，陈丽娟，王金英，等，2003. 枯草杆菌弹性酶的理化性质研究 [J]. 生物技术（2）：28.

卢晨，边连全，刘显军，等，2009. 中性和酸性蛋白酶对断奶仔猪生长性能的影响 [J]. 动物营养学报，21（6）：993-997.

吕世明，谭艾娟，2001. 木瓜蛋白酶对猪血粉蛋白的水解作用 [J]. 贵州农业科学，29（4）：8-10.

孟雷，陈冠军，王怡，等，2002. 纤维素酶的多型性 [J]. 纤维素科学与技术，2：47-55.

潘丽军，张丽，钟昔阳，等，2009. 双酶分步水解法制备谷氨酰胺活性肽的研究 [J]. 食品工业科技（5）：184-187.

曲和之，黄露，张国华，等，2008. 无花果蛋白酶与木瓜蛋白酶酶学性质的比较 [J]. 吉林大学学报（理学版），46（6）：1217-1220.

石继红，赵永同，王俊楼，等，2000. SDS-聚丙烯酰胺凝胶电泳分析小分子多肽 [J]. 第四军医大学学报，21（6）：761-763.

舒薇，郭勇，贺丽苹，等，2005. 木瓜凝乳蛋白酶的单链单甲氧基聚乙二醇修饰产物的检测与分析 [J]. 华南农业大学学报，26（3）：64-68.

陶红，梁歧，张鸣镝，2003. 热处理对大豆蛋白水解度的影响 [J]. 中国油脂（9）：61-63.

王吉桥，张跃环，李凡，2006. 温度对鲤鱼复合酶制剂中3种酶活性的影响 [J]. 饲料研究（10）：50-55.

王朋朋，2010. 蛋白酶产生菌的筛选及固态发酵生产优质蛋白原料的研究 [D]. 郑州：河南农业大学.

吴建东，2014. 微生物源蛋白酶酶学性质及组合蛋白酶在黄羽肉鸡饲粮中的应用 [D]. 广州：华南农业大学.

吴天星，王亚军，董雪梅，等，2000. 酸性蛋白酶和甲酸钙对断奶仔猪生产性能的影响 [J]. 浙江农业学报，12（4）：3-6.

吴正存，傅玲琳，李卫芬，等，2011. 枯草芽孢杆菌 WB600 芽孢和营养体耐受凡纳滨对虾胃肠道环境及定殖存活的研究 [J]. 水产科学，30（6）：311-316.

奚刚，许梓荣，钱利纯，等，1999. 添加外源性酶对猪、鸡内源消化酶活性的影响 [J]. 中国兽医学报，19（3）：81-84.

谢必峰，曹治云，郑腾，等，2005. 黑曲霉 *Aspergillus niger* SL2-111 所产酸性蛋白酶的分离纯化及酶学特性 [J]. 应用与环境生物学报，11（5）：100-104.

徐昌领，左建军，冯定远，2011. 组合型木聚糖酶对 21 日龄黄羽肉鸡器官指数、内源消化酶活性以及肠道吸收功能的影响 [J]. 饲料工业（1）：49-53.

徐奇友，霍贵成，杨丽杰，等，1995. 外源蛋白酶对仔猪生产性能、器官重的影响 [J]. 养猪（4）：10-11.

许梓荣，卢建军，2001. 酶制剂 GXC 对生长猪稻谷型饲粮消化率的影响 [J]. 浙江大学学报（农业与生命科学版），27（5）：559-564.

杨胜，1993. 饲料分析及饲料质量检测技术 [M]. 北京：中国农业大学出版社.

杨欣，2005. 木瓜蛋白酶酶促大豆蛋白形成凝胶的机理研究 [J]. 无锡：江南大学.

杨正德，罗爱平，范家佑，1999. 鸡对全脂大豆、血粉氨基酸消化率的研究 [J]. 饲料研究（8）：6-8.

于旭华，2004. 真菌性和细菌性木聚糖酶对肉鸡生长性能的影响及机理研究 [D]. 广州：华南农业大学.

袁康培，郑春丽，冯明光，2003. 黑曲霉 HU53 菌株产酸性蛋白酶的条件和酶学性质 [J]. 食品科学（8）：46-49.

张耕，黄绍发，徐涛，2002. 荣昌猪仔猪断乳后添加外源性蛋白酶对其生长性能影响 [J]. 四川畜牧兽医学院学报，16（3）：11-13.

张宏福，卢庆萍，2000. 仔猪消化功能、免疫功能的发育及营养对策 [J]. 中国饲料，22：15-17.

张红梅，陶敏慧，刘旭，等，2008. 双酶法酶解大豆蛋白制备大豆低分子肽的研究 [J]. 中国油脂，3：23-25.

张树政，1994. 酶制剂工业 [M]. 北京：科学出版社.

张兴灿，陈朝银，李汝荣，2011. 木瓜蛋白酶的活力检测标准研究 [J]. 食品工业科技，10：435-437.

张艳芳，陶文沂，2008. 米曲霉双菌株组合制曲改善酶系组成与发酵效果研究 [J]. 食品与发酵工业，34（9）：37-39.

赵彩艳，蔡克周，陈丽娟，等，2006. 黑曲霉酸性蛋白酶酶学性质的研究 [J]. 中国饲料，10：17-19.

周芬，2008. 断奶日龄和外源中性蛋白酶对仔猪生产性能、消化器官生长和消化酶活性的影响 [D]. 南京：南京农业大学.

周梁，2014. 外源蛋白酶（ProAct）对肉鸡生产性能及氨基酸消化率影响的研究 [D]. 北京：中国农业科学院.

朱雅东，丁绍东，2007. 豆粕双酶复合水解工艺的研究 [J]. 现代食品科技，4：58-59.

Adler-Nissen J，1978. Enzymatic hydrolysis of soy protein for nutritional fortification of low pH food [J]. Annales de la Nutrition et de L'alimentation, 32 (2/3): 205 - 216.

Bhat K M, Gaikwad J S, Maheshwari R, 1993. Purification and characterization of an extracellular β - glucosidase from the thermophilic fungus sporotrichum thermophile and its influence on cellulase activity [J]. Journal of General Microbiology, 139: 2825 - 2832.

Bhat S, Goodenough P W, Bhat M K, et al, 1994. Isolation of four major subunits from *Clostridium thermocellum* cellulosome and their synergism in the hydrolysis of crystalline cellulose [J]. International Journal of Biological Macromolecules, 16 (6): 335 - 342.

Caine W R, Verstegen M W A, Sauer W C, et al, 1998. Effect of protease treatment of soybean meal on content of total soluble matter and crude protein and level of soybean trypsin inhibitors [J]. Animal Feed Science and Technology, 71 (1/2): 177 - 183.

Coughlan M P, Hazlewood G P, 1993. Beta - 1, 4 - D - xylan - degrading enzyme systems: Biochemistry, molecular biology and applications [J]. Biotechnology and Applied Biochemistry, 17 (3): 259 - 289.

Cranwell P D, 1995. Development of the neonatal gut and enzyme systems [M]//Varley M A. The neonatal pig development and survival. Wallingford, UK: CAB International.

Dierick N, Decuypere J, Molly K, et al, 2004. Microbial protease addition to a soybean meal diet for weaned piglets: effects on performance, digestion, gut flora and gut function [M]. European Association for Animal Production Publication.

Dvorakova J, 1998. Phytase: sources, preparation and exploitation [J]. Folia Microbiologica, 43 (4): 323 - 338.

Ferraris R P, Diamond J M, 1989. Specific regulation of intestinal nutrient transporters by their dietary substrates [J]. Annual Review of Physiology, 51: 125 - 141.

Frederick M M, Kiang C H, Frederick J R, et al, 1985. Purification and characterization of endo - xylanases from *Aspergillus niger*. I. Two isozymes active on xylan backbones near branch points [J]. Biotechnology and Bioengineering, 27 (4): 525 - 532.

Furuya S, Sakamoto K, Takahashi S, 1979. A new *in vitro* method for the estimation of digestibility using the intestinal fluid of the pig [J]. The British Journal of Nutrition, 41 (3): 511 - 520.

Ghazi S, Rooke J A, Galbraith H, 2003. Improvement of the nutritive value of soybean meal by protease and α - galactosidase treatment in broiler cockerels and broiler chicks [J]. British Poultry Science, 44 (3): 410 - 418.

Gilbert E R, Li H, Ernmersonj D A, et al, 2007. Developmental regulation of nutrient transporter and enzyme mRNA abundance in the small intestine of broilers [J]. Poultry Science, 86 (8): 1739 - 1753.

Giligan W, Reese E T, 1955. Evidence for muLtiple components in microbial cellulases [J]. Canadian Journal of Microbiology, 1 (2): 90 - 107.

Hahn J D, Baker R R B A, 1995. Ideal digestible lysine level for early - and late - finishing swine [J]. Journal of Animal Science, 73 (3): 773 - 784.

Krogdahl A, Sell J L, 1989. Influence of age on lipase, amylase, and protease activities in pancreatic tissue and intestinal contents of young turkeys [J]. Poultry Science, 68 (11): 1561 - 1568.

Kyung - Koh B, Ah - Song K, 2008. Effects of trypsin - hydrolyzed wheat gluten peptide on wheat flour dough [J]. Journal of the Science of Food and Agriculture, 88 (14): 2445 - 2450.

Li D F, Nelssen J L, Reddy P G, et al, 1990. Transient hypersensitivity to soybean meal in the early - weaned pig [J]. Journal of Animal Science, 68 (6): 1790 - 1799.

Lindemann M D, Cornelius S G, El Kandelgy S M, et al, 1986. Effect of age, weaning and diet on digestive enzyme levels in the piglet [J]. Journal of Animal Science, 62 (5): 1298 - 1307.

Maenz D D, 2001. Properties of phytase enzymology in animal feed [M]//Bedford M R, Partridge G G. Enzymes in farm animal nutrition. United Kingdom: CABI Publishing.

Mahagna M, Nir I, Larbier M, et al, 1995. Effect of age and exogenous amylase and protease on development of the digestive tract, pancreatic enzyme activities and digestibility of nutrients in young meat - type chicks [J]. Reproduction Nutrition Development, 35 (2): 201 - 212.

Makkink C A, Negulescu G P, Guixin Q, et al, 1994. Effect of dietary protein source on feed intake, growth, pancreatic enzyme activities and jejunal morphology in newly - weaned piglets [J]. British Journal of Nutrition, 72 (3): 353 - 368.

Marsman G J P, Gruppen H, van der Poel, et al, 1997. The effect of thermal processing and enzyme treatments of soybean meal on growth performance, ileal nutrient digestibilities and chyme characteristics in broiler chicks [J]. Poultry Science, 76: 864 - 872.

Morales M A, Cervantes M, Cuca M, et al, 2001. Ileal digestibility of amino acids in pigs fed wheat diets supplemented with a fungal protease [J]. Journal of Animal Science, 79 (2): 126.

Owsley W F, Orr D E J, Tribble L F, 1986. Effects of age and diet on the development of the pancreas and the synthesis and secretion of pancreatic enzymes in the young pig [J]. Journal of Animal Science, 63 (2): 497 - 504.

Pickel V M, Nirenberg M J, Chan J, et al, 1993. Ultrastructural localization of a neutral and basic amino acid transporter in rat kidney and intestine [J]. Proceedings of the National Academy of Sciences of the United States of America, 90 (16): 7779 - 7783.

Pluske J R, Kerton D J, Cranwell P D, et al, 2003. Age, sex, and weight at weaning influence organ weight and gastrointestinal development of weanling pigs [J]. Australian Journal of Agricultural Research, 54 (5): 515 - 527.

Rawat S, Suri C R, Sahoo D K, 2010. Molecular mechanism of polyethylene glycol mediated stabilization of protein [J]. Biochemical and Biophysical Research Communications, 392 (4): 561 - 566.

Rooke J A, Slessor M, Fraser H, et al, 1998. Growth performance and gut function of piglets weaned at four weeks of age and fed protease - treated soya - bean meal [J]. Animal Feed Science and Technology, 70 (3): 175 - 190.

Selle P H, Cadogan D J, Li X, et al, 2010. Implications of sorghum in broiler chicken nutrition [J]. Animal Feed Science and Technology, 156 (3/4): 57 - 74.

Tetsuya K, Murai A, Okada T, et al, 2002. Influence of dietary phosphorus level on growth performance in chicks given corn - soybean diet supplemented with amylase and acid protease [J]. Animal Science Journal, 73: 215 - 220.

Tunga R, Shrivastava B, Banerjee R, 2003. Purification and characterization of a protease from solid state cultures of *Aspergillus parasiticus* [J]. Process Biochem, 38 (11): 1553 - 1558.

Wadiche J I, Amara S G, Kavanaugh M P, 1995. Ion fluxes associated with excitatory amino acid transport [J]. Neuron, 15 (3): 721 - 728.

Witerhalter C, Liebl W, 1995. Two extremely thermostable xylanases of the hyperthermophilic bacterium Thermotogd mdritimd MSB8 [J]. Applied and Environmental Microbiology, 61: 1810 - 1815.

Wood T M, 1985. Properties of cellulolytic enzyme systems [J]. Biochemical Society Transactions, 13 (2): 407 - 410.

Wood T M, 1988. Preparation of crystalline, amorphous, and dyed cellulase substrates [J]. Methods in Enzymology, 160: 19 - 25.

Yi J Q, Piao X S, Li Z C, et al, 2013. The effects of enzyme complex on performance, intestinal health and nutrient digestibility of weaned pigs [J]. Asian - Australasian Journal of Animal Sciences, 26 (8): 1181 - 1188.

Zamora V, Figueroa J L, Reyna L, et al, 2011. Growth performance, carcass characteristics and plasma urea nitrogen concentration of nursery pigs fed low - protein diets supplemented with glucomannans or protease [J]. Journal of Applied Animal Research, 39 (1): 53 - 56.

Zyla K, Ledoux D R, Garcia A, et al, 1995. An *in vito* procedure for studying enzymic dephosphorylation of phytate in maize - soyabean feeds for turkey poults [J]. British Journal of Nutrition, 74 (1): 3 - 17.

第二十八章
饲用脂肪酶在畜禽饲料中的营养效应

脂肪酶（triacylglycerol lipase EC3.1.1.3）是广泛存在于各类动物、植物和微生物中的一种酶，在脂质代谢中发挥重要的作用，具有显著的生理意义和生产应用潜能（Jaeger 等，1994；Gupta 等，2004）。植物源脂肪酶，尤其是油料作物种子中的脂肪酶主要在油料种子发芽时，与其他的酶协同发挥作用催化分解油脂类物质生成糖类，提供种子生根发芽所必需的养料和能量（王俊华等，2006；Panzanaro 等，2010）。动物体内分泌脂肪酶较多的部位主要是高等动物的胰脏、脂肪组织等，在消化道中也含有少量脂肪酶，主要包括十二指肠前脂肪酶和十二指肠内胰脂肪酶，它们共同发挥对脂肪的消化和吸收作用。根据分泌的部位不同，十二指肠前脂肪酶分为舌部脂肪酶和胃脂肪酶，分别由舌部轮廓乳突下的埃伯内氏腺（舌腺）和胃底黏膜的主细胞分泌。十二指肠前脂肪酶不需要辅酶或辅基参与打开盖子域，而是直接发挥脂肪水解作用（Robert 和 Ruth，1993）。动物肠道内的消化酶是一个发育的过程，如 Liu 等（2001）报道，未断奶仔猪胃脂肪酶比活力前 3 周迅速增长，3 周后增长速度放缓，但是 28 d 的胃脂肪酶总活力显著高于 21 d；胰脂肪酶的比活力和总活力前 2 周发育速度缓慢，在 21～28 d 发育迅速，仔猪胰脂肪酶的比活力和总活力都显著高于胃脂肪酶。畜禽对脂肪的消化受多种因素的影响，包括畜禽品种、脂肪酸类型、日粮营养水平、抗营养因子、食糜黏度等；脂肪酶的活力也受到各种内源因素的影响，包括胆盐、pH、糜蛋白酶等（Kermanshahi 等，1998）。因此，不同品种、不同生长阶段、不同日粮饲喂的畜禽具有不同的内源脂肪酶发育规律，同一种畜禽脂肪酶发育不具明显的规律分布性，无法以局部生长阶段去确定整体规律（Jamroz 等，2002）。研究畜禽各生长阶段内源脂肪酶的数量与活力，有助于了解其发育规律，为确定日粮添加脂肪和外源脂肪酶水平提供重要参考。微生物中的脂肪酶含量更为丰富，包括细菌、霉菌和酵母的来源。由于微生物种类多、繁殖速度快、易发生遗传变异，因此产生的脂肪酶具有比动植物脂肪酶作用更广的 pH、作用温度范围及底物专一性；而且又由于微生物来源的脂肪酶一般都是分泌性的胞外酶，适合于工业化大生产和样品提纯，因此微生物脂肪酶是工业用脂肪酶的重要来源，是生物技术和有机化学应用中最广泛的酶类之一。

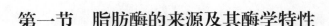

第一节　脂肪酶的来源及其酶学特性

一、产脂肪酶的微生物来源

地球上大约有 2% 的微生物可以产生脂肪酶（Hasan 等，2006）。Sharma 等（2001）统计的产脂肪酶的微生物共有 33 个属，其中革兰氏阳性菌来源的 7 个属，30 种菌；革兰氏阴性菌来源的 4 个属，17 种菌；霉菌来源的 14 个属，42 种菌；酵母来源的 7 个属，20 种菌；放线菌类来源的 1 个属，5 种菌。也有文献表示，产脂肪酶的微生物至少有 65 个属，其中细菌 28 个属、放线菌 4 个属、酵母菌 10 个属，其他放线菌 4 个属、其他真菌 23 个属（汪小锋等，2008；王海燕等，2007；张中义等，2006）。由于微生物具有多样性，因此我们相信产脂肪酶的微生物将远远不止上述的数目。

Arpigny 和 Jaeger（1999）将解脂酶分为八大家族，包括 Family Ⅰ（真脂肪酶）、Family Ⅱ（GDSL family）、Family Ⅲ、Family Ⅳ（激素敏感性脂肪酶家族，HSL family），以及 Family Ⅴ、Family Ⅵ、Family Ⅶ 和 Family Ⅷ，其中 Family Ⅰ 又包括 6 个亚族（subfamily）。

虽然脂肪酶的菌源有很多，但是可利用于商业生产的野生菌或其重组型却是少数。其中，重要的种类有无色杆菌、产碱杆菌、节杆菌、芽孢杆菌、伯克氏菌、色素杆菌和假单胞菌（Jaeger 等，1994；Palekar 等，2000）。目前大多数商品脂肪酶产酶菌都属于根霉属、曲霉属、青霉属、地霉属、毛霉属和根毛霉属（Treichel 等，2010）。

二、微生物脂肪酶特性

微生物脂肪酶是作用在油-水界面的丝氨酸水解酶。其催化三联体由 Ser - Asp/Glu -His 组成，通常在丝氨酸活性部位周围拥有共同序列（Gly - x - Ser - x - Gly）。脂肪酶的三维立体结果显示了 α/β 水解酶折叠的性质（Nardini 和 Dijkstra，1999）。脂肪酶在水相和非水相的界面催化酯键水解，是脂肪酶和酯酶的不同之处（Panzanaro 等，2010）。除此之外，脂肪酶还有多种酶活力，如催化多种酯的水解、合成及外消旋混合物的拆分。脂肪酶不同活力的发挥依赖于反应体系的特点，如在油水界面促进酯水解，而在有机相中可以酶促合成和酯交换（Boland 等，1991；Jaeger 等，1999）。微生物脂肪酶的各种特性主要包括分子质量、最适 pH、最适温度、稳定性、底物特异性等方面。

一般情况下，微生物的脂肪酶分子质量为 20～60 ku，30～60 ℃ 为最适反应温度，属于中性脂肪酶或碱性脂肪酶（Lotti 和 Alberghina，2007）；但也有不少酸性脂肪酶，如 *Aspergillus niger* NCIM 1207 脂肪酶的最适 pH 是 2.5（Mahadik 等，2002）。来源于嗜热脂肪芽孢杆菌SB-1、萎缩芽孢杆菌SB-2和地衣芽孢杆菌SB-3的脂肪酶具有较广的 pH 范围（pH 为 3～12）（Bradoo 等，1999），也有微生物脂肪酶具有最适温度更低或者更高的范围（Lee 等，1999；Sunna 等，2002；Luo 等，2006）。

微生物脂肪酶发挥活力一般不需要辅因子，但是二价阳离子，如钙离子经常能刺激酶活，这是由于钙离子能促进长链脂肪酸钙盐的形成（Macrae 和 Hammond，1985；Godtfredsen，1990）。钙刺激脂肪酶已被公布在枯草芽孢杆菌 168（Lesuisse 等，1993）、*B. thermoleovorans* ID‐1（Lee 等，1999）、*P. aeruginosa* EF2（Gilbert 等，1991）、*S. aureus* 226（Muraoka 等，1982）、*S. hyicus*（van Oort 等，1989）、CH. *viscosum*（Sugiura 等，1974）和 *Acinetobacter* sp. RAG‐1（Snellman 等，2002）。相比之下，钙离子存在抑制 *P. aeruginosa* 10145 来源的脂肪酶（Finkelstein 等，1970）。此外，脂肪酶的活力还被重金属离子，如钴离子、镍离子、汞离子和锡离子强烈抑制，但被锌离子和镁离子轻微抑制（Patkar 等，1993）。

Gupta 等（2004）把微生物脂肪酶可分为三大类：即非特异性脂肪酶、特异选择性脂肪酶和底物特异性基础上的脂肪酸特异性脂肪酶。非特异性脂肪酶随机作用于甘油三酯，甘油三酯被完全水解为脂肪酸和甘油。与此相反，特异性脂肪酶是 1，3 位特异性脂肪酶，只水解甘油三酯 C1 和 C3 酯键，从而产生游离脂肪酸、1，2‐甘油二酯、2，3‐甘油二酯和2‐甘油单酯。细菌胞外脂肪酶是特异性的脂肪酶。第三类脂肪酶包含脂肪酸特异性的脂肪酶，它表现为明显的脂肪酸优先水解性，*Achromobacterium lipolyticum* 是已知的唯一一种展示脂肪酸特异性酶的细菌源（Davranov）。然而 *Bacillus* sp.（Wang 等，1995）、*P. alcaligenes* EF2（Gilbert 等，1991）和 *P. alcaligenes* 24（Misset 等，1994）源的脂肪酶对含有长链脂肪酸的甘油三酯表现出了特异性水解，而 *B. subtilis* 168（Lesuisse 等，1993）、*Bacillus* sp. THL027（Dharmsthiti 和 Luchai，1999）源脂肪酶对含有短链脂肪酸甘油三酯或中链脂肪酸甘油三酯表现出了特异性水解；*S. aureus* 226 源脂肪酶对含有不饱和脂肪酸的甘油三酯表现出了特异性水解（Muraoka 等，1982）。

虽然许多研究者在通过微生物筛选获取优质的脂肪酶方面已取得令人满意的结果，但有学者认为，将来使用基因工程菌生产脂肪酶会占主导地位，因为工程菌将实现为特定应用领域生产适合的具有显著特性的脂肪酶（Treichel 等，2010）。

三、组合型脂肪酶设计及其特点

不同微生物脂肪酶的功能性、条件性和抗逆性具有差异，因此就为脂肪酶组合设计提供了可行性。关于组合型微生物脂肪酶的应用早在 1988 年就被 Park 和 Glaucia（1988）报道，随后 Lee 等（2006，2008，2010），Guan 等（2010）报道了组合型脂肪酶水解或转酯效果均优于单酶效果。笔者研究团队认为，组合酶（combinative enzymes）是指由催化水解同一底物的、来源和特性不同，利用酶催化的协同作用，选择具有互补性的 2 种或 2 种以上酶的配合（formulate）而成的酶制剂。组合酶并不是简单地把 2 种或 2 种以上的酶混合在一起，而是按照一定的比例，以获得最优效果的组合。上述文献中使用组合酶的过程中都是没有通过有效手段筛选出酶制剂组合的比例，而 Rodrigues 和 Záchia（2011）则通过中心组合试验设计，通过响应面的分析方法筛选出了最优的双酶组合比例，为组合酶的比例筛选提供了科学的方法。

虽然具有了体外组合的试验手段，但是体外试验筛选出的最优组合比例却不一定等于在动物体内的作用效果最佳，特别是脂肪酶水解产物的多样性且底物营养价值尚不明确，因此特别需要更多的研究以了解体外试验与动物试验的相关性，以此获得最优的组合和最优的生产效益。

第二节　外源微生物脂肪酶在畜禽营养中的应用

畜禽生产性能的不断提高，对日粮养分含量尤其是日粮能量含量的要求愈来愈高。作为畜禽体内主要氧化供能物质的脂肪，含有的能量是碳水化合物的 2.25 倍，可满足动物体对较高能量浓度的要求。脂肪是脂溶性维生素和某些激素的溶剂，能促进机体对这些物质的吸收和利用，同时为畜禽提供必需的不饱和脂肪酸，保证畜禽健康生长；添加脂肪还可减少饲料加工过程中的粉尘浓度，改善饲料外观，在高温条件下有利于提高能量摄入量，降低畜禽的体热增耗，减缓热应激；此外，添加脂肪可有效提高饲料的适口性。因此，目前在猪、鸡和奶牛饲料中广泛添加脂肪。研究发现，仔鸡对高度饱和脂肪的利用能力非常差（Renner 和 Hill，1960）。肉仔鸡不仅能够消化脂肪，而且消化能力随日龄的增加而增强（Carew，1972）。在火鸡上进行的试验也得到了同样的结果（Sell，1986）。油脂的额外补充为脂肪酶在动物饲料中的应用提出了需要。

一、外源脂肪酶在动物饲粮中的应用效果

早在 20 世纪八九十年代就已经有国外学者研究脂肪酶在饲料中的应用，但由于当时动物胰脂肪酶的提纯技术还不够完善，因此脂肪酶中可能掺杂一些杂质，如 CCK 等，导致畜禽日粮中添加脂肪酶降低了采食量和生产性能，严重影响了脂肪酶在饲料中的应用效率（Al-Marzooqi 和 Leeson，1999，2000）。Polin 和 Wing（1980）给白来航公鸡饲以含 4% 动物油的玉米基础日粮，研究了猪胰脂肪酶粗提物与胆汁盐对脂肪消化的影响，在添加和不添加 0.4% 胆汁酸的情况下，孵出后第 2～9 天添加 0.1% 的脂肪酶均能提高脂肪的吸收，但效果不显著。其原因不难理解，在酸性条件下，猪胰脂肪酶容易失活，当其到达主要作用位点（十二指肠）时活力已经相当低，并且猪胰脂肪酶活力的发挥依赖于辅脂肪酶及胆汁盐的存在。如果脂肪酶能够耐酸，且其活力不依赖于辅脂肪酶及胆汁盐，那么从理论上说将其添加到日粮中应该能够提高脂肪的消化率（Polin 和 Wing，1980）。

当时微生物脂肪酶尚处于菌种筛选和酶学特性的研究与探索阶段，也少有用于饲料酶制剂。近几年，由于微生物脂肪酶工业生产技术已经成熟，并广泛应用于洗涤剂、食品、医药等方面，因此微生物脂肪酶在畜禽上的应用也重新获得了前景。

二、外源脂肪酶在动物消化道的作用途径及机理

酶制剂的营养效应，是由于酶制剂直接作用于水解底物，从而产生一系列生理生化的变化，直接和间接地对动物产生的营养效果。酶制剂在动物体内发挥营养效应时，往

往不是单一的，也不仅仅是直接的，它是与许多不同的底物协同而产生作用的。酶制剂在肠道内的间接作用有时比其直接作用更为重要，而且必须辩证地对待酶制剂作用效果。酶制剂往往发挥着彩虹式的营养效应，跟不同物质搭配具有不同的营养效应，如同彩虹展示出不同颜色一样。

1. 弥补内源脂肪酶不足，促进脂肪的消化吸收　微生物脂肪酶相比于肠道脂肪酶具有更强的耐受性。Canioni 等（1977）通过体外试验发现，根霉菌来源的脂肪酶不需要辅脂酶的协助即可发挥作用。Raimondo 和 DiMagno（1994）发现，相比于猪胰脂肪酶，*Pseudomonos glurnae* 来源的脂肪酶不受辅脂酶和胆汁酸的影响，他们认为细菌源脂肪酶的耐受性比猪胰脂肪酶的更强。因此，微生物脂肪酶在体内能够有效地补充内源脂肪酶的不足，直接促进脂肪的消化和吸收。

Pratuangdejkul 和 Dharmsthiti（2000）从嗜冷乙酸钙不动杆菌（*Psychrophilic acinetobacter*）LP009 中分离的脂肪酶，在 50e、pH 为 7.0 时活力最高，在 45e 以下、pH 为 4.0~8.0 时均有稳定的活力，该酶能改善大豆粉和预混合动物饲料中脂肪的消化率。Tan 等（2000）研究表明，外源性脂肪酶可提高饲料中的脂肪消化率，特别是可显著提高米糠中的脂肪消化率，因而可提高米糠的表观代谢能值和饲料转化效率。秦鹏（2003）通过试验表明，乳化剂与脂肪酶使用后，显著提高了 21~49 日龄及 35~49 日龄肉仔鸡的平均日增重（$P<0.05$），改善了饲喂动物性脂肪的肉鸡生产性能和经济效益，但是乳化剂与脂肪酶没有显著互作，可能是由于微生物脂肪酶活力较少受到乳化剂影响的缘故。何前（2009a，2009b）证实，日粮中添加脂肪酶可以显著提高黄羽肉鸡和岭南黄公鸡的生产性能，提高其脂肪表观消化率，并在不同程度上影响其他营养成分的表观消化率。

2. 产生游离脂肪酸，影响胰腺消化酶分泌和采食　胆囊收缩素（cholecystokinin，CCK）作为一种主要的胃肠激素，具有调节胰腺分泌、胆囊收缩、抑制胃部运动等功能，这些功能都与脂肪的消化吸收有重要关系。CCK 水平除了受到中枢神经的调节外，也受到日粮成分的调节（Rodger，2000）。脂肪和蛋白质的水解产物能最有效地刺激 CCK 的分泌，其中甘油三酯水解产物中的脂肪酸，蛋白质水解产物中的二肽、三肽或氨基酸能有效刺激 CCK 的分泌（Brodish 等，1994；Rodger，2000）。Tanaka 等（2008）给小鼠胃部和十二指肠灌注辛酸和 α-亚麻酸后，结果发现通过胃部灌注 α-亚麻酸极显著升高了血清中 CCK 的含量，此外试验验证了长链脂肪酸诱导 CCK 分泌是通过 GPR120 和钙离子信号作用而实现的。Matzinger 等（2000）试验表明，长链脂肪酸可以刺激 CCK 分泌，从而抑制动物采食。因此，胃肠道对脂肪酶水解脂肪产生的水解产物的回应是双方面的，一方面促进消化，另一方面又抑制动物采食。当日粮中额外添加外源脂肪酶时，脂肪在到达胃肠之前就有可能被外源脂肪酸部分水解，产生游离脂肪酸，作用于胃部的脂肪酸受体，从而刺激 CCK 和胰消化酶分泌，同时也会在不同程度上抑制动物采食。

此外也有研究发现，大量游离脂肪酸的存在有可能降低了脂肪的利用率或者对内源胰消化液的分泌有负反馈作用。Kermanshahi 等（1998）报道，在 1~35 日龄肉仔鸡和火鸡的含 8%牛油的玉米-豆粕型基础日粮中增加不同水平脂肪酶，对肉仔鸡和火鸡的日增重、饲料转化效率和脂肪消化率都有副作用，并降低了 21~35 日龄肉仔鸡肠道内源脂肪酶的活力。饲料成分分析结果显示，在混合和/或贮存过程中，添加水平400 U/g（以饲粮计）的甘油三酯几乎完全被水解成游离脂肪酸和甘油（Kermanshahi等，1998）。脂肪酶的特殊性，使得其添加至日粮后在贮藏过程可能已经产生作用。

3. 与油脂协同作用，抑制肠道内有害病菌繁殖 在畜禽生产中，抗生素类药物代替品一直是研究的重要内容。Dierick 等（2002，2004）利用含有中链脂肪酸的油脂和脂肪酶的协同作用，在模拟胃环境（37 ℃、pH 3～6、3 h）下的组合水解试验表明，适量添加的脂肪酶能部分释放中链脂肪酸。表明这些中链脂肪酸能够调节和稳定胃肠道微生物群系，对有害微生物的生长具有显著的抑制作用，起到类似抗生素的作用。由此推测，脂肪和脂肪酶的合理组合可能起到降低仔猪饲料中抗生素使用量的作用。

4. 弱化抗营养因子 Lichovnikova 等（2002）试验表明，日粮中长期添加脂肪酶可增加蛋鸡平均蛋重量和脂肪沉积，显著提高肝脏重量 [$P<0.05$，试验组（48.3 ± 3.66）g，对照组（41.1 ± 2.09）g]，以及鸡蛋多不饱和脂肪酸含量（$P<0.01$，试验组 18.2%，对照组 16.4%），但会导致肝脏出现更多的溢血。此外，日粮脂肪酶对血液中的胆固醇和总脂量无明显影响，对红细胞和血红蛋白有不同程度的影响。但是文献没有就相关的参数变化进一步解释外源脂肪酶在体内的作用机理，这可能是由于其日粮中添加了 13.5% 的压榨油菜籽后，较高含量的丹宁酸抑制了肉仔鸡脂肪的消化和脂肪酶的活力（Longstaff 和 McNab，1991）。但总体而言，脂肪酶的添加弱化了抗营养因子的作用，提高了平均蛋重量和脂肪沉积，而且还表现出了富集多不饱和脂肪酸的作用。

虽然微生物脂肪酶在畜牧生产中的应用具有良好前景，但是试验研究发现，微生物脂肪酶添加到动物饲料中仍存在一些有待解决的问题，如非特异性脂肪酶水解产物多样性，其产物的营养效果尚不明确；微生物脂肪酶作用位置和作用程度难以控制，容易影响饲料质量等。Meng 等（2004）研究发现，1，3-甘油二酯可以显著降低大鼠的肥胖程度和抑制其体内脂肪的蓄积，起到减肥的效果，并且这种效果呈现一定的剂量相关性，但其抑制机理尚不清楚。其试验用的 1，3-甘油二酯就是通过脂肪酶转酯作用得来的，这有可能会给畜禽生产带来潜在的负面效果。此外，添加脂肪酶也可能加快饲料中原有脂肪的分解速度，影响饲料的贮藏稳定性。Dierick 等（2002）对 10 种添加或不添加脂肪酶的商品配合饲料（含 20～50 g/kg 脂肪、210～770 g FFAs/kg TFAs）进行贮藏试验中发现，在 20 ℃下贮存 6 个月后，其脂肪分解比例由 210～770 g FFAs/kg TFAs 显著上升到 248～854 g FFAs/kg TFAs，其中添加了脂肪酶的配合饲料油脂分解明显高于不添加脂肪酶的配合饲料；而且不同脂肪酶的活力不同，其导致的油脂分解程度也不同。其他相关试验结果还表明，脂肪水解的比例还受乳化剂、热处理时间、贮藏温度等因素的影响。脂肪水解可能降低其抗氧化能力，不利于饲料长期存放。另外，脂肪水解对饲料风味的影响还有待进一步研究。

三、微生物饲用脂肪酶应用价值的评估方法

饲料酶制剂的选用一向是酶制剂产品在畜禽生产中应用的一大重点。目前，关于饲料酶制剂的报道有很多，但大多集中在饲料酶制剂的作用机理和动物饲养效果的研究上，较少涉及饲料酶制剂的活力评估，仅有的报道也是着重于不同测定方法对饲料酶制

剂活力的影响，而对于影响其在饲料中添加的催化活性和稳定性的研究资料也很少，特别是对于饲用脂肪酶的评价和筛选基本未见报道。

王金全和蔡辉益（2007）认为，在酶制剂的实际应用过程中，可以采用 2 种方法将酶的效果进行量化。第一种方法是赋予酶制剂一个能量值，一般称为表现能值（AEV）；第二种方法是确认酶能够提高其他原料（小麦、大麦等）的营养价值，从而提高该物质的能量值。笔者认为，酶制剂并不像氨基酸、维生素等营养物质那样为营养性的添加剂，并不能直接为动物提供营养成分，故此第一种说法赋予酶制剂一个表观能值并不符合科学事实，而且对应不同的配方和原料，一种酶制剂往往出现的表观能值是多变的，因此数据变得更加复杂且不利于应用。此外，酶制剂具有表观能值这一概念在酶制剂的应用推广中容易造成误解，容易误导对酶制剂没有科学认识的畜牧生产者。因此，笔者更倾向于对应一定的单酶酶制剂及相应的饲料原料，确定其营养改进值或营养改进百分数，提出了加酶日粮的有效营养改进值（effective nutrients improvement value，ENIV 体系）用以评估酶制剂的有效价值（冯定远和沈水宝，2005）。而酶制剂生产企业也可以酶制剂的营养改进值作为酶制剂的标签，通过科学的理论和数据增加产品的可信度。当然，随着组合酶、复合酶概念的提出，ENIV 值也可以应用于各种组合酶、复合酶的效果评估。

关于饲用脂肪酶的 ENIV 值尚没有研究报道，笔者认为可以通过脂肪酶体外水解油脂的试验结果和动物代谢试验油脂表观消化率建立相关回归方程，以此评估脂肪酶的添加效果。但是由于目前动物代谢试验基本都是以成年动物为主，如肉鸡代谢试验，基本以成年鸡为试验对象，普遍认为幼龄仔鸡消化酶分泌不足，而成年鸡消化酶相对足够。因此，成年鸡的试验结果评估酶制剂在幼龄仔鸡中的饲用效果无法到达预想效果。

陆文清和李德发（2005）提出了关于筛选酶制剂所利用的五大指标，即 pH、耐酸稳定性、作用底物、发酵方式、耐热和贮存稳定性。笔者认为，畜禽生产者在选择脂肪酶时，主要参考的指标应该包括：最适反应 pH、最适反应温度、酸耐受性、热稳定性、蛋白酶耐受性、底物特异性和贮存稳定性。最适反应 pH、最适反应温度、酸耐受性和蛋白酶耐受性是确定脂肪酶是否适合在动物消化道作用，热稳定性是确定酶制剂是否能用于饲料制粒过程，底物特异性是确定与之搭配的油脂类型，而贮存稳定性是为了确保脂肪酶在贮存过程中不过度水解油脂，造成油脂酸败，进而影响饲料质量。

此外，由于脂肪酶的特殊性，其水解产物包括甘油、游离脂肪酸、甘油单酯和甘油二酯，这些营养物质的营养效应和吸收机制在国内的文献中都未见深入报道，故此在选择脂肪酶的时候遇到了一个重大的困难。研究发现，过多的游离脂肪酸会导致饲料脂肪消化率下降，1，3-甘油二酯有减肥作用，这并不代表脂肪酶没有效果，而是脂肪酶和油脂协同过程中出现了对动物吸收的负效果。关于特定酶制剂与相应底物对动物营养的协同作用目前尚没有得到重视，以后饲料酶制剂的研究应更多着眼于酶制剂与其底物对动物营养的协同作用上。

目前，微生物脂肪酶在饲料中的添加尚处于研究阶段，在实际应用中的并不多。生产者一方面尚未清楚了解脂肪酶的添加效果，另一方面不愿提高饲料成本。因此，脂肪酶在动物营养中的使用价值和效果依旧需要研究者不断去证实。在动物饲料中添加脂肪酶，一方面要关注脂肪酶的水解效果，另一方面要关注脂肪酶与油脂的协同效应。脂肪酶与油脂的协同作用，对动物营养和免疫、肠道微生态等方面的影响都需要进一步研究。

本 章 小 结

脂肪酶是饲料工业领域重要的酶类，特别是在油脂使用比较多的动物日粮中额外补充外源微生物脂肪酶的作用价值非常明显。产脂肪酶微生物包括共33个属，其中革兰氏阳性菌来源的7个属，30种菌。微生物脂肪酶是作用在油-水界面的丝氨酸水解酶，主要包括非特异性脂肪酶、特异选择性脂肪酶和底物特异性脂肪酶。通过响应面的分析方法筛选出最优双酶组合比例而成的组合型脂肪酶可进一步加强外源脂肪酶的作用效果。外源脂肪酶的作用效果主要表现为对饲料中脂肪利用效率的提高、对动物生产性能的改善。其作用途径及机理主要表现在：弥补内源脂肪酶的不足、促进脂肪的消化吸收、产生游离的脂肪酸、影响胰腺消化酶分泌和采食、与油脂协同作用、抑制肠道内有害病菌繁殖、弱化抗营养因子等。微生物饲用脂肪酶应用价值的评估方法有理化特性、脂肪酶的 ENIV 值、生产性状指标等。

⏵ 参考文献

樊红平，侯水生，黄苇，等，2006. 鸡、鸭消化道 pH 和消化酶活的比较研究 [J]. 畜牧兽医学报，37（10）：1009-1015.

秦鹏，2003. 脂肪来源、乳化剂和脂肪酶对肉鸡生产和脂肪利用的影响 [D]. 北京：中国农业大学.

王海燕，李富伟，高秀华，2007. 脂肪酶的研究进展及其在饲料中的应用 [J]. 饲料工业，28（6）：14-17.

王俊华，吴娜，杨洁，等，2006. 大麦脂肪酶的研究进展 [J]. 生物技术通报（5）：45-48.

汪小锋，王俊，杨江科，2008. 微生物发酵生产脂肪酶的研究进展 [J]. 生物技术通报（4）：47-53.

颜士禄，张铁鹰，刘强，2008. 脂肪酸的吸收与脂肪酸结合蛋白 [J]. 饲料工业，29（17）：17-21.

颜士禄，张铁鹰，刘强，2009. 爱拔益加肉鸡和北京油鸡脂肪酶活性及粗脂肪消化率的比较研究 [J]. 动物营养学报，21（3）：393-397.

张铁鹰，汪徽，李永清，2005.0～49 日龄肉仔鸡消化参数的变化规律研究 [J]. 中国畜牧兽医，32（1）：6-10.

张中义，吴新侠，2007. 脂肪酶的研究进展 [J]. 食品与药品，9（12）：54-56.

Al - Marzooqi W, Leeson S, 1999. Evaluation of dietary supplements of lipase, detergent, and rude porcine pancreas on fat utilization by young broiler chicks [J]. Poultry Science, 78（11）: 1561-1566.

Al - Marzooqi W, Leeson S, 2000. Effect of dietary lipase enzyme on gut morphology, gastric motility and long - term performance of broiler chicks [J]. Poultry Science, 79（7）: 956-960.

Arpigny J L, Jaeger K E, 1999. Bacterial lipolytic enzymes: classification and properties [J]. Biochemical Journal, 343（1）: 177-183.

Beisson F, Tiss A, Rivière C, et al, 2000. Methods for lipase detection and assay: a critical review [J]. European Journal of Lipid Science and Technology, 102（2）: 133-153.

Boland W，Froessl C，Lorenz M，1991. Esterolytic and lipolytic enzymes in organic synthesis [J]. Synthesis，12：1049 - 1072.

Bradoo S，Saxena R K，Gupta R，1999. Two acidothermotolerant lipases from new variants of *Bacillus* spp. [J]. World Journal of Microbiology and Biotechnology，15：87 - 91.

Brodish R J，Kuvshinoff B W，Fink A S，1994. Intraduodenal acid augments oleic acid（C18）- induced cholecystokinin release [J]. Annals of the New York Academy of Sciences，713：388 - 390.

Canioni P，Julien R，Rathelot J，et al，1977. Pancreatic and microbial lipases：a comparison of the interaction of pancreatic colipase with lipases of various origins [J]. Lipids，12（4）：393 - 397.

Carew L B，Machemer R H，Sharp R W，et al，1972. Fat absorption by the very young chick [J]. Poultry Science，51（3）：738 - 742.

DeNigris S J，Hamosh M，Kasbekar D K，et al，1988. Lingual and gastric lipases：species differences in the origin of prepancreatic digestive lipases and in the localization of gastric lipase [J]. Biochimica et Biophysica Acta，959（1）：38 - 45.

Dharmsthiti S，Luchai S，1999. Production，purification and characterization of thermophilic lipase from *Bacillus* sp. THL027 [J]. FEMS Microbiology Letters，179（2）：241 - 246.

Dierick N A，Decuypere J A，2002. Endogenous lipolysis in feedstuffs and compound feeds for pigs：effects of storage time and conditions and lipase and /or emulsifier addition [J]. Animal Feed Science and Technology，102（1/4）：53 - 70.

Dierick N，Decuypere J A，Degeyter I，2004. The combined use of whole cuphea seeds containing medium chain fatry acids and an exogenous lipase in piglet nutrition [J]. Archives of Animal Nutrition，57（1）：49 - 63.

Dierick N A，Decuypere J A，Molly K，et al，2002. The combined use of triacylglycerols（TAGs）containing medium chain fatty acids（MCFAs）and exogenous lipolytic enzymes as an alternative to nutritional antibiotics in piglet nutrition [J]. Livestock Production Science，75（2）：129 - 142.

Fan C L，Han X Y，Xu Z R，et al，2009. Effects of b - glucanase and xylanase supplementation on gastrointestinal digestive enzyme activities of weaned piglets fed a barley - based diet [J]. Journal of Animal Physiology and Animal Nutrition，93：271 - 276.

Finkelstein J，Romano J A，1970. Synthesis of potential anticancer agents. 5，12 - Naphthacene - quinones [J]. Journal of Medicinal Chemistry，13（3）：568 - 570.

Ghazi S，Rooke T A，Galbraith H，et al，1997. The potential for improving soya - bean meal in diets for chickens：treatment with different Proteolytic enzyme [J]. British Poultry Seienee，37：554 - 555.

Gilbert E J，Drozd J W，Jones C W，1991. Physiological regulation and optimization of lipase activity in *Pseudomonas aeruginosa* EF2 [J]. Journal of General and Applied Microbiology. 137（9）：2215 - 21.

Godtfredsen S E. 1990. Microbial lipases [M]//Microbial enzymcs and biotechnology. 2nd. William M F，Catherine T K. London，U K：Elsevier Applied Scienct Press：255 - 274.

Guan F F，Peng P，Wang G L，et al，2010. Combination of two lipases more efficiently catalyzes methanolysis of soybean oil for biodiesel production in aqueous medium [J]. Process Biochemistry，45（10）：1677 - 1682.

Gupta J K，Soni S K，2000. Industrial uses of enzymes [J]. Journal of Punjab Academy Science，2：75 - 80.

Gupta R，Gupta N，Rathi P，2004. Bacterial lipases：an overview of production，purification and biochemical properties [J]. Applied Microbiology and Biotechnology, 64: 763 - 781.

Hasan F, Shah A A, Hameed A, 2006. Industrial applications of microbial lipases [J]. Enzyme and Microbial Technology, 39 (2): 235 - 251.

Jaeger K E, Dijkstra B W, Reetz M T, 1999. Bacterial biocatalysts: molecular biology, three - dimensional structures and biotechnological applications of lipases [J]. Annual Review of Microbiology, 53: 315 - 351.

Jaeger K E, Eggert T, Eipper A, et al, 2001. Directed evolution and the creation of enantioselective biocatalysts [J]. Applied Microbiology and Biotechnology, 55: 519 - 530.

Jaeger K E, Ransac S, Dijkstra B W, et al, 1994. Bacterial lipases [J]. FEMS Microbiology Reviews, 15: 29 - 63.

Jaeger K E, Reetz M T, 1998. Microbial lipases form versatile tools for biotechnology [J]. Trends in Biotechnology, 16: 396 - 403.

Jamroz D, Wiliczkiewicz A, Orda J, et al, 2002. Aspects of development of digestive activity of intestine in young chickens, ducks and geese [J]. Journal of Animal Physiology and Animal Nutrition, 86 (11/12): 353 - 366.

Jensen M S, Jensen S K, Jakobsen K, 1997. Development of digestive enzymes in pigs with emphasis on lipolytic activity in the stomach and pancreas [J]. Journal of Animal Science, 75: 437 - 445.

Kawai T, Fushik T I, 2003. Importance of lipolysis in oral cavity for orosensory detection of fat [J]. American Journal of Physiology - Regulatory Integrative and Comparative Physiology, 285: 447 - 454.

Kazlauskas R J, Bornscheuer U, 1998. Biotransformations with lipases [M]//Rehm H J, Reeds G. Biotechnology. New York: Wiley.

Kermanshahi H, Maenz D D, Classen H L, 1998. Stability of porcine and microbial lipases to conditions that approximate the small intestine of young birds [J]. Poultry Science, 77 (11): 1671 - 1677.

Krogdahl A, Sell J L, 1989. Influence of age on lipase, amylase and protease activities in pancreatic tissue and intestinal contents of young turkeys [J]. Poultry Science, 68: 1561 - 1568.

Lee D H, Kim J M, Shin H Y, 2006. Biodiesel production using a mixture of immobilized Rhizopus oryzae and Candida rugosa lipases [J]. Biotechnology and Bioprocess Engineering, 11 (6): 522 - 525.

Lee D W, Koh Y S, Kim K J, et al, 1999. Isolation and characterization of a thermophilic lipase from Bacillus thermoleovorans ID - 1 [J]. FEMS Microbiology Letters, 179 (2): 393 - 400.

Lee J H, Kim S B, Park C, et al, 2010. Development of batch and continuous processes on biodiesel production in a packed - bed reactor by a mixture of immobilized *Candida rugosa* and *Rhizopus oryzae* lipases [J]. Applied Biochemistry and Biotechnology, 161: 365 - 371.

Lee J H, Lee D H, Lim J S, et al, 2008. Optimization of the process for biodiesel production using a mixture of immobilized *Rhizopus oryzae* and *Candida rugosa* lipases [J]. Journal of Microbiology and Biotechnology, 18 (12): 1927 - 1931.

Lesuisse E. Schanck K, Colson C, 1993. Purification and preliminary characterization of the extracellular lipase of *Bacillus subtilis* 168, an extremely basic of pH - tolerant enzyme [J]. European Journal of Biochemistry, 216: 155 - 160.

Li F C, Jiang Y N, Shen T F, 2001. Development of lipase in nursing piglets [J]. Proceedings of the National Science Council • Part B (Life Sciences), 25 (1): 12 - 16.

Lichovnikova M，Zeman L，Klecker D，et al，2002. The effects of the long‐term feeding of dietary lipase on the performance of laying hens [J]. Czech Journal of Animal Science, 47（4）: 141‐145.

Liddle R A，2000. Regulation of cholecystokinin secretion in humans [J]. Journal of Gastroenterology, 35: 181‐187.

Longstaff M A，McNab J M，1991. The inhibitory effect of hull polysaccharides and tannins of field beans（visia faba L）on the digestion of amino acids, starch and lipid and on digestive enzyme activities in young chicks [J]. British Journal of Nutrition, 65: 199‐216.

Luo Y，Zheng Y，Jiang Z，et al，2006. A novel psychrophilic lipase from *Pseudomonas fluorescens* with unique property in chiral resolution and biodiesel production via transesterification [J]. Applied Microbiology and Biotechnology, 73: 349‐355.

Mahadik N D，Puntambekar U S，Bastawde K B，et al，2002. Production of acidic lipase by Aspergillus niger in solid state fermentation [J]. Process Biochemistry, 38（5）: 715‐721.

Matzinger D，Degen L，Drewe J，et al，2000. The role of long chain fatty acids in regulating food intake and cholecystokinin release in humans [J]. Gut, 46: 688‐693.

Meng X，Slominski B A，Guenter W，2004. The effect of fat type, carbohydrase, and lipase addition on growth performance and nutrient utilization of young broilers fed wheat‐based diets [J]. Poultry Science, 83: 1718‐1727.

Meng X，Zou D，Shi Z，et al，2004. Dietary diacylglycerol prevents high‐fat diet‐induced lipid accumulation in rat liver and abdominal adipose tissue [J]. Lipids, 39: 37‐41.

Moraes G H K D，Rodrigues A C P，Oliveira M G D A，et al，2009. Enzymatic profile of α‐amylase, lipase and trypsin in the pancreas and the growth of the liver, intestine and pancreas in broiler chicks from one to 21 days of age [J]. Revista Brasileira de Zootecnia, 38（11）: 2188‐2192.

Mukherjee M，2003. Human digestive and metabolic lipases—a brief review [J]. Journal of Molecular Catalysis B: Enzymatic, 22（5/6）: 369‐376.

Newport M J，Howarth G L，1985. Contribution of gastric lipolysis to the digestion of fat in the neonatal pig [M]//Just A，Jorgensen H，Fernandez J A. International symposium on digestive physiology in the pig. Beretning Statens Husdyrbrugsforsog, Copenhagen, Denmark.

Noy Y，Sklan D，1995. Digestion and absorption in the young chick [J]. Poultry Science, 74: 366‐373.

Palekar A A，Vasudevan P T，Yan S，2000. Purification of lipase: a review [J]. Biocatalysis and Biotransformation, 18: 177‐200.

Pandey A，Benjamin S，Soccol C R，et al，1999. The realm of microbial lipases in biotechnology [J]. Biotechnology and Applied Biochemistry, 29: 119‐131.

Panzanaro S，Nutricati E，Miceli A，et al，2010. Biochemical characterization of a lipase from olive fruit（*Olea europaea* L.）[J]. Plant Physiology and Biochemistry, 48: 741‐745.

Park Y K，Glaucia M，1988. Hydrolysis of soybean oil by a combined lipase system [J]. AOCS, 65（2）: 252‐254.

Polin D，Wing T L，1980. The effect of bile aeids and lipase on absorption of tallow by young chicks [J]. Poultry Science, 59: 2738‐2743.

Pratuangdejkul J，Dharmsthiti S，2000. Purification and characterization of lipase from *psychrophillic Acinetobacter calcoaceticus* LP009 [J]. Microbiol ogical Research, 155（2）: 95‐100.

Raimondo M，DiMagno E P，1994. Lipolytic activity of bacterial lipase survives better than that of porcine lipase in human gastric duodenal content [J]. Gastroenteroiogy，107：231 - 235.

Robert S R，Ruth B F，1993. Chronology of peroxidase activity in the developing rat parotid gland [J]. The Anatomical Record，235（4）：611 - 621.

Rodrigues R C，Záchia A M A，2011. Effects of the combined use of thermomyces lanuginosus and rhizomucor miehei lipases for the transesterification and hydrolysis of soybean oil [J]. Process Biochemistry，46（3）：682 - 688.

Sharma R，Chisti Y，Banerjee U C，2001. Production，purification，characterization and applications of lipases [J]. Biotechnology Advances，19（8）：627 - 662.

Shih B L，Hhu J C，2006. Development of the activities of pancreatic and caecal enzymes in White Roman goslings [J]. British Poultry Science，47（1）：95 - 102.

Sunna A，Hunter L，Hutton C A，et al，2002. Biochemical characterization of a recombinant thermoalkalophilic lipase and assessment of its substrate enantioselectivity [J]. Enzyme and Microbial Technology，31：472 - 476.

Tanaka T，Katsuma S，Adachi T，et al，2008. Free fatty acids induce cholecystokinin secretion through GPR120 [J]. Naunyn - Schmiedebergs Archives of Pharmacology，377：523 - 527.

Treichel H，Oliveira D D，Mazutti M A，et al，2010. A review on microbial lipases production [J]. Food and Bioprocess Technology，3：182 - 196.

第二十九章
葡萄糖氧化酶在日粮中替代抗生素的机理和应用价值

传统上，酶制剂在饲料和养殖中的应用主要有两大方面：一是补充体内消化道酶的不足，直接提高日粮营养的消化利用；二是消除饲料中的抗营养因子，间接改善日粮营养物质的消化利用率。这两大方面都是消化性作用，典型例子分别是蛋白酶等外源性消化酶和木聚糖酶等非淀粉多糖酶的应用，过去酶制剂饲料应用取得的成功也是基于这两大方面的研究和认识。饲料酶制剂发展到现在，正面临新的突破和拓展。由于酶制剂在畜禽饲料中的应用具有功能多元性的特性，因此这种突破原有两大方面的应用具有可能性，即使同样是营养方面，也有非消化的途径。例如，β-甘露聚糖酶也具有营养作用，但并不是以提高营养消化为手段。而非营养性、非消化性的酶制剂也同样有广阔的应用前景，其中一个是酶制剂替代抗生素中的应用，特别是在替代抗生素直接起杀菌抑菌的作用方面越来越显示其价值和意义，葡萄糖氧化酶就是这样的一种酶制剂。

第一节　葡萄糖氧化酶的定义及其特性

一、葡萄糖氧化酶的定义

葡萄糖氧化酶（glucose oxidase，GOD）是一种需氧脱氢酶，系统命名为 β-D-葡萄糖氧化还原酶，能专一地氧化分解 β-D-葡萄糖为葡萄糖酸和过氧化氢，同时消耗大量的氧气。葡萄糖氧化酶反应的最初产物不是葡萄糖酸，而是中间产物 δ-葡萄糖酸内酯，δ-葡萄糖酸内酯以非酶促反应自发水解为葡萄糖酸。葡萄糖氧化酶通常与过氧化氢酶组成一个氧化还原酶系统。

葡萄糖氧化酶广泛存在于动物、植物和微生物中。可以生产 GOD 的微生物主要是细菌和霉菌，细菌主要有弱氧化醋酸菌等，生产上一般采用的霉菌是黑曲霉和青霉属菌株。早在 1904 年人们就发现了葡萄糖氧化酶，直到 1928 年 Muller 才首先从黑曲霉的无细胞提取液中发现葡萄糖氧化酶，在研究了其催化机理后正式将其命名为葡萄糖氧化酶，并将其归入脱氢酶类（李友荣等，1993）。Nakamatsu 和 Fujiki（1968）对此作了大量研究工作并将其投入生产。我国自 1986 年开始研究葡萄糖氧化酶的制备提纯工艺，

1998 年正式投入生产，1999 年农业部将其定为可以使用的饲料酶制剂。产自特异青霉和黑曲霉的葡萄糖氧化酶已被列入农业部《饲料添加剂品种目录（2013）》第四大类酶制剂。

高纯度葡萄糖氧化酶分子质量为 150～152 ku，为淡黄色粉末，易溶于水，不溶于乙醚、氯仿、丁醇、吡啶、甘油、乙二醇等有机溶剂，50% 丙酮溶液和 60% 甲醇溶液能使其沉淀。葡萄糖氧化酶在 pH 为 4.0～8.0 时具有很好的稳定性，最适 pH 为 5。如果没有葡萄糖等保护剂的存在，pH 大于 8 或小于 3 时葡萄糖氧化酶将迅速失活。葡萄糖氧化酶作用温度为 30～60 ℃，固体葡萄糖氧化酶制剂在 0 ℃下至少可稳定保存 2 年，在 −15 ℃下则可稳定保存 8 年。葡萄糖氧化酶的最大光吸收波长为 377～455 nm，在紫外光下无荧光，但经热、酸或碱处理后具有特殊的绿色。葡萄糖氧化酶不受乙二胺四乙酸、氰化钾及氟化钠抑制，但受氯化汞、氯化银、对氯汞苯甲酸和苯肼抑制。实际生产中应用的 GOD 应该能很好地耐受枯草杆菌蛋白酶（pH 6.0）、胰蛋白酶（pH 6.8）和胃蛋白酶（pH 4.5）的分解破坏。

二、葡萄糖氧化酶的特点

葡萄糖氧化酶的特点有：①是动物体内消化道不能分泌的酶；②不水解或者分解抗营养因子；③分解消耗营养成分（葡萄糖）；④通过非药物途径杀菌抑菌；⑤产生有机酸而具有一定的酸化剂作用。葡萄糖氧化酶能够催化葡萄糖氧化分解，这会出现两个结果：一是消耗环境中的氧气；二是产生葡萄糖酸。这两个结果都对动物消化道内环境有重要意义。葡萄糖氧化酶能够消耗氧气催化葡萄糖氧化，过氧化氢酶能够将过氧化氢分解生成水和 1/2 氧气，而水又与葡萄糖酸内酯结合产生葡萄糖酸。

在没有过氧化氢酶的情况下，葡萄糖氧化酶可生成葡萄糖酸和过氧化氢；在过氧化氢酶存在时，葡萄糖氧化酶可生成葡萄糖酸；在乙醇和过氧化氢酶都存在时，葡萄糖氧化酶可生成葡萄糖酸、乙醛和水。葡萄糖氧化酶的酶促反应受底物浓度的影响不大，葡萄糖浓度在 5%～20% 时反应速度几乎不变。经旋光测定，GOD 反应的最初产物是 6 - 葡萄糖酸内酯，6 - 葡萄糖酸内酯则以非酶促反应自发水解为葡萄糖酸。

理论上，每摩尔葡萄糖氧化酶在有过氧化氢酶存在条件下消耗 1 mol 氧，在没有过氧化氢酶存在下消耗 1 mol 氧，在有乙醇和过氧化氢酶存在下也消耗 1 mol 氧（Struth 等，2001）。葡萄糖氧化酶的催化反应按反应条件有 3 种形式：①没有过氧化氢酶存在时，每氧化 1 mol 葡萄糖消耗 1 mol 氧：$C_6H_{12}O_6$（葡萄糖）$+ O_2$（氧气）$\rightarrow C_6H_{12}O_7 + H_2O_2$ $\beta - D -$ 葡萄糖 $+ O_2 \rightarrow \delta - D -$ 葡萄糖内酯 $+ H_2O_2$；②有过氧化氢存在时，每氧化 1 mol 葡萄糖消耗 1 mol 氧：$C_6H_{12}O_6$（葡萄糖）$+ 1/2O_2$（原子氧）$\rightarrow C_6H_{12}O_7$；③有乙醇及过氧化氢酶都存在下，过氧化氢也可用于乙醇的氧化，每氧化 1 mol 葡萄糖消耗 1 mol 氧：$C_6H_{12}O_6$（葡萄糖）$+ C_2H_5OH$（乙醇）$+ O_2$（氧气）$\rightarrow C_6H_{12}O_7 + CH_3CHO + H_2O$。$Na^+$、$Ca^{2+}$、$Mg^{2+}$、$Zn^{2+}$ 和 Mn^{2+} 对酶具有不同程度的激活作用。葡萄糖氧化酶只对 D 型的葡萄糖有活性，对 L - 葡萄糖则完全没有活性。

GOD 的生理功能主要表现在两个方面：①通过制造厌氧环境和增加肠道酸性，改变肠道病菌的生存环境，从而抑制病原菌的生长。GOD 进入肠道后，以葡萄糖作为底物，生成葡萄糖酸和过氧化氢。而过氧化氢具有广谱杀菌作用，对大肠埃希氏菌、沙门氏菌等致病微生物的生长繁殖起到抑制的作用（杨久仙等，2011）；GOD消耗氧气会形成厌氧环境，从而抑制有害菌的生长，促进有益菌形成优势菌群，改善肠道菌群，保护肠道健康；生成的葡萄糖酸具有酸化剂的功效，能促进胃肠道食糜产生更多的短链脂肪酸，改善肠道微生态（Tsukahara等，2002）。②保护肠道上皮细胞完整。处于应激或病理状态的动物会产生大量自由基，当自由基超过机体自身的清除能力时就会破坏肠道上皮细胞。添加GOD可以清除这些自由基，保护肠道上皮细胞的完整性，阻止大量病原菌入侵，提高免疫力，促进动物健康、快速生长（吕进宏等，2004）。

第二节　葡萄糖氧化酶在动物生理中的作用及其在饲料中的应用

一、葡萄糖氧化酶在动物生理中的作用

葡萄糖氧化酶既不直接帮助消化（从营养角度葡萄糖氧化酶甚至消耗营养，即消耗葡萄糖和能量），也不能消除抗营养因子。由于葡萄糖氧化酶是一种需氧脱氢酶，能去除肠道中的氧气，防止需氧菌的生长繁殖；同时，葡萄糖氧化酶对葡萄糖催化反应产生的过氧化氢也可起到杀菌的作用。因此，具有消除肠道病原菌生存环境、保持肠道菌群生态平衡、保护肠道上皮细胞完整、改善胃肠道酸性消化环境等多方面的功能。

1. 葡萄糖氧化酶的作用途径　具体而言，葡萄糖氧化酶主要是通过非营养、非消化的方式改善消化道内环境和微生态，葡萄糖氧化酶对肠道内环境的改善主要通过3个途径来实现：其一是通过氧化葡萄糖生成葡萄糖酸，增加胃肠道内的酸性；其二是通过氧化反应消耗胃肠道内氧气的含量，营造厌氧环境，对需氧菌和兼性菌有抑制甚至杀灭作用；其三是反应产生一定量的过氧化氢，并通过过氧化氢的氧化能力进行广谱杀菌。其中，因葡萄糖酸的产生而造成的酸性环境有利于以乳酸菌为代表的益生菌增殖；同时，反应过程消耗氧气使得厌氧环境提前，也有利于以双歧杆菌为代表的厌氧益生菌增殖，进而营造出适合益生菌的增殖环境。进而通过过氧化氢的广谱杀菌性，使肠道内微生物的数量有所下降，从而使得有益菌形成微生态竞争优势。当过氧化氢积累到一定浓度时，主要是对大肠埃希氏菌、沙门氏菌、巴氏杆菌、葡萄球菌、弧菌等有害菌进行增殖抑制。可见其作用机理有别于抗生素，不易产生菌体抗药性或药物残留。

2. 葡萄糖氧化酶的营养功能　葡萄糖氧化酶在作用过程中消耗氧气。由于大部分肠道病原菌都是耗氧菌，大部分有益微生物都是厌氧菌或兼性厌氧菌，因此葡萄糖氧化酶在肠道中消耗氧气有助于增殖有益菌，抑制有害菌，达到维持肠道菌群平衡、保证动物健康的目的。葡萄糖氧化酶形成的这种厌氧环境，在治疗畜禽生理性顽固腹泻时体现得较好。

葡萄糖酸能够到达大肠，刺激乳酸菌生长。葡萄糖酸具有类似益生元的性质，在小肠中很少被吸收，但当它到达肠道后段时能够被那里栖息的菌群所利用，生成丁酸。丁

酸是一种短链脂肪酸，能快速被大肠黏膜吸收，为大肠上皮细胞提供能量，对刺激肠上皮细胞生长、促进钠和水吸收的效果较好。

葡萄糖氧化酶具有抗氧化作用，能清除自由基、保护肠道上皮细胞的完整性，可以阻挡大量病原体入侵。畜禽处于应激状态时，机体会发生一系列氧化反应，产生大量的自由基。当产生的自由基超过机体自身的清除能力时，就会破坏肠道上皮细胞。同时，葡萄糖氧化酶催化葡萄糖生成葡萄糖酸，在肠道内发挥酸化剂的作用，创造酸性环境；降低胃中的 pH，激活胃蛋白酶，促进矿物质、维生素 A 和维生素 D 的吸收，并且酸性肠道环境可减少有害菌繁殖，预防动物腹泻。葡萄糖氧化酶进入胃肠道后，葡萄糖酸不断产生，从而使胃肠道 pH 降低。偏酸的环境有利于各种消化酶保持活力，有助于饲料消化。陈嘉铭（2019）在仔猪试验研究中发现，与无抗生素组相比，添加葡萄糖氧化酶后，仔猪的血清 SOD 和 GSH－Px 含量水平都有显著性提高（$P<0.05$），肝脏中的 GSH－Px 含量水平也有显著性提高（$P<0.05$）。由此说明，葡萄糖氧化酶可增强断奶仔猪的抗氧化能力，从而降低断奶仔猪的肠道炎症反应，维持肠道健康和稳态，减少腹泻。

此外，葡萄糖氧化酶直接抑制黄曲霉、黑根霉、青霉等多种霉菌，对黄曲霉毒素 B 中毒症有很好的预防效果（胡常英等，2014）。葡萄糖氧化酶的添加，可于胃肠道内在过氧化氢酶尚不存在时与葡萄糖反应，生成一定量的过氧化氢，从而使如黄曲霉毒素这种具备氧杂萘邻酮基团的霉菌毒素被氧化脱氢，或通过氧化作用打开其呋喃环，进而发挥脱毒作用，解除饲料中真菌毒素的危害。

加葡萄糖氧化酶后可以消耗青贮饲料的氧气，提高青贮窖（罐）内的缺氧程度，有利于厌氧性乳酸菌增殖，加快乳酸菌的发酵过程，迅速产生大量乳酸，使青贮的 pH 很快下降，抑制有害细菌的繁殖，避免异常发酵，最终保证青贮质量。在油脂饲料原料或者含有油脂比较多的饲料产品中添加葡萄糖氧化酶，可消耗其中的氧气，抵制微生物生长，防止油脂酸败变质。

球虫病是一种普遍多发、严重危害家禽的寄生虫病，使用药物极易产生耐药性。葡萄糖氧化酶具有抗氧化作用，能有效清除自由基，保护肠道上皮细胞的完整性，可使球虫入侵肠道上皮寄生部位的概率大大降低，从而达到预防球虫病的目的。

葡萄糖氧化酶不仅能够与抗生素等抗菌药物配伍，而且还有协同药物提高疗效的作用，能够耐受制粒高温。葡萄糖氧化酶不仅能够部分代替抗菌药物，在没有完全限制抗生素使用的情况下，可与抗生素及其他药物配伍使用，起到一个渐进过程，为配方技术的探索和累积提供了可能，防止细菌性疾病对养殖的影响。

二、葡萄糖氧化酶在饲料中的应用

葡萄糖氧化酶是一种条件性饲料添加剂，在养殖条件特别是病原性微生物细菌大量存在的情况下，更容易体现其使用效果。而且添加葡萄糖氧化酶后，动物有可能表现不同的生产性能。有些并不完全是获得增重和饲料报酬，但却可以控制腹泻，改善外观。祁文有（2003）证实，父母代蛋种鸡使用葡萄糖氧化酶后，对由大肠埃希氏菌等引起的腹泻有明显的预防作用，葡萄糖氧化酶在开始使用的前 1 周添加剂量为 0.2%，使用 1

周后的添加剂量控制在0.1%。李焰（2004）在肉鸡日粮中使用葡萄糖氧化酶后发现，试验组肉鸡的羽毛较对照组整齐、有光泽，并且垫料明显干燥，说明其对改善养殖环境具有积极作用。张晓云等（2007）发现，在产蛋鸡日粮中添加葡萄糖氧化酶可以促进乳酸杆菌增殖，抑制大肠埃希氏菌增殖。

在家禽日粮中添加葡萄糖氧化酶也有提高生长增重效果的报道。李靖等（2009）发现，添加0.2%葡萄糖氧化酶制剂后，AA肉鸡成活率要明显高于对照组，成活率提高了3.5个百分点，增重率提高了6.23%，料重比低于对照组。庞家满等（2013）通过试验表明，葡萄糖氧化酶对36～70日龄黄羽肉鸡的日增重、料重比和养分代谢率都有显著影响，添加380 g/t葡萄糖氧化酶制剂最适宜。

葡萄糖氧化酶在猪方面也有正面效果的报道。宋海彬（2008）和宋海彬等（2008）的试验指出，在常规断奶仔猪基础饲粮中添加0.5%的葡萄糖氧化酶，经过28 d的试验后试验组的猪平均日增重提高25.0%、料重比下降17.2%、腹泻率降低56.0%，表明在仔猪饲粮中添加葡萄糖氧化酶在增加采食量、促进生长、提高饲料转化效率、减少腹泻率等方面都有明显效果。殷骥和梅宁安（2012）对体重为17 kg的仔猪进行40 d的试验，对照组仔猪饲喂基础饲粮，试验组仔猪在基础饲粮中添加0.05%的饲用葡萄糖氧化酶（45 U/g），与对照组相比，饲粮中添加饲用葡萄糖氧化酶的试验组仔猪日增重显著提高7.03%（$P<0.05$），料重比显著降低2.75%（$P<0.05$）。而田东霞等（2012）的试验也显示，添加0.5%的葡萄糖氧化酶日粮后，仔猪平均日增重试验组比对照组提高25.0%，差异极显著（$P<0.01$）；仔猪料重比试验组比对照组下降17.2%，差异极显著（$P<0.01$）；仔猪腹泻率试验组比对照组下降56.0%，差异极显著（$P<0.01$）。汤海鸥等（2013）研究了日粮中添加不同剂量葡萄糖氧化酶对仔猪生长性能的影响，与对照组相比，100 g/t和200 g/t葡萄糖氧化酶添加组仔猪日增重和日采食量显著提高（$P<0.05$），400 g/t添加组仔猪日增重和日采食量显著降低（$P<0.05$），各添加组仔猪料重比均显著降低，400 g/t添加组仔猪腹泻率显著降低（$P<0.05$）。因此，在仔猪饲料中添加适量葡萄糖氧化酶可有效改善日增重、采食量和料重比。笔者研究团队发现，与无抗生素组和抗生素组相比，添加了葡萄糖氧化酶的3个组的仔猪平均日增重无显著性变化（$P>0.05$）；而在腹泻率方面，与无抗生素组相比，添加葡萄糖氧化酶的3个组及抗生素组仔猪腹泻率都有极显著下降（$P<0.01$）（图29-1）。这些结果与前人的研究基本一致。葡萄糖氧化酶对断奶仔猪的促生长及改善腹泻的作用，大概是因为葡萄糖氧化酶能够改善断奶仔猪肠道微生物组成和增强机体抗氧化能力，从而使断奶仔猪能够更好地应对外界应激（陈嘉铭，2019）。

正如前面提到，国外养殖水平先进的国家和地区的饲养环境比较好，相对而言病菌的影响就少，特别是对非传染性疾病，可以推测葡萄糖氧化酶的使用效果有限。不知道是否是这方面的原因，国外有关葡萄糖氧化酶在养殖饲料中应用的报道比较少。尽管如此，有葡萄糖氧化的产物，即葡萄糖酸的试验报道。Biagi等（2006）通过体外试验和体内试验报道了葡萄糖酸在仔猪上的作用效果。体外试验显示，分别经过4 h、8 h和24 h的发酵试验，盲肠液中的氨含量显著减少；发酵24 h后，总脂肪酸、乙酸、丙酸、n-丁酸、乙酸/丙酸、乙酸+丁酸与丙酸比都极显著增加。饲养试验结果表明，分别添加3 000 mg/L和6 000 mg/L的葡萄糖酸后仔猪的平均日增重分别提高了13%和14%，

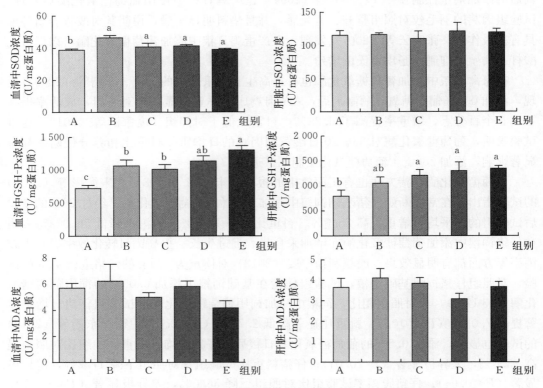

图 29-1　葡萄糖氧化酶对断奶仔猪血清和肝脏抗氧化能力的影响
A. 无抗生素组　B. 抗生素组　C. 无抗生素组＋500 g/t GOD
D. 无抗生素组＋1 000 g/t GOD　E. 无抗生素组＋2 000 g/t GOD

并且增加了仔猪空肠中的总短链脂肪酸含量，改善了仔猪肠道健康状态。

目前葡萄糖氧化酶的应用价值逐渐被挖掘，但研究试验尚未完善。在应用方面，综合目前研究报道，葡萄糖氧化酶在动物体内的作用机制仍处于推论阶段，尚无直接的作用机理证据，同时其在动物体内发挥作用的位置和代谢过程都有待进一步细化和研究。尽管如此，葡萄糖氧化酶由于其独特的抗菌抑菌杀菌原理，起到了非药物性抗病抑病的效果，这使得其在我国目前的养殖环境中体现出重要的应用潜力。

同时也必须指出，如其他酶制剂一样，应用葡萄糖氧化酶不要过高期望其促进增重的作用效果，这是一种非常典型的条件性添加剂。但是，由于葡萄糖氧化酶通过防止需氧菌的生长繁殖、保护肠道上皮细胞完整、改善胃肠道酸性消化环境等发挥作用，因此在畜禽中应用的效果必然是多方面的，评价也应该是多种形式的。提高动物的生产性能和改善饲料利用效率是最被期待的效果。其实，根据原理推导，更应该被重视的是在评价饲料酶制剂价值时提出的"非常规动物生产性能指标"。广义的动物生产性能指标还应该包括其他指标，甚至还包括不能量化的指标，如外观表现、健康状况、整齐度、成活率、同时出栏的比例等。葡萄糖氧化酶应用效果更是如此，也许这些容易被忽视的性能指标恰恰是更能反映酶制剂，特别是葡萄糖氧化酶这种"第三代分解型酶制剂"的复杂、变异和多功能的添加剂的效果（冯定远和左建军，2009）。

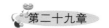

本　章　小　结

　　葡萄糖氧化酶是一种能发挥杀菌抑菌、抗氧化等作用，一定程度上具有代替抗生素作用的特殊生物功能性特点突出的酶制剂。其生理功能主要表现在：制造厌氧环境和增加肠道酸性产物来抑制病原菌生长，消减自由基发挥抗氧化作用来保护肠道上皮细胞完整。葡萄糖氧化酶改善动物肠道内环境的途径有：氧化葡萄糖生成葡萄糖酸来增强胃肠道内的酸性；氧化反应消耗胃肠道内氧含量来营造厌氧环境，实现对需氧致病菌的抑制甚至杀灭；反应产生一定量的过氧化氢来发挥广谱杀菌作用。葡萄糖氧化酶是一种条件性饲料添加剂，在养殖技术水平较低或使用条件较为恶劣条件下，更容易体现其使用效果。而且，其作用效应表现更为非常规性特点，如控制动物腹泻、改善外观等。

参考文献

陈嘉铭，2019. 葡萄糖氧化酶对断奶仔猪生长性能、肠道形态及抗氧化性能的影响 [D]. 广州：华南农业大学.

冯定远，左建军，2009. 饲料酶制剂应用技术体系的构建 [C]. 酶制剂在饲料中应用技术的研究. 北京：中国农业大学出版社.

胡常英，王云鹏，范星，等，2014. 葡萄糖氧化酶解除黄曲霉毒素 B_1 应用研究 [J]. 生物学杂志，31（2）：55-57.

李靖，曲素娟，贾路，等，2009. 葡萄糖氧化酶制剂对肉鸡生长性能的研究 [J]. 饲料广角（21）：28-29.

李焰，2004. 葡萄糖氧化酶饲养肉鸡效果试验 [J]. 龙岩师专学报，22（6）：77-78.

李友荣，张艳玲，纪西冰，1993. 葡萄糖氧化酶的生物合成产生菌的筛选及产酶条件的研究 [J]. 工业微生物，23（3）：1-6.

梁振华，2004. 鲜尔康控制鸡育雏期球虫病的疗效观察 [J]. 湖北畜牧兽医（1）：31-32.

吕进宏，黄涛，马立保，2004. 新型饲料添加剂——葡萄糖氧化酶 [J]. 中国饲料（12）：15-16.

庞家满，王江，李杰，等，2013. 葡萄糖氧化酶对黄羽肉鸡生产性能和养分代谢的影响 [J]. 兽药与饲料添加剂，40（2）：72-74.

祁文有，2003. 鲜尔康在父母代蛋种鸡育成中的应用效果 [J]. 中国家禽（17）：19-22.

宋海彬，2008. 葡萄糖氧化酶对肉鸡生长的营养调控作用及机理研究 [D]. 保定：河北农业大学.

宋海彬，赵国先，李娜，等，2008. 葡萄糖氧化酶及其在畜牧生产中的应用 [J]. 饲料与畜牧（7）：10-13.

汤海鸥，高秀华，姚斌，等，2013. 葡萄糖氧化酶在仔猪上的应用效果研究 [J]. 中国饲料（19）：21-23.

田东霞，张玉坤，田泉成，2012. 在日粮中添加葡萄糖氧化酶和植物血凝素防治仔猪早期断奶腹泻症的试验 [J]. 饲料与畜牧，33（10）：21-24.

杨久仙，张荣飞，马秋刚，等，2011. 葡萄糖氧化酶对断奶仔猪生产性能的影响 [J]. 黑龙江畜牧兽医（3）：56-57.

殷骥，梅宁安，2012. 日粮中添加饲用葡萄糖氧化酶对肉仔猪生长性能的影响 [J]. 当代畜牧（7）：35-36.

张晓云，刘彦慈，陈秀如，2007. 新型饲料添加剂葡萄糖氧化酶的研究现状 [J]. 兽药与饲料添加剂（4）：11 - 12.

Biagi G，Piva A，Moschini M，et al，2006. Effect of gluconic acid on piglet growth performance, intestinal microflora and intestinal wall morphology [J]. Journal of Animal Science，84（2）：370 -378.

Nakamatsu S，Fujiki S，1968. Comparative studies on the glucose oxidase of *Aspergillus niger* and *Penicillium amagasakiense* [J]. Journal of Biochemistry，63：51 - 58.

Tsukahara T，Koyama H，Okada M，et al，2002. Stimulation of butyrate production by gluconic acid in batch culture of pig cecal digesta and identification of butyrate - producing bacteria [J]. Journal of Nutrition，132（8）：2229 - 2234.

第三十章
过氧化氢酶在日粮中替代抗生素的机理和应用价值

自由基是新陈代谢过程产生的一类含有奇数电子的原子或分子（Herscu‑Kluska等，2008），过多的自由基在体内蓄积，是造成氧化应激的重要原因。正常生理状态下，自由基的产生和清除的酶系统之间能自动维持动态平衡。当机体氧化系统和抗氧化系统调节失衡、自由基的产生速度超过机体的清除速度时，自由基就会在体内大量累积，使机体出现氧化应激状态。饲粮中添加抗氧化剂能减少动物体内过氧化物的形成，过氧化氢酶在氧化损伤修复上有着重要作用。

第一节　氧化应激产生的原因及其危害

一、氧化应激与氧自由基

氧化应激主要是来自体内高水平的自由基的影响。机体内自由基主要是活性氧自由基（reactive oxygen species，ROS），活性氮自由基（reactive nitrogen shecies，RNS）、脂质自由基（lipid free radical，LER）和脂质过氧化物（lipid peroxide，LPO）。ROS包括过氧化氢（H_2O_2）、羟自由基（·OH）、超氧阴离子（O^{2-}）等；RNS包括二氧化氮（NO_2）、一氧化氮（NO）、过氧化亚硝酸盐（$ONOO^-$）等；脂类在一定条件下也会自动氧化，自由基作用于多不饱和脂肪酸后可使脂质发生过氧化，生成丙二醛（MDA）、脂过氧自由基（LOO^-）、脂氧自由基（LO^-）、脂肪自由基（L^-）等脂质过氧化物。部分自由基可被吞噬细胞用于杀伤病原微生物，对机体起保护作用。过量的自由基与肽链、酶和核酸上的巯基及氨基有极高的亲和力（Halliwell，1994），在体内的聚积可引发一系列连锁反应，导致脂质、蛋白质、核酸等多种有机大分子物质损伤。

二、氧化应激的危害

抗氧化系统的正常运转可以极大限度地避免机体受到氧化损伤。若机体的抗氧化能力下降，则机体内部自由基的积累就会使细胞内的大分子受到氧化损伤。各种自由基会使脂肪酸过氧化且发生连锁反应、核酸主键断裂、碱基修饰和氢键破坏、生物蛋白质聚合，从而导致细胞代谢紊乱、功能障碍、组织损伤，引起疾病、衰老，甚至死亡（Ju 等，2014）。

1. 氧化应激对断奶仔猪的危害　近年来的研究发现，仔猪早期断奶过程中机体的氧化还原平衡系统被打破，自由基产生的量增加，同时机体的抗氧化能力下降，最后导致氧化应激现象的产生（Zhu 等，2012）。同时，氧自由基会引发脂质过氧化反应，导致细胞与组织的氧化损伤（华朱鸣，2012）。这直接导致肠道上皮细胞和绒毛形态受损，营养物质消化吸收受阻，从而引起和加剧断奶仔猪腹泻，而断奶腹泻产生的后果就是采食量减少、饲料转化效率低、生长受阻、体重下降甚至死亡。因此，断奶应激带来的仔猪腹泻造成的危害可见一斑。

2. 氧化应激对母猪的危害　人类医学的大量研究表明，氧化应激能够造成孕妇妊娠后期的一些代谢疾病，甚至增加胎儿长大后患高血压、糖尿病等代谢疾病的风险（敖江涛等，2016）。在养猪生产中，妊娠后期和泌乳期的母猪，尤其是初产母猪代谢也非常旺盛，高温、驱赶、饥饿、消毒、注射疫苗、疾病、养殖环境差、营养水平不平衡、霉菌毒素、饲料抗营养因子、繁殖应激等大量因素都能够导致自由基产生过剩，致使妊娠母猪长期受到氧化应激的影响（敖江涛等，2016；高开国等，2016）。其酶促活性为机体提供了抗氧化能力。妊娠母猪长期受到氧化应激的影响可导致其雌二醇含量降低，促黄体素脉冲频率降低，容易出现流产，降低胚胎的成活率并影响胚胎发育。此外，过剩的自由基会对机体生物大分子和细胞，特别是乳腺细胞产生攻击，导致氧化损伤，进而影响乳腺发育和乳腺组织机能健康，导致母猪泌乳性能下降，而且氧化应激还会降低仔猪断奶后母猪的发情率（高开国等，2014）。降低氧化应激后妊娠母猪的生产性能有明显提高。茶多酚有提高母猪抗氧化能力的作用。

第二节　过氧化氢酶在畜禽饲料中的应用价值及其作用机理

一、过氧化氢酶在畜禽饲料中的应用价值

1. 过氧化氢酶在断奶仔猪日粮中的应用价值　目前，过氧化氢酶的应用主要集中在食品行业中牛奶的消毒、环保行业中废水的处理、造纸行业中纸张的漂白、纺织行业及工业生产中过氧化氢的分解等方面。自 1937 年得到牛肝来源的过氧化氢酶（cata-lase，CAT）以来，相关的研究一直是生物界热门的课题。但是，作为动物体抗氧化酶系统的主要成员之一，有关过氧化氢酶用于畜牧生产的研究几乎没有，这可能与过氧化氢酶的来源、产量及稳定性有很大关系。但近年来，有关自由基对机体损伤及各类抗氧化制剂的应用研究越来越多。

目前，过氧化氢酶用于畜禽生产的研究基本没有，只能以同类抗氧化添加剂的试验效果作为参考开展比较分析。笔者研究团队于 2017 年进行的断奶仔猪试验发现，与对照组相比，过氧化氢酶组仔猪料重比显著降低（$P < 0.05$），达到了氧化锌组的水平。这可能是因为过氧化氢酶减少了断奶应激产生的自由基的量，从而减少自由基对肠道上皮细胞的损伤，维护了肠道健康和完整，提高了营养物质的利用效率。而平均日增重、

平均日采食量、腹泻率等指标虽然有改善，但并没有达到氧化锌组的显著水平。与对照组相比，添加过氧化氢酶后，D组断奶仔猪回肠隐窝深度显著减低19.5％（$P<0.05$）；同时，D组和E组断奶仔猪组回肠绒毛高度与隐窝深度的比值均有升高趋势（$P=0.05$），其他组则都没有达到显著效果（$P>0.05$）。但是对于十二指肠和空肠的绒毛隐窝比值来说，不同剂量过氧化氢酶的改善效果均达到了氧化锌组水平，这很可能与过氧化氢酶清除了仔猪断奶应激后肠上皮细胞产生的过量的自由基有关。100 U/kg过氧化氢酶可以显著提高断奶仔猪血清对超氧阴离子的抑制能力（$P<0.05$），可能是因为超氧阴离子的下游产物过氧化氢大量被过氧化氢酶清除所致，但是其他浓度组没有显著差异（$P>0.05$）；过氧化氢酶对断奶仔猪血清羟自由基抑制能力的影响不显著（$P>0.05$），虽然没有达到显著水平，但数值上的改善效果优于氧化锌组水平，这与前面的理论一致。说明过氧化氢酶的确可以提高断奶仔猪的抗氧化能力，同时增强仔猪清除自由基的能力，从而减少自由基对细胞和组织的损伤（表30-1）。添加过氧化氢酶后，断奶仔猪血清中MDA可分别降低43.7％和44.7％（$P<0.05$），GSH含量显著升高（$P<0.05$）；肝脏中MDA有降低趋势（$P=0.05$）。而血清和肝脏中SOD及CAT含量在各组间均没有显著差异（$P>0.05$）。说明日粮中外源添加过氧化氢酶的确可以提高断奶仔猪的抗氧化性能（方锐等，2017）。

表30-1　过氧化氢酶对断奶仔猪自由基抑制能力的影响（U/mL）

指　　标	基础日粮	基础日粮+2 500 mg/kg 氧化锌	基础日粮+50 U/kg 过氧化氢酶	基础日粮+75 U/kg 过氧化氢酶	基础日粮+100 U/kg 过氧化氢酶
·OH抑制能力	857.88±57.57	865.85±141.44	879.18±89.27	1 051.98±107.01	1 001.43±70.52
O^{2-}抑制能力	73.05±1.59[b]	76.66±6.04[b]	75.55±5.33[b]	75.55±5.49[b]	94.30±4.20[a]

　　过氧化氢酶的主要作用就是通过催化电子对的转移将H_2O_2转化为对机体无害的水和氧气，从而清除体内堆积的超氧阴离子和减少生成羟自由基等强活性的自由基（Schrader等，2006），同时有效降低自由基对肠上皮细胞的损伤，进而维护仔猪肠道结构的完整性（表30-2和图30-1）。Carlson等（1998）发现，饲粮中添加高剂量氧化锌能改善肠道形态，使肠道绒毛变长、隐窝变浅。同时也有研究发现，3 000 mg/kg氧化锌能显著提高小肠黏膜的绒毛高度（申俊华等，2013）。Li等（2006）发现，添加3 000 mg/kg氧化锌后，仔猪绒毛高度及相关基因在mRNA和蛋白水平都显著提高。仔猪肠道发育受到外在和内在两个因素的影响，前者包括饲粮类型、断奶应激等因素，后者主要指IGF-1等可以调控肠上皮细胞增殖分化的因子（申俊华等，2013）。大量研究表明，饲喂高剂量氧化锌能显著提高IGF-1在肠黏膜的表达水平（Alexander等，1999）。说明氧化锌改善肠道形态的作用可能是通过其调控了IGF-1的表达才达到的。

表30-2　CAT缓解H_2O_2抑制肠上皮细胞活力

组　　别	OD值	细胞活力（％）
对照组	1.32±0.01[a]	100.00±0.76[a]
1 mmol/L H_2O_2	0.78±0.04[c]	58.92±3.35[c]

（续）

组 别	OD 值	细胞活力（%）
100 U/mL CAT+1 mmol/L H_2O_2	1.19 ± 0.01^b	89.79 ± 0.75^b
400 U/mL CAT+1 mmol/L H_2O_2	1.30 ± 0.02^a	98.10 ± 1.51^a
1 000 U/mL CAT+1 mmol/L H_2O_2	1.32 ± 0.02^a	99.77 ± 1.52^a

注：同列上标不同小写字母表示差异显著（$P<0.05$），相同小写字母表示差异不显著（$P>0.05$）。

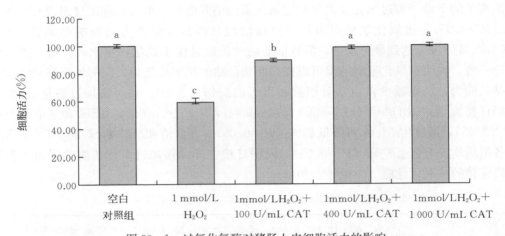

图 30-1　过氧化氢酶对猪肠上皮细胞活力的影响

注：图中上标不同小写字母表示差异显著（$P<0.05$），相同小写字母表示差异不显著（$P>0.05$）。

2. 过氧化氢酶在母猪日粮中的应用价值　目前，对在怀孕母猪饲粮中添加抗氧化酶的研究较少。在母猪妊娠期和泌乳期饲粮中添加酸化剂、植物源性添加剂和微生物源性抗氧化剂可以提高母猪的繁殖性能。其中，初产母猪从妊娠 90 d 起到泌乳期在饲粮中添加植物提取物，可提高其日采食量，增加仔猪断奶窝重和窝增重（钟铭，2011），添加微生物源性抗氧化剂可以增加产活仔数（孙婷婷，2007）。母体缺乏维生素 E 可造成胚胎发育异常或胚胎吸收，而补充添加维生素 A、维生素 E、β-胡萝卜素等可提高产仔数、降低胚胎死亡率。在日粮中添加维生素 E 可提高母猪窝产仔数和产活仔数（Mahan 和 Vallet，1997）。这些物质在体内均有抗氧化的作用。在养猪实践中，妊娠母猪营养过高会导致难产，降低哺乳期采食量和泌乳力（敖江涛等，2016）。哺乳期间组织转化为奶的效率与饲料转化为奶的效率接近（张幸彦等，2016）。为了充分利用饲料的养分以提高饲料转化效率，通常在母猪妊娠期对其进行限饲，饲喂量只是其自由采食量的 $50\%\sim60\%$。但是母猪能量需要和采食能力存在差异，限饲使母猪因饥饿而产生应激反应，表现为易受惊吓、不安、活动量加大、能量消耗增多。这在饲喂时不仅表现得更为突出，如大声吼叫、爬栏杆、虚假咀嚼及过量地额外饮水等即母猪的异常行为（Vázquez-Añón 和 Jenkins，2007）；而且还使粪便在肠道内的存留时间延长，易形成便秘，使肠道内产生的有害气体被吸收进入血液循环而引起胚胎死亡。高纤维日粮能量浓度低、体积大，能使妊娠母猪产生饱感，从而改善母猪福利，减少应激，使粪便的存留时间变短，能防止产生便秘（何惠聪，2007）。笔者研究团队发现，与传统玉米-豆粕型饲粮相比，母猪妊娠后期日粮中添加 100 U/kg 过氧化氢酶后总产仔头数提高了 11.36％，活仔数、健仔数和初生窝重分别提高了 9.71％、10.35％和 9.52％。过氧化氢酶具有极强的清除自由基的能力，能提高母猪的抗氧化能力。在母猪妊娠后期，过多的自由基不能被清除是导致胚胎过早死亡或吸收的原因。过氧化氢酶清除氧自由基后，减轻了母猪子宫和胎儿氧化损伤的程度，从而提高了产仔数、产活仔数、健仔数等。而且较 100 U/kg 和 150 U/kg 的添加量相比，200 U/kg 的过氧化氢酶添加剂量能更好地提高母猪的抗氧化功能（张志东，2017）。

在细胞正常代谢过程中，动物机体会产生大量的超氧阴离子自由基、羟自由基、过氧化氢等活性氧，它们具有极强的氧化能力。这些物质如不能被及时清除，会导致 DNA 复制出现异常，引起生物膜中蛋白质、酶及磷酸交联失活，脂质氧化（Jin 等，2001），造成机体病变和宰后肉品质变差。肌肉细胞膜中富含多不饱和脂肪酸，易发生脂质氧化，产生自由基，破坏细胞膜的完整性，降低母猪的抗氧化能力，因此脂质氧化是导致氧化应激的重要途径（李青萍等，2003；冯俊等，2009）。过剩的自由基诱导的氧化应激导致母猪泌乳性能下降，造成很大的经济损失。高温、运输等应激也会增加机体内自由基的含量，发生脂质氧化，造成畜禽抗氧化能力下降，降低母猪的抗氧化能力（Owens 和 Sams，2000）。一般情况下，动物机体的自身抗氧化系统（包括非酶类抗氧化剂和酶类抗氧化剂）能清除体内多余的活性氧（陈伟等，2010）。其中，谷胱甘肽（GSH）属于非酶类抗氧化剂，GSH－Px 能够特异性地催化 GSH 对过氧化氢的还原反应，保护细胞膜结构和功能的完整性（陈秀芸等，2013）；CAT 属于酶类抗氧化剂，可以将过氧化氢转化为水和氧气（张克烽等，2007）。T－AOC 是衡量体内抗氧化能力的综合指标，反映机体非酶系统和抗氧化酶系统对应激的代偿能力，以及自由基代谢状态（范文娜和何瑞国，2008）。外源供给抗氧化剂可以清除动物体内过剩的自由基，提高动物的生产性能（Ju 等，2014），同时在泌乳母猪饲粮中添加适量的异黄酮作为机体抗氧化剂是提高泌乳母猪机体抗氧化能力和泌乳性能的有效手段。研究发现，在饲粮中无论是否补充异黄酮都可以显著提高泌乳母猪机体的总抗氧化能力（T－AOC），同时显著提高母猪体内抗氧化物酶（CAT 和 GSH）的活力，提高母猪的抗氧化能力和泌乳性能（李德生等，2014）。张志东（2017）通过测定母猪血清和初乳的抗氧化性能，研究了过氧化氢酶按不同比例添加至妊娠后期和哺乳期母猪日粮中对母猪抗氧化性能的影响。在母猪哺乳第 14 天，与对照组 A 相比，试验组 C 中母猪血清 CAT 活力提高 47.77％；在母猪妊娠第 104 天，与对照组 A 相比，试验组 C 和试验组 D 中母猪血清 T－AOC 分别提高 60.03％和 53.70％；与对照组 A 相比，试验组 C 中母猪血清 GSH 含量提高 32.02％；与对照组 A、试验组 B 和试验组 D 相比，试验组 C 中母猪血清 CAT 活力有提高。初乳中，试验组 C 中母猪初乳中的 T－AOC 含量提高 119.10％，试验组 C 和试验组 D 中母猪的 CAT 活力较对照组 A 分别提高 86.24％和 76.95％。由此可以看出，100 U/kg 过氧化氢酶添加量的饲粮对母猪抗氧化能力的提高效果最佳。与对照组 A 相比，试验组 B、试验组 C 和试验组 D 中母猪血清 GSH 含量分别提高 6.81％、45.99％和 69.83％；与对照组 A 相比，试验组 C 中母猪血清 CAT 活力提高 35.84％。从数据中可以得知，过氧化氢酶先由母猪日粮摄入，再由母乳递呈到仔猪体内，来提高仔猪的抗氧化能力。

二、过氧化氢酶在畜禽饲料中的作用机理

过氧化氢酶（CAT）是原核生物和真核生物中广泛存在的一类末端氧化、在生物演化过程中建立起来的生物防御系统的关键酶之一。1811 年，过氧化氢的发现者 Thénard 首次发现该类酶的特性；1900 年，Loew 将这种能够降解过氧化氢的酶命名为 "catalase"，即过氧化氢酶，并发现这种酶存在于许多植物和动物中。过氧化氢酶是一类在进化中比较保守的酶，又称触酶（陈金峰和程素满，2007），其普遍存在于能呼吸的生物体内。

过氧化氢酶与超氧化物歧化酶和过氧化物酶共同组成了生物体内的活性氧防御系统，在清除氧自由基、H_2O_2 及减少羟基自由基的形成等方面发挥重要作用。大部分过氧化氢酶具有高度结构相似性，基本全部由 4 个具有相同多肽链的亚基组成，而每个亚基含有 1 个血红素辅基作为活性位点，该辅基的形式为铁卟啉，1 分子中含有 4 个铁原子，相对分子质量一般为 200～340 ku。

按来源的不同，早期把 CAT 划分为原核 CAT 和真核 CAT。其中，原核 CAT 主要来源于微生物。研究发现，几乎所有需氧微生物中都存在 CAT，但也有如过氧化醋杆菌（*A. peroxydans*）的少数好氧菌不存在 CAT（刘冰和梁婵娟，2005）。真核 CAT 主要来源于动植物组织中，其中哺乳动物组织中的 CAT 含量差异很大，如在肝脏中的含量较高，在结缔组织中的含量较低，CAT 主要在细胞器内存在。后来按照不同理化特性，将 CAT 划分为典型性（typical）、非典型性（atypical）和 CAT - 过氧化物酶，通常认为这也是符合进化关系的一种划分。试验中所用的 CAT 为原核 CAT。典型 CAT 又叫单功能血红 CAT，几乎存在于真核生物和原核生物的所有呼吸组织中。大部分典型 CAT 虽然来源不一，但是在结构上有高度的相似性。一个经典的 CAT 的相对分子质量是 200～340 ku（Zamocky 等，1999）。CAT 由 4 个相同的亚基构成，每个亚基中都有 1 个铁卟啉辅基。4 条肽链之间，由亚基间作用力相互缠绕，以构成 CAT 的特殊结构。CAT 全酶同时和 4 个可能与酶活性相关的 NADPH 分子结合。CAT 先后通过和 2 分子的 H_2O_2 结合、裂解，来完成一次催化作用。哺乳动物肽链上的组氨酸、天冬氨酸和酪氨酸直接参与酶的催化活性。

作为生物体内重要物质，CAT 最主要的功能就是参与活性氧的代谢。氧分子的电子分布一旦发生改变，就变成了活性氧。活性氧的种类有 H_2O_2、·OH、O^{2-} 等。在某种环境、特定生理条件、生病等逆境下，可导致生物体内的自由基增多，使细胞膜过氧化，导致细胞膜破损和细胞损伤。该酶可与谷胱甘肽过氧化物酶等一起清除超氧化物歧化酶歧化超氧阴离子自由基（O^{2-}）产生的过氧化氢（H_2O_2），保护细胞免受过氧化物的毒害。它的主要作用就是催化 H_2O_2 分解成为 H_2O 与 O_2，使 H_2O_2 不和 O_2 在铁螯合物作用下反应生成对机体有害的·OH；同时，清除体内氧活性物质（ROS），从而减轻氧活性物质对细胞的损伤。

过氧化氢酶对断奶仔猪生长性能的影响可能是通过加强机体抗氧化，以及清除体内活性自由基的能力，从而减少自由基对肠上皮细胞的损伤，改善肠道绒毛形态，来提高营养物质的吸收效率，最终达到改善生长性能的效果。而在母猪日粮中添加过氧化氢酶，提高妊娠后期和哺乳期母猪还有哺乳仔猪的抗氧化能力，可能是过氧化氢酶不仅消

减了母猪的氧化损伤，而且可以由母乳传递给仔猪，提高了仔猪的机体抗氧化能力。但是，过氧化氢酶作为在饲料领域新型开发的添加剂产品，对其相关的研究报道很少，需要进一步丰富研究内容和明确其使用效果、解析其作用机制。

本　章　小　结

机体氧化应激造成动物生产性能损失的问题普遍存在，特别是在仔猪断奶、母猪妊娠或哺乳、肉鸡热应激等存在下，氧化损伤就更加严重。机体本身具有一套氧化-还原平衡反应机制，但是在氧化应激严重到超出机体内源调节能力的情况下，外源过氧化氢酶等的添加可有效消减过氧化物的累积及其对机体的氧化损伤。CAT 作为生物体内重要物质，其最主要的功能就是参与活性氧的代谢，维护动物机体的自由基平衡。CAT 是最为典型的条件性酶制剂，需要在氧化应激损伤严重时，针对性地使用来发挥添加作用。此外，CAT 酶在免疫应激缓解、运输和热应激控制、毒素损伤消减等方面具有重要的应用潜力。

➡ 参考文献

敖江涛，郑溜丰，彭健，2016. 进程性氧化应激对母猪繁殖性能的影响及其营养调控 [J]. 动物营养学报，28（12）：3735－3741.

陈金峰，程素满，2007. 过氧化氢酶在衰老和疾病调控中的作用机制 [J]. 医学分子生物学杂志，3：276－278.

陈军，2011. 梅山母猪日粮蛋白水平对仔猪生长发育、血清抗氧化酶活性的影响 [D]. 南京：南京农业大学.

陈伟，李华，曾勇庆，等，2010. 饲粮添加大蒜对肥育猪肌肉抗氧化性能及肉质特性的影响 [J]. 养猪（2）：30－32.

陈秀芸，滑静，杨佐君，等，2013. 不同硒源及水平对蛋用种公鸡肝脏中硒含量、抗氧化性及基因表达的影响 [J]. 动物营养学报，25（9）：2126－2135.

范文娜，何瑞国，2008. 维生素 E 对溆浦鹅肥肝抗氧化性能和血液生化指标影响的研究 [J] 中国粮油学报，23（3）：124－130.

方锐，左建军，凌宝明，等，2017. 日粮中添加过氧化氢酶对断奶仔猪生长性能、肠道形态及抗氧化性能的影响 [J]. 中国饲料（1）：23－27.

冯俊，邓斐月，余燕玲，等，2009. 微囊化 β-胡萝卜素对妊娠母猪繁殖、免疫和抗氧化功能的影响 [J]. 浙江大学学报（农业与生命科学版），35（6）：665－669.

高开国，胡友军，郑春田，等，2014. 母猪的氧化应激及营养调控策略 [J]. 养猪（5）：17－20.

高开国，王丽，马现永，等，2016. 异黄酮缓解泌乳母猪氧化应激的研究进展 [J]. 养猪（3）：22－24.

郭艺璇，杨在宾，姜淑贞，等，2015. 妊娠后期和泌乳期饲粮添加姜粉对母猪和哺乳仔猪抗氧化性能的影响 [J]. 动物营养学报，27（1）：178－184.

华朱鸣，2012. 寡糖和小肽抗消化道氧自由基作用的研究 [D]. 杭州：浙江工商大学.

李德生，方正锋，车炼强，等，2014. 饲粮添加王不留行与大豆异黄酮对泌乳母猪生产性能和抗氧化能力的影响 [J]. 中国畜牧杂志，50（1）：63－68.

李青萍，乔秀红，王向东，2003. 饲粮中添加维生素 E 对猪肉质的影响 [J]. 中国畜牧杂志，39 (5)：34－35.

李永义，段绪东，赵娇，等，2011. 茶多酚对氧化应激仔猪生长性能和免疫功能的影响 [J]. 中国畜牧杂志，15：53－57.

刘冰，梁婵娟，2005. 生物过氧化氢酶研究进展 [J]. 中国农学通报，21 (5)：223－224.

申俊华，周安国，王之盛，等，2013. 包被氧化锌对断奶仔猪腹泻指数及肠道发育的影响 [J]，畜牧兽医学报，44 (6)：894－900.

孙婷婷，2007. 微生物源性抗氧化剂对动物繁殖性能和自由基代谢的影响 [D]. 上海：上海交通大学.

王景成，Michael，贺永超，等，2010. 早期断奶仔猪的营养需要及其腹泻的原因和防制 [J]. 中国猪业 (1)：40－43.

徐静，2009. 猪氧化应激模型构建以及茶多酚的抗应激效应的研究 [D]. 雅安：四川农业大学.

张克烽，张子平，陈芸，等，2007. 动物抗氧化系统中主要抗氧化酶基因的研究进展 [J]. 动物学杂志 (2)：153－160.

张连琴，陈雪娴，1997. 自由基与疾病 [J]. 天津医科大学学报 (2)：87－90.

张幸彦，冯涛，白佳桦，等，2016. 茶多酚对初产母猪繁殖性能和抗氧化性能的影响 [J]. 甘肃农业大学学报，51 (1)：35－39.

张振斌，蒋宗勇，林映才，等，2003. 断奶日龄对仔猪小肠黏膜结构的影响 [J]. 饲料博览 (8)：3－5.

张志东，2017. 过氧化氢酶基于消减母猪氧化损伤改善其繁殖性能的研究 [D]. 广州：华南农业大学.

Schrader M, Fahimi H D, 2006. Peroxisomes and oxidative stress [J]. Biochimica et BiophysicaActa, 1763 (12)：1755－1766.

Alexander A N, Carey H V, 1999. Oral IGF－I enhances nutrient and electrolyte absorption in neonatal piglet intestine [J]. American Journal of Physiology, 277 (1)：619－625.

Carlson M S, Hoover S L, Hill G M, et al, 1998. Effect of pharmacological zinc on intestinal metallothionein concentration and morphology in the nursery pig [J]. Journal of Animal Science, 76 (1)：57－63.

Halliwell B, 1994. Free radicals, antioxidants, and human disease：curiosity, cause, or consequence? [J]. Lancet, 344 (8924)：721－724.

Herscu－Kluska R, Masarwa A, Saphier M, et al, 2008. Mechanism of the reaction of radicals with peroxides and dimethyl sulfoxide in aqueous solution [J]. Chemistry, 14 (19)：5880－5889.

Jensen A R, Elnif J, Burrin D G, et al, 2001. Development of intestinal immunoglobulin absorption and enzyme activities in neonatal pigs is diet dependent [J]. Journal of Nutrition, 131 (12)：3259－3265.

Jin L H, Bahn J H, Eum W S, et al, 2001. Transduction of human catalase mediated by an HIV－1 TAT protein basic domain and arginine－rich peptides into mammalian cells [J]. Free Radical Biology and Medicine, 31 (11)：1509－1519.

Ju R T, Wei H P, Wang F, et al, 2014. Anaerobic respiration and antioxidant responses of *Corythucha ciliata* (Say) adults to heat－induced oxidative stress under laboratory and field conditions [J]. Cell Stress Chaperones, 19 (2)：255－262.

Li X，Yin J，Li D，et al，2006. Dietary supplementation with zinc oxide increases Igf‐l and Igf‐l receptor gene expression in the small intestine of weanling piglets [J]. Jounal of Nutrition，136 (7)：1786‐1791.

Loew O，1900. A new enzyme of general occurrance in organismis [J]. Science，11 (279)：701‐702.

Mahan D C，Vallet J L，1997. Vitamin and mineral transfer during fetal development and the early postnatal period in pigs [J]. Journal of Animal Science，75 (10)：2731‐2738.

Nabuurs M J，Hoogendoorn A，van der Molen E J，et al，1993. Villus height and crypt depth in weaned and unweaned pigs，reared under various circumstances in the netherlands [J]. Research in Veterinary Science，55 (1)：78‐84.

Owens C M，Sams A R，2000. The influence of transportation on turkey meat quality [J]. Poultry Science，79 (8)：1204‐1207.

Pluske J R，Hampson D J，Williams I H，1997. Factors influencing the structure and function of the small intestine in the weaned pig：a review [J]. Livestock Production Science，51 (1)：215‐236.

钟铭，2011. 饲粮添加植物提取物对初产母猪繁殖性能的影响 [D]. 成都：四川农业大学.

Sordillo L M，2005. Factors affecting mammary gland immunity and mastitis susceptibility [J]. Livestock Production Science，98 (1/2)：89‐99.

Vázquez‐Añón M，Jenkins T，2007. Effects of feeding oxidized fat with or without dietary antioxidants on nutrient digestibility，microbial nitrogen，and fatty acid metabolism [J]. Journal of Dairy Science，90 (9)：4361‐4367.

Zabielski R，Le H I，Guilloteau P，1999. Development of gastrointestinal and pancreatic functions in mammalians (mainly bovine and porcine species)：influence of age and ingested food [J]. Reproduction Nutrition Development，39 (1)：5‐26.

Zamocky M，Koller F，1999. Understanding the structure and function of catalases：clues from molecular evolution and *in vitro* mutagenesis [J]. Progress Biophysical Mology Biology，72 (1)：19‐66.

Zhang G F，Yang Z B，Wang Y，et al，2013. Effects of ginger root (zingiber officinale) processed to different particle sizes on growth performance，antioxidant status，and serum metabolites of broiler chickens [J]. Poultry Science，88 (10)：2159.

Zhu L H，Zhao K L，Chen X L，et al，2012. Impact of weaning and an antioxidant blend on intestinal barrier function and antioxidant status in pigs [J]. Jounal of Animal Science，90 (8)：2581‐2589.

图书在版编目（CIP）数据

饲料酶制剂技术体系的发展与应用／冯定远，左建
军著．—北京：中国农业出版社，2019.12
当代动物营养与饲料科学精品专著
ISBN 978-7-109-26354-3

Ⅰ．①饲…　Ⅱ．①冯…②左…　Ⅲ．①酶制剂-应用
-饲料工业-研究　Ⅳ．①S816.7

中国版本图书馆 CIP 数据核字（2019）第 289154 号

中国农业出版社出版

地址：北京市朝阳区麦子店街 18 号楼
邮编：100125
策划编辑：周晓艳
责任编辑：周晓艳　王森鹤
版式设计：王　晨　责任校对：周丽芳
印刷：北京通州皇家印刷厂
版次：2019 年 12 月第 1 版
印次：2019 年 12 月北京第 1 次印刷
发行：新华书店北京发行所
开本：787mm×1092mm　1/16
印张：19.75　插页：3
字数：500 千字
定价：188.00 元